国家骨干高等职业院校

重点建设专业(电力技术类)“十二五”规划教材

电气设备运行与维护

主　编　郑国山

副主编　赵岱平

参　编　陈　青　杨道君

主　审　吴儒生

合肥工业大学出版社

内容提要

本书共分为6个学习领域，包含了18个项目、41个学习任务。主要内容包括：电气设备认知，电力系统中性点运行方式，发电厂、变电站电气主接线，配电装置识图，电气倒闸操作，电气设备检修管理等。本书以培养电力电气行业的高端技能人才为编写目标，因此内容选择遵循“知识够用、为技能服务”的原则，突出针对性、实用性。

本书为高职高专电力电气类及相关专业的教材，也可作为电力电气行业职工培训教材和相关人员参考用书。

图书在版编目(CIP)数据

电气设备运行与维护/郑国山主编．—合肥：合肥工业大学出版社，2013.4(2021.8重印)
ISBN 978-7-5650-1290-7

Ⅰ.①电… Ⅱ.①郑… Ⅲ.①电气设备—运行②电气设备—维修 Ⅳ.①TM

中国版本图书馆CIP数据核字(2013)第067329号

电气设备运行与维护

郑国山 主编　　责任编辑 汤礼广 王路生

出 版	合肥工业大学出版社	版 次	2013年4月第1版
地 址	合肥市屯溪路193号	印 次	2021年8月第3次印刷
邮 编	230009	开 本	787毫米×1092毫米 1/16
电 话	理工编辑部：0551—62903087	印 张	21.5
	市场营销部：0551—62903198	字 数	479千字
网 址	www.hfutpress.com.cn	印 刷	安徽昶颉包装印务有限责任公司
E-mail	hfutpress@163.com	发 行	全国新华书店

ISBN 978-7-5650-1290-7　　定价：43.00元

如果有影响阅读的印装质量问题，请与出版社市场营销部联系调换。

序　言

为贯彻落实《国家中长期教育改革和发展规划纲要》(2010—2020)精神,培养电力行业产业发展所需要的高端技能型人才,安徽电气工程职业技术学院规划并组织校内外专家编写了这套国家骨干高等职业院校重点建设专业(电力技术类)"十二五"规划教材。

本次规划教材建设主要是以教育部《关于全面提高高等教育质量的若干意见》为指导;在编写过程中,力求创新电力职业教育教材体系,总结和推广国家骨干高等职业院校教学改革成果,适应职业教育工学结合、"教、学、做"一体化的教学需要,全面提升电力职业教育的人才培养水平。编写后的这套教材有以下鲜明特色:

(1)突出以职业能力、职业素质培养为核心的教学理念。本套教材在内容选择上注重引入国家标准、行业标准和职业规范;反映企业技术进步与管理进步的成果;注重职业的针对性和实用性,科学整合相关专业知识,合理安排教学内容。

(2)体现以学生为本、以学生为中心的教学思想。本套教材注重培养学生自学能力和扩展知识能力,为学生今后继续深造和创造性的学习打好基础;保证学生在获得学历证书的同时,也能够顺利地获得相应的职业技能资格证书,以增强学生就业竞争能力。

(3)体现高等职业教育教学改革的思想。本套教材反映了教学改革的新尝试、新成果,其中校企合作、工学结合、行动导向、任务驱动、理实一体等新的教学理念和教学模式在教材中得到一定程度的体现。

(4)本套教材是校企合作的结晶。安徽电气工程职业技术学院在电力技术类核心课程的确定、电力行业标准与职业规范的引进、实践教学与实训内容的安排、技能训练重点与难点的把握等方面,都曾得到电力企业专家和工程技术人员的大力支持与帮助。教材中的许多关键技术内容，都是企业专家与学院教师共同参与研讨后完成的。

总之，这套教材充分考虑了社会的实际需求、教师的教学需要和学生的认知规律，基本上达到了“老师好教，学生好学”的编写目的。

但编写这样一套高等职业院校重点建设专业（电力技术类）的教材毕竟是一个新的尝试，加上编者经验不足，编写时间仓促，因此书中错漏之处在所难免，欢迎有关专家和广大读者提出宝贵意见。

国家骨干高等职业院校

重点建设专业（电力技术类）“十二五”规划教材建设委员会

前　言

本教材编写是以高职高专办学思想为指导，以着力电力电气行业的高端技能人才的培养为目标，结合国家职业技能标准，以岗位能力培养为核心，遵循“知识够用、为技能服务”的原则，突出针对性、实用性。根据发电厂及电力系统专业、供用电技术专业的人才培养方案及电气设备运行与维护课程标准，本教材在内容选取上尽量覆盖发电厂和变电站电气一次系统，以求知识的完整性；辅以必要的实物图片，增强学生感性认识；注意突出理论研究的结论在工程实践中的应用，从生产现场的案例分析引出相关的技术知识，尽量做到理论联系实际。在编写中尽力介绍电力行业的最新标准、规程和规范，并将其作为向学生推荐的课外阅读资料，旨在提高学生的自主学习意识及培养学生自主的学习能力，同时增强学生严谨求实的职业素养。

本教材在结构形式方面，确定了6个学习领域，共包含18个项目、41个学习任务。

关于学习任务内容的编写，本教材为每个学习任务设计了五个部分：

第一部分是“阅读资料”，介绍生产现场的案例、技术资料、技术标准、技术规程等，引出本学习任务所涉及的应用领域。

第二部分是“思考问题”，提出思考题，通过问题引出本学习任务的重点知识，即学生应掌握的职业技术基本知识要点，引导学生带着问题进入学习领域。

第三部分是“学习必读”，即知识内容，它既是要求学生掌握的基本知识，也是学生回答上述思考题的必读内容。

第四部分是“继续探讨”，即提出引申思考题，引导学生继续探究问题、拓展知识。

第五部分是“延伸拓展”，即对电力生产新设备、新技术进行了切合实际的介绍，对专业知识进行必要的拓展。

安徽电气工程职业技术学院郑国山担任本书的主编，并编写了“学习领域一”;安徽电气工程职业技术学院赵岱平担任副主编,并编写了“学习领域二”、“学习领域三”、“学习领域五”,还承担了全书的统稿工作;安徽电气工程职业技术学院陈青编写了“学习领域四”;安徽省电力公司杨道君编写了“学习领域六”。全书由安徽省电力公司吴儒生担任主审。

在教材编写中,我们以现行的国家标准、规范和规程为依据,参阅和引用了许多同行专家的著作、文献等,在此谨对原作者表示诚挚的感谢。另外,在教材编写中,电力生产一线的许多专家曾给予大力指导和提出了许多宝贵建议,亦对其表示谢意。

本教材可供电力电气类专业使用。在教学中,教师可根据学校的特点和专业的具体要求对内容作适当调整或增减。

教材建设作为高职教育教学改革的一部分,是一项长期而艰巨的任务。本教材是对高职教学改革实践的一次总结,编写模式及内容编排均属于新的尝试。由于作者的经验和水平有限,加之成书时间仓促,书中难免有错误和疏漏之处,恳请各位专家和读者不吝指正,以帮助我们做好后续修订工作。

使用本书的单位或个人,若需要与本书配套的教学资源,可发邮件至 guoshanzheng@163.com 索取,或通过 www.hfutpress.com.cn 下载。

作　者

目　录

学习领域一　电气一次设备

学习领域二　电力系统中性点运行方式

学习领域三 发电厂、变电站电气主接线

学习领域四 配电装置识图

学习领域五　电气倒闸操作

学习领域六　电气设备检修管理

学习领域一

电气一次设备

项目一　电力系统高压电气设备

任务　电气设备认知

阅读资料

一、三相电力系统结构示意图

三相电力系统结构示意图如图 1-1-1 所示。

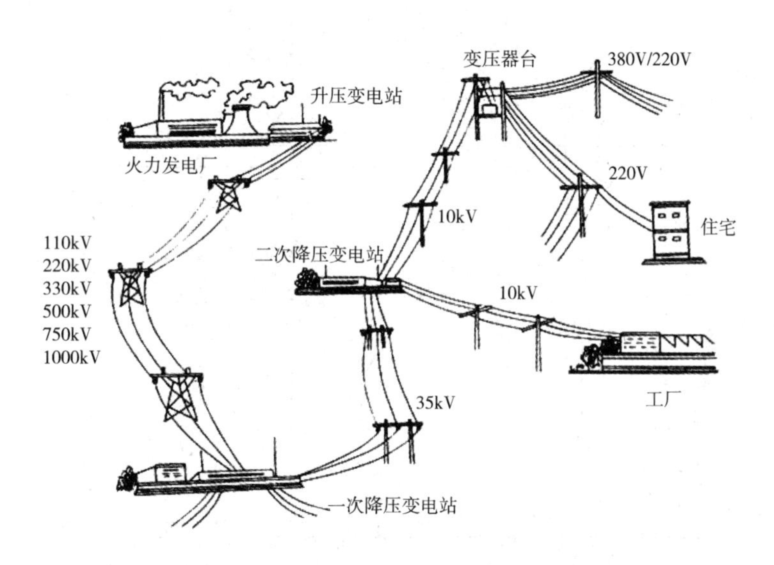

图 1-1-1　三相电力系统结构示意图

二、三相电力系统单线示意图

三相电力系统单线示意图如图 1-1-2 所示。

三、发电厂电气一次系统图

发电厂电气一次系统图如图 1-1-3 所示。

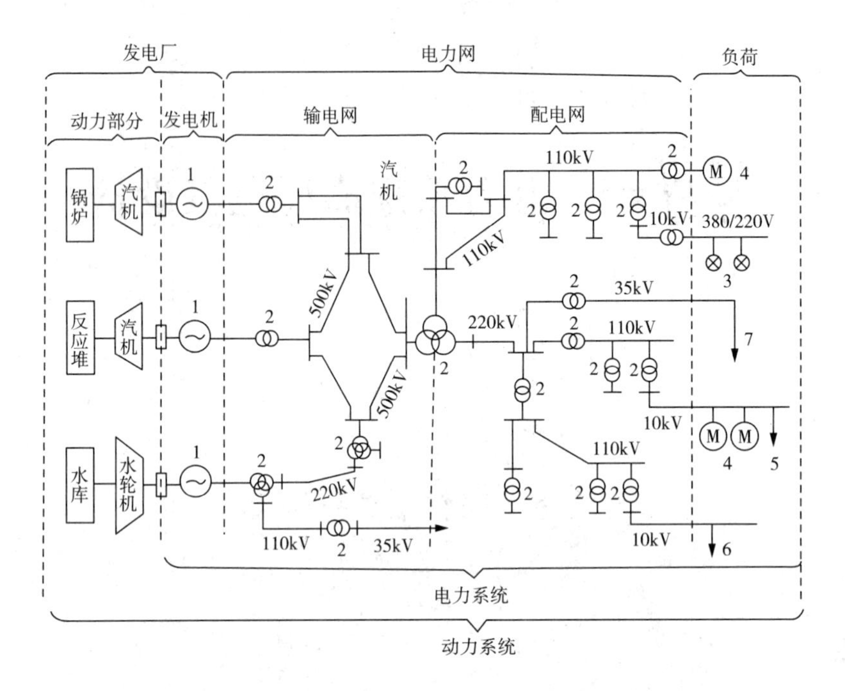

图 1-1-2　三相电力系统单线示意图

1—发电；2—变压器；3—电灯；4—电动机；5、6、7—其他电力负荷

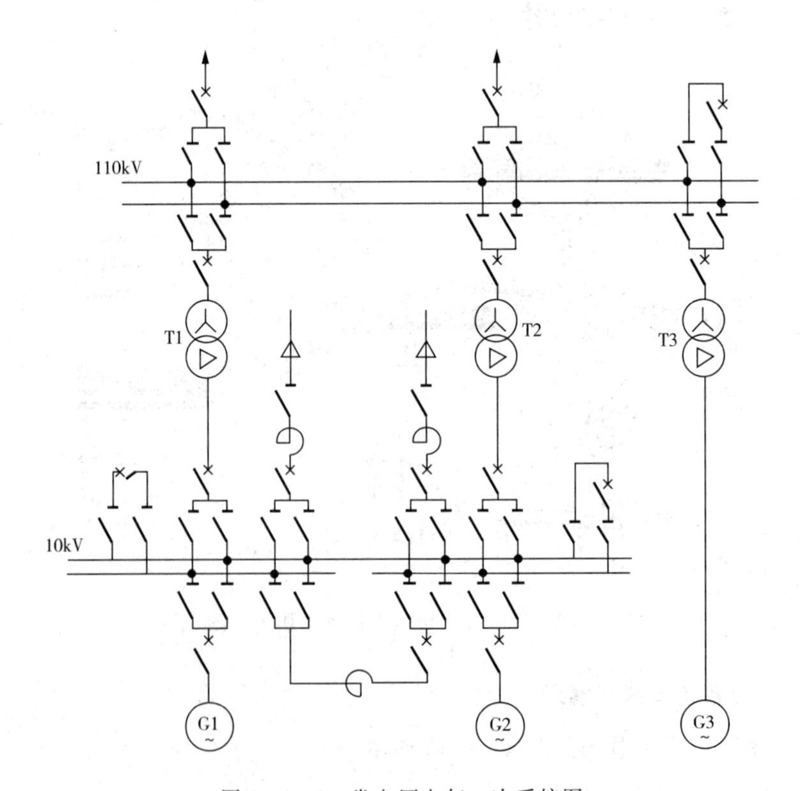

图 1-1-3　发电厂电气一次系统图

四、国家标准 GB156－2003 规定发电机的额定电压

（注：本教材所引用的标准均要求学生阅读原版，若标准重新修订则应以新版本为准。）

国家标准规定的发电机额定电压见表 1－1－1 所示。表 1－1－2 还给出了我国大容量发电机组的案例。

表 1－1－1　发电机的额定电压

交流发电机额定电压/V	直流发电机额定电压/V
115	115
230	230
400	460
690	—
3150	—
6300	—
10500	—
13800	—
15750	—
18000	—
20000	—
22000	—
24000	—
26000	—
注：与发电机出线端配套的电气设备额定电压可采用发电机的额定电压，并应在产品标准中加以具体规定	

表 1－1－2　我国大容量发电机组案例

<table>
<tr><th colspan="2">案例</th><th>案例特点</th><th>单机额定功率（MW）</th><th>发电机端额定电压（kV）</th><th>发电机额定输出电流（A）</th><th>发电机额定功率因数</th></tr>
<tr><td rowspan="2">火电</td><td>安徽淮南平圩发电厂一期工程 2×600MW，1989 年 11 月投产</td><td>国内首次引进国外技术制造的大型汽轮发电机组</td><td>600</td><td>20</td><td>19250</td><td>0.9</td></tr>
<tr><td>广东大唐潮州三百门电厂二期工程 2×1000MW，2009 年和 2010 年上半年两台机组分别并网发电</td><td>中国单机容量最大的火电机组</td><td>1000</td><td>27</td><td>23760</td><td>0.9</td></tr>
</table>

（续表）

案例		案例特点	单机额定功率（MW）	发电机端额定电压（kV）	发电机额定输出电流（A）	发电机额定功率因数
水电	湖北宜昌三峡水电站 26×700MW，2003 年开始蓄水发电，于 2009 年全部完工	当今世界装机容量最大的水电站	700	20	22453	0.9
	云南、四川金沙江水电基地向家坝水电站 8×750MW，2012 年上半年投产	采用目前国际上额定容量最大的水轮发电机组	750	20	24057	0.9
核电	广东深圳大亚湾核电站 2×900MW，1994 年投入商业运行	中国第一座大型商用核电站	900	26	22206	0.9
	江苏田湾核电站是中国和俄罗斯技术合作项目。一期工程是两台装机容量 1060MW 的压水堆核电机组。1、2 号机分别于 2007 年 5 月 17 日和 8 月 16 日正式投入商业运行。远期规划是 8 台核电机组，总容量达到 800 万～1000 万千瓦	将成为中国大陆单机容量最大及总装机容量最大的核能发电站	1060	——	——	——

思考问题

◆ 电能从发电厂输送到我们身边的用电设备都经过了哪些环节？这些环节都有哪些电气设备？

◆ 电气设备通常如何分类？

◆ 什么叫电气一次设备？什么叫电气二次设备？

◆ 什么叫电气一次系统图？

◆ 电气一次设备图形符号是如何规定的？

学习必读

一、电力传输环节

电能从发电厂传送到用电设备经过的环节如图 1－1－4 所示。

由阅读资料可见现代大容量发电机的机端电压并不高（最高 27kV），因此发电机的输出

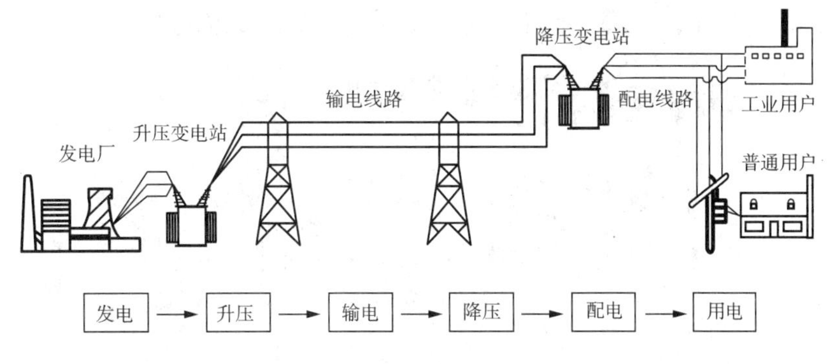

图 1-1-4　电能传输基本环节

电流是巨大的(可达到 2 万安培以上),这将会在输电线路上造成极大的电能损耗及电压损耗。交流输电系统三相视在功率(S)、线电压(U)、线电流(I)的关系如下:$S=\sqrt{3}UI$。当输送功率一定时,如果增高电压,则可以减小电流,也就可以减少在输电线路上的电能损耗及电压损耗;而且输电线路也可以选择较小的线径,从而节省有色金属。因此,发电厂必须设置升压变压器将发电机的电压变换为高电压才能远距离送出电力;同时,高压输电线路将电能传送到负荷中心时,应通过降压变压器将高电压降低到用电设备所适用的低电压。所以说,电力系统中,发电厂生产的电能,一般先由电厂的升压站升压,经高压输电线路送出,再经变电站若干次降压后,才能供给用户使用。

二、电气设备分类

为了满足电能的生产、转换、输送和分配的需要,除输配电线路外,发电厂和变电站中安装有各种电气设备。

1. 电气设备按电压等级分为高压和低压两类

高压电气设备是指电压等级在 1000V 及以上者;低压电气设备是指电压等级在 1000V 以下者。

2. 电气设备按照在电力系统中的地位和作用分为一次设备和二次设备两类

与电能生产、输送、使用直接有关的设备,称为电气一次设备;对电气一次设备进行监察、测量、控制、保护、调节的辅助设备,称为电气二次设备。

三、电气一次设备举例

(1)生产和转换电能的设备

① 同步发电机(见图 1-1-5)。作用是将机械能转换成电能。

图 1-1-5　同步发电机

② 变压器(见图1-1-6)。作用是将电压升高或降低,以满足输配电需要。

图1-1-6 变压器

③ 电动机(见图1-1-7)。作用是将电能转换成机械能,用于拖动各种机械。发电厂、变电站使用的电动机,绝大多数是异步电动机,或称感应电动机。

图1-1-7 电动机

(2)开关电器

开关电器用来接通或断开电路。高压开关电器主要有以下几种:

① 负荷开关(见图1-1-8)。仅用来在正常工作情况下,断开和闭合正常工作电流的开关电器。

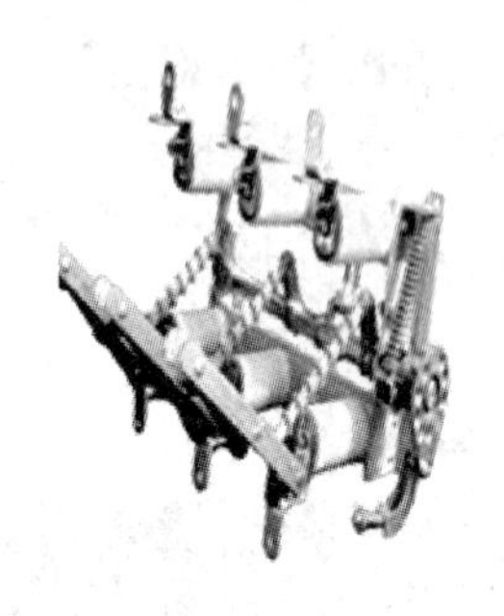

图1-1-8 负荷开关

② 断路器(见图1-1-9)。既用来断开和闭合正常工作电流,也用来断开和闭合过负荷电流或短路电流的开关电器。

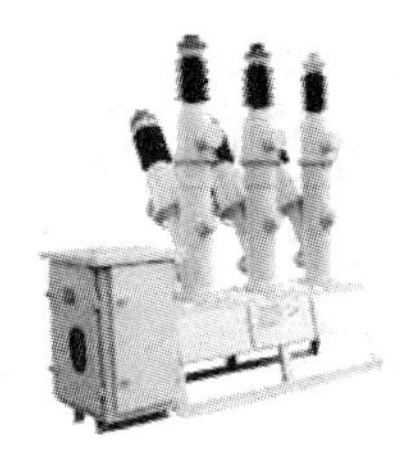

图 1-1-9　断路器

③ 隔离开关(见图 1-1-10)。不要求断开或闭合电流,只用来对被检修的电气设备隔离电压的开关电器。

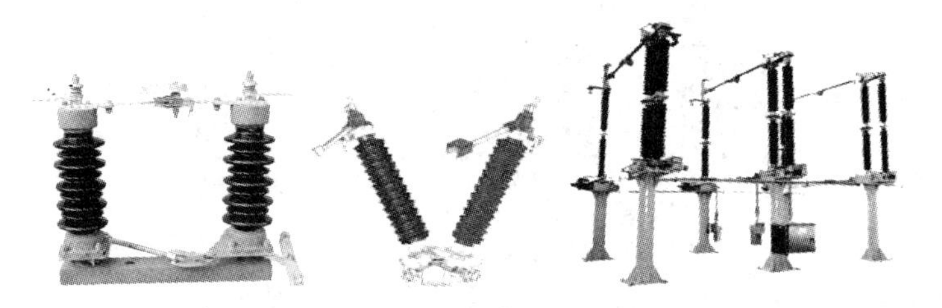

图 1-1-10　隔离开关

④ 接地闸刀(见图 1-1-11)。是一种用于将电路接地的机械式开关,属于隔离开关类别,主要作用有:一是在高压设备和线路检修时将设备接地,保护人身安全;二是造成人为接地,满足继电保护要求。

图 1-1-11　接地闸刀

⑤ 熔断器(见图 1-1-12)。仅用来断开故障情况下的过负荷电流或短路电流的开关电器。

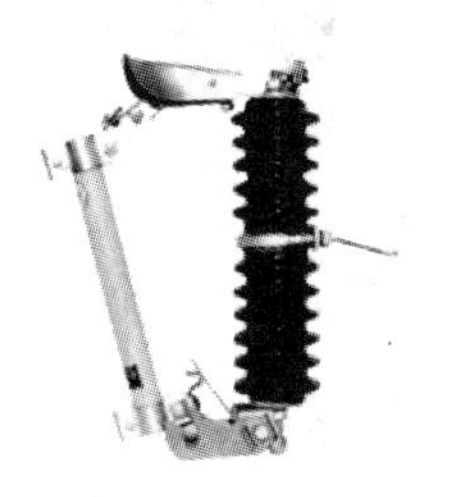

图 1-1-12　熔断器

(3)限流电器

串联电抗器作用是限制短路电流,见图 1-1-13。

图 1-1-13 串联电抗器

(4)载流导体

① 母线(见图 1-1-14)。用来汇集和分配电能或将发电机、变压器与配电装置连接。

图 1-1-14 母线

② 架空线和电缆线(见图 1-1-15)。用来传输电能。

架空线

电缆线

图 1-1-15 架空线和电缆线

(5)补偿设备

① 调相机(见图 1-1-16)。是一种不带机械负荷运行的同步电动机,主要用来向电力系统输出感性无功功率,以调节电压控制点或地区的电压。

图 1-1-16　调相机

② 电力电容器(见图 1-1-17)。有并联补偿电容器和串联补偿电容器两类。并联补偿电容器与用电设备并联,发出无功功率,减少输电线路上的电流,从而减小输电线路上的电能损耗和电压损耗,并可提高系统供电能力;串联补偿电容器与线路串联,抵消线路的部分感抗,从而提高系统的稳定输送容量、改善电压质量、合理分配潮流,减少线路有功损耗。

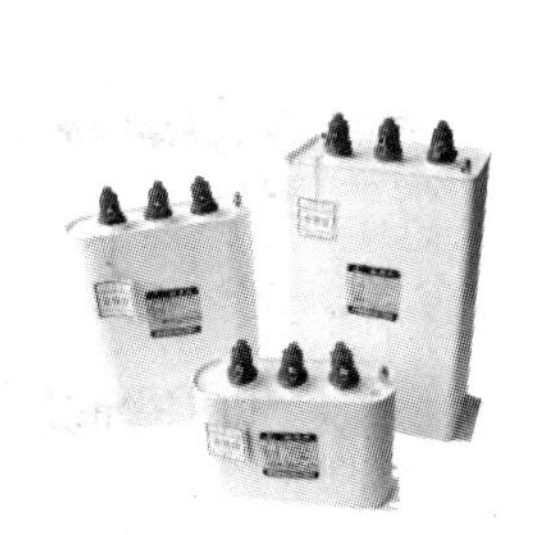

图 1-1-17　电力电容器

③ 消弧线圈(见图 1-1-18)。用来补偿小接地电流系统(66kV 及以下高压系统)的单相接地电容电流,以利于熄灭接地点电弧。

图 1-1-18　消弧线圈

④ 并联电抗器(见图 1-1-19)。一般装设在 330kV 及以上超高压配电装置的某些线

路侧。其主要作用是吸收线路的充电功率(电容性),改善沿线电压分布和无功分布,抑制过电压和降低有功损耗。

图 1-1-19 并联电抗器

(6)仪用互感器

① 电流互感器(见图 1-1-20)。作用是将串联电路中交流大电流变成标准小电流(5A或 1A),供电给测量仪表和继电保护装置的电流线圈。

图 1-1-20 电流互感器

② 电压互感器(见图 1-1-21)。作用是将并联电路中交流高电压变成标准低电压(100V),供电给测量仪表和继电保护装置的电压线圈。

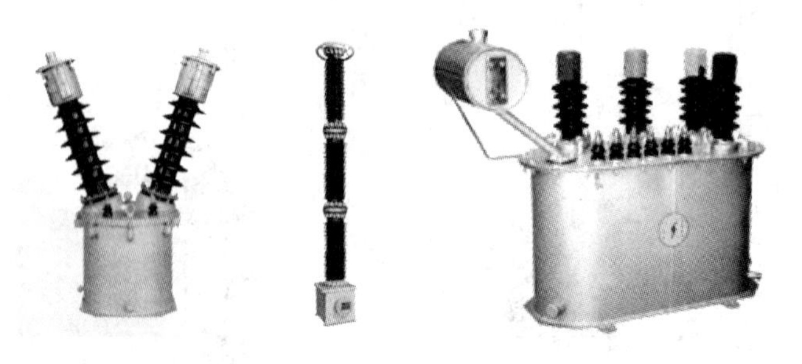

图 1-1-21 电压互感器

(7)防御过电压设备

① 避雷线(架空地线)(见图 1-1-22)。可将雷电流引入大地,保护输电线路免受雷击。

② 避雷器(见图 1-1-23)。可防止雷电过电压及内过电压对电气设备的危害。

③ 避雷针(见图 1-1-24)。可防止雷电直接击中配电装置的电气设备或建筑物。

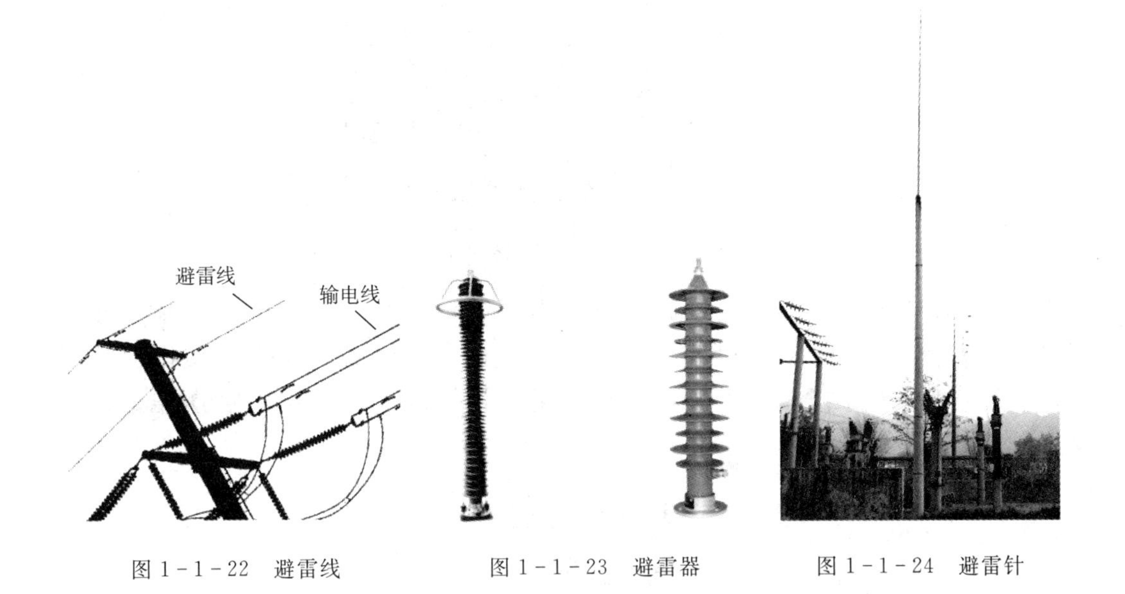

图 1-1-22　避雷线　　图 1-1-23　避雷器　　图 1-1-24　避雷针

(8)绝缘子

绝缘子(见图 1-1-25)用来支持和固定载流导体,并使载流导体与地绝缘,或使装置中不同电位的载流导体间绝缘。

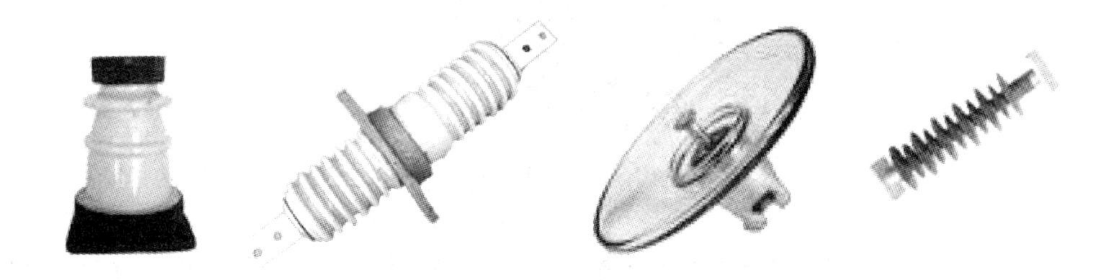

图 1-1-25　绝缘子

(9)接地装置

接地装置(见图 1-1-26)由接地线和接地体组成,用来保证电力系统正常工作或保护人身安全。前者称工作接地,后者称保护接地。

(10)耦合电容器和阻波器

耦合电容器(如图 1-1-27 所示)、阻波器(如图 1-1-28 所示)是电力载波通信设备中的组成元件,与结合滤波器、高频电缆、高频收发信机等组成电力线路高频通信通道(如图 1-1-29 所示)用于高频载波通信或电力线路高频保护。耦合电容器并联于电力线路的出线端,阻波器则串联于电力线路的出线端。

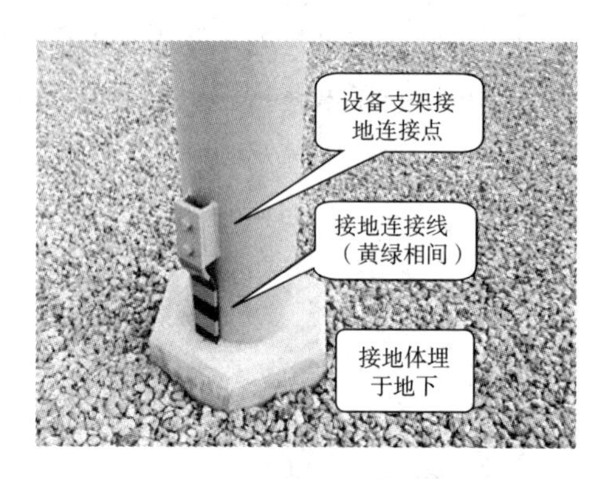

图 1-1-26　设备支架接地连接点

阻波器的作用简单地来说就是通工频（50Hz）、阻高频（30～500kHz），阻止高频信号电流向其他分支泄漏，起到减少高频能量损耗的作用；耦合电容器的作用与阻波器正好相反，它是通高频、阻工频；结合滤波器用来补偿耦合电容器的容抗，使载波电流的耦合衰减降至最小。

图 1-1-27　耦合电容器

图 1-1-28　阻波器

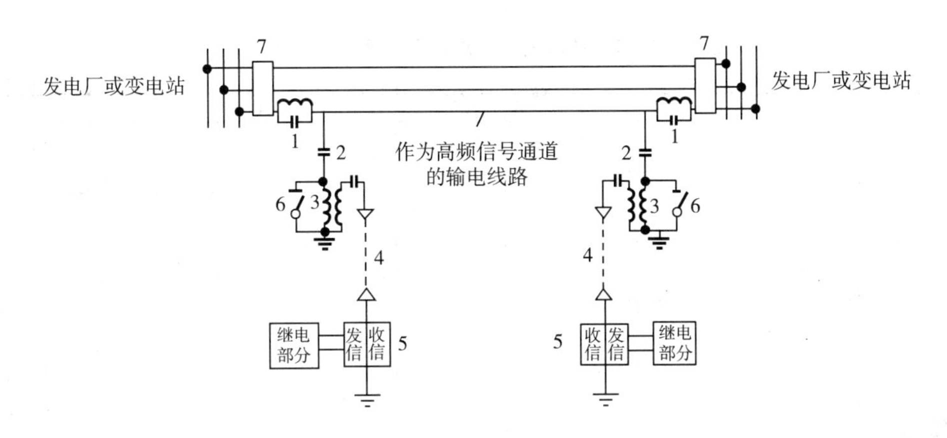

图 1-1-29　高频通信通道示意图

1—阻波器；2—耦合电容器；3—结合滤波器；4—高频电缆；5—高频收发信机；6—闸刀；7—开关设备

四、电气二次设备举例

1. 测量表计

测量表计用来监视、测量电路的电流、电压、功率、电能、频率及设备的温度等，如电流表、电压表、功率表、电能表、频率表、温度表等。

2. 控制装置

控制主要是指采用手动（用控制开关或按钮）或自动（继电保护或自动装置）方式通过操作回路实现配电装置中断路器的合、跳闸。

3. 信号装置

断路器都有位置信号灯，有些隔离开关有位置指示器。主控制室设有中央信号装置，用来反映电气设备的事故或异常状态。

4. 继电保护装置

继电保护装置的作用是当故障发生时，作用于断路器跳闸，自动切除故障元件；当出现异常情况时发出信号。

5. 自动装置

自动装置的作用是用来实现发电厂的自动并列、发电机自动调节励磁、电力系统频率自动调节、按频率启动水轮机组；实现发电厂或变电站的备用电源自动投入、输电线路自动重合闸及按事故频率自动减负荷等。

6. 直流电源设备

直流电源设备包括蓄电池组和硅整流装置，用作开关电器的操作、信号、继电保护及自动装置的直流电源，以及事故照明和直流电动机的备用电源。

五、电气一次设备图形和文字符号

常用一次设备名称及图形符号如表 1-1-3 所示。

表 1－1－3　常用电气一次设备图形及文字符号

名　称	图形符号	文字符号	名　称	图形符号	文字符号	名　称	图形符号	文字符号
交流发电机		G	普通电抗器		L	接触器的主动合，主动断触头		K
调相机		G	分裂电抗器		L	母线、导线		W
交流电动机，直流电动机		M	断路器		QF	电缆终端头		-
双绕组变压器，有载调压双绕组变压器		T	隔离开关		QS	电缆线		-
三绕组变压器有载调压三绕组变压器		T	具有中间断开位置的双向隔离开关		QS	屏蔽（护罩）		-
三绕组自耦变压器有载调压三绕组自耦变压器		T	负荷开关		QL	电容器		c
消弧线圈		L	具有自动释放的负荷开关		QL	避雷器		F
双绕组、三绕组电压互感器		TV	熔断器一般符号		FU	火花间隙		F
具有两个铁芯和两个次级绕组、一个铁芯两个次级绕组的电流互感器		YA	跌开式熔断器		FU	接地一般符号		E

六、电气一次系统及电气二次系统

（1）由电气一次设备按照设计要求连接起来，表示生产、汇集和分配电能的电路称为电气一次系统，如图 1－1－30 所示。

图 1－1－30　电气一次系统

（2）由电气二次设备按照设计要求连接起来的电路称为电气二次系统，如图 1－1－31 所示。

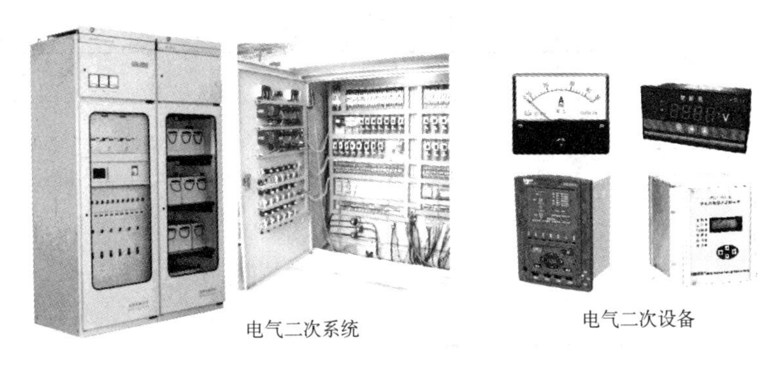

图 1-1-31　电气二次设备构成电气二次系统

继续探讨

◆ 能源是如何分类的？
◆ 什么是一次能源？什么是二次能源？
◆ 发电厂有哪些类型？
◆ 变电站有哪些类型？
◆ 什么叫无人值守变电站？
◆ 什么叫智能变电站？
◆ 什么叫智能一次设备？
◆ 我国智能电网发展规划是怎样的？

延伸拓展

一、能源概述

1. 能源及分类

(1)能源

能源是指为人类提供能量的天然物质。

(2)能源分类

① 一次能源——自然界中存在的可直接取得的能源。

② 二次能源——由一次能源经过加工或转换成另一种形态的能源。

③ 常规能源——在一定历史时期和科学技术水平下，已被人们广泛应用的能源。

④ 新能源——虽古老但采用了新的先进的科学技术而加以广泛应用的能源。

⑤ 可再生能源——在自然界中可以不断再生并有规律地得到补充的能源。

⑥ 不可再生能源——经过亿万年形成的，在短期内无法恢复的能源。

世界目前主要利用的一次能源有：煤炭、石油、天然气，在一次能源消费结构中这三者的总和约占 93%。能源分类见表 1-1-4。

表 1-1-4 能源分类表

一次能源				二次能源
不可再生能源		可再生能源		电力、焦炭、煤气、汽油、煤油、柴油、重油、沼气、蒸汽、热水
常规能源	新能源	常规能源	新能源	
煤、石油、天然气、核裂变	核聚变材料	水力	太阳能、风能、生物质能、海洋能、地热能	

2. 我国能源分布

(1)我国一次能源分布

中国煤炭资源保有储量的七成六分布在山西、内蒙古、陕西、新疆等北部地区;八成的水能资源分布在四川、云南、西藏等西部地区;陆地风能主要集中在“三北”地区(东北、华北北部、西北)。

(2)我国能源需求分布

中国三分之二以上的能源需求集中在东中部地区。

长期以来,中国电力发展注重就地平衡、分区平衡,大量火电厂集中分布在东中部,形成了大规模、远距离输煤的能源输送格局。由于中间环节多、调控难度大,直接导致了运力紧张和煤炭价格上涨。

从发展趋势看,预测中国煤炭开发重点将逐渐西移和北移,与能源消费中心的距离越来越远,能源输送的规模也越来越大。

3. 电能的优点及缺点

电能的开发和应用是人类征服自然过程中所取得的具有划时代意义的光辉成就。在现代文明中电被视为与空气和水一样重要。

(1)电能的优点

① 电能使用方便。电能转变成其他形式的能(如:光能、热能、机械能等)非常方便;易于实现有效和精确的控制,是现代工业自动化不可或缺的能源;用电能取代其他形式的能源(如:用电动机代替柴油机、用电气机车代替蒸汽机车、用电炉代替其他加热炉等)可提高效率 20%~50%。

② 电能生产传输方便。电能很容易由其他能源转换而来,便于大规模生产;电能的传输不受或很少受时间、地点、空间、气温、风雨、场地的限制,便于远距离输送。输送电能的损耗比输送机械能、热能的损耗都小得多。

③ 电能是一种环保能源。电能使用时无环境污染,被称为“清洁能源”。

(2)电能的缺点

① 电能不容易存储。用电高峰与用电低谷冲突太大。一个电站产生的电能,用电高峰时,往往不能满足用户需要,又不容易将用电低谷时的富余电量转到用电高峰时使用。

② 容易发生触电事故。电能看不见,你不能一眼就分清带电体带电还是不带电。每年

因触电死亡的人数也是很惊人的。

4. 我国十二五规划电力工业的发展方针

① 继续发展燃煤电厂，提高能源效率，减小环境污染；

② 加速水力资源的开发利用和水电厂的建设；

③ 发展核电技术并适度发展核电厂；

④ 开发风力和潮汐等可再生能源；

⑤ 加速建设输、配、变电工程，西电东送，促进区域电网互联，并最终形成全国电力系统。

二、发电厂类型

发电厂是把各种天然能源（一次能源）转换成电能（二次能源）的工厂。

1. 火力发电厂

(1)火力发电厂定义

利用煤、石油、天然气或其他燃料的化学能生产电能的工厂称为火力发电厂，简称火电厂。我国火电厂使用的燃料主要是煤，煤电在我国及世界发电中均占主导地位。

火电厂的电能生产过程是：燃料在锅炉中燃烧，释放出热量，将水加热产生蒸汽，用蒸汽冲动汽轮机，再由汽轮机带动发电机发出电力。

火电厂能量转换的基本过程是：燃料的化学能$\xrightarrow{\text{锅炉}}$热能$\xrightarrow{\text{汽轮机}}$机械能$\xrightarrow{\text{发电机}}$电能。

(2)火力发电厂按输出能源分类

1)凝汽式火力发电厂

凝汽式火力发电厂（又称凝汽式火电厂）只供给用户电能；目前凝汽式火电厂是我国主力发电厂。如图1-1-32所示为凝汽式火力发电厂生产过程示意图。

火电厂生产过程中，各个环节都有能量损失。主要的损失是汽轮机排气热损失。如果以锅炉燃用煤的发热量为100%，那么排气在凝汽器中凝结成水时被冷却水吸收带走的热损失占到50%以上。所以凝汽式火电厂的能量转换效率较低，只有30%～40%。

2)热力发电厂

热力发电厂（又称热电厂）装有供热式机组，除发电外还利用在蒸汽机中做功后的蒸汽对附近工业企业及城市供热。这样，便可减少被凝汽器中循环水带走的热量，热电厂就是这样的既发电又供热的热能综合利用电厂，现代热电厂能量转换效率可达60%～70%。

由于供热网络不能太长，所以热电厂总是建在热力用户附近。

2. 水力发电厂

(1)水力发电厂的定义

利用水流的流量和落差将水能转变成电能的工厂称为水力发电厂，简称水电厂。

构成水能的基本条件是：河水的流量和落差。流量和落差的大小决定水能的大小。水电站所发电力（千瓦）约为利用流量（米^3/秒）与利用落差（米）的乘积的8倍。

水电厂的电能生产过程是：从河流较高处或水库内引水，利用水的压力或流速冲动水轮机旋转，然后由水轮机带动发电机发出电力。

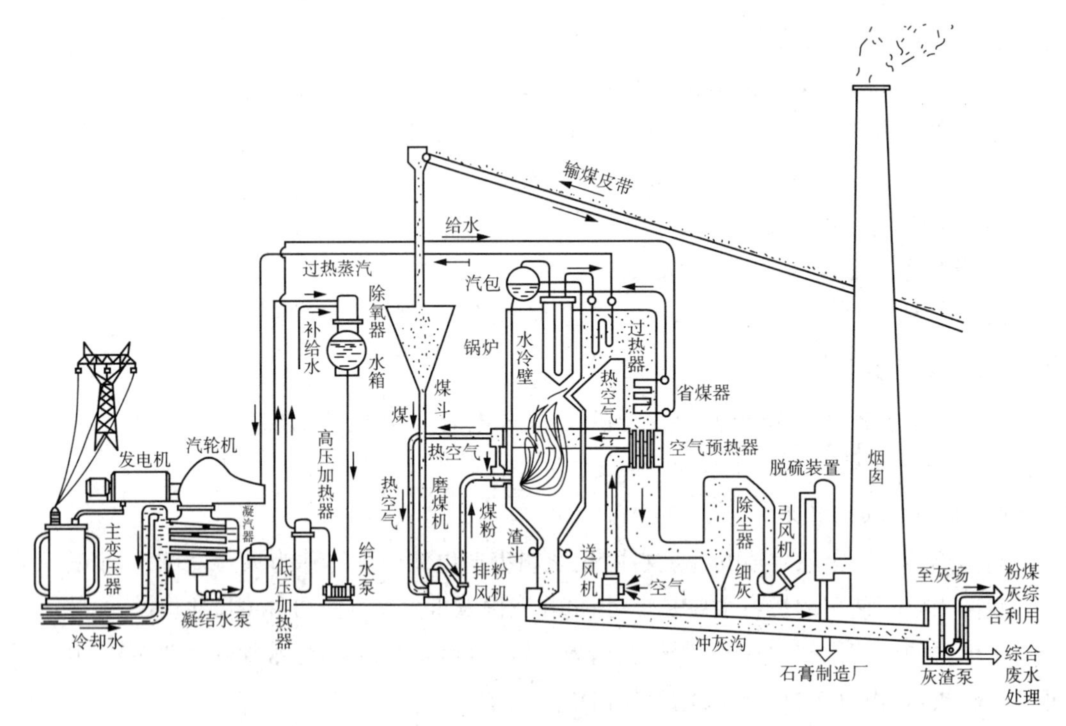

图 1-1-32　凝汽式火力发电厂生产过程示意图

水电厂能量转换的基本过程是：水能$\xrightarrow{\text{水轮机}}$机械能$\xrightarrow{\text{发电机}}$电能。

(2)按集中落差的方式水电厂分类

1)堤坝式水电站(或称坝库式、蓄水式)

在河道中拦河筑坝，形成水库，抬高上游水位，使上下游形成大的水位差，称为堤坝式水电站。堤坝式水电站又分为坝后式(图 1-1-33)和河床式(图 1-1-34)两种。

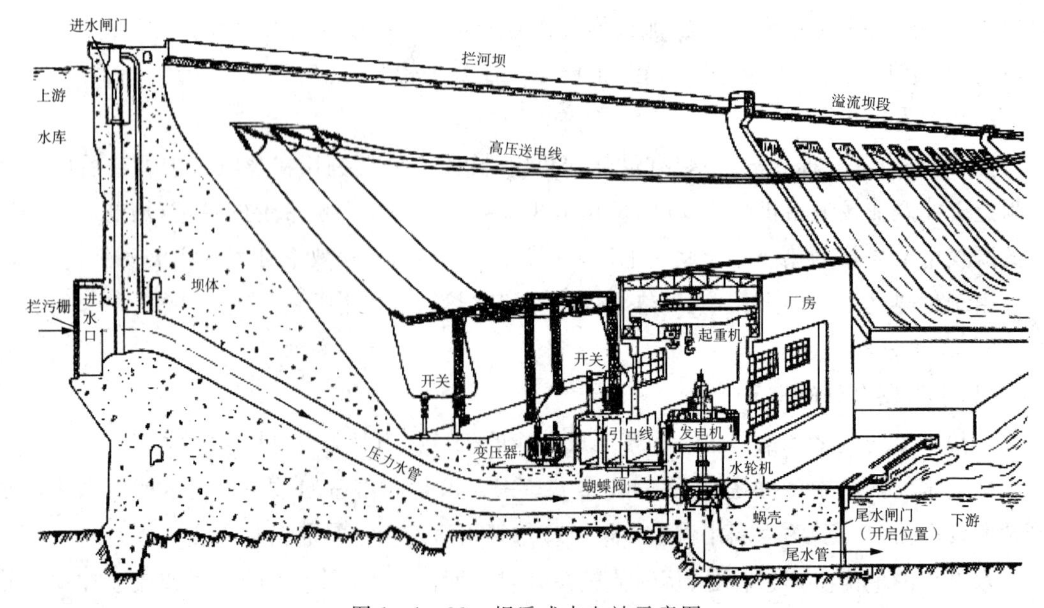

图 1-1-33　坝后式水电站示意图

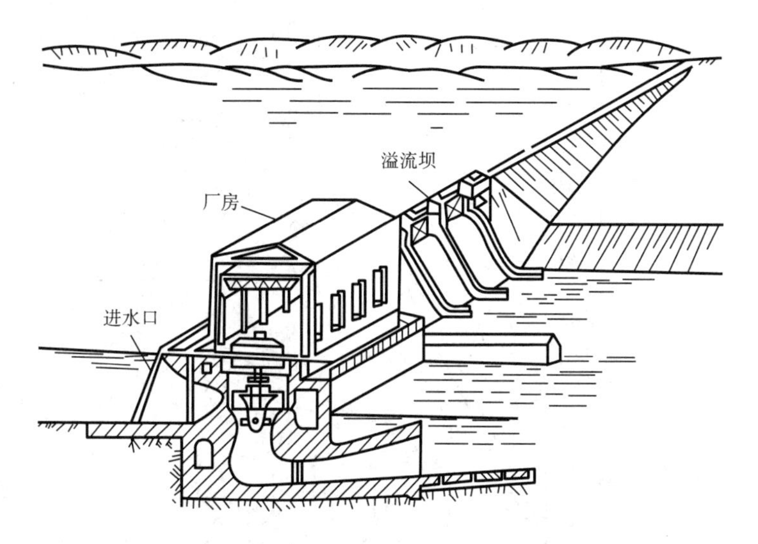

图 1-1-34　河床式水电站示意图

2)引水式水电站

水电站建在河流坡降较陡的河段或大河湾处，由引水系统将天然河道的落差集中用来发电。一般不需建坝或只修低堰。如图 1-1-35 所示为引水式水电站示意图。

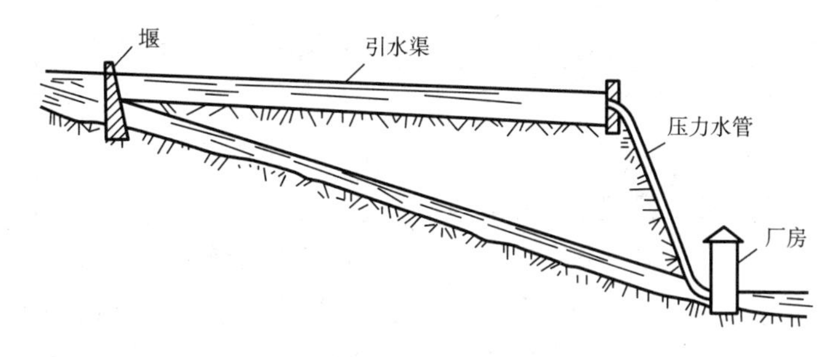

图 1-1-35　引水式水电站示意图

3)抽水蓄能电站

抽水蓄能电站是特殊形式的水电站。抽水蓄能电站可能是堤坝式或引水式。

抽水蓄能电站设有上游和下游两座水库，用压力隧洞或压力水管相连，装有可以兼做水泵和水轮机的抽蓄机组，利用电力系统用电低谷时的多余电能，从下游水库抽水蓄存到上游水库，将电能转换成水能；待用电高峰时从上游水库放水至下游水库进行发电，再将水能转换成电能。具有调频、调相、负荷备用、事故备用的功能。如图 1-1-36 所示为抽水蓄能电站示意图。

3. 核能发电厂

(1)核能发电的定义

利用原子核的裂变能转变为电能的工厂称为核能发电厂，简称核电站。核能发电厂由核岛及常规岛组成。核岛包括：反应堆、蒸汽发生器、稳定器和冷却剂；常规岛包括：汽轮发电机组。

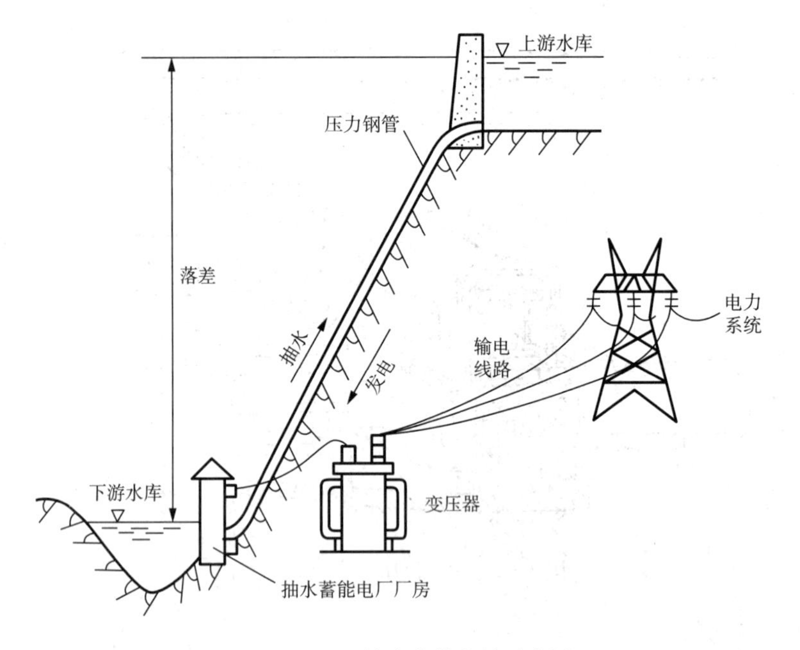

图 1-1-36　抽水蓄能电站示意图

核电厂的电能生产过程与一般火电厂相似。

核电厂能量转换的基本过程是：核能$\xrightarrow{\text{蒸汽发生器}}$热能$\xrightarrow{\text{汽轮机}}$机械能$\xrightarrow{\text{发电机}}$电能。

(2)核电站反应堆堆型介绍

1)轻水堆

以轻水(普通水)作慢化剂和冷却剂。

核电站裂变反应堆中的核燃料主要是 U_{235}，U_{235} 容易在慢中子的撞击下裂变，释放出巨大能量，同时释放出新的中子。慢化剂的作用就是使裂变反应中产生的快中子速度减慢(称为热中子)以适合反应。冷却剂的作用是吸收核裂变产生的热量用于发电。

轻水堆式有两种堆型：压水堆和沸水堆。

① 轻水堆式压水堆发电方式如图 1-1-37 所示。

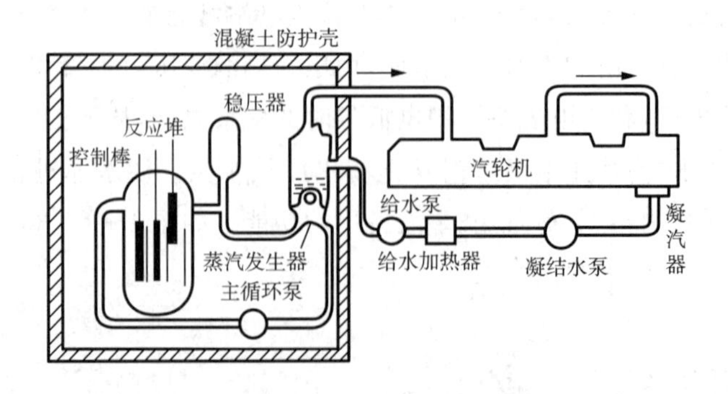

图 1-1-37　轻水堆式压水堆核电厂发电方式示意图

压水堆核电厂实际上是用核反应堆和蒸汽发生器代替一般火电厂的锅炉，加热水使之成为一定压力、温度的蒸汽，推动汽轮发电机组发电。

② 轻水堆式沸水堆发电方式如图 1-1-38 所示。

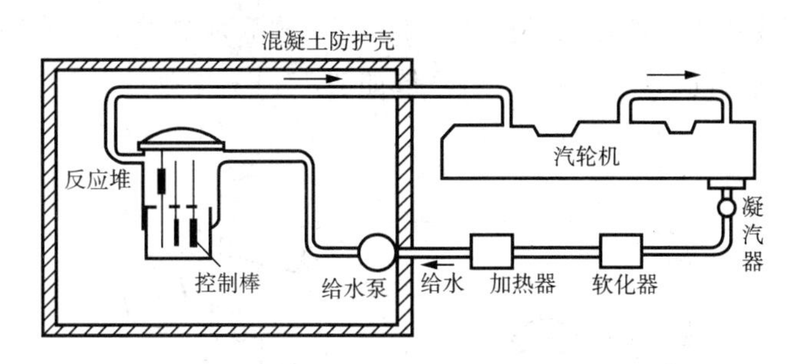

图 1-1-38　轻水堆式沸水堆核电厂发电方式示意图

沸水堆核电厂是以沸腾轻水为慢化剂和冷却剂并在反应堆内直接产生饱和蒸汽，通入汽轮机做功发电；做完功的蒸汽凝结成水由给水泵再送入反应堆。

2)重水堆

以重水为慢化剂，重水或沸腾轻水作冷却剂。

3)石墨气冷堆

以石墨为慢化剂，以二氧化碳(或氦气)作冷却剂。

4)石墨沸水堆

以石墨为慢化剂，以沸腾轻水作冷却剂。

4. 其他新能源发电

(1)风力发电

流动空气所具有的能量，称为风能。将风能转换为电能的发电方式，称为风力发电。风力发电装置如图 1-1-39 所示。

风电场电能的生产过程是：风力机将风能转化为机械能(属于低速旋转机械)，升速齿轮箱将风力机轴上的低速旋转变为高速旋转，带动发电机发出电能，电能经电缆线路引至配电装置，然后送入电网。

风电场能量转换的基本过程是：风能$\xrightarrow{\text{风力机}}$机械能$\xrightarrow{\text{发电机}}$电能。

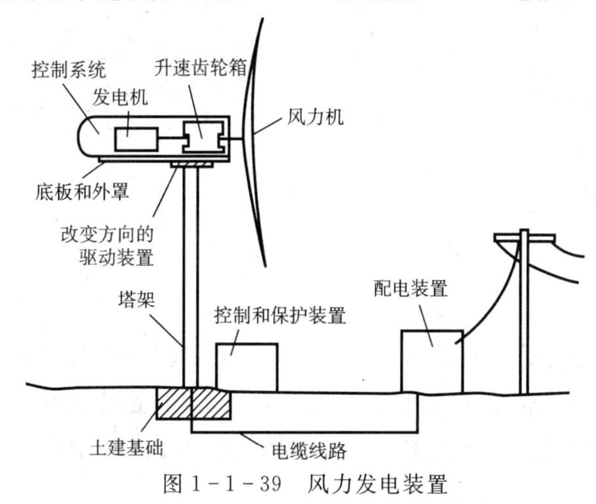

图 1-1-39　风力发电装置

(2)地热发电

利用地下蒸汽或热水等地球内部热能资源发电,称为地热发电。地热蒸汽发电的原理和设备与火电厂基本相同。闪蒸地热发电系统如图 1-1-40 所示。

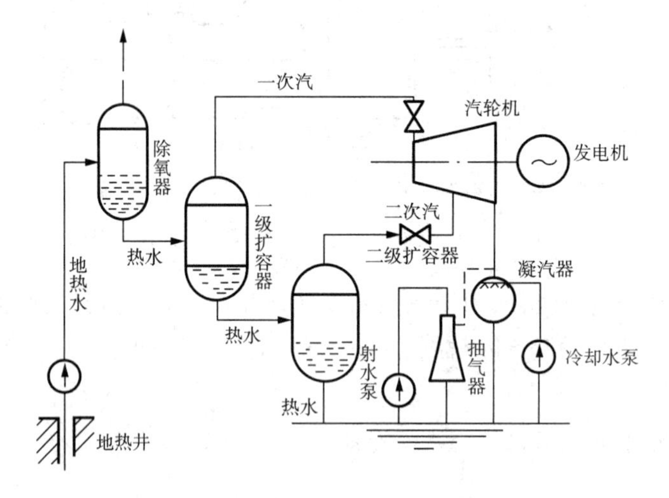

图 1-1-40 闪蒸地热发电系统

(3)太阳能发电

太阳能发电分为太阳能热发电和太阳能光发电。

1)太阳能热发电

太阳能热发电是将吸收的太阳辐射热能转换成电能的装置,其基本组成与常规火电设备类似。如图 1-1-41 所示为塔式太阳能发电站示意图。

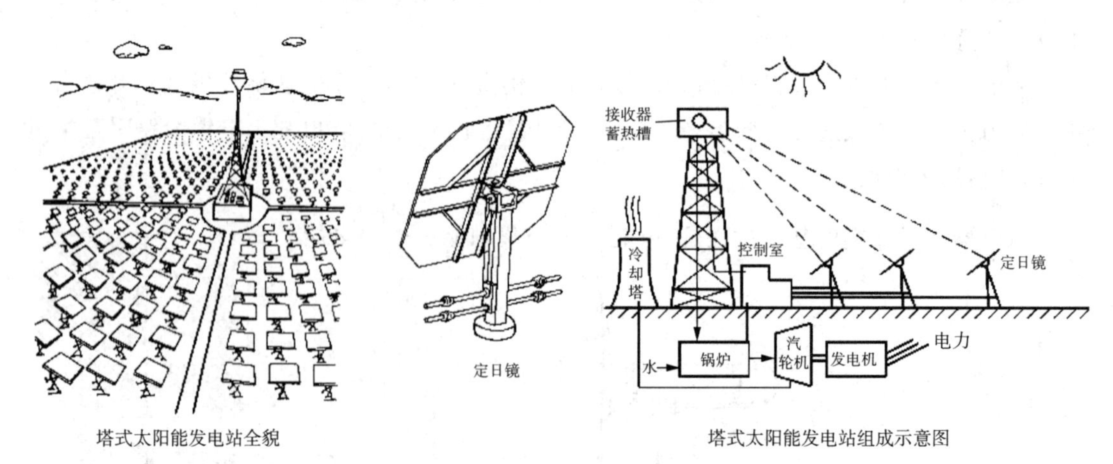

塔式太阳能发电站全貌　　塔式太阳能发电站组成示意图

图 1-1-41 塔式太阳能发电站

2)太阳能光发电

太阳能光发电是不通过热过程而直接将太阳的光能转变成电能,有多种发电方式,其中光伏发电方式是主流。光伏发电是把照射到太阳能电池(也称光伏电池,是一种半导体器件,受光照射会产生伏打效应)上的光直接变换成电能输出。如图 1-1-42 所示为光伏发

电示意图。

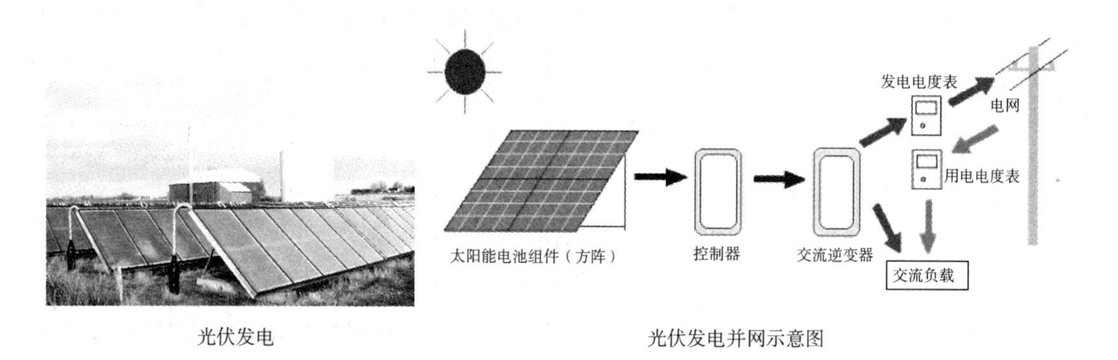

光伏发电　　　光伏发电并网示意图

图 1-1-42　光伏发电示意图

(4)生物质能发电

生物质能是绿色植物通过叶绿素将太阳能转化为化学能而储存再生。

生物质发电系统是以生物质能为能源的发电工程，如垃圾焚烧发电、沼气发电、蔗渣发电等。

(5)海洋能发电

海洋能是蕴藏在海水中的可再生能源，如潮汐能、波浪能、海流能、海洋温差能、海洋盐差能等。

三、变电站的类型

变电站有多种分类方法：按电压等级分、按功率方向分、按在系统中的地位和作用分、根据设备安装位置分、按变电站围护结构分、按值班方式分及按变电站发展分。

1. 按最高电压等级分

按照变压器的最高电压级分为 500kV 变电站、220kV 变电站、110kV 变电站等。

2. 按功率方向分

主要功率方向由变压器的低压侧流向变压器的高压侧（如发电机出口的变压器），称为升压变电站；主要功率方向由变压器的高压侧流向变压器的低压侧（如用户的配电变压器），称为降压变电站。

3. 按在电力系统中的地位和作用分

如图 1-1-43 所示为变电所类型示意图。

(1)枢纽变电站

枢纽变电站处于电力系统枢纽位置，多个大型发电厂发出的电力均通过高压或超高压输电线路送至枢纽变电站，其变电容量大、电压等级高。

枢纽变电站如发生故障，会危害电力系统的安全运行，造成大面积停电；严重时，甚至会破坏系统的稳定，使系统瘫痪。所以枢纽变电站的可靠运行对电力系统运行的稳定性及可靠性起着重要的作用。

我国现今建设的枢纽变电站，一般为 500kV 或 330kV 的电压等级。

(2)中间变电站

中间变电站其电压等级多为 220～330kV,高压侧以交换功率为主或使高压长距离输电线路分段。另外,中间变电站也降压向所在地区用户供电。全站停电时,将引起区域电网解列。

(3)地区变电站

地区变电站是一个地区或城市的主要变电站,最高电压一般为 110～220kV。如发生全站停电事故,将会造成地区电网的瓦解,影响整个地区的供电。

(4)终端变电站

终端变电站处于输电线路终端,一般经降压后直接向用户供电,电压一般为 110kV 及以下。全站停电时,仅使其所供的用户中断供电。

(5)用户变电站

用户变电站是用户接受、转换和分配电能的中心,用户变电站都是降压变电站。根据它服务的对象可分为:工厂企业变电站、矿山(井下)变电站、(铁道)牵引变电站、农村变电站、一般单位变电站等。

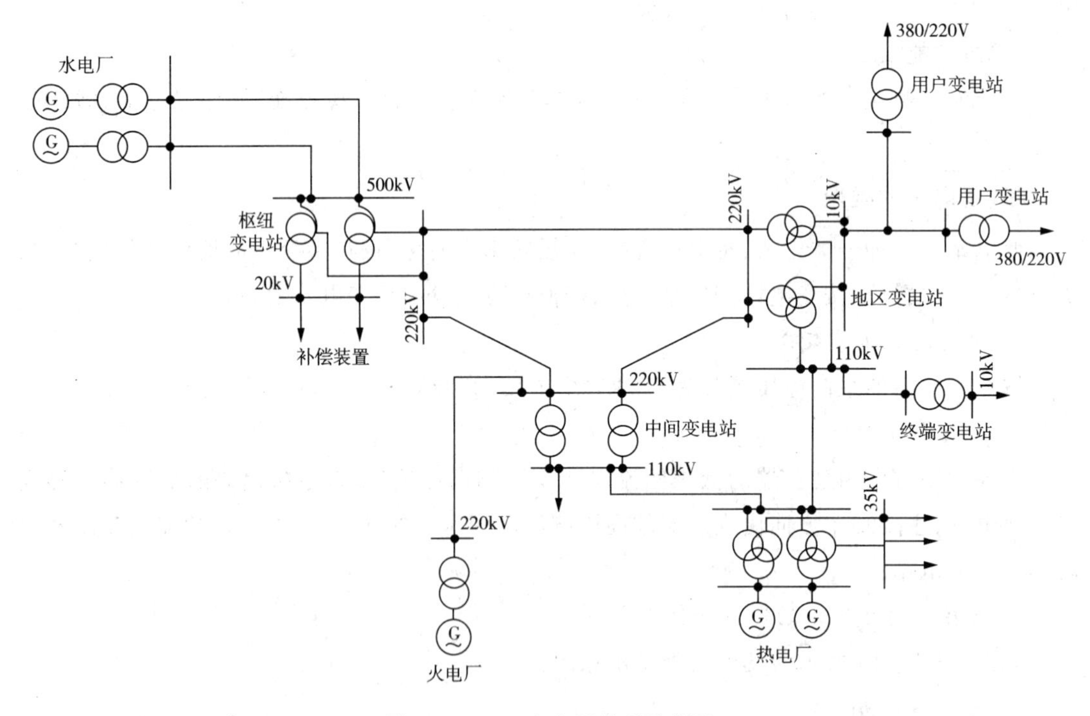

图 1-1-43　变电所类型示意图

4. 按设备安装位置分

根据电气设备安装位置分为户外变电站、户内变电站、半户外变电站和地下变电站。

5. 按变电站围护结构分

(1)土建变电站

电气设备全部或部分敞露在大气环境中的常规变电站,称为土建变电站,如图 1-1-44

所示。由于电气设备采用敞露式结构且现场组装，所以占地面积大，建设周期长。

图 1-1-44　土建变电站

（2）箱式变电站

箱式变电站是一种将小型用户变电站的高压电气设备、配电变压器、低压电气设备以及电能计量、保护设备等按一定接线方案排成一体的工厂预制户内、户外紧凑式配电设备。其结构特点是变电站全部设备安装在一个防潮、防锈、防尘、防鼠、防火、防盗、隔热、全封闭、可移动的钢结构箱体内，机电一体化，全封闭运行。其主要特点是占地少，安装周期短，安全可靠性高。箱式变电站是继土建变电站之后崛起的一种崭新的变电站，适用于矿山、工厂企业、油气田、风力发电站，住宅小区、城市公用变、繁华闹市、施工电源等。

箱式变电站分为“高压/低压预装式变电站（欧式箱变）”和“组合式变压器（美式箱变）”两类，如图 1-1-45 和图 1-1-46 所示。

图 1-1-45　高压/低压预装式变电站

图 1-1-46　组合式变压器

6. 按值班方式分

按值班方式分有人值班和无人值班两类。

1）有人值班变电站是指变电站内有固定的运行、维护值班人员。

2）无人值班变电站的所内没有固定运行、维护值班人员，变电站的运行监测、控制操作是通过远方监控装置实现，设备采取定期巡视维护。

远方监控装置包括：远方控制端及远方监控终端。①远方控制端设置在与无人值班变电站相关的有固定值班人员的调度机构（某中心变电站或一个独立的集中控制中心）。运行监测、主要控制操作由值班人员通过调度自动化设施的“五遥”功能进行，“五遥”即：遥测、遥信、遥调、遥控、遥视。②远方监控终端设置在被监控变电站内，包括信息采集、处理、发送，命令接受、输出和执行的设备。

无人值班变电站日常操作与监视由调度机构（或某中心变电站或独立的集中控制中心）通过调度自动化设施的“五摇”功能进行。

无人值班变电站的电压等级已从35kV、110kV到220kV，并且正在向更高的电压等级发展。

7. 按变电站发展分

按变电站的发展分为常规变电站、综自变电站、数字变电站及智能变电站。

(1)常规变电站

常规变电站的二次系统主要构成部分有：保护屏、控制屏、中央信号屏、故障录波屏等。

(2)综合自动化变电站

综合自动化变电站二次系统由多台微型计算机和大规模集成电路组成的自动化系统，代替常规的测量和监视仪表及各功能屏；用微机保护代替常规的继电保护屏，改变常规的继电保护装置不能与外界通信的缺陷。

(3)数字化变电站

数字化变电站核心在如下两方面：一是采用了统一的通信标准(IEC 61850标准)，二是一次设备智能化(采用了电子式电压和电流互感器)。

(4)智能化变电站

智能化变电站是数字化变电站的升级和发展，数字化变电站是智能化变电站的前提和基础，是智能化变电站的初级阶段，智能化变电站拥有数字化变电站的所有自动化功能和技术特征，在数字化变电站的基础上，结合智能电网的需求，对变电站自动化技术进行充实以实现变电站智能化功能。

智能变电站是智能电网的基本环节；智能设备是智能电网的基本元件。

国家电网公司《智能变电站技术导则》(Q/GDW 383—2009)对智能变电站定义如下，“采用先进、可靠、集成、低碳、环保的智能设备，以全站信息数字化、通信平台网络化、信息共享标准化为基本要求，自动完成信息采集、测量、控制、保护、计量和监测等基本功能，并可根据需要支持电网实时自动控制、智能调节、在线分析决策、协同互动等高级应用功能的变电站。”

国家电网公司《智能变电站技术导则》对智能一次设备定义如下，“一次设备与其智能组件的有机结合体，两者共同组成一台(套)完整的智能设备。”

智能一次设备是附加了智能组件的高压设备，智能组件通过状态感知和指令执行元件，实现状态的可视化、控制的网络化和信息互动化，为智能电网提供最基础的功能支撑。

高压设备与智能组件之间通过状态感知元件和指令执行元件组成一个有机整体。三者之间可类比为“身体”、“大脑”和“神经”的关系，即高压设备本体是“身体”，智能组件是“大脑”，状态感知元件和指令执行元件是“神经”。三者合为一体就是智能设备，或称高压设备智能化，是智能电网的基本元件。

四、我国智能电网建设规划

我国智能电网建设规划由国家电网公司主导建设，主要分三个阶段：

第一阶段为2009年到2010年的规划试点阶段；

第二阶段为2011年至2015年的全面建设阶段；

第三阶段从2016年至2020年，主要是引领提升阶段。

截至目前，国家电网制定了15项智能变电站标准，形成了世界首个智能变电站系列技术标准。申请专利126项，整体技术水平国际领先。

国家电网已将智能变电站作为推广工作之一。根据国家电网规划，智能变电站将成为新建变电站的主流，迎来爆发式增长："十二五"期间，国家电网将在全国建立5000座左右的智能变电站。2016年～2020年，我国还将建设7700座左右的智能变电站。

项目二 电气设备运行维护相关的电器原理

任务一 电气设备动稳定知识

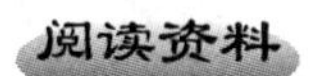

案 例

一、事故部分经过

2000 年 8 月某日 22:50,某变电站 1 号主变压器(简称主变)差动、重瓦斯保护(主保护)动作,高、低压侧开关掉闸;1 号主变压力释放阀动作喷油。

二、现场检查部分现象

(1)1 号主变瓦斯继电器及下部放油阀处取油样分析

为高能量放电性事故;电气试验不合格,判断为 C 相绕组短路;变形试验确定为中压侧 C 相绕组有变形,判断为中压侧 C 相绕组有故障。

(2)1 号主变吊检发现损坏情况

① C 相绕组上部压板及对应的铁轭上部有大量的铜沫及烧黑的电磁线绝缘纸片。

② 高压调压绕组线段有多处轻微的变形,个别线段有压塌现象,部分线段幅向松动。

③ 35kV 侧 C 相绕组变形严重且多处绝缘破裂露铜。

三、绕组严重变形原因的综合分析

当变压器出口短路时,短路电流急剧增加,由于内部漏磁场的增大而产生电动力,造成绕组的位移和变形,导线绝缘在电动力的作用下产生摩擦或拉伸造成纵绝缘损坏,在故障电压、电流的作用下,发生纵绝缘击穿放电事故或放电短路事故。

四、事故部分结论

2000 年 8 月某日 22:00~24:00 由于雷雨天气、高温高湿,而发生的 35kV 线路因雷电间歇性放电接地故障。1 号主变向故障点输送短路电流,而变压器在设计和制造工艺上存在问题较多,不能再承受近区域故障电流的冲击,使 C 相、B 相绕组严重变形,造成 C 相匝间纵绝缘放电短路,变压器的重瓦斯、差动保护动作掉闸,切断三侧开关。

思考问题

◆ 电动力会对电气设备造成哪些危害？

◆ 对于电气设备的动稳定性如何定义？

◆ 哪种短路类型、短路后什么时刻引起的电动力最大？

◆ 三相导体水平布置，通过三相短路电流时，通常应重点考核哪一相导体的电动稳定性？为什么？

◆ 三相水平排列的导体系统三相短路最大电动力如何计算？

◆ 电动力的方向如何判断？

◆ 电动力与哪些因素有关？

学习必读

导体通过电流时因磁场，相互间会产生作用力，称为电动力。正常工作电流产生的电动力不大，不会影响电气设备的安全运行。但是，当发生短路时，特别是冲击电流 i_{ch}（如图 1-2-1 所示）通过时，则会产生很大的电动力，可能会使母线和电器遭到破坏。

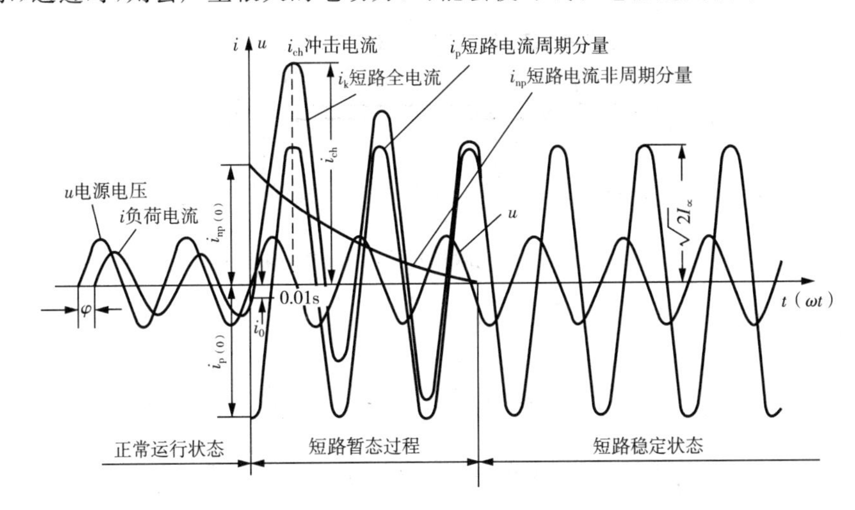

图 1-2-1　无限大容量系统发生三相短路时的电压、电流曲线

一、交流电动力的大小计算式

1. 两根平行导体之间电动力的计算

两根平行导体之间的相互作用力示意如图 1-2-2 所示。

电动力计算式为

$$F=2K_x i_1 i_2 \frac{L}{a}\times 10^{-7}\quad(\mathrm{N})$$

对计算式的理解：

1)两根导线的电动力与两根导线中所通过的电流($i_1 i_2$)大小成正比，又与导体的长度

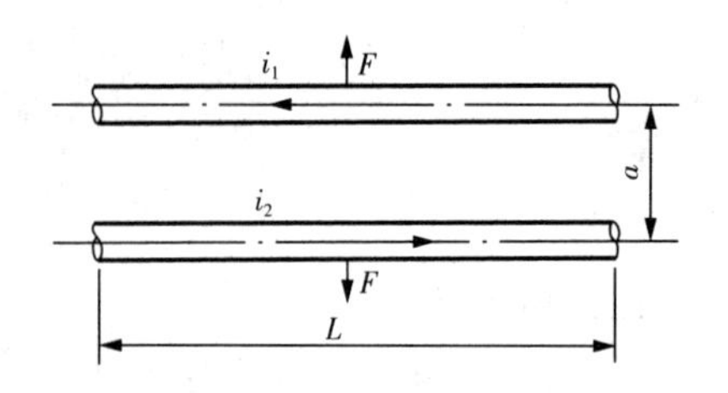

图 1-2-2　两根平行载流导体的相互作用力

(L)成正比,与两根导线间的距离(a)成反比。

2)K_x是电流不集中于导体轴心时引入的修正系数,当电流集中于轴心时 K_x取 1。

① 平行圆形或管形载流导体可以认为电流集中在导体轴线上。

② 矩形截面导体 K_x计算比较复杂,所以在工程设计时通过查“截面形状系数曲线”(参阅《电力工程电气设计手册—电气一次部分》)而得。

2. 三相系统发生两相短路时导体之间最大电动力的计算

三相系统两相短路时母线的相互作用力示意如图 1-2-3 所示。

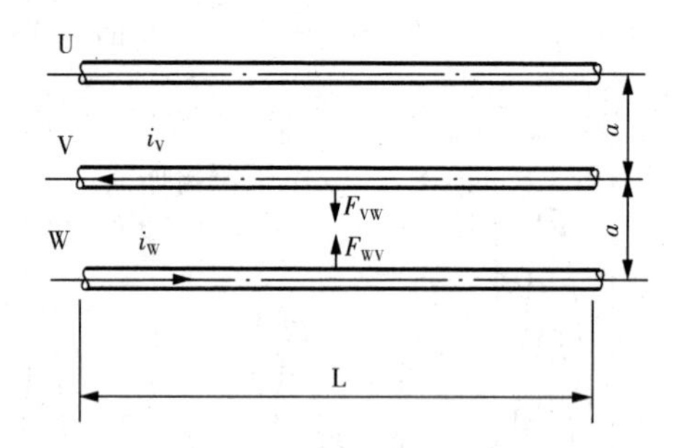

图 1-2-3　三相系统两相短路时母线的相互作用力

最大电动力计算式为

$$F_{\max}^{(2)}=2K_x\cdot i_{ch}^{(2)^2}\frac{L}{a}\times10^{-7}\quad(\mathrm{N})$$

式中,$i_{ch}^{(2)}$为两相短路最大瞬时值,即两相短路冲击电流。

3. 三相系统发生三相短路时导体间最大电动力的计算

三相水平布置硬母线的相互作用力示意如图 1-2-4 所示。

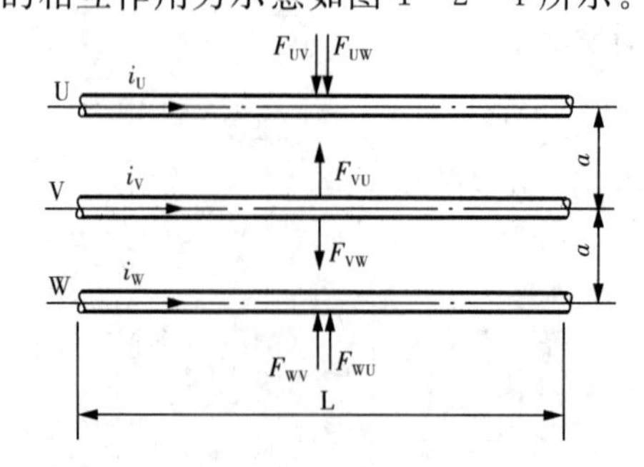

图 1-2-4　三相水平布置硬母线的相互作用力

最大电动力计算式为

$$F_{max}=1.73\times10^{-7}\beta\frac{L}{a}i_{ch}^{2}\quad(N)$$

对计算式的理解：

1)在对称三相系统中，同一平面三相水平布置的母线两边相导体所受电动力的大小相等，而中间相受力最大，应校验中间一相母线上的最大破坏应力，所以上式 F_{max} 是中间相母线上的受力。

2)三相短路时以电动力的最大瞬时值即冲击电流作为校验母线电动力稳定的依据，所以 i_{ch} 为三相短路冲击电流值。

3)式中 β 为计及振动时引入的动态应力系数。短路电动力是脉动的，会引起母线振动，产生附加破坏力。为了避免危险的共振，应使母线本身固有振动频率避开母线短路作用力的振动频率，这样就可以不计振动影响，否则就要计入。图 1-2-5 中可以看出：电动力中有较大的工频 50Hz 及 2 倍工频 100Hz 频率的分量，当母线的固有频率接近这两个频率之一时，就会出现共振现象，甚至使导体损坏。所以动态应力系数 β 在 50Hz 时最大，如图 1-2-6 所示，母线系统设计时均应尽量避免发生共振。

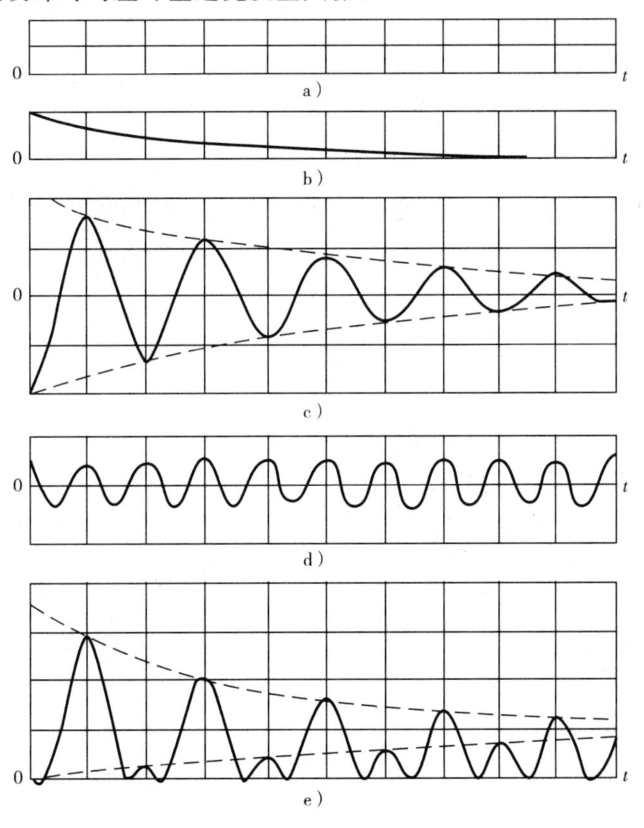

图 1-2-5 三相短路时中间相电动力的各分量及其合力

a)固定分量；b)按 Ta/2 衰减的非周期分量；c)按 Ta 衰减的工频分量；d)不衰减的 2 倍频工频分量；e)中间相(V 相)合力

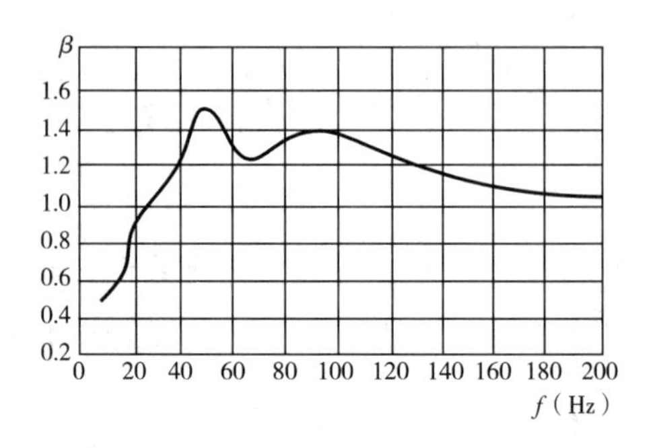

图 1-2-6　动态应力系数与母线固有频率的关系

4. 三相系统最大电动力发生在三相短路时

由于两相短路冲击电流 $i_{ch}^{(2)}$ 比三相短路冲击电流 $i_{ch}^{(3)}$ 小，$i_{ch}^{(2)}=\frac{\sqrt{3}}{2}i_{ch}^{(3)}=\frac{\sqrt{3}}{2}i_{ch}$，当两相导体中流过冲击电流 $i_{ch}^{(2)}$ 时，其最大电动力为

$$F_{max}^{(2)}=2K_x\cdot(i_{ch}^{(2)})^2\frac{L}{a}\times10^{-7}=2K_x(i_{ch})^2\frac{L}{a}\times10^{-7}=1.5\frac{L}{a}i_{ch}^2\times10^{-7}\quad(N)$$

上式两相短路最大电动力小于三相短路最大电动力，所以三相系统最大电动力是发生在三相短路时。

二、载流导体间电动力方向的判断

1. 安培左手定则

伸左手，大拇指与四指垂直，手心迎向磁感应强度 B 的方向，四指的方向与电流方向相同，则大拇指所指的方向即为电动力的方向（如图 1-2-7 所示）。

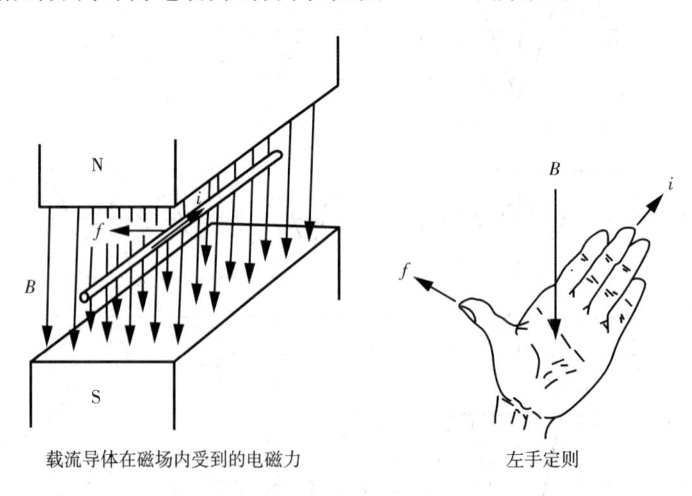

图 1-2-7　载流导体间电动力方向的判断

2. 两平行导体间电动力的方向

两平行导体间电动力的方向可利用安培左手定则判断。当两根平行导体的电流方向相同时，两根导体之间将产生吸力；而当电流方向相反时，则产生斥力（如图 1-2-8 所示）。

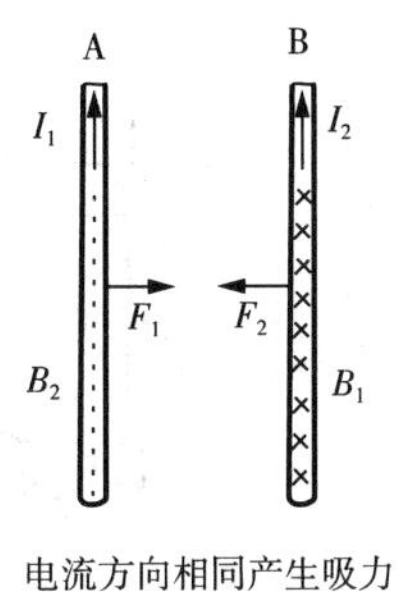

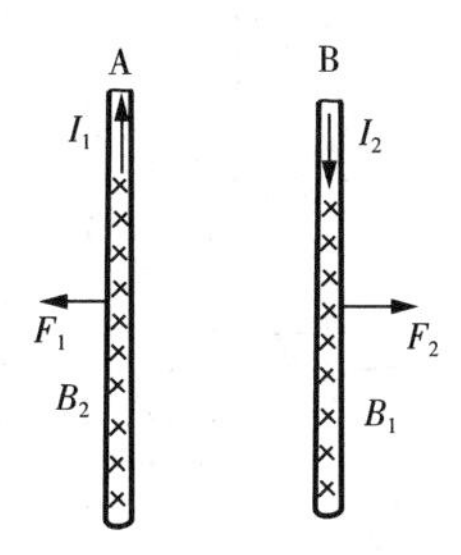

电流方向相同产生吸力　　电流方向相反产生斥力

图 1-2-8　两根平行导线间的电动力

3. 两同轴线平行放置线圈间电动力方向

可用磁极同性相吸，异性相斥的原理解释。当两同轴平行放置的线圈电流同向时，产生吸力；电流反向时则产生斥力(如图 1-2-9 所示)。

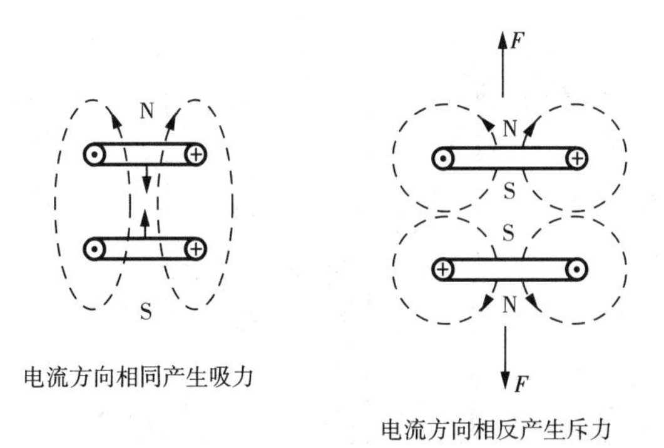

图 1-2-9　两个同轴线平行放置的线圈间的电动力

三、典型导体系统电动力的危害性

1. 平行母线系统

母线通过短路电流，若电流过大，所产生的电动力会使母线变形或接头松脱。作用在母线上的力会传递到绝缘子上，绝缘子可能因过大的电动力矩作用而遭破坏(如图 1-2-10 所示)。

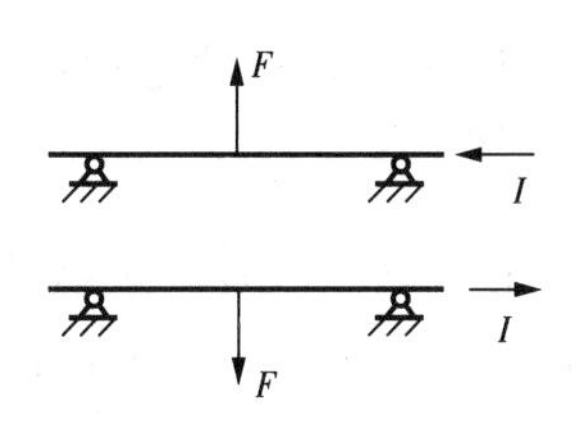

图 1-2-10　母线间电动力

2. 环形线圈或 U 形回路

在环形回路和 U 形回路中，通电流时受向外扩张力。在如图 1-2-11 所示隔离开关回路中大的短路电流产生的电动力可能使隔离开关自动打开，产生误动作。因隔离开关无灭弧装置，电弧会烧坏触头，甚至引起更严重的事故。因此隔离开关结构设计中会采取防误动作措施。扩张的电动力使发电机及变压器绕组变形、绝缘断裂。

3. 开关触头系统

如图 1-2-12 所示电动力使触头产生互相排斥现象，是因为流经动、静触头间接触点处的电流线有些几乎是平行的，因而产生斥力，称为收缩电动力。当触头在电动力下被斥开

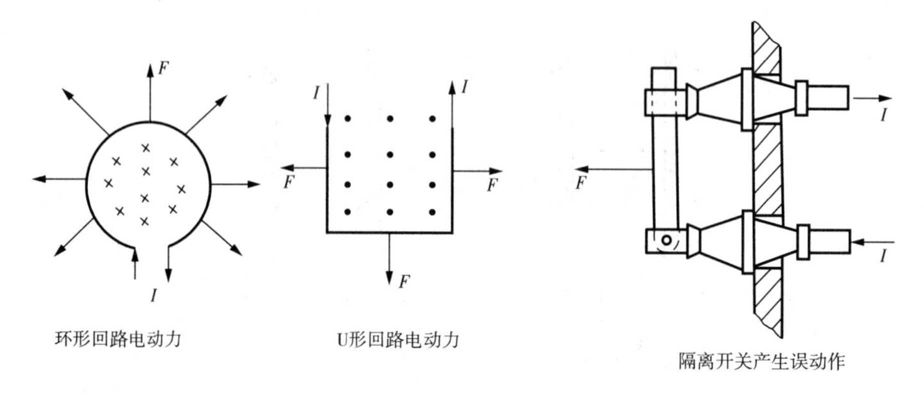

图 1-2-11　环形线圈或 U 形回路

后，会产生电弧，损害接触面或使触头熔焊。断路器结构中会合理设计触头弹簧压力，减小这种危害。

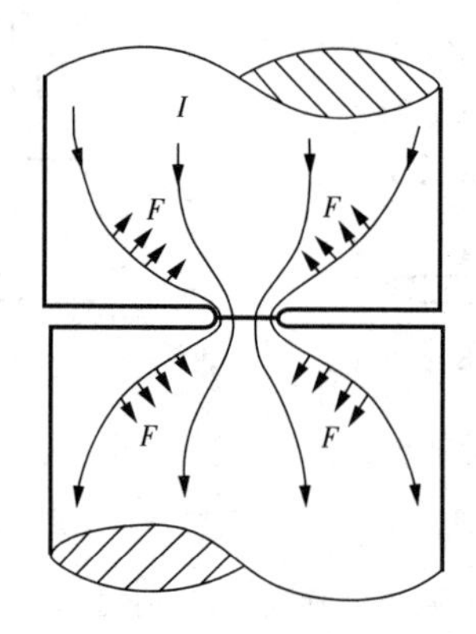

图 1-2-12　触头的电流线收缩所引起的电动力

四、电气设备的电动稳定性

1. 电动稳定性

电动稳定性简称动稳定性指的是对电气设备能安全地承受短路电流电动力的作用而不至破坏或产生永久变形；对开关触头不应斥开、熔焊甚至烧毁。

2. 动稳定校验

在电力工程设计室，必须计算出短路时所产生的电动力，用以校验所选母线、绝缘子和电器等是否能承受得住电动力的作用，通常称为动稳定性校验。工程上对电动稳定性校验的方式一般分为两类：一类是电器设备的动稳定性校验；另一类是硬导体的动稳定性校验。

(1)电器设备的动稳定条件

电器的动稳定性通常用电器能承受的最大冲击电流的峰值来表示。电器设备的技术参数中制造厂会给出额定动稳定电流“i_{dw}”(额定峰值耐受电流)的数值。动稳定性校验时先计算出可能通过设备的最大三相短路电流冲击值“$i_{ch}^{(3)}$”，再将该 $i_{ch}^{(3)}$ 与电器的 i_{dw} 相比较，应当满足 $i_{ch}^{(3)} \leqslant i_{dw}$ 的条件。

(2)硬母线系统的动稳定条件

对于硬母线,短路时所受到的最大电动应力 σ_{max},应不大于母线材料的最大允许应力 σ_{xu},即 $\sigma_{max} \leqslant \sigma_{xu}$,则说明满足动稳定。绝缘子应满足作用在绝缘子帽上的计算力 F_{js} 小于0.6倍绝缘子弯曲破坏力 F_{ph};即 $F_{js} \leqslant 0.6F_{ph}$($\sigma_{max}$、$F_{js}$ 的计算方法可参阅《导体和电器选择设计技术规定》DL 5222—2005)

继续探讨

◆ 在电器设备中,对电动力有哪些应用?

延伸拓展

电器结构设计中对电动力的应用

一、利用电动力夹紧触头

利用回路电动力增强电器触头间的接触压力,如图1-2-13所示,将静触头分成两平行导电片,所产生的电动力 F_c 将触头夹紧,促使动静触头良好接触。

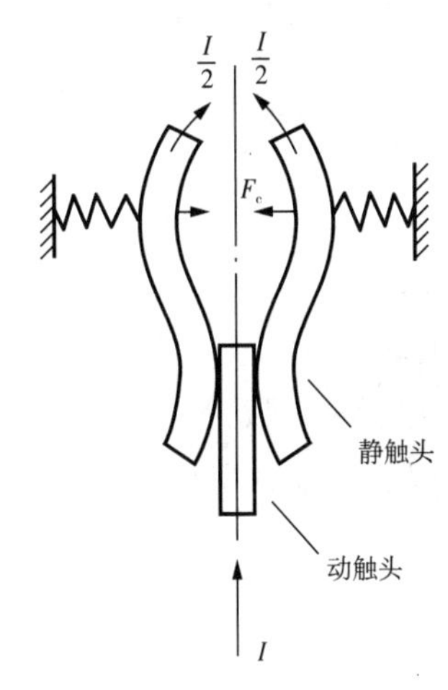

图1-2-13　利用电动力夹紧触头

二、利用电磁力磁吹灭弧

如图1-2-14所示,低压开关中狭缝灭弧装置的灭弧原理就是利用了电动力。开关断开电流时会产生电弧电流,磁吹线圈与电弧电流之间的电动力驱使电弧电流进入灭弧罩的狭缝中,冷却熄弧。首先磁吹线圈产生磁场(B),根据左手定则判断,电弧电流(I)在磁场中受力(F),在F的作用下电弧电流运动进入灭弧罩的狭缝。

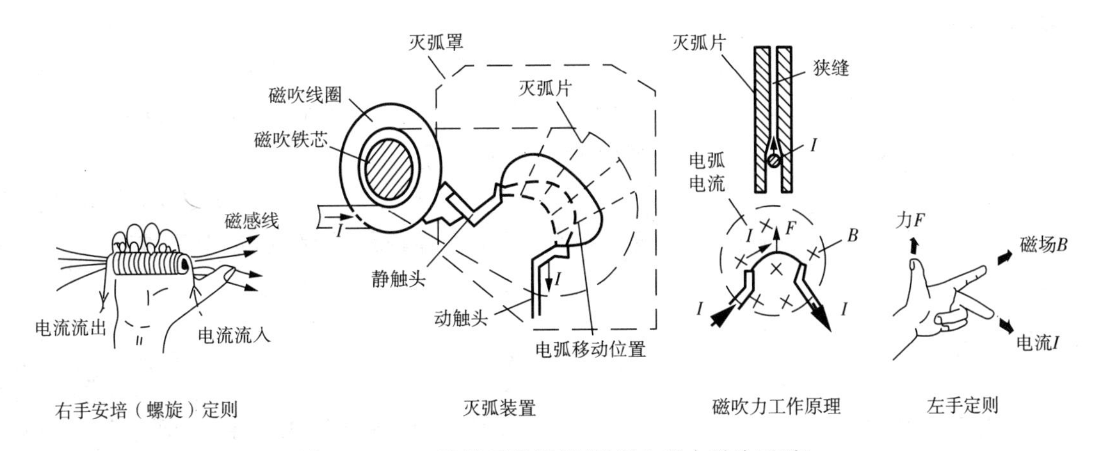

图1-2-14　狭缝灭弧原理(利用电磁力磁吹灭弧)

3. 磁锁的应用(如图 1-2-15)

隔离开关动触头(闸刀)由两条铜板(并行)组成,合闸时它夹持住静触头。在流过相同方向的电流时,两条铜板之间产生相互吸引的电动力,这就增大了动静触头的接触压力,提高了运行可靠性。在接触条两外侧安装有镀锌钢片叫磁锁,它保证在流过短路故障电流时,磁锁磁化后产生的相互吸引的力量,加强触头的接触压力,从而提高了隔离开关对短路电流的动稳定性。

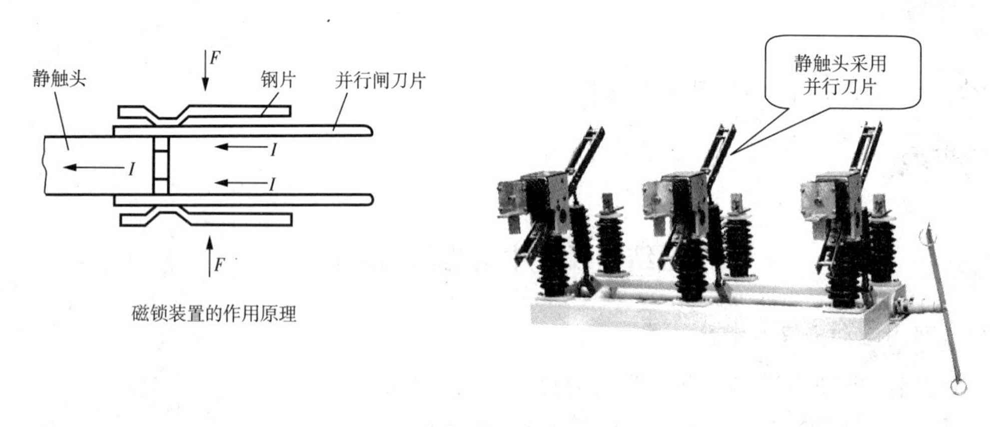

图 1-2-15　磁锁的应用

4. 生产限流式开关

电动斥力式限流断路器,它是当前使用最为遍及的一种限流式低压断路器。应用短路电流通过触头回路时发生的电动力使触头急速斥开,在短路电流到达最大瞬时值之前断开电路,达到限制回路中短路电流的效果。

任务二　电气设备热稳定知识

阅读资料

电气设备的主要功能是用来传输、分配和转换电能的,这些功能的实现最终是通过电流的流通来完成的。利用电流通过导体发热的这个特性,已有许多电器产品服务于人类,如电炊具、加热器等;但是,若使用不当,“电老虎”也会咬人,除了会发生触电事故外,电气设备的过热故障还会危及电气设备的安全运行,导致设备损坏或停电事故,甚至酿成重大火灾事故。

案　例

案例一:某厂的一台 380V 进线开关,因触头弹簧弹力不足,使触头压力不够,接触电阻升高,在运行中过热,损坏绝缘而发生短路、着火,进而引发了“火烧联营”的事故。

案例二:某厂的一台发电机组大修后并网不久,6kV 厂用段因某一台电机的电缆绝缘损

坏发生相间短路，强大的短路电流使6kV高压配电柜内电流互感器接头（接触电阻较大）发生熔溅，造成相对地、相间绝缘击穿，继而又使高压配电柜内发生短路，造成6kV厂用段进线开关掉闸，母线失电而停机。

案例三：据消防部门统计，2011年合肥市共发生火灾1349起，从起火原因看，电气引发火灾244起，占总数的18.1%，在各类原因中所占比重最大。

思考问题

◆ 引起电气设备热现象的主要原因有哪些？

◆ 热故障会给电气设备带来哪些危害？

◆ 电气设备的热稳定性如何定义？

学习必读

电气设备的发热是运行中不容忽视的一个问题，严重时会危及电气设备的安全可靠运行。因此正确认识电气设备发热以及准确地掌握运行中电气设备的温度变化情况，及早发现过热并排除，可以大大减少电力系统的故障与事故，提高供电的可靠性。

一、运行中电气设备发热的原因

电气发热以多种形式出现。充分了解电气设备发热的原因、危害，采取有效应对措施从而可以避免许多设备事故。

电气设备发热的原因是由于各种有功损耗引起的，由损耗转变成的热量其中一部分散失到周围介质中，其余的用来加热电器。

有功损耗有以下三种形式：

1. 电阻中的有功损耗

导电回路的金属导体都具有相应的电阻，其中包括导体电阻和接触连接部分的电阻。当导体通过电流时，必然有一部分电能以热损耗的形式消耗在电阻上。电阻上的损耗与通过导体的电流的平方成正比。

2. 电介质中的有功损耗

金属导电材料和电介质绝缘材料是所有电气设备不可缺少的两个组成部分。导电体周围的电介质在交变电场的作用下会产生能量消耗，通常称为介质损耗，介质损耗与承受的电压的平方成正比，与导体所通过的电流无关。由此可知，电气设备只要加上电压，即使不输送电流，也会产生介质损耗。

3. 铁磁材料中的有功损耗

导体通过电流时，其周围必定产生磁场，在交变磁场的作用下，在导体周围的金属构件（尤其是铁磁物质）中会产生电能损耗，称为铁磁损耗（磁滞和涡流损耗）。金属构件包括设备本体和周围构架等两方面：

① 发电机、变压器、电动机等设备铁芯中的铁磁损耗，这往往与绕组中的电阻损耗不相

上下，小负荷时甚至超过电阻损耗。

② 大电流导体（如 200MW 及以上大容量发电机出口母线）附近钢构中的铁磁损耗通常会很大，需要采取磁屏蔽的措施来加以限制（如采用全链离相封闭母线）。

二、电气设备过热的危害

电气设备温度升高后，其本身的温度与周围环境温度之差，称为温升。保证安全运行的极限温度称为极限允许温度，其值因电器的材料及工作状态不同而有所不同。我国国家标准规定，电器的额定环境温度为 40℃，极限允许温度减去额定环境温度称为极限允许温升。如果超过极限允许温度或温升通常称为电器过热。过热的危害如下：

1. 金属材料机械强度下降

金属材料温度升高时会退火软化，温度超过允许值时，机械强度就会显著下降，引起设备变形。例如铝导体在长期发热温度持续在 100℃或短时发热温度超过 150℃时，其抗拉强度会急剧下降。

2. 导体连接处接触电阻增加

温度升高后会带来两方面的问题，一是高温引起导体连接处接触表面强烈氧化，例如铜触头在 70℃～80℃以上，触头表面即开始剧烈氧化，氧化膜电阻率很高；再就是连接部位的弹性紧固件因热退火、弹性下降，导体连接处压力下降，这时接触电阻便进一步增大。从以上看来，出现发热使电阻增大，电阻增大又使发热加剧，引发电阻进一步增大的恶性循环，直至引发事故。

3. 绝缘性能下降

绝缘材料在温度和电场的作用下逐渐老化，失去机械强度和电气强度。绝缘老化的速度与运行温度有关。比如变压器绝缘寿命的六度规则：长期工作温度每升高 6℃，绝缘寿命将会减半。电介质的有功损耗引起介质性能劣化过程比导体接触面的恶性循环过程更快，更危险。

三、电气设备的极限允许温度

制定电气设备各零部件极限允许温升的原则为：①材料的机械强度及绝缘能力不受损坏。②电接触性能可靠。

1. 极限允许温度的分类

(1)长期极限允许温度

电气设备在通过长期工作电流时的正常允许最高工作温度称为长期极限允许温度。

(2)短时极限允许温度

由于短路电流存在的时间很短，所以电气设备由短路电流引起的发热允许极限温度称为短时极限允许温度。

2. 长期极限允许温度

(1)裸导体长期极限允许温度

裸导体长期极限允许温度见表 1-2-1 所示。

表 1-2-1　裸导体的长期极限允许温度

导体类型	长期极限允许温度(℃)
螺栓连接的裸导体(不计及日照)	70
接触处有镀(搪)锡可靠覆盖层的裸导体(不计及日照)	85
接触处有银的覆盖层的裸导体(不计及日照)	95
户外计及日照的钢芯铝绞线及管形导体	80

(2)电气绝缘材料长期极限允许温度

根据 GB/T 11021－2007《电气绝缘耐热性分级》,电气绝缘材料耐热等级从 70℃～250℃分为 10 级,见表 1-2-2(耐热等级即长期极限允许温度℃)。

表 1-2-2　电气绝缘材料耐热性分级

RTE(℃)	耐热等级(℃)	以前表示方法
<90	70	—
>90～105	90	Y
>105～120	105	A
>120～130	120	E
>130～155	130	B
>155～180	155	F
>180～200	180	H
>200～220	200	—
>220～250	220	—
>250	250	—

注:本表给出了耐热等级表示方法,对于 EIM 的 RTE 的不同温度范围,第 3 列字母表示等级,见较早的版本中,“Y”级也表示其应使用于 RTE 值低于 90 的范围。(EIM 为电气绝缘材料,RTE 为相对耐热指数)

按照国标 GB1094《电力变压器》要求,油浸式电力变压器的绝缘等级一般为 A 级,额定环境温度为 40℃,允许温升是 65℃,所以极限工作温度为 105℃。

根据经验,A 级绝缘材料在长期极限允许温度下寿命可达 10 年,但在实际运行中,环境温度和温升均不会长期达设计值,因此一般寿命在 15～20 年。

如果运行温度长期超过绝缘材料的长期极限允许温度,则绝缘的老化加剧,寿命大大缩短。所以电气设备在运行中,温度是其使用寿命的主要因素之一。

3. 短时极限允许温度

导体、绝缘材料等在短路电流下短时发热允许温度较长期发热时大为提高。

(1)裸导体短时极限允许温度

裸导体短时极限允许温度见表 1-2-3 所示。

表 1-2-3　裸导体短时极限允许温度

导体类型	短时极限允许温度(℃)
硬铝(经冷拉加工的铝)及铝锰合金	200
硬铜(经冷拉加工的铜)	300
钢	400

(2)外包绝缘导体短时极限允许温度

外包绝缘导体短时极限允许温度见表 1-2-4 所示。

表 1-2-4　外包绝缘导体短时极限允许温度

绝缘材料耐热等级	短时极限允许温度(℃)		
	铝	铜	钢
Y	200	200	200
A	200	250	250
B 和 C	200	300	400

四、电气设备的热稳定性

1. 热稳定性

电气设备在通过工作电流时,要经受额定电流发热的考验;若电路发生了短路故障,其短路电流远大于额定电流,当保护装置还未将故障切除前,电气设备还必须能承受住一定时间内短路电流的发热考验。热稳定性指的是电气设备能安全的承受长期工作电流和短路电流的作用而不发生损坏(例如不会因发热而产生不允许的机械变形,触头处不会熔焊等)。在电气工程设计室,对电气设备的热稳定性要进行校验。

2. 电气设备长期热稳定校验条件

对电气设备通过正常工作电流时的热稳定性校验称为长期热稳定校验。工程设计上,电气设备的长期热稳定条件是:回路的最大工作电流不大于电气设备的允许电流。这时长期发热温度便不会超过长期极限允许温度。

3. 电气设备短时热稳定条件

(1)电器短时热稳定校验

对电气设备通过短路电流时的热稳定性校验称为短时热稳定校验。工程上,电器的短时热稳定条件是:电器的允许热效应不大于短路电流热效应。这时短时发热温度便不会超过短时极限允许温度。

电器的允许热效应:热稳定电流平方乘热稳定时间(由设备制造厂家给出)。

短路电流热效应:短路电流平方乘短路电流存在时间。

(2)导体短时热稳定校验条件

由于导体的发热与电阻成正比,而电阻又与导体的截面成反比,因此,工程上通过比较

导体的实际截面 S 与短时热稳定最小允许截面 S_{min} 来完成。导体的短时热稳定条件是：S 不大于 S_{min}。这时短时发热温度便不会超过短时极限允许温度。（电器允许热效应、短路电流热效应及导体短时热稳定最小允许截面 S_{min} 的计算方法可参阅 DL 5222－2005《导体和电器选择设计技术规定》）

继续探讨

◆ 电气设备产生过热现象的原因？

◆ 电气设备过热如何诊断？

延伸拓展

电气设备在运行中发热是不可避免的，在设计、制造等环节中已经考虑设备运行时允许的温度升高。但在运行过程中，由于受到大电流、高电压的冲击，环境污染、气温变化等不利因素的影响，在设备的外部或内部的某些薄弱部位往往出现不正常的发热或温度分布异常，并发展成热故障。电力系统中因热故障造成的设备停电及损坏事故，极大地影响了系统的稳定运行。对设备热故障做到“早发现、早处理”，能有效提高设备的经济、稳定运行能力和延长设备使用寿命。

一、电气设备产生过热现象的原因

1. 设备存在缺陷导致过热

（1）外部过热

① 对均匀导体来说，出现局部拉长、断股、横向裂缝及表面严重腐蚀等情况时会引起局部电阻增大，引起导线温度升高。

② 导电回路中的各种连接件、接头或触头等长期暴露在大气中，金属导体接触面因电化学腐蚀、氧化、压力减小等原因，使连接部位接触不良，接触电阻增大，当这些电阻增大时，发热功率也会增加，使接触部位温度升高。其发热功率取决于接触电阻与通过的电流大小。最容量生产热故障的有室外铝质导体的连接，高压隔离开关断口，设备与母线的连接部位，铜铝导体连接部位。

③ 电气设备因表面污秽或机械力作用造成外绝缘性能下降，其发热功率取决于外绝缘的绝缘电阻与泄漏电流。

（2）内部过热

内部过热是指封闭在固体、气体、液体绝缘以及设备壳体内部的电气回路故障和绝缘介质劣化引起的故障。可分为：电流回路过热、绝缘介质过热及磁回路过热。

① 导电回路过热是由导体连接或接触不良导致，如变压器分接开关或引线连接接触不良等。

② 绝缘介质过热可能的原因：a. 固体绝缘材料质量不佳或者在长期运行中由于高温与氧化作用而发生老化。如出现固体绝缘材料开裂、脱落、断裂、变脆，分解、进水受潮等。b.

液体或气体介质质量不符合标准要求或密封不严，出现进气或进水受潮及缺油等，受电器内部高温和电压（场）分布不均匀局部放电的影响，电介质材料本身发生化学变化电导增大引起损耗增加。例如变压器运行一段时间后，绝缘油受热氧化，会产生很多杂质。这是由于受潮，固体纤维脱落以及油本身的化学分解等原因引起的。这些杂质使油的电导率大大增加（其中以水分的影响最为明显）。

③ 磁回路不正常，如变压器铁芯多点接地、硅钢片局部短路等均会引起内部过热。

2. 设备过载导致过热

电气设备应在规定的运行电流值范围内运行，当超过时会引起设备的发热温度超过允许值，导致过热。

3. 环境温度过高导致过热

当环境温度过高，设备的散热情况变差，会导致过热的发生。

二、过热诊断方法

1. 观察法

通过观察来确定，如运行中过热的连接点会失去金属光泽；对屋外设备，雪天观察接头处是否有雪融化、雨天观察接头处是否有冒烟。

2. 示温漆（片）

(1)变色漆

变色漆是一种能随变化而变色的漆，通常涂在电气设备的某些温度敏感部位，用以监视该部位的温度变化情况。可分为：

① 可逆性变色漆。当温度降回时能恢复原色。在常温下呈黄色，超过 30℃便开始变色，并且随着温度的升高颜色逐渐加深，例如在 45℃左右为橙色，60℃为橙赤色，温度下降后它逐渐恢复原来的颜色。

② 不可逆性变色漆。在温度升高后又冷却时颜色不能恢复。它在 50℃以下呈红色，50℃～60℃呈樱桃红色，80℃左右呈深樱桃红色，100℃时为深褐色，在 1 小时内温度升高到 100℃以上时呈浅黄色。

(2)示温蜡片

示温蜡片是最早被人们采纳应用于电气接头过热示温的产品。融化温度有：60 度（黄色），70 度（绿色），80 度（红色），90 度（酱色），100 度（蓝色）。当示温蜡片粘贴处表面温度高于示温蜡片额定融化温度时，示温蜡片就会自动融化脱落，据此来判断是否过热。

示温蜡片粘贴到被测温处需要用胶水粘贴，或者加热使其软化后再粘贴到被测温的地方。粘贴比较麻烦，还有就是会非正常脱落（振动，老化等原因），这样会使巡查者难以判断是正常融化脱落还是非正常脱落。

(3)变色示温片

变色示温片自带背面胶，直接粘贴在被测点，粘贴方便且牢固；是通过变色来判断过热的，而非通过脱落来判断，当没超过变色温度时，示温蜡片一直是白色的，当被贴片温度高于变色温度时，即由原始白色变成黑色，并永远保持过热后的黑色，据此判断是否过热。变色

温度有:45 度,50 度,55 度,60 度,65 度,70 度,75 度,80 度,90 度,100 度,110 度,120 度,136 度,140 度,150 度,165 度。

变色示温片(如图 1-2-16 所示)广泛应用于电气接头及无法用测温仪器测温的场合和只需知道超过多少温度的场合。变色示温片的使用,弥补了红外测温仪及接触式测温仪的不足,被誉为过热故障"告密者"。只需浏览各变色示温片是否变色,即可完成繁杂费时的测温工作。在电力行业可取代传统示温蜡片。

图 1-2-16　变色示温片

3. 测温计(仪)

(1)半导体点温计

半导体点温计(如图 1-2-17 所示)是利用微型半导体热敏电阻作为感温元件,配以高灵敏度的微安表作指示的便携式测温仪表。体积小,反应快,常用来现场测量-50℃～300℃温度范围的"点"温、表面温度和快速变化的温度。

(2)红外测温仪

随着测温技术的不断发展,红外线测温仪(如图 1-2-18 所示)已被广泛使用,我们可以利用红外测温仪在安全的距离下测量电气设备的表面温度。红外测温仪对电流致热型过热缺陷进行较为准确的诊断;对电压致热型设备的重大缺陷,紧急缺陷的及时发现也能发挥重要的作用。对于发热量较小,温升不高的一般缺陷因受到测量精度和测量效率的限制,红外测温仪诊断起来比较困难。

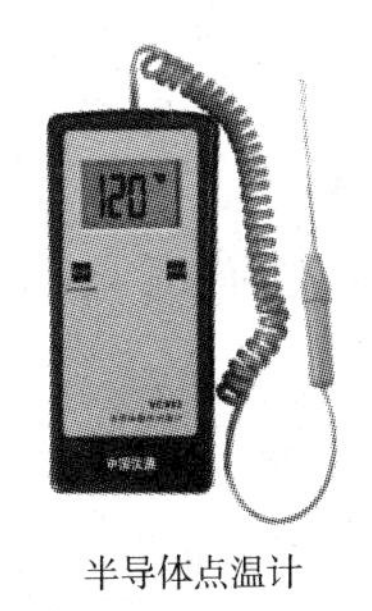

半导体点温计

图 1-2-17　半导体点温计

红外测温仪

图 1-2-18　红外测温仪

(3)红外热像仪

红外热像仪是利用现代高科技手段将物体发出的不可见红外能量转变为可见的热图像,对运行中的电气设备进行温度检测的一种仪器设备,目前在电力系统电气设备和输配电线路的检测应用中已十分广泛。红外热像仪获得的红外热图像与物体表面的热分布场相对应,热图像上面的不同颜色代表被测物体的不同温度。应用红外热像仪器可将电气设备内、外过热点及时查出，以便尽快地排除故障，使电气设备及时恢复正常工作，确保电网安全稳定地运行。红外热像仪及应用如图 1-2-19 所示。

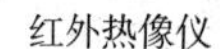
红外热像仪　　红外热像仪对电气设备进行温度监测

图 1-2-19　红外热像仪及应用

根据 DL T664—2008《带电设备红外诊断应用规范》红外检测发现的设备过热缺陷应纳入设备缺陷管理制度的范围，按照设备缺陷管理流程进行处理。红外热像检测技术在今后应当成为设备状态维修的重要手段之一，为设备状态化检修提供重要的参数依据。

某供电公司红外测温报告案例，如图 1-2-20 所示：红外热像仪显示主变 110kV 侧套管 B 相 87.7℃。

图 1-2-20　红外热像仪图片显示

(4)红外测温仪的特点

① 非接触测量。它不需要接触到被测温度场的内部或表面，因此，不会干扰被测温度场的状态，测温仪本身也不受温度场的损伤。

② 测量范围广。因其是非接触测温，所以测温仪并不处在较高或较低的温度场中，而是工作在正常的温度或测温仪允许的条件下。一般情况下可测量负几十度到三千多度。

③ 测温速度快。即响应时间快。只要接收到目标的红外辐射即可在短时间内定温。

④ 准确度高。红外测温不会与接触式测温一样破坏物体本身温度分布，因此测量精度高。

⑤ 灵敏度高。只要物体温度有微小变化，辐射能量就有较大改变，易于测出。

(5)红外线测温仪的缺点

① 易受环境因素影响(环境温度，空气中的灰尘等)；

② 对于光亮或者抛光的金属表面的测温读数影响较大；

③ 只限于测量物体外部温度，不方便测量物体内部和存在障碍物时的温度。

(6)红外测温仪的使用注意事项

① 必须准确确定被测物体的发射率；

② 避免周围环境高温物体的影响；

③ 对于透明材料，环境温度应低于被测物体温度；

④ 测温仪要垂直对准被测物体表面，在任何情况下，角度都不能超过 30℃；

⑤ 不能应用于光亮的或抛光的金属表面的测温，不能透过玻璃进行测温；

⑥ 正确选择跟离系数，目标直径必须充满视场；

⑦ 如果红外热像仪突然处于环境温度差为 20℃ 或更高的情况下，测量数据将不准确，温度平衡后再取其测量的温度值。

任务三　断路器电弧的熄弧知识

阅读资料

案　例

案例一：当用 220V 的低压刀闸开关切除一台运行着的电动机时，我们会看到在刀闸开关的两个触头之间有火花产生，这个火花就是电弧现象。电弧未熄灭时电流继续流通；一直到两个触头拉开足够长距离时，电弧才熄灭，电流才被真正切断。电弧产生与电路开断如图 1-2-21 所示。

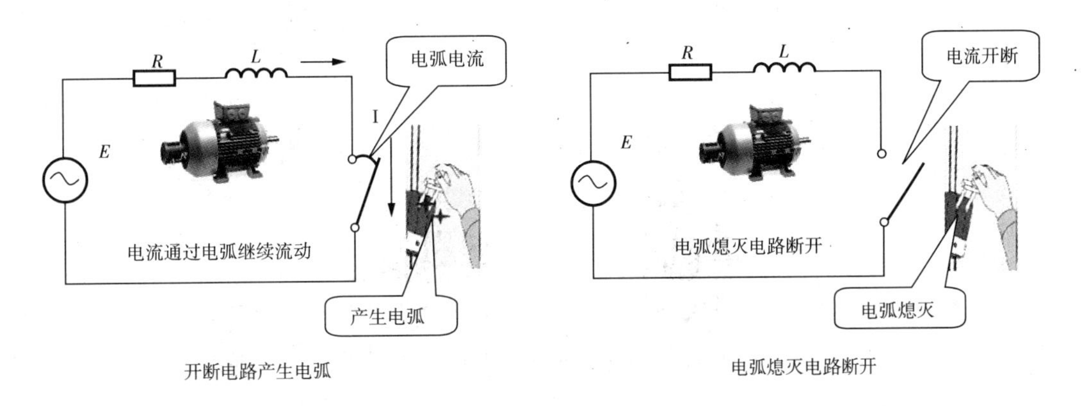

图 1-2-21　电弧产生与电路开断

案例二：一天天下着小雨，配电室值班电工(新调入的外行人)，发现电力变压器的盖子上“呼呼”地冒白烟(应该是热气)。他一边喊：“着火啦！”一边奔进配电室，伸手拉下变压器电源侧三相隔离开关(没有灭弧装置)，瞬间，配电室内闪着耀眼的蓝光(电弧弧光)，一声巨响，全厂停电了。该人被电弧烧坏一只手(后来被截掉了三个手指)，三根相线烧断两根，造成了人身伤害和大面积停电的恶性事故。

思考问题

- ◆ 开关电弧的危害？
- ◆ 开关电弧形成的过程？
- ◆ 交流电弧熄灭的条件？
- ◆ 什么叫介质强度的恢复过程？什么叫弧隙电压的恢复过程？

学习必读

一、开关的电弧现象

当用开关电器开断有电流的电路时，动静触头之间就会出现电弧，如图 1-2-22 所示，我们将电弧分为三部分组成，包括阴极区、阳极区和弧柱区。

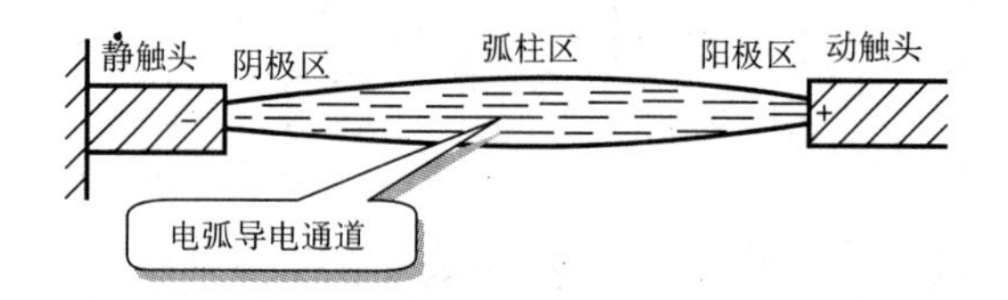

图 1-2-22　开关动静之间产生电弧电流

电弧是绝缘介质被击穿的放电现象。电弧持续燃烧意味着电流继续流通，电路不会断开；直到电弧熄灭后，电路才开断。

对于 220V 的低压刀开关，只要开断不大的负荷电流，人们就可以见到电弧(火花)；在高压电路中，开断负荷电流时会产生极强烈的电弧。如图 1-2-23 所示高压隔离开关在开断电流实验时产生电弧的情形。

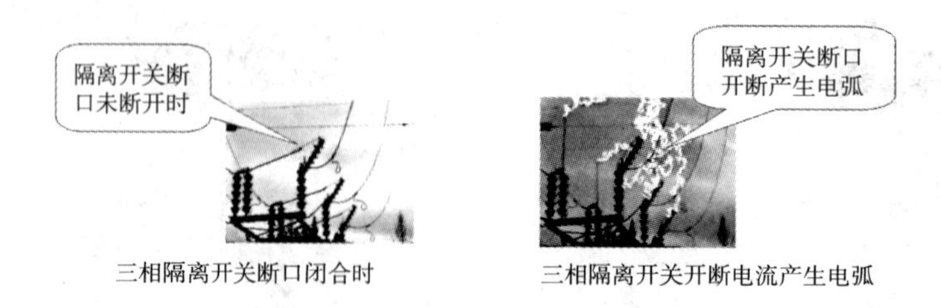

图 1-2-23　高压隔离开关在开断三相电流实验时产生电弧的情形

电压越高、电流越大，产生的电弧就越强烈，电弧也就越难熄灭。高压隔离开关断开电流产生的电弧是无法自行熄灭的，也是相当危险的。在高压电路中要想熄灭电弧就必须采取一定的措施。

二、开关电弧的危害

1)电弧使开关无法正常断开电路或无法切除短路故障，如图 1-2-24 所示。

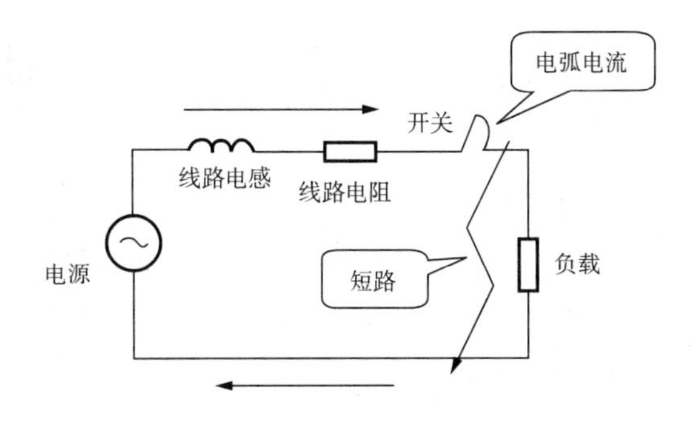

图 1-2-24　电弧的存在使短路电流不能断开

2)电弧温度极高，最高可达 5000℃以上，很容易使开关触头表面熔化和蒸化、烧坏绝缘材料；严重时可能造成开关电器爆炸；引发火灾事故等。

图 1-2-25　隔离开关断开电流的实验

3)电弧是一束能导电的气体，它的质量很轻，在电动力、热力作用下能迅速移动、伸长、弯曲和变形，就很容易造成电路飞弧短路和伤人(如图 1-2-25)。例如，在大气中开断交流 110kV、5A 的电流时，电弧长度超过 7m。电弧移动速度可达每秒几十米至几百米。

4)电弧威胁人身安全。如强烈的弧光可能损害人的视力甚至使人失明；高温电弧造成人员灼伤等。

为了保证电力系统的安全运行，必须采取有效措施迅速熄灭开关电弧。因此，高压开关的核心问题是什么？就是在切断电路时，如何保证迅速而又可靠地熄灭电弧。

三、开断电路时电弧的产生过程

我们知道，在常温下，绝缘体内原子核周围的电子受原子核正电荷的吸引，只能在围绕原子核的轨道上运动，称为束缚电子；导体内原子核周围存在大量脱离原子核束缚的电子，称为自由电子。正因为上述原因，绝缘体不导电，而导体能够导电。在切断电路时，空气(或其他绝缘介质)被游离(即出现了大量的自由电子)，游离状态下的空气和导体一样具有导电性能。空气是如何由绝缘状态转变为导电状态的呢？自由电子的产生及电弧的形成分析如下。

1. 弧柱中自由电子的来源

(1)阴极在强电场作用下发射电子

如果阴极表面处的电场强度很高，金属触头阴极表面的电子就会被电场力拉出，称为强电场发射(如图 1-2-26 所示)。在开关触头刚刚分离的瞬间，触头间距离(s)很小，虽然触头间电压(U)不一定很高，则可能产生很强的电场强度($E=U/s$)。如果电场强度超过 3×10^6 伏/米以上，就会发生强电场发射电子。这就是在触头间最初产生自由电子的原因之一。

(2)阴极在高温下发生热电子发射

高温的阴极表面能够向四周发射电子，称为热电子发射图(如图 1-2-27 所示)。当开

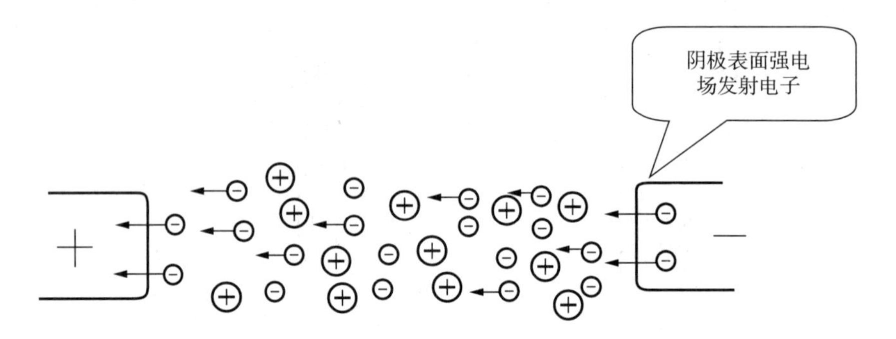

图 1-2-26　阴极表面与弧柱区电子运动示意图

关动、静触头即将分离的瞬间，触头之间的压力以及接触面积逐渐减小，接触电阻(R_c)增大，电流(I)通过此接触电阻，使得电功率损耗(I^2R_c)增大，接触部位剧烈发热，在触头表面出现炽热点（如图 a、b 点），温度极高，使得自由电子能量增加，运动加剧，阴极表面炽热点就会有电子向四周发射。阴极表面发射电子的多少与阴极的材料及表面的温度有关。

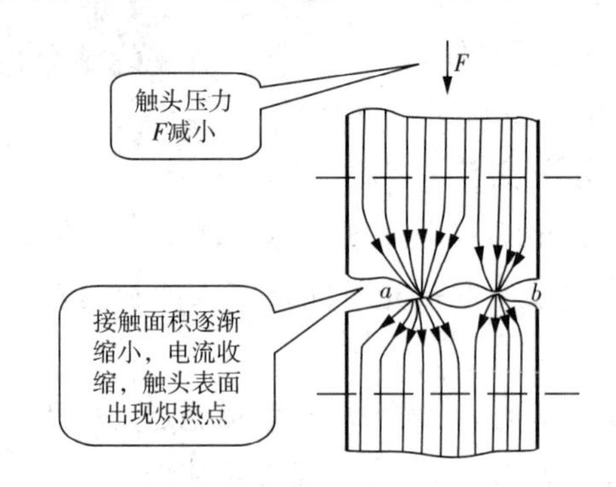

图 1-2-27　开关触头开断瞬间表面出现炽热点

2. 电弧的形成与维持

(1)弧柱区产生碰撞游离形成电弧

开关触头中由强电场和热电子发射出来的自由电子，在电场力的作用下，向阳极作加速运动，在奔向阳极的途中，这些具有很高的速度和巨大的动能的电子，不断地与空气（或其他绝缘介质）的原子或分子（我们称其为中性质点）发生碰撞，使原子核周围的束缚电子释放出来，形成新的自由电子和正离子（中性原子失去电子后称为正离子），这种现象就称为碰撞游离（如图 1-2-28 所示）。新产生的电子也向阳极加速运动，同样也会使被它碰撞的中性质点发生游离。碰撞游离连续进行就可能导致触头间充满了带电质点，即大量的电子和正、负离子，具有很强的电导性；此时在外加电压作用下，触头间介质就会被击穿而形成电弧。

(2)弧柱区产生热游离使电弧维持和发展

电弧的温度极高，如前所述，可达到几千甚至上万摄氏度，空气（或其他绝缘介质）的分子和原子将产生强烈的不规则热运动，当具备了足够动能的中性质点相互碰撞时也可游离出自由电子和正离子，这种现象称为热游离。

在电弧高温下，一方面阴极继续发生热电子发射，另一方面金属触头在高温下熔化蒸

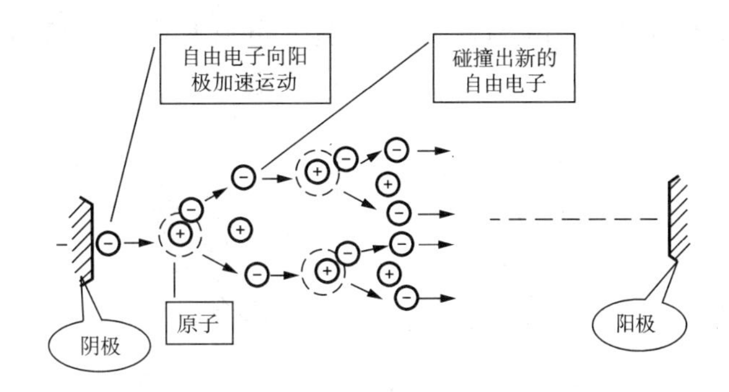

图 1-2-28　碰撞游离过程示意

发，以至于介质中混有金属蒸汽，使弧隙电导增加，并在介质中发生热游离。

热游离维持电弧燃烧，增加了开关电器熄灭电弧的难度。

3. 概括开关电弧产生和维持的物理过程

开关触头分离时，阴极在强电场和高温作用下发射电子，电子在电压作用下形成碰撞游离产生电弧；介质在电弧高温下发生热游离维持和发展电弧。如图 1-2-29 所示给出了电弧产生和维持的物理过程。

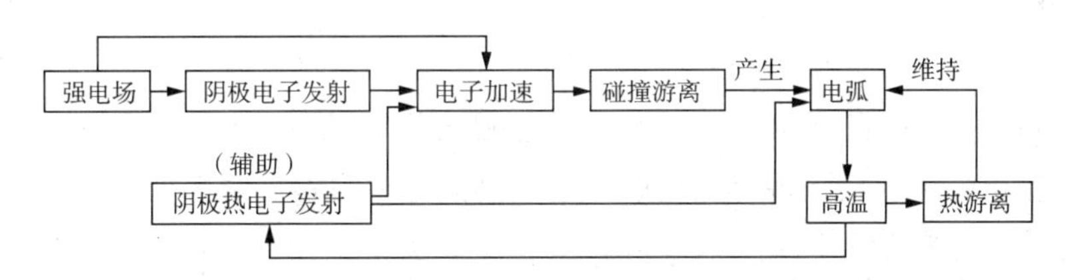

图 1-2-29　电弧产生和维持的物理过程

四、电弧熄灭的条件

使带电质点减少的过程称为去游离。弧隙中（开关断口之间）在发生游离的同时，还进行着去游离。游离过程使弧隙中带电质点增加，有助于电弧燃烧；去游离则能使弧隙中带电质点减少，有利于电弧熄灭。若游离过程和去游离过程动态平衡，将使电弧稳定燃烧；若游离过程大于去游离过程，将会使电弧愈加强烈地燃烧；若去游离过程大于游离过程，将会使电弧燃烧减弱，以至最终电弧熄灭。

电弧熄灭的条件：就是使去游离过程大于游离过程。因此现代开关电器中，为了加强灭弧能力，都采用了各种措施减弱游离过程，加强去游离过程，从而加速电弧熄灭。

五、交流电弧的特性

1. 交流电弧每半周期会暂时自然熄灭

交流电流为正弦波，每半周期过零一次，此时，电弧亦自然熄灭。

2. 电弧电压值较低且非正弦波形

由于弧隙的阻值为非线性，所以电压为非正弦波。如图 1-2-30 所示，在半个周波内，电流过零后，随着电流增大，电弧电压随之增大；当电流进一步增大时，弧隙热游离加剧，电导激增，电阻下降很快，电弧电压随着降低；之后随着电流的减小，弧隙电导迅速减小，电阻增大，电压随之增高。

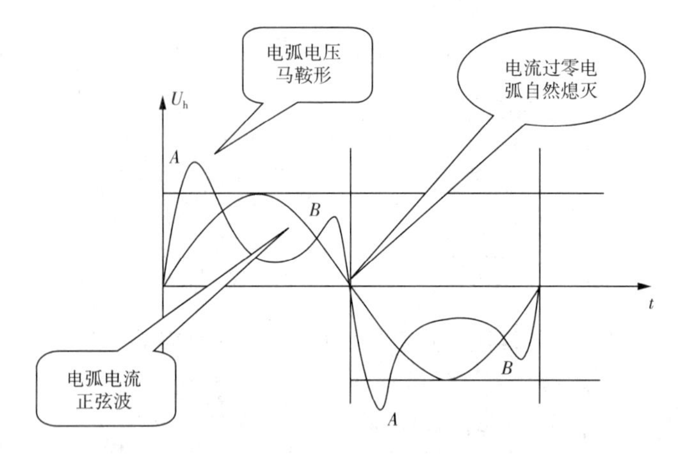

图 1－2－30　交流电弧电压与电流的波形

六、交流电弧熄灭的条件

由于交流电流自然过零，交流电弧会自然熄灭，但在下半周随着电压的增高，电弧又会复燃。因此，对交流电弧来说，不是电弧能否熄灭，而是电流过零后，弧隙是否再被击穿而重燃的问题。如果电流过零后，弧隙不再重燃，电弧就此熄灭；如果发生重燃，则电弧不能熄灭。因此，交流电弧熄灭的条件可以理解为电弧自然熄灭后不再发生重燃的条件。

1. 交流电弧熄灭的条件

交流电流过零后，弧隙（开关断口之间）存在着两个过程，即介质介电强度恢复过程和开关断口电压恢复过程，电弧是否重燃取决于这两个过程的竞争。

电流自然过零，电弧自然熄灭时，介质强度的恢复值始终大于恢复电压值，弧隙不被击穿，则电弧不发生重燃，最终熄灭。

如图 1－2－31 所示，若介质强度曲线 $u_d(t)$始终大于恢复电压曲线 $u_r(t)$，则电弧趋于熄灭；否则，若某一瞬间 $u_d(t)$小于 $u_r(t)$，则此刻介质将再次被击穿，电弧将重新燃烧。

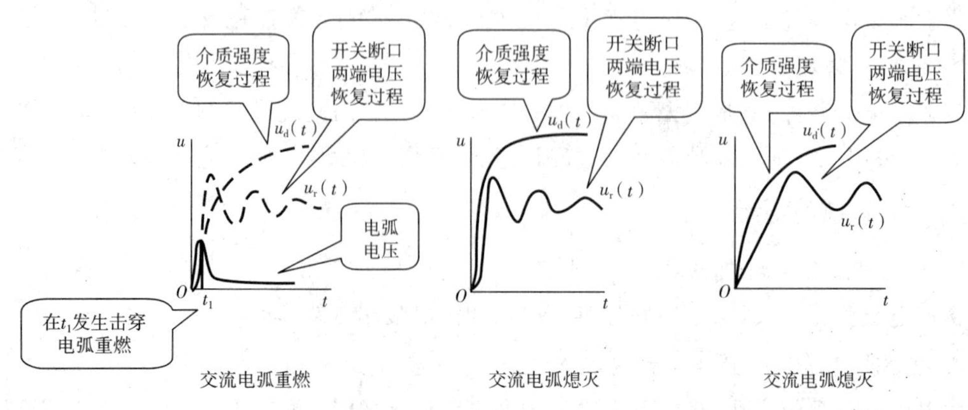

图 1－2－31　交流电弧熄灭条件

2. 提高交流开关熄弧能力的手段

提高交流开关熄弧能力的手段有两个：一是加强开关断口之间弧隙的去游离，提高灭弧介质介电强度的恢复速率；二是降低开关断口之间恢复电压上升的速率和幅值。

继续探讨

◆ 如何提高灭弧介质介电强度的恢复速率？

◆ 去游离有哪些方式？

◆ 影响去游离的因素有哪些？

◆ 熄灭交流电弧有哪些方法？

◆ 纯电阻、电感、电容性交流电路恢复电压有什么特点？

◆ 电力系统中哪些操作是开断电感、电容性交流电路？

◆ 为什么开关断开纯电感、电容性电路比断开纯电阻性交流电路困难？

延伸拓展

一、关于提高灭弧介质介电强度恢复速率的讨论

1. 去游离的方式

加强去游离可以提高灭弧介质介电强度的恢复速率，有利与快速熄灭电弧。去游离有两种方式：复合去游离和扩散去游离。

(1)复合去游离

复合去游离是指正、负带电质点相互结合在一起，变成不带电质点的现象。由于弧柱中电子的运动速度很快，约为正离子的1000倍，所以电子直接与正离子复合的几率很小。所以复合的方式是：先由电子碰撞中性粒子时，被中性粒子捕获变成负离子，然后再与质量和运动速度相当的正离子互相吸引，中和为中性粒子；另外一种情况就是电子先被固体介质表面吸附，再被正离子捕获成为中性粒子(如图1-2-32所示)。

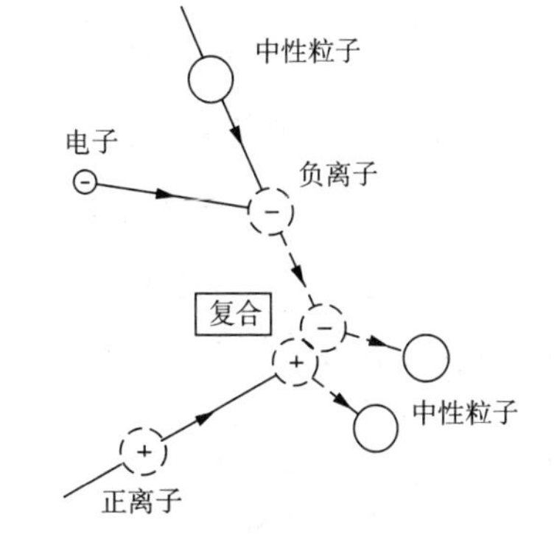

图1-2-32　带电粒子复合成中性粒子

(2)扩散去游离

扩散去游离是指带电质点从弧道内部逸出，进入周围介质的现象。扩散去游离有以下三种形式：

1)浓度扩散

由于弧道中带电质点浓度高，而弧道周围介质中带电质点浓度低，存在着浓度上的差别，带电质点会由浓度高的地方 向浓度低的地方扩散，使弧道中的带电质点减少。

2)温度扩散

由于弧道中温度高，而弧道周围温度低，存在温度差，使得弧道中的高温带电质点向温

度低的周围介质中扩散，减少了弧道中的带电质点。

3)吹弧扩散

采用高速气体吹走弧道中的带电质点，加强去游离。

2. 影响去游离的因素

(1)电弧温度

电弧是由热游离维持的，降低电弧温度就可以减弱热游离，减少新的带电质点的产生。

同时，也减小了带电质点的运动速度，加强了复合作用。通过快速拉长电弧，用气体或油吹动电弧，或使电弧与固体介质表面接触等，都可以降低电弧的温度。

(2)介质的特性

介质的特性包括：导热系数、热容量、热游离温度、介电强度等。这些参数值越大，则去游离过程就越强，电弧就越容易熄灭。

(3)气体介质的压力

1)高压

气体介质的压力越大，电弧中质点的浓度就越大，质点间的距离就越小，抑制了碰撞游离，同时复合作用增强，电弧也就越容易熄灭。

2)高真空

高真空中质点很稀少，发生碰撞的几率减小，碰撞游离机会也就减小；而扩散作用却很强(如弧道内外带电质点的浓度差、温度差、压力差都很大，增大了弧道内带电质点的扩散作用)，因此，真空是很好的灭弧介质。

(4)触头材料

触头采用熔点高、导热能力强和热容量大的耐高温金属，可以减少热电子发射和电弧中的金属蒸气，有利于电弧熄灭。

除了上述因素以外，去游离还受电场电压等因素的影响。

二、关于介质介电的强度恢复过程及开关断口电压恢复过程的讨论

1. 介质介电强度恢复过程 $u_d(t)$

弧隙中电离气体从导电状态迅速变为绝缘状态，使弧隙能承受电压作用而不发生电弧重燃的过程。不同介质的介电强度恢复过程曲线如图 1-2-33 所示。

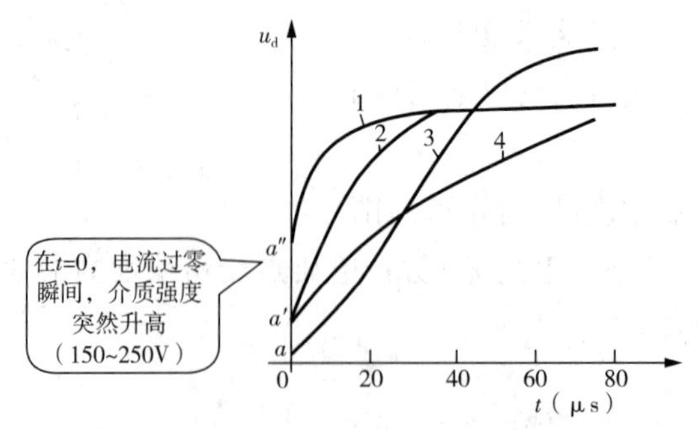

图 1-2-33　介质介电强度恢复过程曲线

1—真空；2—SF_6；3—空气；4—油

(1)近阴极效应

在电流过零瞬间($t=0$),介电强度突然出现升高(如 a、a'、a'')的现象,称为近阴极效应。近阴极效应的成因:电流过零后,弧隙的电极极性发生了改变,弧隙中剩余的带电质点的运动方向也相应改变,质量小的电子立即向新的阳极运动,而比电子质量大 1000 多倍的正离子则原地未动,导致在新的阴极附近形成了一个只有正电荷的离子层,如图 1-2-34 所示。这个正离子层电导很低,大约有 150～250V 的起始介电强度,其数值视阴极的温度高低而变。

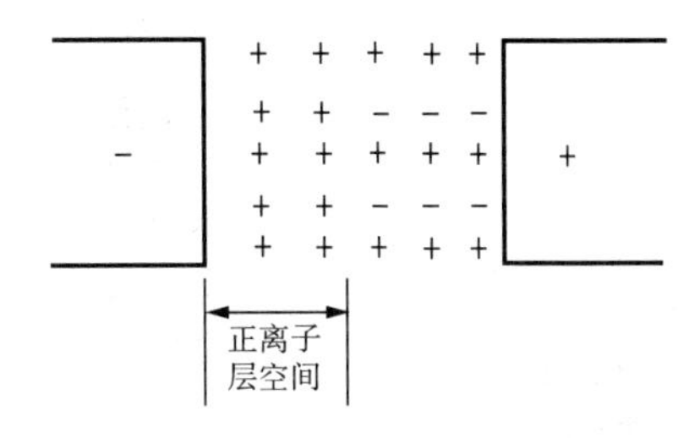

图 1-2-34　电流过零后电荷重新分布

(2)介电强度恢复速度差异

现代开关使用的四种灭弧介质(真空、六氟化硫、空气、油)在击穿后恢复介电强度的速度不同、起始介电强度也不同。

弧隙介电强度的增长速度和恢复过程与电弧电流的大小、介质特性、冷却条件以及触头分断速度等因素有关。电弧电流越大,电弧温度越高,介质强度恢复越慢。相反对电弧冷却越好,温度下降越快,介质强度恢复就越快。

2. 开关断口电压恢复过程 $u_r(t)$

开关断口电压恢复过程分析电路见图 1-2-35 所示。

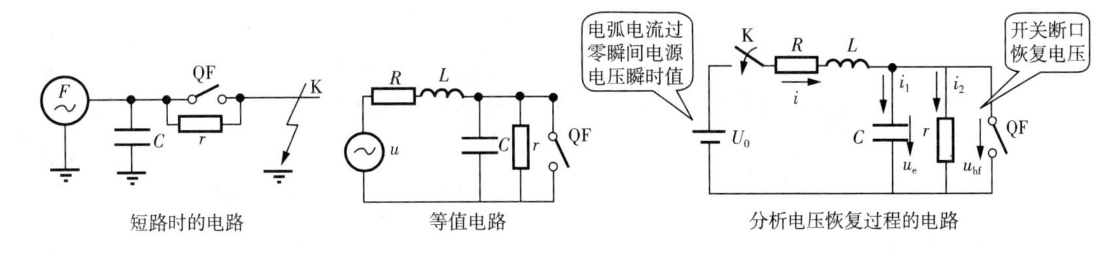

图 1-2-35　开关断口电压恢复过程分析电路

电流过零后,弧隙电压由电弧恢复到电源电压的过程,如图 1-2-36 所示。开关断口恢复电压由瞬态恢复电压和稳态(工频)恢复电压两个分量组成。断口恢复电压与系统参数及所开断的电流性质有关,见表 1-2-5。

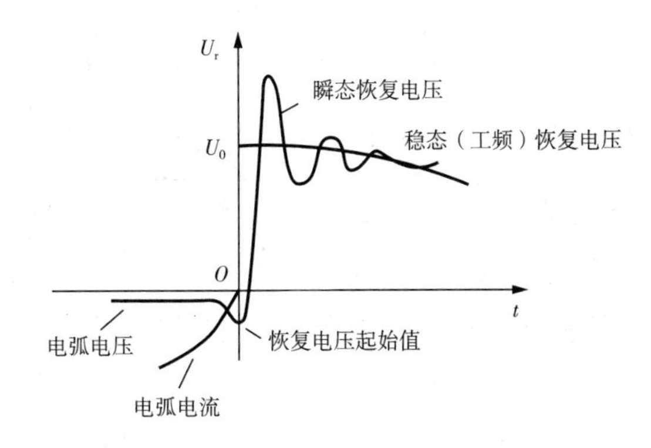

图 1-2-36　开关断口电压恢复过程

表 1-2-5　开关断口恢复电压讨论

话　题	波形图	小　结
开关断口电压恢复过程分为周期性变化和非周期性变化两类(主要取决于系统电路电感、电容、电阻参数)。	恢复电压周期性变化过程	开关断口恢复电压周期性变化过程振荡且含瞬态分量。电压瞬时值高、上升速率大。
	恢复电压非周期变化过程	开关断口恢复电压非周期变化过程不振荡、不含瞬态分量，电压瞬时值较低，是理想的电压恢复过程。 在开关触头两端并联电阻，当数值适当时，可以将周期性振荡特性的恢复过程转变为非周期性恢复过程，从而大大降低恢复电压的幅值和恢复速度，相应的可增加断路器的开断能力。
阻性、感性、容性电流恢复电压上升速率及幅值不同，所以影响熄弧的难易程度(以单相短路为例，U——电源相电压，K——开关，U_r——开关断口恢复电压，i_h——电弧电流)。	纯电阻性交流电路的电压电流波形 断开纯电阻性交流电路时的电压电流波形	断开纯电阻性电路时，电弧电流 i_h 与电源电压 u 同相位，电流过零时电源电压为零。电弧电流过零自然熄弧后，开关断口间的恢复电压 U_r 由电弧电压(零值)按正弦波形上升到电源相电压。即恢复电压按电源电压变化，电压恢复比较缓慢，幅值不超过电源电压幅值，这对最终熄灭电弧比较有利。
	纯电感性交流电路的电压电流波形 断开纯电感性交流电路时的电压电流波形	断开纯电感性电流时，电弧电流落后于电源电压 u90°，电流过零时电源电压是幅值。电弧电流过零自然熄弧后，开关断口间的恢复电压 U_r 将由电弧电压升到电源电压幅值，恢复电压上升速率较电阻性负载时快得多；还由于电路有电容和电感的存在，可能发生振荡而使电压恢复更快，常含有暂态分量，幅值可超过电源电压幅值。 断开纯电感性电流对最终熄灭电弧不利。如：开断短路故障电流、变压器的空载电流等比断开纯电阻性电路困难。为降低电压恢复速率，可在电路中串联电阻，一般采取在断路器每相触头并联电阻的方法。这样阻尼振荡的形成，使开关断口电压的恢复过程为非周期性的。

（续表）

话　题	波形图	小　结
	纯电容性交流电路的电压电流波形 断开纯电容性交流电路时的电压电流波形	断开纯电容性电流时，电弧电流超前于电源电压 u90°。电流过零时电源电压是幅值，电容 C 被充电到电源电压幅值，电流过零熄弧后，C 两端将保持该电源电压幅值。在电流过零后，开关断口间的恢复电压值为零；然后随着电源电压 u 反向变化逐渐增大达反向幅值时，恢复电压 U_r 达电源电压 u 幅值的两倍。 恢复电压上升速率不高；但幅值较高可达到 2 倍电源电压幅值，较难开断。尤其是开关在断开电路时，发生多次电弧自然熄灭后又重燃，将引起电网过电压值很高。如：断开补偿电容器、高压线路的空载电流等。

三、熄灭交流电弧的基本方法

交流电弧能否熄灭，决定于电流过零时弧隙的介质强度和恢复电压两种过程的竞争结果。加强弧隙的去游离或降低弧隙恢复电压的幅值和恢复速度，均可促使电弧熄灭。目前断路器中采用的灭弧方法，归纳起来有下述几种。

1. 采用灭弧能力强的灭弧介质

不同介质的绝缘间隙击穿电压比较曲线，如图 1 - 2 - 37 所示。

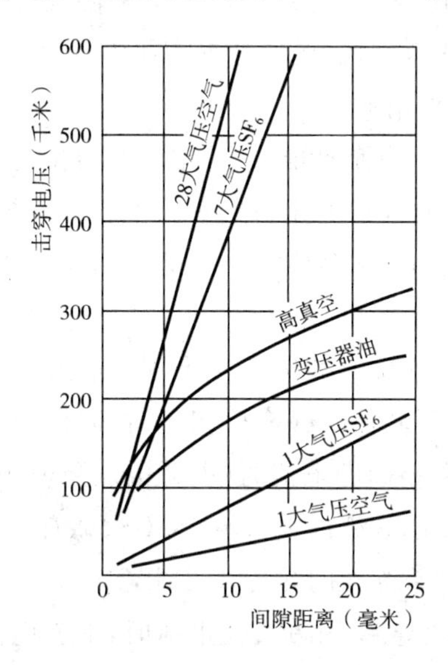

图 1 - 2 - 37　不同介质的绝缘间隙击穿电压比较

由图 1 - 2 - 37 可以看出：变压器油、高真空的绝缘强度均高于常压下空气的绝缘强度，气体加压后绝缘击穿电压显著提高，绝缘击穿电压随着间隙（开关断口）距离增大而提高。

（1）变压器油

变压器油在电弧高温的作用下，可分解出大量氢气和油蒸汽（H_2占70%～80%），氢气的绝缘和灭弧能力是空气的7.5倍。

（2）压缩空气

压缩空气的压力约20×10^5Pa（20大气压），由于其分子密度大，质点的自由行程小，能量不易积累，不易发生碰撞游离，所以有良好的绝缘和灭弧能力。

（3）六氟化硫（SF_6）气体

① SF_6气体具有优异的绝缘性能。所以使用SF_6气体绝缘的电气设备，能大幅度减小占地面积和体积。

SF_6分子具有良好的负电性，以及分子的直径较大，因此不易发生碰撞游离。负电性即SF_6氟原子具有很强的吸附自由电子的能力，能迅速捕捉自由电子而形成稳定的负离子。大量的负离子，不利于碰撞游离的形成；SF_6分子是以硫原子为中心、六个氟原子对称地分布在周围形成的呈正八面体结构，分子的直径较大（0.456nm），电子的自由行程减小，从而减少碰撞游离的发生。因此，SF_6气体的击穿场强为空气的2.5～3倍。在高压开关设备中，如果SF_6气体的工作压力为0.6MPa，此时的击穿场强高出0.1MPa时空气的10倍。

② SF_6气体具有优异的灭弧性能。电流瞬时值减小时，不会发生截流及截流过电压；当电弧电流过零时，其介质强度恢复率可达每微秒数千伏，因而能在苛刻条件下开断电弧电流，如开断近区故障的性能好。

a. 散热能力强。由于SF_6分子质量大，比热也大，所以对流散热能力为空气的2.5倍。SF_6气体的分解温度（2000K）比空气（主要是氮气，分解温度约7000K）的低；而SF_6在电弧作用下接受电能而分解成低氟化合物，需要的分解能却比空气高得多，因此，SF_6分子在分解时吸收的能量多，对弧柱的冷却作用强。

b. 去游离作用强。SF_6气体电负性能强，使空间的自由电子减少；生成的负离子的质量为电子的几千倍，其迁移率仅为电子的千分之一，因此负离子容易与正离子复合为中性分子。由于吸附和复合的综合作用，弧隙带电质点迅速减少，去游离作用强，在电弧电流过零前后促使介质强度快速恢复。

c. 电弧能量小。SF_6在5000K时的热导率低，这个温度恰好是弧心部位的温度，因此弧心部分的热量难以传导出来，与其他灭弧介质相比，在同样的高温时具有较高的游离度，弧柱中热游离充分，电导率高，在相同的电流时，电弧电压降较小（只有少油断路器的1/10左右，压缩空气的1/3左右），因此，燃弧时能量较少，对灭弧有利。

d. 不会发生截流。SF_6有着奇异的热传导性能，达5000K高温的弧心部位热导率低于弧柱外围3000～4000K时的热导率，开断交流电弧时，随着电流瞬时值的减小，弧柱外围快速散热，弧心却维持高温，因而形成纤细型的弧柱。高温弧心保持强烈的热游离，极强的导电性可以维持到很小的电流（1A以下），并不突然断裂，不会发生截流现象，也就不会发生截流过电压。这点比真空断路器和压缩空气断路器性能优越。

由于上述原因，在静止的 SF_6 气体中的灭弧能力比空气强 100 倍。

(4)真空

① 绝缘性能好。在常温下一个大气压的空气中，每 cm^3 含有 2.683×10^{19} 个气体分子，当气体绝对压力低于 10^{-4} mmHg 时，每 cm^3 中只有 3.4×10^{-12} 个气体分子。平均自由行程很大(大约 10^3 mm)，即使真空间隙中存在电子，它从阴极飞向阳极时，也很少有机会与气体分子相碰撞引起游离。正是由于稀薄气体中分子很少，真空间隙的击穿电压非常高。

② 灭弧能力强。真空灭弧室中的电弧放电，是在触头电极蒸发出来的金属蒸汽中形成的。真空气体稀薄，弧隙中的自由电子和中性质点都很少，碰撞游离的可能性很少，弧柱区与周边真空的压力差、带电质点的浓度差和温度差均很大，弧柱内的金属蒸汽及带电质点得以迅速向外扩散，弧隙介质强度的恢复很快。当触头金属质点的蒸发量小于弧柱内质点向外的扩散量时，电弧骤然熄灭。对交流电弧，往往在电流第一次过零即熄灭。

2. 利用气体或油气流吹弧

利用各种预先设计好的灭弧室，在开断电路时，高压气体(空气、SF_6气体)或油气流立即通过喷口形成强烈吹弧。这个方法可以起到冷却弧隙、拉长电弧、扩散去游离等多重有利于熄灭电弧的作用。

(1)吹弧方式通常有纵吹和横吹两种

吹动方向与电弧弧柱轴线平行称纵吹；吹动方向与电弧弧柱轴线垂直称横吹，如图 1-2-38 所示。纵吹主要是使电弧冷却、变细，最终熄灭。吹动方向与电弧弧柱轴线垂直称横吹，横吹是把电弧拉长，表面积增大，冷却加强，熄弧效果较好。在高压断路器中常采用纵、横吹混合吹弧方式，熄弧效果更好。

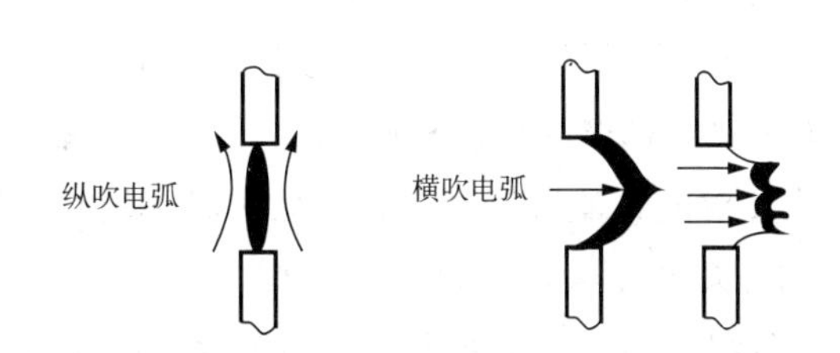

图 1-2-38　吹弧方式

(2)按吹弧能源不同灭弧室吹弧原理分为两类

① 自能吹弧原理：利用电弧自身的能量熄灭电弧。

例如油断路器中，断路器分闸初始，吹弧口未打开之前，电弧使油分解出气体，提高了灭弧室内的压力，当吹弧口打开时，由于灭弧室内外的压力差而在吹弧口产生高速油气流，对电弧进行气吹而使之熄灭。

② 外能吹弧原理：利用外界能量熄灭电弧。

例如压缩空气断路器中，断路器分闸产生电弧后，由高压空气的高速气流对电弧进行强烈气吹，迅速熄弧。

③ 混合吹弧原理：它综合了自能吹弧和外能吹弧的优点，利用电弧自身的能量来熄灭大电流电弧，利用外界能量来熄灭小电流电弧，并可改善分断特性。这种灭弧室结构稍复杂，但分断性能好。

3. 灭弧触头采用特殊金属材料作成

有较高的抗电弧、抗熔焊能力的材料可以减少热电子发射和金属蒸汽，抑制游离作用。

常用的触头材料有铜钨合金、银钨合金等。

4. 在断路器的主触头两端加装低值并联电阻

断路器每相有两对触头，一对主触头 Q1，另一对辅助触头 Q2，低值电阻（几欧至几十欧）并联在主触头上，如图 1－2－39 所示。

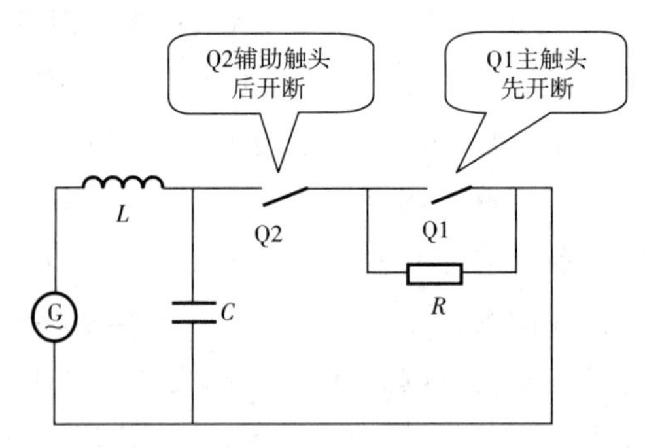

图 1－2－39　带有并联电阻的断路器断开短路故障时的电路图

合闸位置时两对触头都闭合；分闸时，主触头 Q1 先打开，并联电阻 R 接入电路，对 Q1 断口电弧电流起到分流作用；同时 Q1 断口两端的电压为 R 上的电压，幅值和上升速度都较低。主触头电弧熄灭后，并联电阻 R 与电源 G、电感 L 及辅助触头 Q2 形成串联电路。由于增加了电阻，Q2 断口恢复电压上升速度也相应降低，从而有利于辅助触头间的电弧熄灭。同时 R 对电路的振荡过程起阻尼作用，限制了过电压的产生。

5. 采用每相多断口

每相采用两个或两个以上的串联断口，这种方法广泛应用在高压断路器中。

（1）每相多断口的优点

每相多断口的优点有：①增强了灭弧能力；②缩短了分合闸时间；③降低了灭弧室的高度。

在相等的触头行程下，双断口比单断口的电弧拉长了，从而增大了弧隙电阻；使电弧被拉长的速度也增加了，加速了弧隙电阻的增大，提高了介质强度的恢复速率；加在每个断口上的电压降低了，使弧隙的恢复电压也降低了。

这种结构主要应用于 110kV 及以上的高压断路器，每两个串联断口形成一个单元，采用积木组合结构，如图 1－2－40、图 1－2－41 所示。

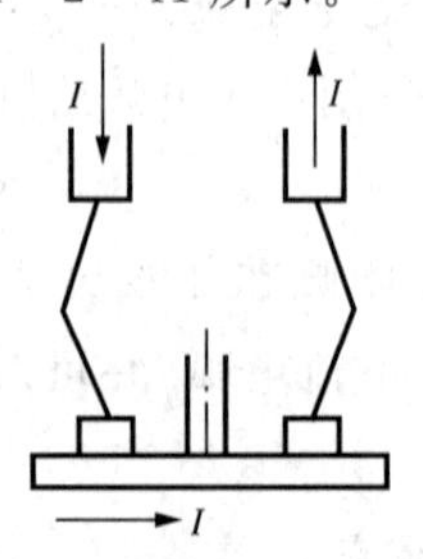

图 1－2－40　每相两个断口的断路器

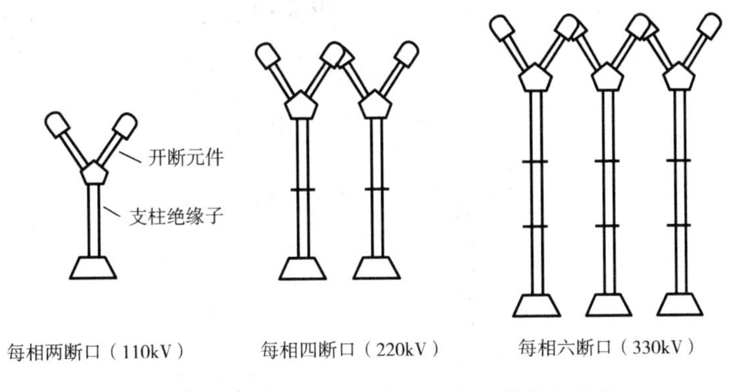

图 1-2-41　SW 系列户外少油断路器积木组合

(2)每相多断口的断口均压问题

由于断路器中间机构箱与底座及大地之间存在杂散等值电容 C_0，如图 1-2-42 所示，因此在开断过程中各断口间的电压出现不均匀现象，由无均压电容断路器开断接地故障的等值电路图 1-2-43 分析可见，$U_1>U_2$，即电源侧断口的灭弧工作条件严峻。当更多断口串联时，有同样的规律，如每相有 4 个断口时，有 $U_1>U_2>U_3>U_4$。

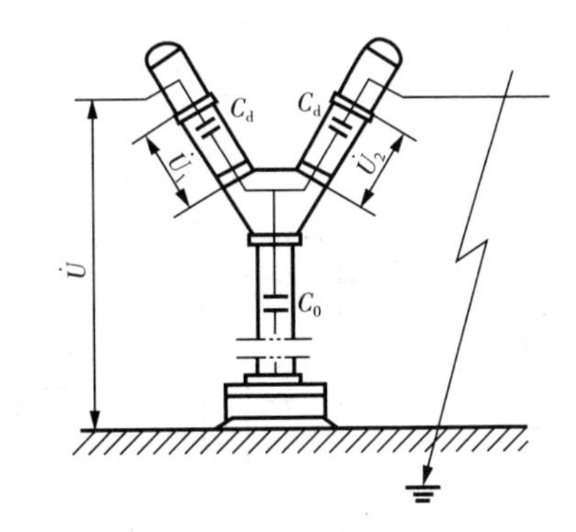

图 1-2-42　无均压电容断路器中的电容分布

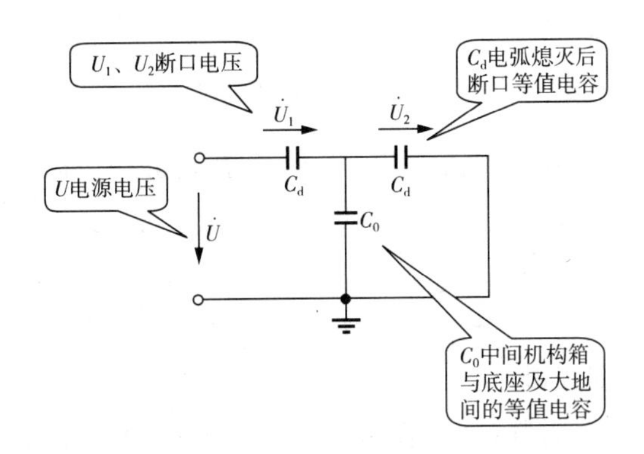

图 1-2-43　无均压电容断路器开断接地故障的等值电路

为了使电压均匀分配在各断口上，通常在每个断口上并联一个比 C_d、C_0 大得多的电容 C (1000～2000pF)，如图 1-2-44 所示，由于 $C \gg C_0$，两断口的电压分布就接近相等了，所以 C

称为均压电容。出于经济的考虑，避免装设容量很大的电容，一般按照断口间最大电压不超过均匀分配电压值 10%的要求来选择均压电容量。

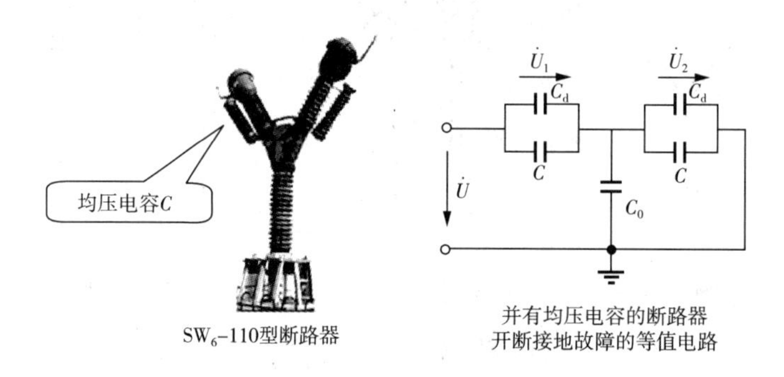

图 1-2-44　每个开关断口上并联均压电容

6. 提高断路器触头的分离速度

高压断路器中都装有强力分闸弹簧，利用储能分闸弹簧的释放，加快触头的分离速度，迅速拉长电弧，使弧隙(断口间)电场强度骤降；同时使电弧的表面积突然增大，有利于电弧的冷却及带电质点的扩散和复合，削弱游离、加强去游离，从而加速电弧的熄灭。

7. 低压开关中的熄弧方法

(1)利用金属灭弧栅灭弧

利用金属灭弧栅灭弧示意如图 1-2-45 所示。

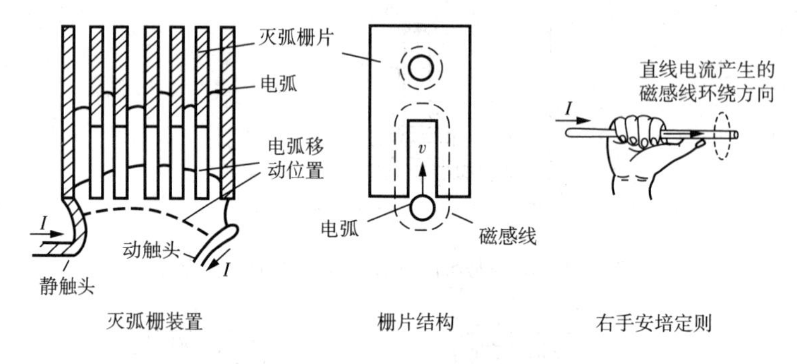

图 1-2-45　利用金属灭弧栅灭弧

灭弧栅由许多带缺口的钢片组成，当断开电路时，动静触头间产生电弧，由于磁通总是走磁阻小的路径，因此对电弧产生一个向上的电磁力，将电弧拉至上部无缺口的部分，从而被栅片分割成一串短弧。由于近阴极效应，在电流过零时每个短弧的阴极都会出现 150～250V 的介质强度，如果总和超过触头间的电压，则电弧熄灭。

(2)利用固体介质狭缝灭弧

灭弧片由耐高温的绝缘材料(如石棉水泥或陶土材料)制成，磁吹线圈与电路串联或并联。开关触头断开产生电弧后，在磁吹线圈磁场的作用下，对电弧产生电动力，将电弧拉入灭弧片的狭缝中(见图 1-2-14)。狭缝限制了电弧的直径，增加了弧隙的压力，同时电弧被拉长，并与灭弧片冷壁紧密接触，加强了对电弧的冷却和复合去游离，使电弧迅速熄灭。

任务四　高压电气设备的使用环境条件

阅读资料

GB/T11022—2011《高压开关设备和控制设备标准的共用技术要求》条文选摘：

ICS 29.130.10;29.130.99
K 43

中华人民共和国国家标准

GB/T 11022—2011
代替 GB/T 11022—1999

高压开关设备和控制设备
标准的共用技术要求

Common specifications for high-voltage
switchgear and controlgear standards

(IEC 62271-1:2007,MOD)

2　正常和特殊使用条件

2.1　概述

除非另有规定，高压开关设备和控制设备及其操动机构和辅助设备，规定在其额定特性和2.2中列出的正常使用条件下使用。

如果实际使用条件和这些正常使用条件不同，高压开关设备和控制设备及其操动机构和辅助设备，应该按用户提出的特殊要求来设计(见2.3)。

注1：在这种情况下，可以采取适当措施以保证其他元件的正常动作，如继电器。

注2：关于环境条件分级的详细资料在GB/T 4798中给出。

2.2　正常使用条件

2.1.1　户内开关设备和控制设备

a)周围空气温度不超过40℃，且在24h内测得的平均值不超过35℃。

最低周围空气温度的优选值为－5℃，－15℃和－25℃。

b)阳光辐射的影响可以忽略。

c)海拔不超过1000m。

d)周围空气没有明显地受到尘埃、烟、腐蚀性和/或可燃性气体、蒸气或盐雾的污染。

如果用户没有特殊的要求，制造厂可以认为不存在这些情况。

e)湿度条件如下：

——在24h内测得的相对湿度的平均值不超过95%；

——在24h内测得的水蒸气压力的平均值不超过2.2kPa；

——月相对湿度平均值不超过90%；

——月水蒸气压力平均值不超过1.8kPa。

在这样的条件下偶尔会出现凝露。

注1：在高湿度期间温度急骤变化时可能出现凝露。

注2：为耐受高湿度和凝露所产生的效应，例如绝缘击穿或金属件腐蚀，应使用为此条件设计和按此条件试验的开关设备。

注3：可用特殊设计的建筑物或小室、变电站内采用适当的通风和加热或使用去湿装置以防形成凝露。

f)来自开关设备和控制设备外部的振动或地动与设备的正常运行方式没有明显关系。如果用户没有特殊的要求，制造厂可以不考虑这些情况。

注4：对“没有明显”的含义是用户设备规范的起草者不解释，或者用户与地震事件无关，或者他的分析认为风险“不明显”。

2.1.2　户外开关设备和控制设备

a)周围空气温度不超过40℃，且在24h内测得的温度平均值不超过35℃。

最低周围空气温度为－10℃，－25℃和－40℃。

b)应当考虑温度的急骤变化。

应当考虑高达1000W/m^2(晴天中午)的阳光辐射。

注1：在一定的阳光辐射条件下，为了使温升不超过规定值，必要时，可采取适当的措施，如加盖屋顶、强迫通风等，阳光的聚集等，或者使用降容的方法。

注2：阳光辐射的详细资料见GB/T 4797.4。

c)海拔不超过1000m。

d)周围空气可以受到尘埃、烟、腐蚀性气体、蒸汽或盐雾的污染。污秽等级不得超过IEC 60815表1中的Ⅱ级(中等污秽)。

e)应考虑的覆冰范围从1mm到10mm，但不超过20mm。

f)风速不超过34m/s(相应于圆柱表面上的700Pa)。

注3：风的特性见GB/T 4797。

g)应当考虑凝露和降水。

注4：降水的特性见GB/T 4797。

h)来自开关设备的控制设备外部的振动或地动与设备的正常运行方式没有明显关系。如果用户没有特殊要求，制造厂可以不考虑这些情况。

注5：对“没有明显”的含义是用户设备规范的起草者不解释，或者用户与地震事件无关，或者他的分析认为风险“不明显”。

2.3　特殊使用条件

2.3.1　概述

高压开关设备和控制设备可以在不同于2.2中规定的正常使用条件下使用，这时用户的要求应当按照下述要求。

2.3.2　海拔

对于安装在海拔高于1000m处的设备，外绝缘在使用地点的绝缘耐受水平应为额定绝缘水平乘以按照图1确定的系数K_a。（图1略）

2.3.3　污秽

对于安装在污秽空气中的设备，污秽等级应规定为IEC60815中的Ⅲ级——重污秽，或Ⅳ级——严重污秽。

对于户内设施，可以参考GB 3906－2006的附录C。

2.3.4　温度和湿度

对于安装在周围空气温度明显地超出2.2中规定的正常使用条件处的设备，优先选用的最低和最高温度的范围规定为：

——对严寒气候，－50℃和＋40℃；

——对酷热气候，－5℃和＋55℃。

在暖湿风频繁出现的某些地区，温度的骤变会导致凝露，甚至在户内也会这样。

在湿热带户内条件下，在24h内测得的相对湿度的平均值能达到98%。

2.3.5　振动、撞击或摇摆

在可能发生地震的地区，用户应按GB/T 13540来规定设备的抗震等级。

风速

在某些地区，风速的值为40m/s。

覆冰

超过20mm的覆冰厚度由制造厂和用户协商。

2.3.8　其他参数

设备在特殊的环境条件下使用时，用户应参照GB/T 4796来规定这些环境参数。

思考问题

◆ 根据GB/T11022－2011总结电气设备正常使用条件和特殊使用条件有哪些？

◆ 选择和校验导体和电器时采用的环境温度数值是如何规定的？

◆ 电气设备的实际环境温度对电气设备温升有什么影响？

◆ 电气设备的允许电流与额定电流有什么区别？

◆ 电气设备环境污秽等级分为哪几级？污秽特征是如何定义的？

◆ 环境污秽对电气设备安全运行的危害是什么？

学习必读

一、DL/T 5222－2005《导体和电器选择设计技术规定》条文选摘(一)

ICS 27.100
P 62
备案号：J434—2005

DL

中华人民共和国电力行业标准

P　　DL/T 5222 — 2005

导体和电器选择设计技术规定

Design technical rule for selecting conductor and electrical equipment

5 基 本 规 定

5.0.3　电器的正常使用环境条件规定为：周围空气温度不高于 40℃，海拔不超过 1000m。当电器使用在周围空气温度高于 40℃(但不高于 60℃)时，允许降低负荷长期工作。推荐周围空气温度每增高 1K，减少额定电流负荷的 1.8%；当电器使用在周围空气温度低于＋40℃时，推荐周围空气温度每降低 1K，增加额定电流负荷的 0.5%，但其最大过负荷不得超过额定电流负荷的 20%；当电器使用在海拔超过 1000m(但不超过 4000m)且最高周围空气温度为 40℃时，其规定的海拔每超过 100m(以海拔 1000m 为起点)允许温升降低 0.3%。

6 环 境 条 件

6.0.1　选择导体和电器时，应按当地环境条件校核。当气温、风速、湿度、污秽、海拔、地震、覆冰等环境条件超出一般电器的基本使用条件时，应通过技术经济比较分别采取下列措施：

1　向制造部门提出补充要求，制订符合当地环境条件的产品；

2　在设计或运行中采用相应的防护措施，如采用屋内配电装置、水冲洗、减震器等。

6.0.2　选择导体和电器的环境温度宜采用表 6.0.2 所列数值。

表 6.0.2　选择导体和电器的环境温度

类别	安装场所	环境温度℃	
		最高	最低
裸导体	屋外	最热月平均最高温度	
	屋内	该处通风设计温度。当无资料时，可取最热月平均最高温度加 5℃	
电器	屋外	年最高温度	年最低温度
	屋内电抗器	该处通风设计最高排风温度	
	屋内其他	该处通风设计温度。当无资料时，可取最热月平均最高温度加 5℃	

注 1：年最高(或最低)温度为一年中所测得的最高(或最低)温度的多年平均值。

注 2：最热月平均最高温度为最热月每日最高温度的月平均值，取多年平均值。

6.0.3　选择屋外导体时，应考虑日照的影响。对于按经济电流密度选择的屋外导体，如发电机引出线的封闭母线、组合导线等，可不校验日照的影响。

计算导体日照的附加温升时，日照强度取 0.1W/cm²，风速取 0.5m/s。

日照对屋外电器的影响，应由制造部门在产品设计中考虑。当缺乏数据时，可按电器额定电流的80%选择设备。

6.0.4　选择导体和电器时所用的最大风速，可取离地面 10m 高、30 年一遇的 10min 平均最大风速。最大设计风速超过 35m/s 的地区，可在屋外配电装置的布置中采取措施。阵风对屋外电器及电瓷产品的影响，应由制造部门在产品设计中考虑。

500kV 电器宜采用离地面 10m 高、50 年一遇 10min 平均最大风速。

6.0.5　在积雪、覆冰严重地区，应尽量采取防止冰雪引起事故的措施。隔离开关的破冰厚度，应大于安装场所最大覆冰厚度。

6.0.6　选择导体和电器的相对湿度，应采用当地湿度最高月份的平均相对湿度。对湿度较高的场所，应采用该处实际相对湿度。当无资料时，相对湿度可比当地湿度最高月份的平均相对湿度高 5%。

6.0.7　为保证空气污秽地区导体和电器的安全运行，在工程设计中应根据污秽情况选用下列措施：

1　增大电瓷外绝缘的有效爬电比距，选用有利于防污的材料或电瓷造型，如采用硅橡胶、大小伞、大倾角、钟罩式等特制绝缘子。

2　采用热缩增爬裙增大电瓷外绝缘的有效爬电比距。

3　采用六氟化硫全封闭组合电器(GIS)或屋内配电装置。

发电厂、变电站污秽分级标准见附录 C。

6.0.8　对安装在海拔高度超过 1000m 地区的电器外绝缘应予校验。当海拔高度在 4000m 以下时，其试验电压应乘以系数 K，系数 K 的计算公式如下：

$$K=\frac{1}{1.1-\dfrac{H}{1000}} \tag{6.0.8}$$

式中：H——安装地点的海拔高度，m。

6.0.9　对环境空气温度高于 40℃的设备，其外绝缘在干燥状态下的试验电压应取其额定耐受电压乘以温度校正系数 K_t。

$$K_t=1+0.0033(T-40) \tag{6.0.9}$$

式中：T——环境空气温度，℃。

6.0.10　选择导体和电器时，应根据当地的地震烈度选用能够满足地震要求的产品。

对 8 度及以上的一般设备和 7 度及以上的重要设备应该核对其抗震能力，必要时进行抗震强度验算。

在安装时，应考虑支架对地震力的放大作用。电器的辅助设备应具有与主设备相同的抗震能力。

6.0.11　电器及金具在 1.1 倍最高工作相电压下，晴天夜晚不应出现可见电晕，110kV 及以上电压户外晴天无线电干扰电压不宜大于 500mV，并应由制造部门在产品设计中考虑。

6.0.12　电器噪声水平应满足环保标准要求。电器的连续噪声水平不应大于 85dB。断路器的非连续噪声水平，屋内不宜大于 90dB；屋外不应大于 110dB(测试位置距声源设备外沿垂直面的水平距离为 2m，离地高度 1～1.5m 处)。

二、DL/T 5222－2005《导体和电器选择设计技术规定》条文选摘(二)

附　录C

(规范性附录)

线路和发电厂、变电站污秽分级标准

表C.1　线路和发电厂、变电站污秽等级

污秽等级	污秽特征	盐　密 mg/cm²	
		线路	发电厂、变电站
0	大气清洁地区及离海岸盐场50km以上无明显污秽地区	≤0.03	
Ⅰ	大气轻度污秽地区，工业区和人口低密集区，离海岸盐场10～50km地区。在污闪季节中干燥少雾(含毛毛雨)或雨量较多时	＞0.03～0.06	≤0.06
Ⅱ	大气中等污秽地区，轻盐碱和炉烟污秽地区，离海岸盐场3～10km地区，在污闪季节中潮湿多雾(含毛毛雨)但雨量较少时	＞0.06～0.10	＞0.06～0.10
Ⅲ	大气污染较严重地区，重雾和重盐碱地区，近海岸盐场1～3km地区，工业与人口密度较大地区，离化学污染源和炉烟污秽300～1500m的较严重污秽地区	＞0.10～0.25	＞0.10～0.25
Ⅳ	大气特别严重污染地区，离海岸盐场1km以内，离化学污染源和炉烟污秽300m以内的地区	＞0.25～0.35	＞0.25～0.35

三、环境对电气设备安全运行的影响

1. 高温环境会使电气设备正常工作时过热

电气设备在未通电流时，其温度与运行环境温度(周围介质)相等。当有电流流过后，导体内发出的热量，一部分使导体温度升高，另一部分则散失到周围介质中(当导体的温度高于周围介质温度时)。在导体温度未达到稳定时，发热量等于吸热量与散热量之和；设备与环境温度的温差越大，即温升越高散热量大，当设备温度升高到一定程度，发热量和散热量相等，达到热量平衡，设备温度将不再升高(即吸热为零)，而维持在一定值称之为稳定温度，稳定温度与环境温度的差值称为稳定温升。设备稳定温升的大小与其通过电流的大小以及环境温度的高低有关。电流越大、散热条件越差，稳定温度越高；反之电流减小、散热条件越

好，稳定温度则降低。

电气设备运行时应保证稳定温度及温升不超过允许值。当运行环境温度为规定的额定环境温度，电气设备长期通过额定电流时，其稳定温度恰好为允许值；当环境温度高于规定的额定环境温度时，散热条件变差，将可能引起设备过热而损坏；为了维持电气设备的稳定温度及温升不超过允许值，则应降低通过的电流，以减小发热量，此时的电流称为允许电流。

2. 污秽环境会造成绝缘污秽闪络事故

电器所在环境的污秽程度，对电器绝缘的爬电距离、电气间隙及电气的安全运行影响极大。所谓污秽闪络（简称污闪），就是由于工业污秽、海风的盐雾、空气中的尘埃等污秽物附着在绝缘子表面并渐渐积累，形成污秽层。这些污秽物含有酸碱和盐的成分，在干燥时导电性不好，在下雨、下雾等潮湿天气受潮后会使绝缘子的绝缘水平大大降低，在正常运行电压下发生闪络事故，造成开关跳闸，引发大面积停电。

继续探讨

◆ 电气设备外壳防护等级（IP 代码）要素及含义。

◆ 中国标准分级及标准代号。

◆ IEC 国际电工委员会标准。

延伸拓展

一、电气设备外壳防护等级要素及含义

1. 外壳防护等级内容

国家标准 GB 4208－2008《外壳防护等级（IP 代码）》对额定电压不超过 72.5kV，借助外壳防护的电气设备规定了下述内容的外壳防护等级：

1)防止人体接近壳内危险部件；

2)防止固体异物进入壳内设备；

3)防止由于水进入壳内对设备造成有害影响。

2. IP 代码的配置

IP 代码配置如下图所示。

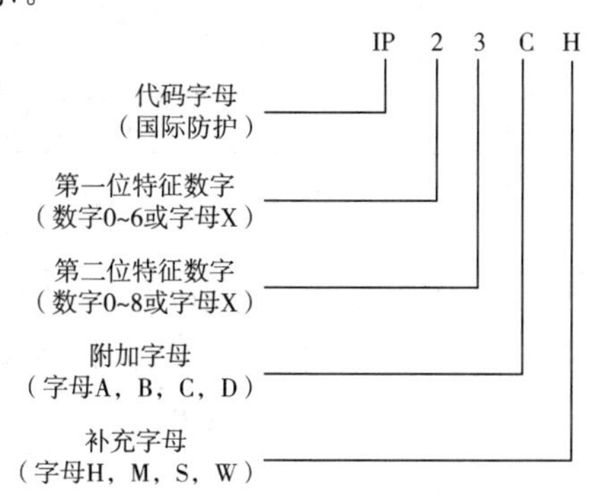

3. IP 代码中第一位特征数字的含义

1)第一位特征数字所表示的对接近危险部件的防护等级,见表 1-2-6。

表 1-2-6 第一位特征数字所表示的对接近危险部件的防护等级

第一位特征数字	防护等级	
	简要说明	含义
0	无防护	—
1	防止手背接近危险部件	直径 50mm 球形试具应与危险部件有足够的间隙
2	防止手指接近危险部件	直径 12mm,长 80mm 的铰接试指应与危险部件有足够的间隙
3	防止工具接近危险部件	直径 2.5mm 的试具不得进入壳内
4	防止金属线接近危险部件	直径 1.0 的试具不得进入壳内
5	防止金属线接近危险部件	直径 1.0 的试具不得进入壳内
6	防止金属线接近危险部件	直径 1.0 的试具不得进入壳内
注:对于第一位特征数字为 3、4、5 和 6 的情况,如果试具与壳内危险部件保持足够的间隙,则认为符合要求。 足够的时隙应由产品标准根据 12.3 规定。 由于同时满足表 2 的规定,所以表 1 规定“不得进入”。		

2)第一位特征数字所表示的防止固体异物进入的防护等级,见表 1-2-7。

表 1-2-7 第一位特征数字所表示的防止固体异物进入的防护等级

第一位特征数字	防护等级	
	简要说明	含义
0	无防护	—
1	防止直径不小于 50mm 的固体异物	直径 50mm 球形物体试具不得完全进入壳内
2	防止直径不小于 12.5mm 的固体异物	直径 12.5mm 的球形物体试具不得完全进入壳内
3	防止直径不小于 2.5mm 的固体异物	直径 2.5mm 的物体试具完全不得进入壳内
4	防止直径不小于 1.0mm 的固体异物	直径 1.0mm 的物体试具完全不得进入壳内
5	防尘	不能完全防止尘埃进入,但进入的灰尘量不得影响设备的正常运行,不得影响安全
6	尘密	无灰尘进入
注:物体试具的直径部分不得进入外壳的开口		

4. IP 代码中第二位特征数字的含义

第二位特征数字表示防止水进入电气设备的防护等级，见表 1－2－8。

表 1－2－8　第二位特征数字所表示的防止水进入的防护等级

第二位特征数字	防护等级	
	简要说明	含　义
0	无防护	—
1	防止垂直方向滴水	垂直方向滴水应无有害影响
2	防止当外壳在 15°范围内倾斜时垂直方向滴水	当外壳的各垂直面在 15°范围内倾斜时，垂直滴水应无有害影响
3	防淋水	各垂直面在 60°范围内淋水，无有害影响
4	防溅水	向外壳各方向溅水无有害影响
5	防喷水	向外壳各方向喷水无有害影响
6	防强烈喷水	向外壳各个方向强烈喷水无有害影响
7	防短时间浸水影响	浸入规定压力的水中经规定时间后外壳进水量不致达有害程度
8	防持续潜水影响	按生产厂和用户双方同意的条件（应比特征数字为 7 时严酷）持续潜水后外壳进水量不致达有害程度

二、电气设备外壳防护等级

DL 404—1991《户内交流高压开关柜订货技术条件》对防护等级的定义：高压开关柜防护等级为外壳、隔板防止人体接近带电部分或触及运动部分，并且防止固体物体侵入设备的保护程度。高压开关柜的外壳防护等级分类见表 1－2－9。

表 1－2－9　高压开关柜的外壳防护等级分类

防护等级	能防止物体接近带电部分和触及运动部分
IP2X	能阻挡手指或直径大于 12mm、长度不超过 80mm 的物体进入
IP3X	能阻拦直径或厚度大于 2.5mm 的工具、金属丝等物体进入
IP4X	能阻拦直径大于 1.0mm 的金属丝或厚度大于 1.0mm 的窄条物体进入
IP5X	能防止影响设备安全运行的大量尘埃进入，但不能完全防止一般的灰尘进入

标识示例 1：KEGCK(L)低压抽出式成套开关设备的防护等级为 IP30。

含义：第一个数字“3”表示能防止直径（或厚度）大于 2.5mm 的工具、金属线等进入壳内；第二个数字“0”表示对外壳进水无防护作用。

标识示例 2：KEXBW□－12 共箱式变电站的防护等级为 IP33。

含义：第一个数字“3”表示能防止直径（或厚度）大于 2.5mm 的工具、金属线等进入壳内;第二个数字"3"表示各垂直面在60°范围内淋水无有害影响。

三、中国标准划分

在我国生产建设中为了统一技术要求,《中华人民共和国标准化法》将中国标准分为国家标准、行业标准、地方标准(DB)和企业标准(QB)。

1. 国家标准代号

1)强制性国家标准 GB;

2)推荐性国家标准 GB/T("T"是推荐的意思);

3)国家标准指导性技术文件 GB/Z;

4)工程建设国家标准 GBJ(现为 GB 50XXX 系列标准);

5)国家职业卫生技术标准 GBZ;

6)国军标代号:GJB。

国家标准分为强制性国标(GB)和推荐性国标(GB/T)。强制性国标是保障人体健康、人身、财产安全的标准和法律及行政法规规定强制执行的国家标准;推荐性国标是指生产、检验、使用等方面,通过经济手段或市场调节而自愿采用的国家标准。但推荐性国标一经接受并采用,或各方商定同意纳入经济合同中,就成为各方必须共同遵守的技术依据,具有法律上的约束性。

2. 中国标准编号构成

标准编号由三部分组成:标准的代号、标准发布的顺序号和标准发布的年号(发布年份)。

例如:国家推荐标准:GB/T 11022—2011《高压开关设备和控制设备标准的共用技术要求》;电力行业推荐标准:DL/T 5222—2005《导体和电器选择设计技术规定》。

四、IEC 国际电工委员会标准

1. IEC 国际电工委员会

IEC(国际电工委员会)是 International Electro technical Commission 的简称。IEC 成立于1906年,是由各国家电工技术委员会组成的世界电工标准化组织。

IEC 工作领域包括了电力、电子、电信和原子能方面的电工技术。

IEC 的宗旨是促进电工标准的国际统一,以及在标准化、电工技术等方面的国际合作,增进国际间的相互了解。IEC 出版包括国际标准在内的各种出版物,并希望各国家委员会在其本国条件许可的情况下,使用这些国际标准。这些国际标准由 IEC 委托各国家电工技术委员会起草,与 IEC 协作的国际、政府和非政府组织也参加起草。

2. IEC 标准代号及编号构成

1)标准代号:IEC。

2)标准编号构成:由标准的代号、标准发布的顺序号和标准发布的年号(发布年份)三部分组成。

例如:IEC 60694—1996《Common specification high-voltage switchgear and controlgear standards》(中国名 IEC 60694—1996《高压开关设备和控制设备标准的通用条款》)。

项目三　开关设备

任务一　高压断路器基本知识

阅读资料

一、高压断路器在电力系统中的使用

在电力系统中，发电机、变压器、线路、用电设备等元件均必须装设断路器，如图 1-3-1 所示。

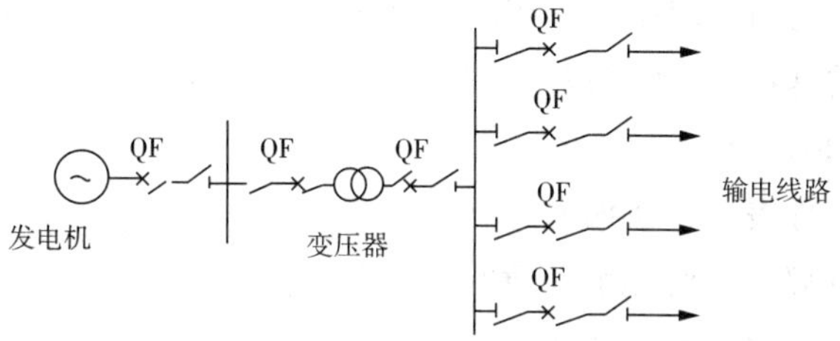

图 1-3-1　高压断路器(QF)在电力系统中的使用

二、断路器的图形和文字符号

断路器的图形和文字符号见表 1-3-1。

表 1-3-1　断路器的图形和文字符号

断路器的图形符号	 —×╱—
断路器的文字符号	QF
电力调度术语(简称)	开关

(注：图形符号参见 GB/T 4728《电气简图用图形符号》，以下同。)

三、高压断路器的外形图片

高压断路器型号众多，外形各异(如图 1-3-2 所示)，但基本结构组成和作用相同。

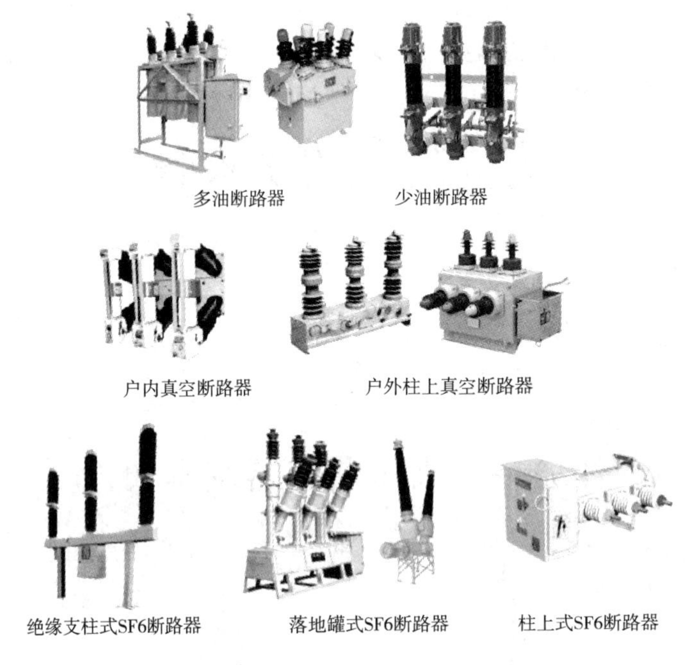

图 1-3-2　高压断路器的外形图片

思考问题

◆ 高压断路器在电力系统中的作用和功能是什么?
◆ 高压断路器的基本结构如何?
◆ 高压断路器如何分类?
◆ 高压断路器型号表示方法如何?
◆ 高压断路器有哪些主要技术参数?
◆ 如何选用高压断路器技术参数?

学习必读

一、高压断路器的定义及结构特点

1. 高压断路器定义

3kV 及以上电力系统中使用的断路器称为高压断路器。

GB1984－2003(3.4.103 条文)对断路器定义:能够关合、承载和开断正常回路条件下的电流,并能关合、在规定时间内承载和开断异常回路条件(如短路条件)下的电流的机械开关装置。

2. 高压断路器的结构特点

高压断路器具有完善的灭弧装置及快速动作性。断路器的触头密封于灭弧室内,触头的分合状态通过分合指示器实现指示。

二、高压断路器的功能和用途

1. 高压断路器的主要功能

① 在关合状态时应为良好的导体，不仅对正常电流而且对规定的短路电流也应能承受其发热和电动力的作用。

② 在关合状态的任何时刻，能在不发生危险过电压的条件下，尽可能短的时间内开断不超过额定短路开断电流的电流。

③ 在断开状态时应为良好的绝缘体，对地、相间及断口间具有良好的绝缘特性。

④ 在断开状态的任何时刻，应能在触头不发生熔焊和烧蚀的情况下，在短时间内安全的地关合短路电流。

2. 高压断路器在电力系统中的作用

高压断路器在电网中起着两方面的作用：第一，控制作用。根据电网运行需要，用高压断路器把一部分电力设备或线路投入或退出运行。第二，保护作用。高压断路器还可以在电力线路或设备发生故障时将故障部分从电网快速切除，保证电网中的无故障部分正常运行。

三、高压断路器的分类

1. 按安装场所分类

高压断路器分为户内式和户外式两类。

2. 根据控制、保护的对象不同分类

(1)发电机断路器

控制、保护发电机用的断路器。断路器的额定电压在40.5kV以下，额定电流大，不需要快速自动重合闸。

(2)输电断路器

110(66)kV及以上输电系统中的断路器。其中110kV、220kV电压等级使用的断路器称为高压断路器，330kV及以上电压等级使用的断路器称为超高压断路器。输电断路器除要求具备快速自动重合闸功能外，还常要具备开合近区故障、失步故障、架空线路和电缆线路充电电流的能力。电压等级高，断路器的结构也比较复杂。

(3)配电断路器

35(66)kV及以下的配电系统中的断路器。这类断路器除要求具备快速自动重合闸的功能，有时还要求具备开合电容器组(单个电容器组或多个并联电容器组)和电缆线路充电电流的能力。电压等级低，断路器的结构也简单。

(4)控制断路器

用于控制、保护经常需要启停的电力设备(如高压电动机、电弧炉等)的断路器。断路器的额定电压在12kV以下。要求断路器能够频繁操作并具有高的机械和电寿命。

3. 按外壳结构分类

(1)带电箱壳式断路器(又称为绝缘支柱式)

通断元件(灭弧室)安装在绝缘支柱上,使处于高电位的触头、导电部分及灭弧室与地电位绝缘,绝缘支柱则安装在接地的基座上。绝缘支柱式断路器结构简单,运动部件少,系列性好(如图 1-3-3 所示)。

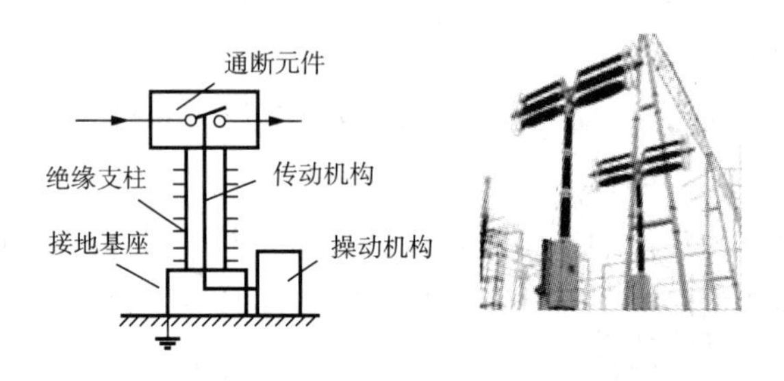

图 1-3-3　带电箱壳式高压断路器基本结构及外观

(2)接地箱壳式断路器(又称为落地罐式)

通断元件(灭弧室)安装在接地的箱壳中,其间的绝缘依靠气体(压缩空气或六氟化硫)或液体(变压器油)来承担,导电部分经套管引入(如图 1-3-4 所示)。

罐式断路器的特点是重心比较低,抗震性能比较好,它还可以安装套管电流互感器,减少了一次设备,能与隔离开关、接地闸刀、避雷器等融为一体,组成复合式开关设备。此外,它的外边可以安装加热装置,能够在严寒地区使用。常在高压和超高压断路器中使用。

缺点是罐体耗用材料多,用气(油)量大,制造难度较大,系列化较差,因而价格较高。

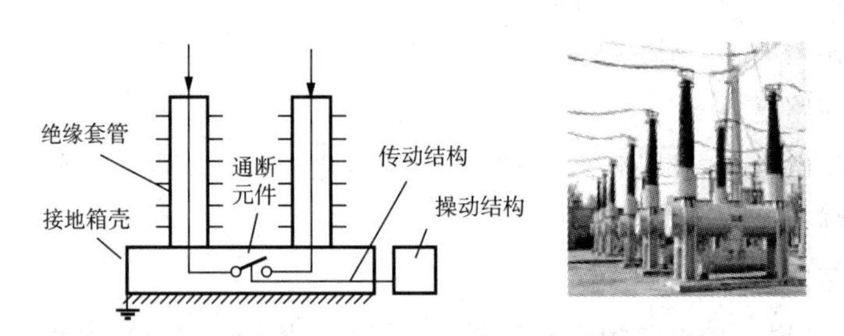

图 1-3-4　接地箱壳式(落地罐式)高压断路器基本结构及外观

(3)绝缘支柱式和落地罐式断路器应用比较

由于绝缘支柱式和落地罐式断路器两种产品结构差异大,使之各具优势。

① 在加装电流互感器方面,罐式断路器具有优势。

因为绝缘支柱式的灭弧室装在绝缘子内,安装在绝缘支柱顶上,套管式电流互感器没有办法安装在断路器本体上。电流互感器必须单独装在它自己的绝缘支柱上,通过空气绝缘的连接线连于断路器上。而在罐式断路器中,套管式电流互感器可装在罐式断路器的套管上。如果变电站对每台断路器需要安装电流互感器,则绝缘支柱式 SF_6 断路器处于竞争劣势。

但在某些使用场合,断路器不需要带电流互感器,尤其用作投切电容器组和并联电抗器的开关。如对于 SF_6 断路器,绝缘支柱式的价格相当于罐式的 60%,且因绝缘支柱式断路器采用多断口,能更好地耐受重击穿。

② 在抗地震能力方面，罐式断路器具有优势。

从抗震角度讲，绝缘支柱式断路器因重心高而抗震能力差，适用于地震不活跃的欧洲区。而太平洋区、马来西亚区和日本都是地震易发生地区，在这一地区使用罐式断路器为宜。我国也是多地震的国家，因此，罐式断路器在我国用量很大，特别在超高压领域。

③ 从外部耐压能力看，罐式断路器较容易达到要求。

将绝缘支柱式灭弧室多个串联便能满足任一额定值，但外部绝缘耐受能力受其灭弧室自身长度的限制。而罐式断路器只要能开发出为减少断口数而必要的耐受能力，就可制造出绝缘套管。因此，罐式 SF_6 断路器已做到 550kV、63kA 单断口和 1100kV、50kA 双断口。

④ 从适应环境温度角度看，大容积的罐式断路器表现出优势。

罐式断路器在罐内可放入加热器，而瓷柱式断路器则不能。对于瓷柱式 SF_6 断路器来说，为了使用于低温区，可使用混合气体，如 SF_6+N_2 或 SF_6+CF_4 等。

⑤ 从气体容积看，其优势倾向于绝缘支柱式断路器。

绝缘支柱式断路器中 SF_6 气体的容积比罐式断路器小得多，由于瓷柱式断路器用气量少，从而降低了造价。

⑥ 从环境角度看，绝缘支柱式断路器因用气量少而优于罐式断路器。

SF_6 气体已被认定为一种温室效应气体，因此，要控制它的排放量。国际上规定，一般漏气量不超过 1%。

瓷柱式和罐式断路器各有其优势。在欧洲几乎专门使用瓷柱式断路器，而在美国几乎普遍使用罐式断路器。我国和日本也大量使用罐式断路器。

4. 按断路器灭弧介质分类

高压断路器有油断路器（多油和少油）、压缩空气断路器、真空断路器、六氟化硫（SF_6）断路器、磁吹断路器和（固体）产气断路器。目前应用较多的是真空断路器和六氟化硫断路器。

(1)油断路器

油断路器是一种触头密封在充满变压器油的灭弧室内的断路器。采用变压器油作为灭弧和绝缘介质。油断路器的优点是结构简单、价格便宜。油断路器的缺点为检修周期短、维护工作量大、潜在火灾危险。目前油断路器在 110kV 及以上系统有被 SF_6 断路器取代的趋势，在 35kV、10kV 电力系统有被真空断路器取代的趋势。油断路器分为多油和少油两种。

① 多油断路器，属于接地箱壳式断路器。灭弧室装在一个接地金属箱中，油的作用是熄灭电弧、导电部分之间以及导电部分与接地油箱之间的绝缘，用油量较多（如图 1－3－5 所示）。多油断路器的使用历史悠久，使用和制造技术成熟，可方便地带电流互感器（出线套管处），户外使用时受大气条件的影响小，曾在电力系统中起过重要作用。可制成超高压等级（如 362kV）。多油断路器有许多缺点，如额定电流不易做大，全开断时间较长，体积庞大，消耗大量的钢材和变压器油，运输和安装均有较大困难，引起爆炸和火灾的危险性大。所以多油断路器已趋于淘汰。目前国内只生产 10、35kV 电压级产品。

② 少油断路器，属于带电箱壳式断路器。灭弧室装在与大地绝缘的油箱中。少油断路器中油的主要作用是熄灭电弧、触头在分闸位置时断口间的绝缘，而不作对地绝缘用，用油

量少。导电部分对地的绝缘主要靠瓷瓶等(如图 1-3-6 所示)。

少油断路器与多油断路器相比,体积小、重量轻、用油量少,能采用积木式组装成超高压少油断路器,并被广泛应用在 220kV 及以下的电力系统。

少油断路器由于油少易冻结和劣化不适用于严寒地带,不适于频繁操作,检修周期短,也有火灾安全问题。因此目前在我国 220kV 及以下少油断路器虽还有生产和使用,但已不再发展。

图 1-3-5　DW8—35 型多油断路器

图 1-3-6　SW2—63 型少油断路器

(2)压缩空气断路器

触头密封在充满压缩空气的灭弧室内的断路器。采用压缩空气作为灭弧和绝缘介质。

(3)真空断路器

触头密封在高真空的灭弧室内的断路器。采用真空的高绝缘性能来灭弧。

(4)六氟化硫(SF_6)断路器

触头密封在充满高压六氟化硫气体的灭弧室内,采用高压惰性气体六氟化硫作为灭弧和绝缘介质的断路器。

(5)磁吹断路器

利用磁场的作用使电弧熄灭的一种断路器。触头在空气中闭合和断开,磁场通常由分断电流本身产生,电弧被磁场吹入灭弧片狭缝内,并使之拉长、冷却,直至最终熄灭。

(6)固体产气式断路器

固体产气式断路器是利用固体产气物质在电弧高温作用下分解出来的气体来灭弧的断路器。

5. 按操动机构类型分类

1)手动机构(CS):指用人力合闸的操动机构。

2)电磁机构(CD):指用电磁铁合闸的操动机构。

3)弹簧机构(CT):指事先用人力或电动机使弹簧储能实现合闸的弹簧合闸操动机构。

4)电动机机构(CJ):指用电动机合闸与分闸的操动机构。

5)液压机构(CY):指以高压油推动活塞实现合闸与分闸的操动机构。

6)气动机构(CQ):指用压缩空气推活塞实现合闸与分闸的操动机构。

7)永磁机构:利用永久磁铁进行断路器位置保持,是一种电磁操动、永磁保持、电子控制的操作机构。

四、高压断路器的型号命名方法

根据JB/T－8754－1998《高压开关设备型号编制办法》的规定,目前我国高压断路器型号一般由文字符号和数字按以下方式组成:

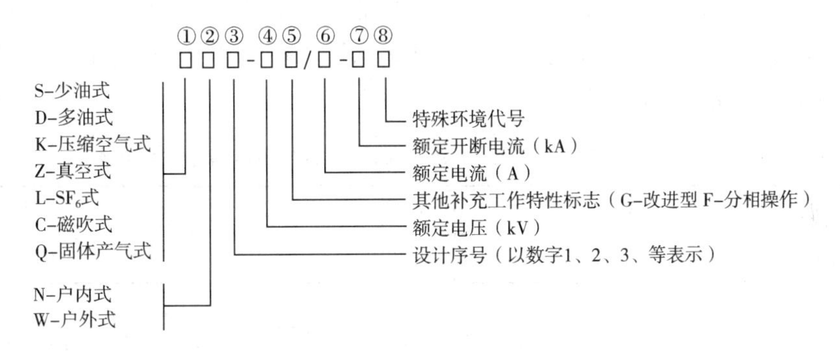

其代表意义为:

① ——产品字母代号,用下列字母表示:S—少油断路器,D—多油断路器,K—空气断路器,Z—真空断路器,L—六氟化硫断路器,C—磁吹断路器,Q—产气断路器。

② ——装置地点代号:N—户内式断路器,W—户外式断路器。

③ ——设计系列顺序号,以数字1、2、3、……表示。

④ ——额定电压,kV。

⑤ ——其他补充工作特性标志:G—改进型,F—分相操作,C—手车式,W—防污型,Q—防震型,D—直流电磁操动机构,T—弹簧操动机构。

⑥ ——额定电流,A。

⑦ ——额定开断电流,kA。

⑧ ——特殊环境代号:(TH)—湿热带,(TA)—干热带,(G)—高海拔,(H)—高寒,(W)—污秽地区,(Z)—强震地区,(F)—防化学腐蚀,(PB)—有破冰能力。

例如:LW3－12/630－20型断路器,指额定电压为12kV、额定电流为630A、额定开断电流为20kA、设计序列号为3的户外六氟化硫断路器。

五、高压断路器主要技术参数及选用原则

GB 1984－2003《高压交流断路器》、GB/T 11022—1999《高压开关设备和控制设备标准的共用技术要求》、DL/T 5222－2005《导体和电器选择设计技术规定》规定了表征高压断路器的基本工作性能的技术参数额定值以及选用原则。

1. 额定电压(U_r)

高压断路器长期在电网中使用时应能够耐受各种电压、电流的作用而不致损坏。

首先分清电工术语的两个名词:标称值和额定值。

标称值(nominal value):用以标识一个元件、器件或设备的合适的近似量值。

额定值(rated value):一般由制造厂对一个元件、器件或设备在规定工作条件下所规定的一个量值。

标称系统电压:指系统设计选定的电压,用U_N表示。

断路器额定电压:指断路器在规定的正常使用条件下,能够连续运行的最高电压,用U_r表示。

GB/T 11022—1999《高压开关设备和控制设备标准的共用技术要求》(4.1条文)规定:开关设备和控制设备额定电压为所在系统的最高电压上限。

对于三相电器标称电压和额定电压是用其线电压有效值表示。国家标准交流三相系统标称电压与高压断路器额定电压对应见表1-3-2。

表1-3-2　国家标准交流三相系统标称电压与高压断路器额定电压

标称系统电压(kV)	3	6	10	20	35	66	110	220	330	500	750	1000
额定电压(kV)	3.6	7.2	12	24	40.5	72.5	126	252	363	550	800	1100

额定电压的大小确定了电气设备的绝缘结构和外形尺寸。额定电压越高,电气设备的外形尺寸越大,极间距离也越大。

断路器工作时还应耐受高于额定电压的各种过电压作用,而不会导致绝缘的损坏。标志这方面性能的参数有1min工频耐受电压、雷电冲击耐受电压和操作冲击耐受电压。具体数值与断路器的额定电压有关,可参考交流高压断路器国家标准GB1984。

选择断路器时应根据DL/T 5222—2005《导体和电器选择设计技术规定》(9.2.1条文)规定:断路器的额定电压应不低于系统的最高电压。

2. 额定电流(I_r)

额定电流是指高压电器(包括高压断路器)在规定的环境温度下(国家标准40℃),能长期通过且其载流部分和绝缘部分的温度不超过其长期最高允许温度的最大电流,用I_r表示。

额定电流的大小确定了电器导电部分和触头的尺寸、结构以及散热结构。这是因为允许的发热温度有规定,当额定电流增大时,就要求导电部分的截面增大,以减小损耗和增大散热面积。

高压断路器额定电流是表征断路器通过长期电流能力的参数,即断路器允许连续长期通过的最大电流有效值。正常工作时,电路中工作电流只要不超过断路器额定电流,断路器的温度就不会超过长期运行允许温度,因而不会损坏。

对于高压断路器,我国采用的额定电流有200A、400A、630A、1000A、1250A、1600A、2000A、2500A、3150A、4000A、5000A、6300A、8000A、10000A、12500A、16000A、20000A。

选择断路器时应根据DL/T 5222—2005(9.2.1条文)规定:断路器的额定电流应大于运行中可能出现的任何负荷电流。

3. 额定短路开断电流(I_{sc})

断路器额定短路开断电流是表征断路器的开断能力的参数,是指在额定电压U_r下,断

路器能可靠开断的最大短路电流有效值,用 I_{sc} 表示。我国规定的高压断路器的额定开断电流交流分量有效值有 1.6kA、3.15kA、6.3kA、8kA、10kA、12.5kA、16kA、20kA、25kA、31.5kA、40kA、50kA、63kA、80kA、100kA 等。如果短路电流直流分量不超过 20%,额定短路开断电流仅由交流分量有效值来表征。

当断路器在低于其额定电压的电网中工作时,其开断电流可以增大,但受灭弧室机械强度的限制,开断电流有一最大值,称为极限开断电流。

选择断路器时应根据 DL/T 5222—2005(9.2.2 条文)规定:在校核断路器的断流能力时,宜取断路器实际开断时间(主保护动作时间与断路器分闸时间之和)的短路电流作为校验条件。DL/T 5222—2005(9.2.5 条文)规定:当断路器安装地点的短路电流直流分量不超过断路器额定短路开断电流幅值的 20%时,额定短路开断电流仅由交流分量来表征,不必校验断路器的直流分断能力。如果短路电流直流分量超过 20%时,应与制造厂协商,并在技术协议书中明确所要求的直流分量百分数。DL/T 5222—2005(9.2.16 条文)规定:当系统单相短路电流计算值在一定条件下有可能大于三相短路电流值时,所选择断路器的额定开断电流值应不小于所计算的单相短路电流值。

4. 动稳定电流(额定峰值耐受电流 i_p)

断路器动稳定电流是表征断路器通过短时电流能力的参数,是断路器在合闸状态下,允许通过的最大电流峰值,又称极限通过电流,用 i_p 表示。动稳定电流反映断路器承受短路电流电动力效应的能力,当断路器通过这一电流时,不会因电动力作用而发生任何机械上的损坏。动稳定电流决定于导体及机械部分的机械强度,并与触头的结构形式有关。i_p 的数值大小以短路瞬态电流第一个最大半波峰值(短路冲击电流)来表示,约为额定短路开断电流 I_{sc}的 2.5 倍。

选择断路器时,断路器的额定峰值耐受电流不应小于短路电流最大冲击值(第一个大半波电流峰值)。

5. 额定关合电流 i_{rcl}

断路器额定关合电流是表征断路器关合短路故障能力的参数,是指断路器在额定电压下,能够可靠闭合的最大短路电流峰值,用 i_{rcl} 表示。

当电力系统存在短路故障时,断路器一合就会有短路电流流过,这种故障称为预伏故障。当断路器关合有预伏故障的线路或设备时,在动静触头尚未接触前几毫秒就会发生预击穿,随之出现短路电流给断路器关合造成阻力,影响动静触头合闸速度及触头的接触压力,甚至出现触头弹跳、溶化、焊接以至断路器爆炸等事故。额定关合电流是保证断路器合入预伏故障时能够关合而不至发生触头熔焊或其他损伤的最大电流。其值大小与断路器操动机构的型式、灭弧装置性能、触头构造等有关。额定关合电流和动稳定电流在数值上是相等的。

选择断路器时应根据 DL/T 5222—2005(9.2.6 条文)规定:断路器的额定关合电流不应小于短路电流最大冲击值(第一个大半波电流峰值)。

6. 额定热稳定电流(额定短时耐受电流 I_k)和额定热稳定电流的持续时间(额定短路持续时间 t_k)

断路器热稳定电流也是表征断路器通过短时电流能力的参数,但它反映断路器承受短路电流热效应的能力，用 I_k 表示。额定热稳定电流是指断路器处于合闸状态下，在一定的持续时间内，所允许通过电流的最大周期分量有效值，此时断路器不应因短时发热而损坏。断路器的额定热稳定电流等于额定开断电流。额定热稳定电流的额定短路持续时间，用 t_k 表示。

选择断路器时应根据 DL/T 5222－2005(9.2.4 条文)规定：断路器的额定短时耐受电流等于额定短路开断电流，其持续时间额定值在 110kV 及以下为 4s；在 220kV 及以上为 2s。

我们将 $Q_{rk}=I_k^2 t_k(\text{kA}^2\cdot\text{S})$ 称为额定短路热效应，将实际电路电流热效应定义为 $Q_k=\int_0^t i(t)^2\text{d}t(\text{kA}^2\cdot\text{S})$，其中 $i(t)$ 为短路电流(kA)，t 为短路电流存在时间(s)(其值为后备保护时间与断路器全分闸时间之和)。断路器的额定短路热效应必须大于或等于实际短路电流热效应。

7. 分闸时间与合闸时间

分闸时间与合闸时间是表征断路器操作性能的参数。各种不同类型的断路器的分、合闸时间不同，但都要求动作迅速。

(1)分闸时间

分闸时间是表明断路器开断过程快慢的参数。为提高电力系统的稳定性，要求断路器有较高的分闸速度，即全分闸时间愈短愈好。

① 固有分闸时间。固有分闸时间是指从操动机构分闸线圈启动到触头分离的这段时间(0.02～0.15s)。

② 燃弧时间。熄弧时间是指从触头分离到各相电弧熄灭为止这段时间。

③ 分闸时间(全分闸时间)。断路器的分闸时间包括固有分闸时间和熄弧时间两部分，即从操动机构分闸线圈启动到各相电弧熄灭为止的这段时间。所以，分闸时间也称为全分闸时间。

(2)合闸时间

合闸时间是指断路器从操动机构合闸线圈接通起到主触头接触的这段时间。电力系统对断路器合闸时间一般要求不高(0.06～0.35s)，但要求其合闸稳定性能好。

选择断路器时应根据 DL/T 5222－2005(9.2.7 条文)规定：对于 110kV 以上的系统，当电力系统稳定要求快速切除故障时，应选用分闸时间不大于 0.04s 的断路器；当采用单相重合闸或综合重合闸时，应选用能分相操作的断路器。(9.2.10 条文)规定：用于为提高系统动稳定装设的电气制动回路中的断路器，其合闸时间不宜大于 0.04～0.06s。

8. 额定操作顺序

断路器的额定操作顺序也是表征断路器操作性能的指标，断路器在规定时间间隔内进行规定次数分、合的操作称为额定操作顺序。通常断路器应能在短时间内承受一次或两次以上的开断、关合，或关合后立即开断短路电流的能力。

我国规定断路器的额定操作顺序分为自动重合闸操作顺序和非自动重合闸操作顺序

两种。

(1)自动重合闸操作顺序：O——t′——CO——t——CO

其中，O——表示分闸动作；C——表示合闸动作；CO——表示合闸后立即分闸的动作；t′——表示无电流间隔时间，即断路器断开故障电路，从电弧熄灭起到电路重新自动接通的时间，标准时间为0.3s或0.5s，也即重合闸动作时间；t——为运行人员强送电时间，标准时间为3min。

架空线路的短路故障分为瞬时性和永久性两类。瞬时性短路，在电流切断后，故障即迅速消失。因此，为了提高供电的可靠性和系统运行的稳定性，常装设自动重合闸，实现对瞬时性故障电路快速恢复供电。

自动重合闸是指断路器在架空线路故障跳闸以后，经过一定的时间间隔后又自动进行重合。如果是瞬时性短路则故障已消除，重合后即恢复正常供电，称为自动重合闸成功。如果是永久性短路，故障未消除，则重合后断路器必须再次开断故障电流。这种情况称为自动重合闸失败。重合闸失败后，如已知为永久性故障应立即组织检修。但有时运行人员无法判断故障是暂时性还是永久性，而线路负荷又很重要，允许3分钟后再强行合闸一次，称为强送电。同样强送电也可能成功或失败。失败时断路器必须再次开断一次短路电流。上述过程称为断路器的自动重合闸的操作顺序。

(2)非自动重合闸操作顺序：O——t——CO——t——CO

非自动重合闸操作顺序断路器不可以用于装设自动重合闸装置的线路。

继续探讨

◆ 断路器还有哪些特殊性能要求？

◆ 什么叫近区故障？近区故障对断路器开断有什么影响？

◆ 恢复电压的上升速度与幅值与故障距离的关系如何？说明近区故障时开关电弧不易熄灭的原因。

延伸拓展

一、断路器的特殊性能要求

DL/T 5222－2005(9.2.14条文)规定断路器尚应根据其使用条件校验下列开断性能：

① 近区故障条件下的开合性能；

② 异相接地条件下的开合性能；

③ 失步条件下的开合性能；

④ 小电感电流开合性能；

⑤ 容性电流开合性能；

⑥ 二次侧短路开断性能。

二、近区故障

GB/T 4474－92《交流高压断路器近区故障实验》(3.1条文)对“近区故障”的定义如下：

发生在离断路器较近距离(通常为零点几至几公里)的架空线上的短路。此时有较高的起始瞬态恢复电压上升率,从而使开断条件更为苛刻。

下面我们来研究断路器开断近区故障的工作状态。

我们知道在电源断路器出线端发生短路时,短路电流数值最大,随着短路点距出线端距离的增加,线路阻抗增大,短路电流也逐渐减小,以往曾认为断路器只要能开断最大短路电流,其余各处故障均能开断,可是随着单机容量和系统容量的不断增大,断路器在开断近区故障时常常出现不能开断的严重事故。据实验,断路器可在 31kV 电压下开断 45kA 的断路器出口处的短路电流,却不能开断架空线 1.8km 处 16kA 的短路电流。这主要是由于断路器在开断瞬间,线路上的残余电荷往复反射,在断路器断口间产生高频振荡电压,大大提高了恢复电压起始部分上升速度,使电弧不能顺利熄灭,以至影响断路器开断能力,从而造成事故。

架空输电线路短路故障点距离开关的远近对断口恢复电压上升速率以及介质强度恢复快慢都将产生影响。

图 1-3-7 为断路器开断近距故障电路图及其单相等值电路。故障时,断路器断开瞬间,断路器两侧 A、B 两点处对地电压相等,均为 U_1,断开后断路器两侧分为两个独立电路,将按各自规律变化,U_A 和 U_B 不再相等,断路器左侧电路和右侧电路电压波形如图 1-3-8,断路器断口上的恢复电压为 $U_{fh}=U_{AB}=U_A-U_B$,如图 1-3-9 所示。

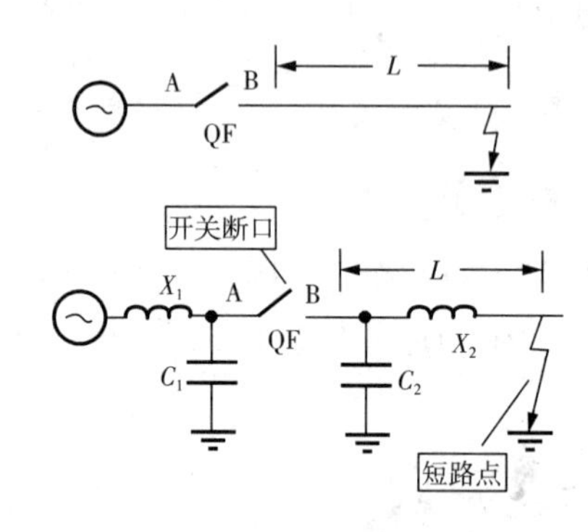

图 1-3-7 开断近区故障电路图

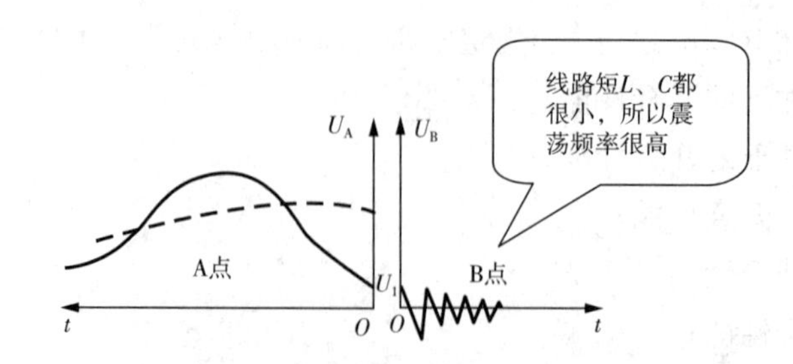

图 1-3-8 开断近区故障开关触头间 A 点、B 点电压恢复过程

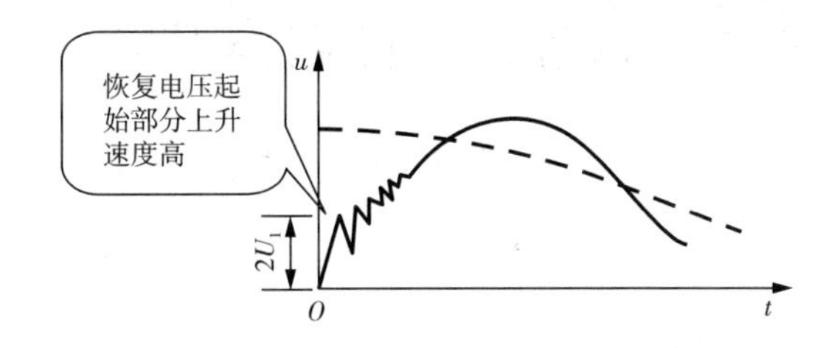

图 1-3-9　开断近区故障开关触头间(A、B之间)电压恢复过程

近区故障，恢复电压上升速率较高，据实验：在大容量母线上发生短路时，恢复电压上升速率为0.2～0.3kV/μs而在近区故障时可达5kV/μs。这对介质强度开始阶段较慢的断路器将会造成开断的困难。

结论：

① 当短路点距离断路器很近时，图1-3-10a示，介质强度恢复速度慢(因短路电流大)，恢复电压上升速度快，但是第一峰值的幅值不大，电弧不易重燃，断路器一般均能顺利断开。

② 当短路点距离断路器较远时，图1-3-10c示，恢复电压幅值随距离增大而增加，但上升速度减小，且介质强度恢复速度加快(因短路电流减小)，熄灭电弧宜不困难。

③ 唯有近区故障时，图1-3-10b示，恢复电压起始阶段上升速率不低，同时电压幅值又较高，介质强度的恢复速度介于前两种情况的中间(因电路电流大小介于前两者之间)，电弧极易重燃，给开断形成困难。

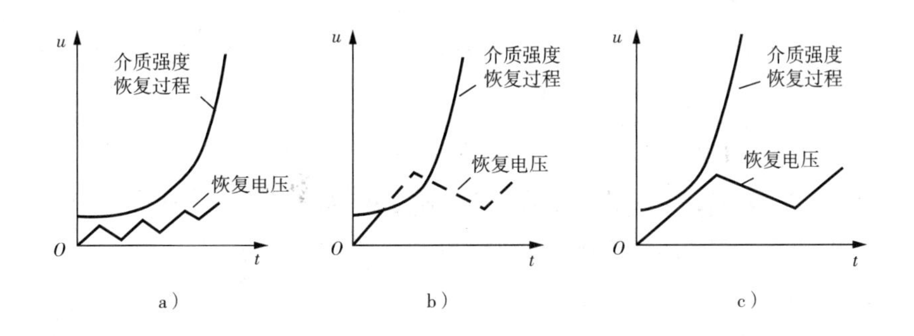

图 1-3-10　开关断口恢复电压起始部分与介质强度恢复过程

a)短路点距开关很近容易熄弧；b)近区故障发生重燃熄弧困难；c)短路点距开关很远容易熄弧

断路器开断近区故障发生困难最为严重的是在35～110kV中等电压等级电力系统中。因为在超高压系统中，短路电流较小，而且断路器每相断口数增多，每个断口上恢复电压的幅值和上升速度都不高。而35kV以下配电线路上多接有负荷，对振荡能起阻尼作用。

任务二　六氟化硫断路器及其运行

阅读资料

SF_6气体是由法国两位化学家于 1900 年合成的,大约从 20 世纪 60 年代起成功地用作高压开关及其电气设备的绝缘与灭弧介质。今天的电力系统,在高压以上电压等级六氟化硫(SF_6)断路器已居主导地位,几乎成为超高压及特高压断路器唯一灭弧介质。SF_6断路器的发展,经历了双压式(20 世纪 60 年代,属压气式,目前已淘汰)、单压式(20 世纪 70 年代,属压气式,主要应用于 252kV 及以上)、自能式(20 世纪 80 年代,主要应用于 3.6～252kV 级)、二次技术智能化(20 世纪 90 年代)的发展过程。

思考问题

- 单压式 SF_6断路器灭弧装置及其工作原理。
- 旋弧式 SF_6断路器灭弧装置及其工作原理。
- 热膨胀式 SF_6断路器灭弧装置及其工作原理。

学习必读

一、六氟化硫断路器灭弧原理分类

六氟化硫断路器灭弧原理可分为三种类型:压气吹弧式、自能吹弧式和混合吹弧式。

1. 压气吹弧式

压气吹弧式是利用开断过程中活塞和汽缸相对运动压缩 SF_6气体形成气吹而熄弧。压气式断路器的主要问题是操作功大,要利用操动机构带动汽缸与活塞相对运动来压气熄弧。因而,操动机构负担很重,不得不用液压机构或气动机构,而这两种机构易漏油、漏气及产生机械故障。

2. 自能吹弧式

自能式是利用电弧自身能量熄灭电弧。开断能力受到电弧大小的影响(大电弧产生较强熄弧能力,小电弧熄弧能力减弱),但不需要操动机构提供压缩气体的压缩功,操动机构需要的操作功较小,有利于操动机构的小型化。断路器可以操作功低且结构简单的弹簧操动机构。弹簧操动机构无能量损失、无密封、无阀门、无漏油漏气,不需监视。同时,自能吹弧式灭弧装置简化了灭弧室的设计,缩小了尺寸,可以制造成断口少、单断口电压等级很高的 SF_6断路器,体现了高压断路器技术的进步。

3. 混合吹弧式

混合吹弧式即压气吹弧式加自能吹弧式,有助于提高灭弧效能,既可以增大开断电流,还可以减少操作功。

二、SF_6断路器灭弧装置的发展过程

1. 双压式灭弧装置(第一代)

双压式灭弧装置是压气式灭弧原理。断路器内部有两种压力区,低压力区 SF_6气体(0.2～0.3MPa)主要作为断路器的内部绝缘用;高压力区 SF_6气体(1.2～1.5MPa)用以吹弧。由压缩机将 SF_6气体压缩到高压罐内,当触头开断时打开主气阀,高压力的 SF_6气体通过主气阀,在灭弧装置喷口中形成高速气流经过弧隙喷向低压区,使电弧熄灭。当高压室气压降低或低压室气压上升到一定程度时,压气泵启动,把低压室的气体打到高压室,形成封闭的自循环系统。

优点:具有吹弧能力强、开断容量大,动作快、燃弧时间短等。所以,早期的 SF_6 断路器都用这种灭弧室。

缺点:需要压气泵和加压装置,结构复杂,环境适应能力差,已经被淘汰。

2. 单压式灭弧装置(第二代)

单压式灭弧装置也是属于压气式,这种 SF_6断路器内部只充入一种较低压力的 SF_6 气体(一般为 0.3～0.5MPa,20℃),起绝缘作用。分闸时靠动触头带动压气缸对固定活塞相对运动(就像打气筒一样),产生瞬时压缩气体吹弧。

优点:与双压式 SF_6断路器相比,具有结构简单、灭弧性能好、生产成本低的特点。缺点:依靠机械运动产生灭弧所需的高压 SF_6气体,固有分闸时间比较长;所需操动机构操动功率大,一般需配用较大输出功率的液压操动机构或压缩空气操动机构。

单压式 SF_6断路器有支柱式和罐式两种不同的外壳结构。

单压式 SF_6断路器灭弧装置按触头动作方式可分为:定开距灭弧装置、变开距灭弧装置及双向运动灭弧装置。

(1)定开距灭弧装置

是将两个喷嘴的距离固定不动,以保持最佳熄弧距离。

动触头与压气罩一起运动,使压气罩与固定活塞间空腔内的 SF_6 气体被压缩,将电弧吹灭,如图 1-3-11 所示。

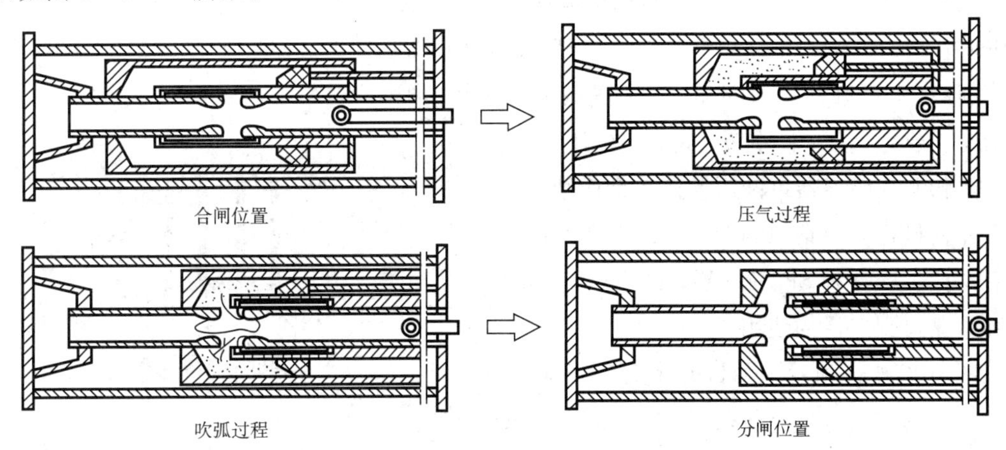

图 1-3-11　压气式(定开距)灭弧室动作过程示意图

(2)变开距灭弧装置

在开断过程中开距随动触头(连同喷嘴)运动而不断增大,电弧熄灭后动、静触头保持一定的绝缘距离。压气式(变开距)灭弧室工作原理见图 1-3-12 所示。

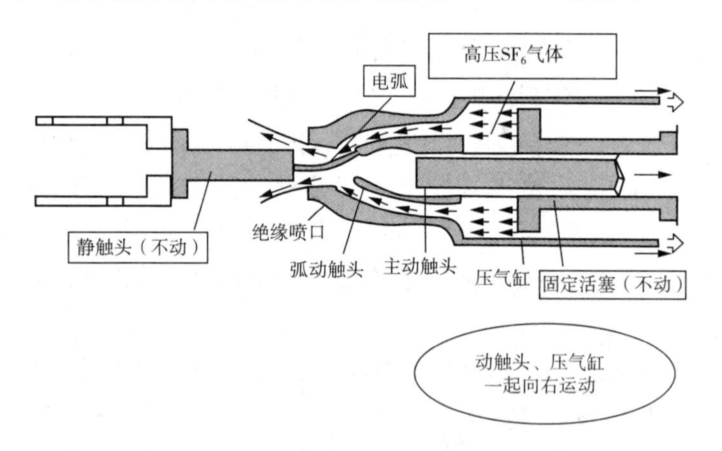

图 1-3-12　压气式(变开距)灭弧室工作原理

变开距灭弧装置吹弧方式分为单向纵吹和双向纵吹两种。现代高压大容量断路器采用双向纵吹居多。

(3)双向运动灭弧装置

是将常规压气式结构中的静触头改为加速触头,在分闸过程中,加速触头与动触头“背向运动”,合闸时两者“相向运动”。触头双向运动缩短了开断时间,实现了快速开断。

压气式断路器的主要问题是操作功大,它利用操动机构带动汽缸与活塞相对运动来压气熄弧。由于机构负担重,只得使用操作功大而结构复杂的液压机构和气动机构,而这两种机构漏油、漏气常给使用带来困扰,在单压式 SF_6 断路器中操动机构是发生故障最多的组件。

3. 自能式灭弧装置(第三代)

自能式灭弧装置包括了热膨胀式、旋弧式和混合式。

(1)热膨胀式灭弧装置

热膨胀式 SF_6 断路器在开断短路电流时,依靠短路电流电弧自身的能量加热 SF_6 气体,产生灭弧所需要的高气压;在开断小电感电流和小电容电流时,电弧自身的能量不足以加热 SF_6 气体产生灭弧所需要的高气压,这时依靠机械辅助压气建立气压,不易产生截流过电压。

热膨胀式断路器可配用操作功低而结构简单的弹簧操动机构。目前,国内外主要的电力设备生产厂商都已生产这种 SF_6 断路器,在 110～500kV 电压等级中已得到广泛的使用。

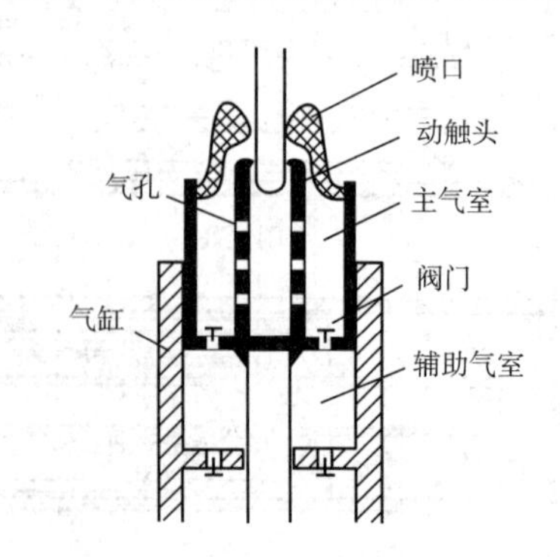

图 1-3-13　热膨胀式灭弧室工作原理

图 1-3-13 所示一种目前在 110～220kV 电力系统中使用的自能式灭弧装置。当动静触头分开产生电弧后,被电弧加热的气体通过气孔进入主气室,

使主气室的压力升高，喷口打开时，高压气体对喷口吹弧使电弧熄灭。如果开断的电流较小，电弧产生的热量小，主气室的压力不够时，辅助气室中的气体将通过上部开启的阀门进入到主气室内起助吹作用，从而增强了开断小电流的吹弧能力。

(2)旋弧式灭弧装置

普通断路器的电弧几乎是固定不动的，它是靠吹弧气流带走在弧柱等离子区中产生的能量，而在电弧电流过零时熄灭的。旋弧式断路器在很大程度上摆脱了上述情况。其灭弧室工作原理是利用被开断电流流过线圈产生磁场，使电弧在电磁力的作用下始终在 SF_6 气体中高速旋转，不断接触新鲜 SF_6 气体，受到冷却而熄灭。

如图 1-3-14 所示，断路器在分闸的瞬间，动触头和静触头之间就产生了电弧。动触头继续向下运动，电弧很快转移到引弧电极上。此时，绕在圆筒电极外而串联在静触头与圆筒电极之间的磁吹线圈通过短路电流，因而产生了磁场，于是电磁力驱使电弧高速旋转。在 SF_6 气体中，电弧的高速旋转使得其离子体不断地与新鲜的 SF_6 气体接触，以充分发挥六氟化硫的负电性作用，从而迅速地熄灭电弧。

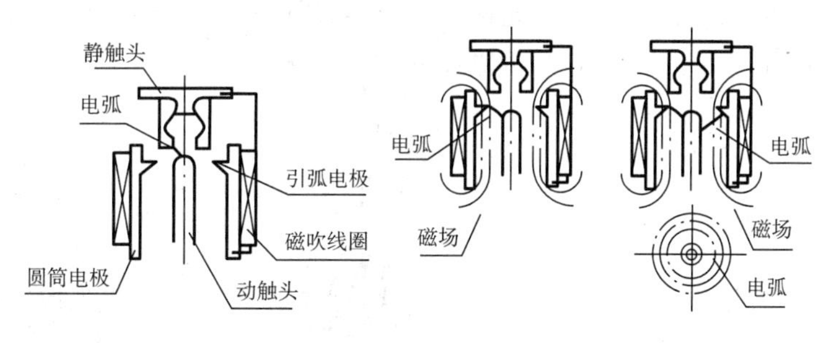

图 1-3-14　旋弧式灭弧室工作原理

旋弧式利用磁场驱动电弧在 SF_6 气体中旋转的方法灭弧，没有活塞机构，因而其操作较小，为中压 SF_6 断路器的发展开辟了道路。目前，国内外在 10kV 电压级的 SF_6 断路器研制上，广泛采用了旋弧式灭弧室。其特点为：

① 电弧被磁场控制在灭弧室内，不会把其他部件烧坏。

② 电弧的高速旋转使灭弧室烧损不集中在一个部位，使用寿命增长。

③ 电流大时，灭弧能力强，电流小时，灭弧能力小。不产生截流现象。

④ 为使在电流过零点时仍具有较强的灭弧能力，在设计上使磁场和电流有一定相位差，保证电流过零点时可靠熄灭。

⑤ 灭弧室结构简单，体积小，可使开关体积缩小，制造方便，成本低。

三、SF_6 断路器结构型式

SF_6 断路器结构型式可分为绝缘支柱式、落地罐式及全封闭组合电器用三种。

1. 绝缘支柱式

这种断路器属积木式结构，系列性及通用性强。可以用不同个数的标准灭弧单元及支柱瓷套组成不同电压等级的产品。绝缘支柱式整体布置形式分为三种，即“Y”形、“T”形及“I”形，如图 1-3-15 所示。

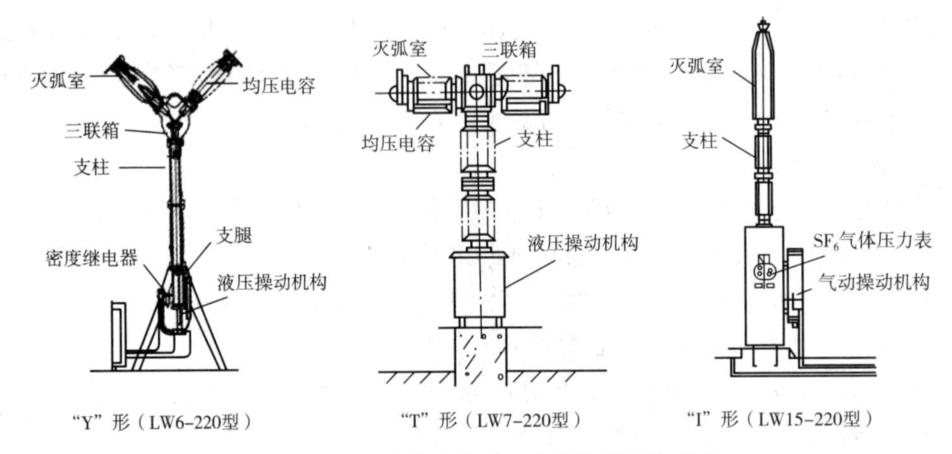

图 1－3－15　绝缘支柱式 SF_6 断路器结构型式

2. 落地罐式

这种断路器即如前所述的接地箱壳式，灭弧室密封于一个充满高压 SF_6 气体的接地密封罐内；导电部分借助绝缘套管引出，两侧套管内装有电流互感器，如图 1－3－16 所示。这种结构的机械稳固性好，抗震能力强、可靠性高，但系列性差。

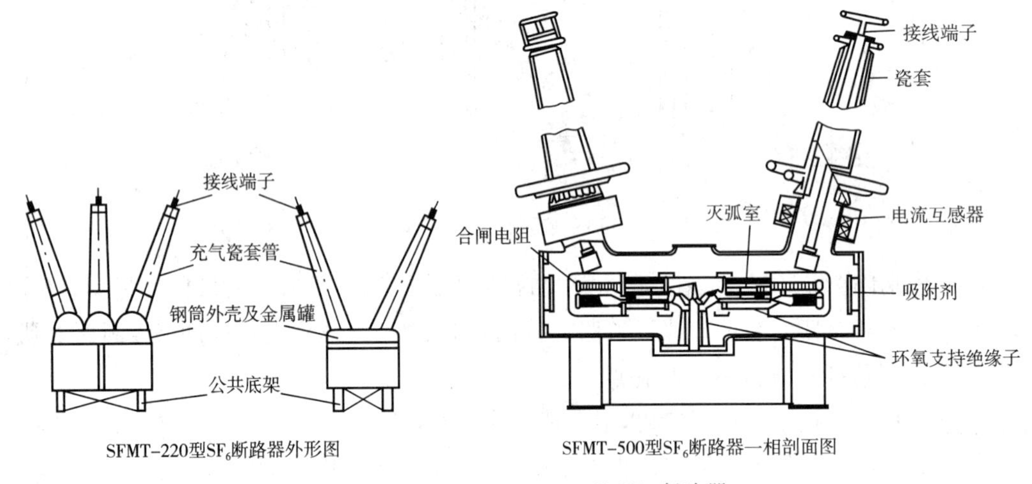

图 1－3－16　SFMT－500 型 SF_6 断路器

继续探讨

◆ 六氟化硫电气设备应用时的关注点及安全规定。

◆ “智能开关”及“智能一次设备”。

延伸拓展

一、对 SF_6 气体特性的特别关注

1. SF_6 气体的化学性能及分解特性

SF_6 是一种非常稳定的惰性气体，它无色、无味、无毒、不燃且不溶于水。通常情况下它

不侵蚀与它接触的物质。SF_6气体用于电气设备绝缘、灭弧，在三种情况下会发生分解：电弧作用，电晕、火花和局部放电作用，高温下的催化作用。

① SF_6的分解物为多种有毒、腐蚀性气体，对人体及呼吸系统有强烈的刺激和毒害作用。

② SF_6的分解物遇水后会变成腐蚀性电解质，对设备内部某些材料（玻璃、瓷、绝缘纸及类似材料）造成损坏及运行故障。

2. 空气中 SF_6气体聚集下沉

SF_6气体的相对分子质量远高于空气，常温常压下气体密度为空气的5倍。因此空气中的 SF_6自然下沉，致使下部空间的 SF_6气体浓度升高，且不易稀释或扩散，大量聚集在室内容易造成工作人员缺氧窒息。

2. 在六氟化硫（SF_6）电气设备上工作的安全规定

《国家电网公司电力安全工作规程》（2009年版）条文摘录：　8　在六氟化硫（SF_6）电气设备上的工作　8.1　装有 SF_6设备的配电装置室和 SF_6气体实验室，应装设强力通风装置，风口应设置在室内底部，排风口不应朝向居民住宅或行人。　8.6　工作人员进入 SF_6配电装置室，入口处若无 SF_6气体含量显示器，应先通风15min，并用检漏仪测量 SF_6 气体含量合格。尽量避免一人进入 SF_6配电装置室进行巡视，不准一人进入从事检修工作。　8.7　工作人员不准在 SF_6设备防爆膜附近停留。若在巡视中发现异常情况，应立即报告，查明原因，采取有效措施进行处理。　8.8　进入 SF_6配电装置低位区或电缆沟进行工作应先检测含氧量（不低于18%）和 SF_6气体含量是否合格。　8.10　设备解体检修前，应对 SF_6气体进行检验。根据有毒气体的含量，采取安全防护措施。检修人员需穿着防护服并根据需要佩戴防毒面具或正压式空气呼吸器。打开设备封盖后，现场所有人员应暂离现场30min。取出吸附剂和清除粉尘时，检修人员应戴防毒面具或正压式空气呼吸器和防护手套。8.11　设备内的 SF_6气体不准向大气排放，应采取净化装置回收，经处理检测合格后方准再使用。回收时作业人员应站在上风侧。设备抽真空后，用高纯度氮气冲洗3次[压力为9.8×10^4 Pa（1个大气压）]。将清出的吸附剂、金属粉末等废物放入20%氢氧化钠水溶液中浸泡12h后深埋。　8.13　SF_6配电装置发生大量泄漏等紧急情况时，人员应迅速撤出现场，开启所有排风机进行排风。未佩戴防毒面具或正压式空气呼吸器人员禁止入内。只有经过充分的自然排风或强制排风，并用检漏仪测量 SF_6气体合格，用仪器检测含氧量（不低于18%）合格后，人员才准进入。发生设备防爆膜破裂时，应停电处理，并用汽油或丙酮擦拭干净。　8.15　SF_6断路器（开关）进行操作时，禁止检修人员在其外壳上进行工作。　8.16　检修结束后，检修人员应洗澡，把用过的工器具、防护用具清洗干净。

三、SF_6断路器的安全运行

1. 相关技术参数

（1）额定断开容量下的开断次数

生产厂家通常对断路器规定了额定开断次数，其数值表示断路器在额定开断电流情况下所允许开断的次数。

例如：目前城网和农网推广使用的换代产品 LW3－12 系列 SF_6 断路器（如图 1－3－17 所示）是一种用 SF_6 气体作为灭弧和绝缘介质的柱上断路器，额定开断次数为 30 次，比普通少油断路器提高了许多倍（少油断路器在运行过程中，当事故跳闸 3～5 次后即应进行检修，而六氟化硫断路器的不检修跳闸次数比之可以提高 5～9 倍），这是 SF_6 断路器不检修周期长，颇受运行部门欢迎的一个重要因素。关于这个技术参数，还有一种表示和控制方式，即：累计分闸电流。如额定断开电流 6.3kA，允许分闸次数为 30 次，则其允许累计分闸电流为 6.3×30＝189（kA）。如果实际分闸电流小于 6.3kA，其允许分闸次数还可以提高。例如，实际分闸电流为 3kA 时，则其允许分闸次数为 189/3＝63（次）。在运行中，不仅要统计分闸次数，同时要记录分闸电流（工作电流和事故跳闸时的短路电流），这些对于分析断路器健康状况和工作能力是极为重要的。

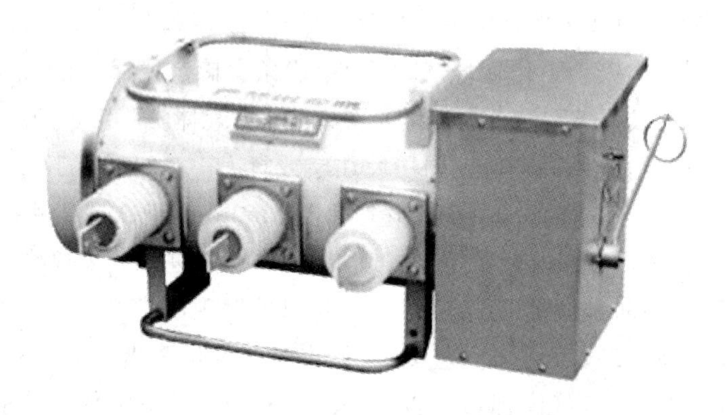

图 1－3－17　LW3－12 系列断路器

（2）额定工作压力和最低工作压力

SF_6 断路器箱体内充满了一定压力的六氟化硫气体，它的一定压力是保证断路器有足够的绝缘和灭弧能力。为了使运行人员监视断路器箱体内气体压力状况，断路器上均安装了压力表。

例如：LW3－12 系列断路器，按照厂家规定，新断路器或新充过气的断路器，额定工作压力（20℃时）0.35MPa，最低工作压力（20℃时）0.25MPa。

（3）漏气率

漏气率指标表示 SF_6 断路器在正常情况下对密封和气体防泄漏的要求，满足这一要求是保证断路器 5～10 年不检修的重要条件之一。GB 8905－1996《六氟化硫电气设备中气体管理和检测导则》（8.1.3 条文）规定：六氟化硫设备每个隔室的年漏气率不大于 1%。国产 SF_6 断路器均经过了严格的出厂试验，但是应警惕产品达不到这一要求。

2. 断路器中 SF_6 气体湿度监督

断路器中 SF_6 气体湿度检测工作应在晴天进行。

SF_6 气体中水分含量允许值如下：①交接试验时，150PPm（体积比）；②运行中，300PPm（体积比）。

GB 8905－19968.2.1 湿度检测规定：126～550kV 新设备投入运行后 3～6 个月测量一

次，如无异常，以后可每1～2年测量一次。40.5～72.5kV设备，投入运行后，一年复检一次，若无异常，以后可2～3年测量一次。

四、智能开关及智能一次设备

1. 智能开关

智能开关即采用了现代机电一体化技术，对开关本体与二次设备进行一体化设计制造的开关设备，实现开关智能控制和保护，变“定期维护”为“状态维护”。机电一体化技术是建立在微电子技术、信息传感技术、计算机控制技术、伺服驱动技术及精密机械技术等高度发展之上的综合技术。

2. 智能一次设备定义

国家电网公司《高压设备智能化技术分析报告》中对智能一次设备定义为：智能一次设备是附加了智能组件的高压设备，智能组件通过状态感知和指令执行元件，实现状态的可视化、控制的网络化和信息互动化，为智能电网供最基础的功能支撑。高压设备与智能组件之间通过状态感知元件和指令执行元件组成一个有机整体。三者之间可类比为“身体”、“大脑”和“神经”的关系，即高压设备本体是“身体”，智能组件是“大脑”，状态感知元件和指令执行元件是“神经”。三者合为一体就是智能设备，或称高压设备智能化，是智能电网的基本元件。

智能一次设备采用标准的信息接口，实现融状态监测、测控保护、信息通信等技术于一体，具有先进的状态监测手段和可靠的自评价体系，可以科学地判断一次设备的运行状态，识别故障的早期征兆，并根据分析诊断结果为设备运维管理部门合理安排检修和调度部门调整运行方式提供辅助决策依据，在发生故障时能对设备进行故障分析，对故障的部位、严重程度进行评估。

3. 一次设备智能化的目的

一次设备智能化的目的是通过状态检测及时掌握设备的运行状态，在此基础上为设备的状态检修提供依据，进而达到预测设备剩余寿命的目的。

4. 智能一次设备在线监测参量

智能一次设备在线监测参量见表1-3-3所示。

表1-3-3　智能一次设备在线监测参量

一次设备	监测参量
主变	油中溶解气体、油中微水、套管绝缘、局部放电在线监测、温度负荷
开关	GIS气体密度、微水、光纤测温、局部放电；断路器机械特性、温度特性
避雷器	全电流（容性电流和阻性电流）、计数器动作次数
容性设备	介质损耗因数、电容量以及三相不平衡电流
电缆	局部放电、介质损耗因数、直流分量

任务三　真空断路器及其运行

阅读资料

利用真空介质来熄灭电弧的设想在19世纪末就已提出，20世纪20年代制造出了最早的真空灭弧室。但是由于受真空工艺、材料等技术水平的限制，当时并未实现实用化。

20世纪50年代以后，随着电子工业发展起来的许多新技术，解决了真空灭弧室制造中的很多难题，使真空开关逐渐达到实用水平。50年代中期美国通用电气公司批量生产了12kV额定开断电流为12kA的真空断路器。随后在50年代末由于发展了具有横向磁场触头的真空灭弧室，使额定开断电流提高到30kA的水平。

70年代掀起中压开关无油化浪潮(以真空断路器及SF_6断路器取代油断路器)，日本东芝电气公司研制成功了具有纵向磁场触头的真空灭弧室，使额定开断电流又进一步提高到50kA以上。目前真空断路器已广泛用于10kV，35kV配电系统中，额定开断电流已能做到50～100kA。

在世界范围内，无油开关已占80%。其中，真空产品占60%，SF_6产品占20%。我国虽曾是油断路器的王国，但在“八五”期间，加快了无油化进程，1997年我国已确立了无油断路器的主导地位。

我国在20世纪60年代就开始研究真空灭弧室，70年代初开始生产真空灭弧室和真空断路器。通过引进国外先进技术，经过30年来的努力，我国已进入了真空断路器生产大国的行列，真空灭弧室和真空断路器技术水平日趋成熟，12kV及40.5kV级有逐渐取代SF_6断路器的趋势，20世纪初已研制成功单断口126kV户外真空断路器。

思考问题

◆ 真空灭弧室真空度如何规定?
◆ 真空断路器的结构及特点。
◆ 真空电弧有哪两种形态?
◆ 真空开关触头如何分类?
◆ 横磁场触头真空灭弧室的特点。
◆ 纵磁场触头真空灭弧室的特点。

学习必读

一、真空断路器特点

与其他断路器相比，真空断路器具有下列特点：

① 使用安全。无喷油、排气、火灾和爆炸的危险，特别适合于城市变电站和石油、化工、煤炭等部门使用。

② 适于频繁操作。触头不受外界有害气体的侵蚀，并且触头电磨损小，因此分断次数多，电寿命长，适于频繁操作。

③ 分断时间短。以真空作为绝缘和灭弧介质，绝缘强度高，熄弧能力强，燃弧时间短，全分断时间也短。

④ 体积小重量轻。开关的触头开距比其他开关装置小得多，因而对操动机构的要求较低，使开关的总体积减小，重量减轻，很适合城市小型化、紧凑型变电站的工作条件。

⑤ 易维护。结构简单，零件数比少油断路器及 SF_6 断路器都要少，检修维护工作量小，灭弧室无需检修。

⑥ 环境污染小。开断电弧在密闭容器内进行，电弧生成物不会对周围环境造成污染，操作时也没有严重噪音。

二、真空断路器的真空度

真空的程度以气体的绝对压力值来表示，压力越低称之真空度越高。在国际单位制中，压力以帕(Pa)为单位，即 $1N/m^2$ 的作用力。一个标准大气压约为 0.1MPa。过去习惯使用毫米汞柱(mmHg)1mmHg＝133.3Pa；标准大气压：760mmHg＝1.01325×10^5 Pa。

真空断路器是以在真空中熄弧为特点，但不是在任何真空度下都可以，而是在某一定真空范围内才具有良好的绝缘和灭弧性能。真空是良好的绝缘体，气体压力越低，绝缘性能越好。当压力低于 0.01Pa 时，气体原子不再足以形成开断电弧，因为此时真空间隙的气体稀薄，分子的自由行程大，发生碰撞的几率很小，碰撞游离不是真空间隙击穿产生电弧的主要因素，真空中电弧是在触头电极蒸发出来的金属蒸气中形成的。但是当压力低于 133×10^{-8} Pa 时，真空的绝缘能力又会降低，因为此时电子很容易从金属电极中逸出。因此，真空开关的真空度应保持在 133×10^{-2}～133×10^{-8} Pa 范围之间。DL/T 403－2000《12～40.5kV 高压真空断路器订货技术条件》(4.15 条文)规定：真空灭弧室的允许储存期 20 年。在允许储存期期末，真空灭弧室内部气体压强不得大于 6.6×10^{-2} Pa。同时，第 5.1.2 条规定：真空灭弧室随同真空断路器出厂时的真空灭弧室内部气体压强不得大于 1.33×10^{-3} Pa，其上应标明编号及出厂年月。

击穿电压与气体压力的关系如图 1－3－18 所示。

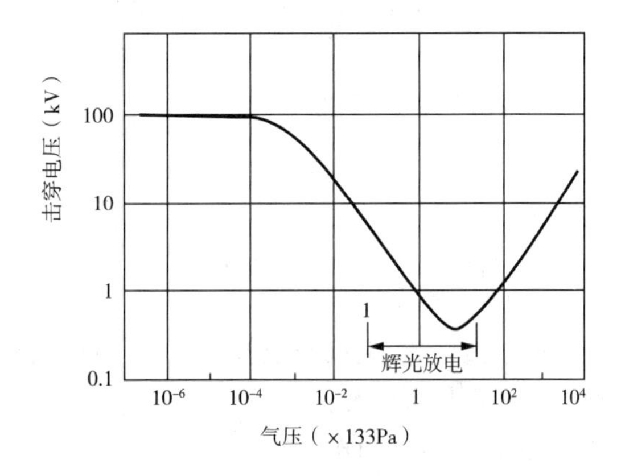

图 1－3－18　击穿电压与气体压力的关系

（不锈钢电极间隙长度为 1mm 时）

三、影响真空间隙击穿的因素

影响真空间隙击穿的主要因素除真空度外，还与电极材料、电极表面状况、真空间隙长度等有关。用高机械强度、高熔点的材料作电极，击穿电压一般较高，目前使用最多的电极材料是以良导电金属为主体的合金材料。当电极表面存在氧化物、杂质、金属微粒和毛刺时，击穿电压便可能大大降低。当间隙较小时，击穿电压几乎与间隙长度成正比；当间隙长度超过 10mm 时，击穿电压上升陡度减缓。

四、真空电弧

1. 真空电弧的形成

1）触头表面局部高温形成金属蒸汽：触头表面微观上看总是凹凸不平的。两触头接触（闭合位置）时只有少数表面突起部分接触，通过电流。触头分开→接触压力减小→接触点数量减少→电流越来越集中在少数触点上（电流收缩），损耗增加→接触点温度急剧升高，出现熔化→触头继续分开，熔化的金属被拉长变细并最终断裂产生金属蒸气→高温金属蒸汽可使原子产生热游离。

2）阴极斑点出现：阴极表面在高温、强电场（间隙距离短）的作用下会发射出大量电子，并很快发展成温度很高的阴极斑点。而阴极斑点又会蒸发出新的金属蒸气和发射电子，形成自持的真空电弧。

可见，维持真空电弧的是金属蒸气而不是气体分子，真空电弧实为金属蒸气电弧。金属蒸气来自触头材料的蒸发，因此电极材料的特性将对真空电弧的性质起支配作用。图 1-3-19 示意了真空电弧形成。

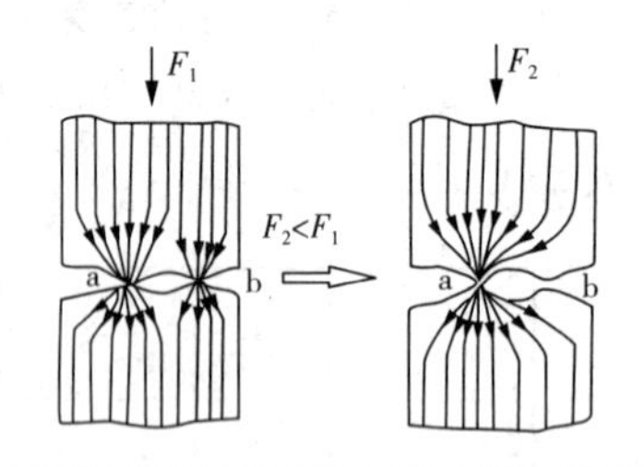

随着开关动静触头间压力减小接触面积减小

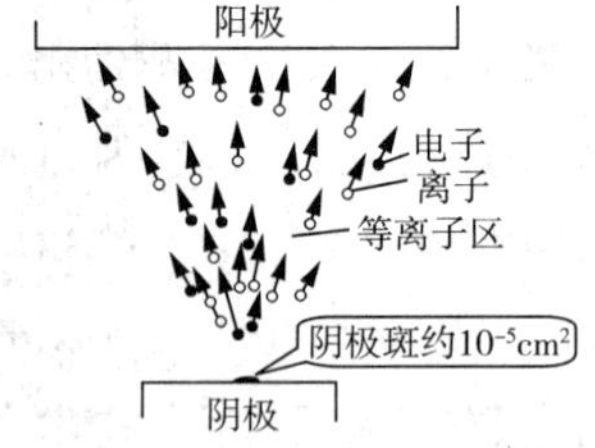

单阴极斑点的圆锥形真空电弧

图 1-3-19　真空电弧形成示意图

2. 真空电弧的形态

根据电弧电流、电极开距及外界磁场的不同，真空电弧呈现出两种不同的宏观形态：扩散型电弧和集聚型电弧。

（1）扩散型真空电弧

小电流时（铜电极 100A），阴极只存在一个高温的发光斑点即单阴极斑点。阴极斑点的电流密度很大，是发射电子和产生金属蒸气的场所。电子与金属蒸气的原子碰撞会游离出新的电子和正离子。电子和正离子运动过程中还会向径向密度低的地区扩散，因此呈现出一个圆锥状的微弱发光区域。圆锥的锥顶就是阴极斑点，朝着阳极发散。随着电弧电流的增大，阴极斑点的数量也会增加，但每一阴极斑点仍有自己的等离子区锥体，相邻的锥体也

可能重叠。对于铜电极来说，当真空电弧电流不超过 7～8kA，阴极斑点将不停地运动，通常是由电极中心向边缘运动。当阴极斑点到达边缘，等离子锥便弯曲，接着阴极斑点就突然熄灭，在电极中心又会继续不断地产生新的阴极斑点。如果电流保持不变，阴极表面存在的阴极斑点数基本上维持不变。当电弧电流增大或减小时，阴极斑点也随之增加或减少。这种存在许多阴极斑点的真空电弧，随着阴极斑点的运动不断地向四周扩散，所以叫扩散型真空电弧。

通常在断开 7000A 以下较小电流时为扩散型电弧，如图 1－3－20 所示。

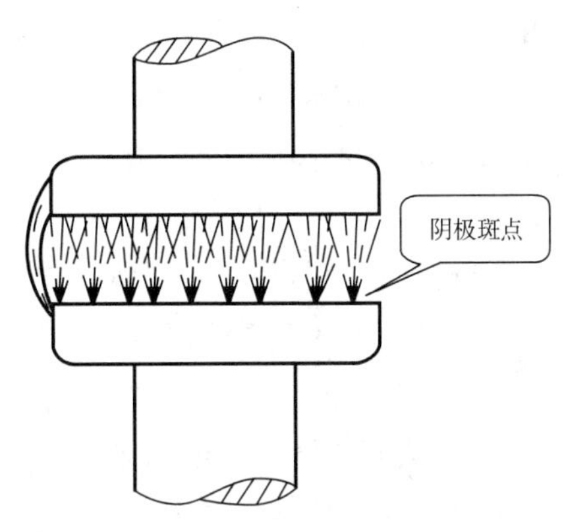

图 1－3－20　扩散型真空电弧

扩散型真空电弧的特点：①阴极斑点数量多，电弧扩散成许多条而并联存在。这些斑点及各支弧柱互相排斥，并在阴极表面不停地由电极中心向边缘运动。②斑点具有动态特性。当阴极斑点到达电极边缘时，等离子区的锥体弯曲，接着阴极斑点突然消失，在电极中心又会出现新的斑点。③阴极斑点的高速运动有利于灭弧（速度的变化范围 0～50m/s）。电极表面任一点被阴极斑点加热的时间极短，不会出现大面积熔化。④阳极表面尚未形成高温的阳极斑点，阳极只起收集电子的作用。⑤由于电弧的强烈扩散，小电流扩散型真空电弧不稳定，一般短时间内自动熄灭。

（2）集聚型（收缩型）真空电弧

当真空电弧电流很大时，如对铜电极而言，当电弧电流超过 10kA 时，电弧外形将突然发生变化，阴极斑点不再向四周作扩散运动，而是相互吸引，结果所有的阴极斑点都聚集成一个斑点团（阴极斑点团的直径可达 1～2cm），如图 1－3－21 所示，造成触头表面局部熔融，同时阳极也严重发热而出现阳极斑点，真空电弧一旦聚集，阴极斑点与阳极斑点便不再移动或以很缓慢的速度运动，阳极和阴极表面被局部强烈加热，导致严重熔化，这种真空电弧叫做集聚型真空电弧。真空电弧中出现阳极斑点对真空灭弧室来说是一个不祥之兆，往往会导致电极的严重熔化，并产生过量的金属蒸汽。在真空灭弧室分断工频交流电弧时，电流过零后，这些过量的金属蒸汽在电极间还将持续一段时间，这时电极间的介质恢复速度降低，从而很可能导致真空灭弧室的分断失败。

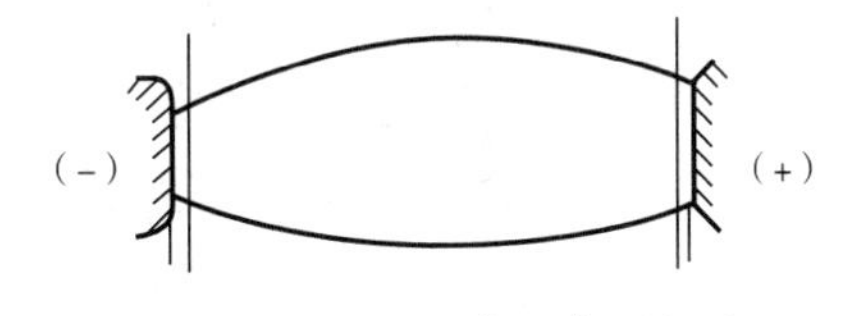

图 1－3－21　聚集型真空电弧

聚焦型真空电弧的特点：①出现阳极斑点。大电流时（超过开断能力），阴极斑点的数量很多，自由电子数量急剧增加，在电场作用下撞击阳极，使阳极表面温度升高，出现阳极斑点。②形成集聚型电弧。各阴极斑点开始移到正对阳极斑点的阴极表面，这就导致阴极斑点的集聚。电弧也由扩散型转变为集聚型，集聚型电弧的外形大致与气体中的电弧相近，有明亮的阴极和阳极斑点。③阴极和阳极斑点同时蒸发和喷射金属蒸汽。阴极和阳极局部强烈加热，严重熔化，不仅阴极表面出现金属蒸汽，阳极斑点也蒸发和喷射金属，甚至有金属颗粒及液滴产生，断路器可能失去开断能力，因此形成聚集型电弧意味着开断失败。

3. 真空电弧的特性

与气体电弧的比较，相同点是均由阴极压降、弧柱压降和阳极压降三部分组成；不同点是气体电弧以弧柱压降为主，而真空电弧的长度很短，一般只有几个厘米，因此真空电弧的弧柱压降在电弧电压中所占的比例很小。对电弧电压起主要作用的是阴极和阳极压降。高气压电弧具有负的伏安特性，电弧电压随电流增大而减小（具有马鞍形的特点）；真空电弧则相反，它具有正的伏安特性，电弧电压随电流增大而增加。

4. 交流真空电弧的熄灭条件

真空电弧是依靠电极不断地产生金属蒸汽来维持的，真空灭弧室切断交流真空电弧成功与否，与电流过零前触头之间弧区内的金属蒸汽浓度密切相关。交流真空电弧的熄灭条件：电流过零时，弧区金属蒸汽浓度减小到一定程度，不足以维持电弧的时候，电弧将不发生重燃。

(1)小电流真空电弧的熄弧原理

小电流真空电弧是一种扩散型真空电弧。如果电流过零前，电弧保持为扩散型，无阳极斑点出现，则在电弧过零后，原来的阳极变为新的阴极，新的阴极表面温度低，不会有新的金属蒸气和电子、离子产生，原来的阴极在电流过零后也失去了发射电子的能力，因此金属蒸汽浓度低。这样，当电弧电流过零时，原来弧柱中残留的电子和离子在温差、浓度差和压力差的作用下快速地向径向扩散到屏蔽罩表面，经过冷却重新结合成中性原子和分子，电弧电流过零后不再重燃而最终熄灭。

(2)大电流真空电弧的熄弧原理

大电流真空电弧是一种集聚型真空电弧。集聚型电弧会产生阳极斑点，从而导致电极的严重熔化，并产生过量的金属蒸汽，在真空灭弧室分断工频交流电弧时，电流过零时，这些过量的金属蒸汽在电极间还将持续一段时间；另外，与扩散型不同的是，虽然电流过零电弧熄灭后，弧柱的等离子体也会向周围快速扩散，但新阴极表面留有一定面积和一定厚度的熔化区（原阳极斑点），仍在蒸发大量的金属蒸气，使弧柱区的粒子密度在电流过零后 1ms～2ms 时间内仍维持很高的水平，电极间的介质恢复速度降低，电弧难以熄灭，从而很可能导致真空灭弧室的分断失败。因此，为了熄灭大电流真空电弧，必须要采取一定措施，避免阳极斑点的产生，从而避免产生过量的金属蒸汽。为了能开断 10kA 及以上的短路电流，设计时采取了在触头间施加横向磁场或纵向磁场，从而实现真空灭弧室开断大电流的功能。

五、真空灭弧室结构

真空灭弧室的结构如图 1－3－22 所示。它由外壳、触头和屏蔽罩三大部分组成。

1. 外壳

外壳是由绝缘筒、静端盖板、动端盖板和波纹管组成的真空密封容器。

① 作用：外壳是真空灭弧室的密封容器，容纳和支持灭弧室内的各种部件，同时动、静触头在断开位置时保证触头间的绝缘。

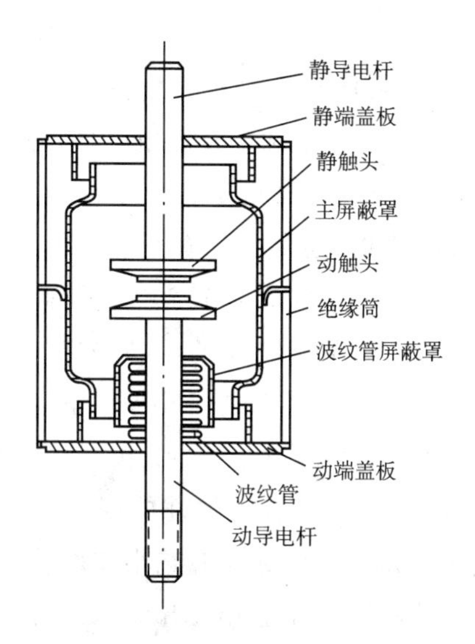

图 1-3-22 中压真空灭弧典型结构

② 要求：外壳气密性好、要有一定的机械强度、具有良好的绝缘性能。

③ 材料：绝缘筒用硬质玻璃、高氧化铝陶瓷或微晶玻璃等绝缘材料制成；端盖常用不锈钢、无氧铜等金属制成；波纹管的功能是用来保证动导电杆运动时，灭弧室完全密封。波纹管常用的材料有不锈钢、磷青铜、铍青铜等，以不锈钢性能最好。波纹管允许伸缩量应能满足触头最大开距的要求。触头每分、合一次，波纹管的波状薄壁就要产生一次大幅度的机械变形，很容易使波纹管因疲劳而损坏。通常，波纹管的疲劳寿命也决定了真空灭弧室的机械寿命。

2. 屏蔽罩

① 作用：真空灭弧室开断电流时，电弧会使触头材料熔化、蒸发和喷溅。有了屏蔽罩后可以有效地防止金属蒸气喷溅到绝缘外壳的内表面，避免内表面绝缘性能下降；吸收冷凝金属蒸气，利于介质恢复；使灭弧室内部电场均匀分布，利于灭弧。

② 要求：屏蔽罩要求散热性能好。

③ 材料：大多采用铜，厚度在 1mm 左右。

3. 触头

触头是真空灭弧室内最为重要的元件。一般断路器的触头只是用来承载和开、合电流，电弧的熄灭另由专门的灭弧装置来完成。真空开关则不同，为保持绝缘外壳内的高真空度，外壳内除了动、静触头外，不可能再配置结构复杂的灭弧装置，真空灭弧室的开断能力和电气寿命主要由触头状况来决定，因此，触头结构设计及触头材料对熄灭电弧显得格外重要。

(1)触头结构的作用

触头结构的作用主要是在真空灭弧室分断短路电流时，在触头间形成横向磁场或纵向磁场，从而限制触头表面阳极斑点的形成，提高灭弧室的分断能力。触头结构形成所需磁场的方式主要有两种：一是通过改变电流方向形成所需的磁场；二是通过设置磁性材料聚拢磁力线形成所需方向的磁场。

(2)触头材料的要求

除触头结构外,触头材料是影响真空开关开断性能的另一重要因素。触头材料除了要求具有高导电率、高导热系数、高机械强度和低接触电阻外,还必须具备以下主要要求:①耐弧性能好。真空开关的特点是不需检修,因此要求触头能够耐受少则8~12次,多则30~50次开合额定短路电流时对触头的烧损,还要求具有开合几千上万次额定电流的能力。②截断电流小。真空开关使用中的一个严重问题是截流过电压高,往往使被控制的电器设备的绝缘受到损坏。截流现象不是真空开关所特有的,但它的产生与其他开关是不同的。因为真空电弧是靠金属蒸气和电子来维持的,在开断100A以下的小电流时,弧柱中金属蒸气离子和电子等向四周真空扩散,使电弧维持不了,会在电流自然过零之前突然开断的截流现象,而截流值的大小与触头材料有关。③抗熔焊性能好。尽可能避免熔焊,一旦出现熔焊后,在触头分开时能够容易地被拉断,并且尽可能减小拉断后触头表面出现的毛刺,以免影响触头间的绝缘性能。④含气量要低。真空开关开断电路时,电弧高温会使触头表面受到强烈的蒸发和溅散,同时会释放材料中含有的气体杂质。放气量与材料性质有关,放气量太多会影响灭弧室的真空度。尚没有材料能同时很好地满足上述要求,需多方面综合权衡,酌情处理。用于真空开关的触头材料有两大类:一类是耐弧的难熔金属,如钨(W)和钼(Mo)等;另一类是良导电材料,如铜(Cu)和银(Ag)等。真空开关两类触头材料主要性能的比较见表1-3-4所示。

表1-3-4 真空开关两类触头材料主要性能的比较

性能 \ 材料	难熔金属材料	良导电材料
抗熔焊性能	好	差
耐弧性能	好	差
截流值	大	小
开断性能	差	好
大电流开断后的介质强度的恢复性能	差	好
真空性能	好	差
加工性能	差	好

由于纯金属缺乏真空触头良好的性能,人们先后研究出两种合金材料:铜铋材料、铜铬材料。铜铬合金是目前使用最为广泛且综合性能优异的触头材料。它具有开断能力强、电磨损率小、截流水平低等优点。

六、真空开关触头结构

纵观真空断路器开断电流的提高过程,实质就是触头材料的发展以及触头结构改进的结果。目前,真空开关触头的接触方式都是对接式的,根据触头开断时灭弧的基本原理的不同,大致可分为非磁吹触头和磁吹触头两大类。真空开关触头结构可分为三类:平板触头

（非磁吹），横向磁场触头和纵向磁场触头（磁吹）。

1. 平板式触头（圆盘形）

真空断路器的开断电流在 7000A 以下时为扩散型电弧，采用普通平板式触头结构即可顺利开断。平板式触头是用圆柱端面作为电接触和燃弧的表面（如图 1-3-23 所示），为非磁吹型，真空电弧在触头间燃烧时不受磁场的作用，早期真空开关的触头大多采用这种结构，简单、易于制造。开断电流再增大时，真空电弧为集聚型，燃弧后介质强度恢复慢，因而开断可能失败。

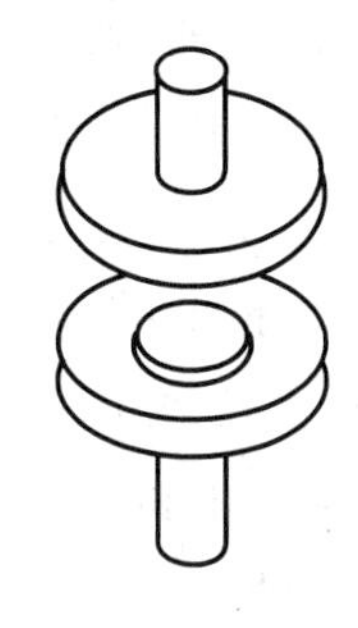

图 1-3-23　平板触头（圆盘形）

2. 横向磁场触头

横向磁场触头为磁吹型（如图 1-3-24 所示），横磁场真空灭弧室的特点是：作环绕移动的集聚性电弧。横向磁场就是与弧柱轴线相垂直的磁场，它与电弧电流产生的电磁力能使电弧在电极表面运动，防止电弧停留在某一点上，延缓阳极斑点的产生，提高了开断性能。

横向磁场是由流经触头的开断电流本身激励的，所以需设计能激励横向磁场的触头结构。通常有螺旋槽触头和杯状触头两种（20 世纪 50 年代末，美国通用电气公司提出了具有横向磁场的螺旋槽触头结构；60 年代，英国又发展推出了具有横向磁场的杯状触头）。利用电流流过触头时所产生的横向磁场，电动力既有径向力，也有圆周切向力，驱使集聚型电弧在触头表面不断向电极外缘作环绕移动，延缓了阳极斑点的形成，提高了开断电流。螺旋触头可开断 40kA 电流；杯状触头可形成更强的驱动磁场，可开断 50kA 的电流。

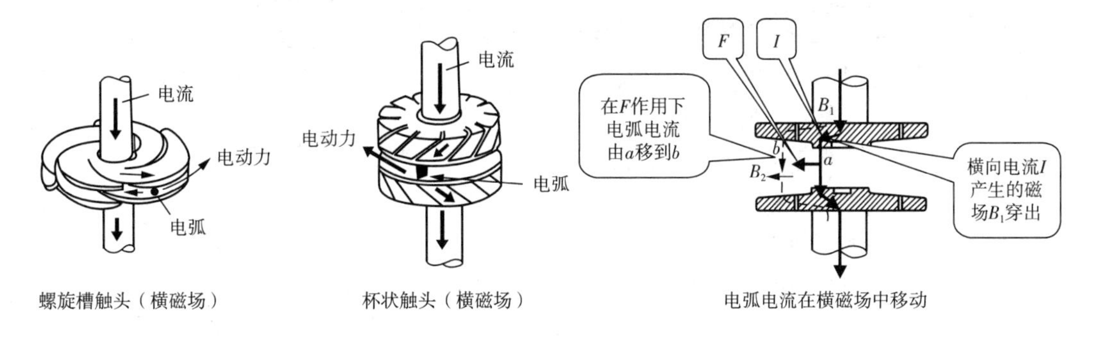

图 1-3-24　横向磁场触头

3. 纵向磁场触头

纵向磁场触头也是磁吹型（如图 1-3-25 所示）。纵磁场真空灭弧室的特点是：能在大电流下保持真空电弧为扩散型旋转电弧。纵向磁场是与弧柱轴线平行的磁场，它对电弧的形态、抑制阳极斑点的形成、减小电弧电压有着显著的作用。从阴极斑点发射的电子和离子在向阳极方向运动时，会同时向四周密度较低的地区扩散，具有一定的径向速度 v。当存在纵向磁场 B 时，电荷径向运动与纵向磁场产生的力 F 是圆周方向的。它将约束径向运动的电荷绕着电弧轴线方向做旋转运动，有利于提高开断电流和触头寿命。

20 世纪 70 年代，日本东芝电气公司研制成功了纵向磁场的触头结构，这是真空灭弧室迈向大容量的巨大进步。纵磁场触头性能十分优越：①电弧不再聚集而呈扩散形态，电弧在触头表面分成许多细弧，触头整个表面均匀受热，防止了局部过热，这样，触头表面烧损更小，商用产品的开断电流可达 100kA，在试验室研究中，开断电流已达 200kA；②体积比横磁场结构灭弧室缩小了 1/3，容易做到小型化；③截流值低，约在 5A 以下，因此开断感性负载时产生的过电压水平较低；④由于熄弧后，熔化的触头金属物绝大部分仍然凝结在触头接触面上，所以电磨损较轻，电气寿命较长，一般能达到几万次。

纵磁场触头有两种结构型式：

1)线圈式纵磁场触头。动静触头背面设置特殊形状的线圈产生纵磁场，触头背面设置一个特殊形状的线圈，串联在触头和导电杆之间，导电杆中的电流先分成四路流过线圈的径向导体，进入线圈的圆周部分，然后流入触头使电流沿圆周方向流动，从而激励起轴向磁场；动、静触头的结构完全一样。

2)触头本身的结构产生纵向磁场。使电流沿圆周方向流动，从而激励起轴向磁场。

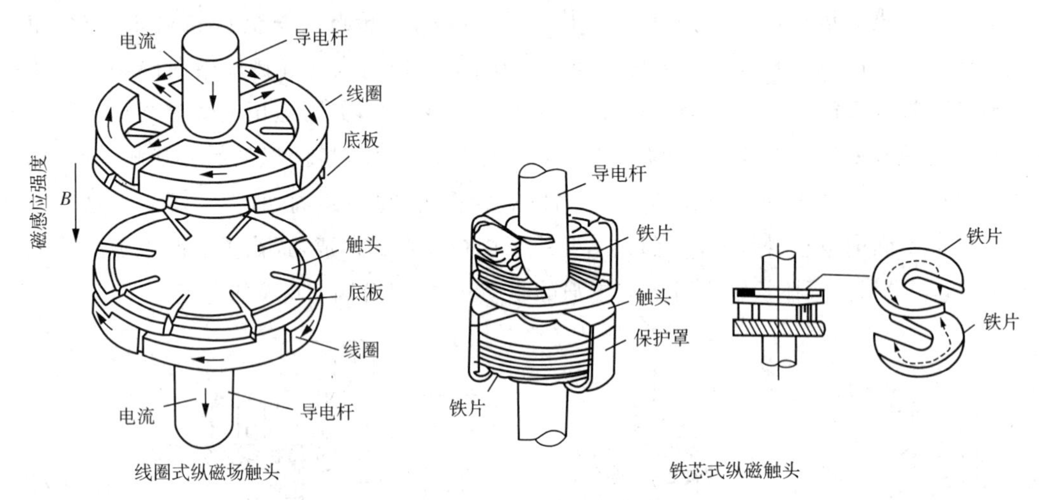

图 1－3－25　纵向磁场触头

4. 不同触头的极限开断电流与触头直径的关系

不同触头的极限开断电流与触头直径的关系见图 1－3－26 所示。

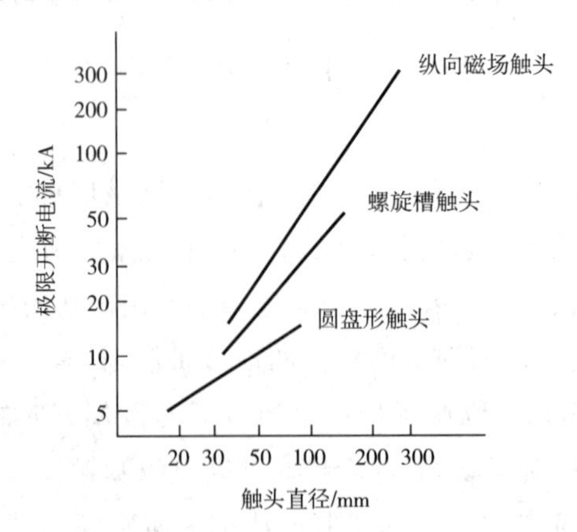

图 1－3－26　不同触头的极限开断电流与触头直径的关系

继续探讨

◆ 真空断路器的分类。

◆ 真空断路器的操作过电压及抑制方法。

延伸拓展

一、真空断路器分类

1. 按布置方式分

按真空灭弧室的布置方式可分为“落地式”和“悬挂式”两种最基本的形式，以及以上两种方式相结合的“综合式”和“接地箱式”。

1)“落地式”是将真空灭弧室安装在上方，用绝缘支撑支持，而将操动机构设置在底座上。上下两部分由传动机构通过绝缘杆连接起来，如图1－3－27所示。

优点：便于操作人员观察和更换灭弧室；传动效率高，分合闸操作时直上直下，传动环节少，传动摩擦小；整开断路器的重心较低，稳定性好，操作时振动小；断路器深度尺寸小，重量轻，进开关柜方便；产品系列性强，且户内户外产品的相互交换容易实现。但产品的总体高度较高，检修操动机构较困难，尤其是带电检修时。

2)“悬挂式”真空断路器在结构上与传统的少油断路器相类似，宜作手推车式开关柜用，其操动机构与高电压隔离，便于检修，如图1－3－28所示。这种结构的缺点是：总体深度尺寸大，用铁多，重量重；绝缘子受弯曲力作用；操作时灭弧室振动大；传动效率不高。因此，一般只适用于户内中等电压以下的产品。

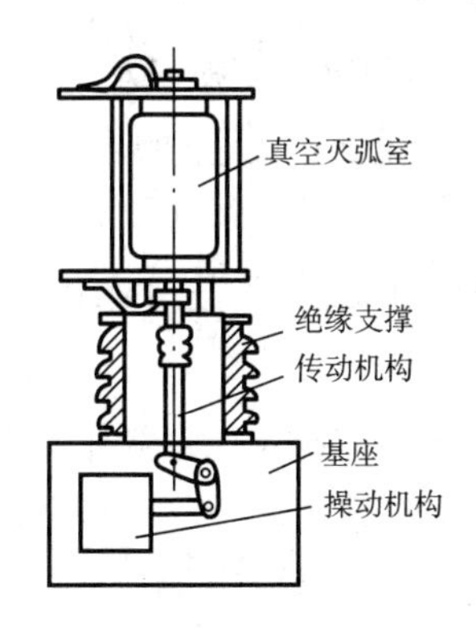

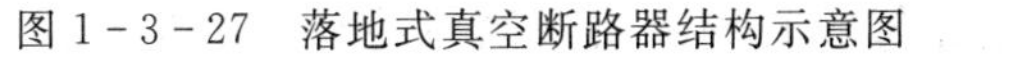

图1－3－27　落地式真空断路器结构示意图

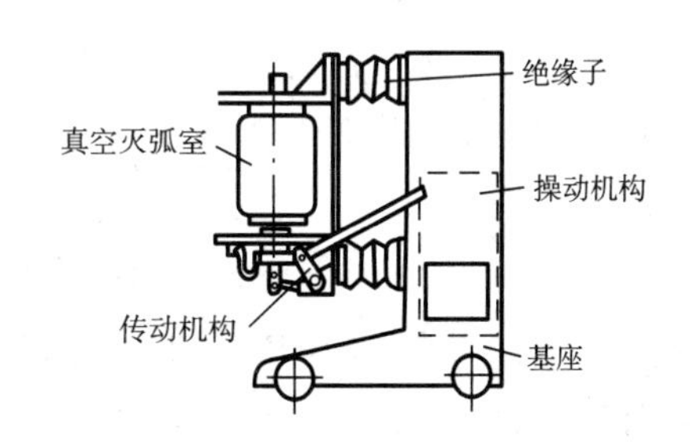

图1－3－28　悬挂式真空断路器结构示意图

2. 按用途分

(1)标准型

具备并能实现断路器的基本功能，能够开断短路电流。用于一般使用场合(中小容量)的经济型真空断路器等。

(2)专用型

用于发电机的特大容量真空断路器,开断电流高达 63～80kA 以上;用于开断感性负荷的低过电压真空断路器;用于投切电容的无重击穿真空断路器;用于开断电炉的频繁操作断路器。

3. 按外绝缘不同分

真空断路器极柱绝缘(即外绝缘)经历了空气绝缘一复合绝缘一固封绝缘,形成了三代真空断路器。

(1)空气绝缘

第一代空气绝缘中,带电部分完全裸露在空气中,它的绝缘水平随着空气中的湿度、灰尘及运输过程中的磕碰而变化,并易受小动物等异物影响。ZN12 和 ZN28A 型真空断路器是两种我国自己研制的具有代表性的真空断路器,是为开关柜设计的,采用综合式总体布置。由于采用空气外绝缘,结构简单,造价较低。ZN28 型真空断路器是为手车柜设计的,ZN28A 型真空断路器是从 ZN28 派生出的分装式真空断路器,是用于固定式开关柜的专用真空断路器。

(2)复合绝缘

在第二代复合绝缘中,将灭弧室保护在环氧树脂套筒内。环氧树脂有许多优良特性,如良好的加工工艺性、良好的绝缘性能以及非常高的耐压强度和机械强度等。采用该工艺可大大提高真空灭弧室的外绝缘水平,减少真空断路器的相间绝缘距离,减少真空断路器体积。但这种套筒没有完全将高压带电部分包起来,里面还会受灰尘、潮气、昆虫等影响。

(3)固封绝缘

固封绝缘是第三代绝缘,采用固封极柱技术,用环氧树脂将灭弧室及上下出线全部包封,不仅缩小了灭弧室尺寸,而且彻底不受外界环境(灰尘、潮气等)的影响,提高了耐气候性。

环氧树脂不仅作为一次部分的主绝缘,而又是它的机械支撑,电场分布优于各种形状的绝缘隔板结构。

极柱固封的优点:①环氧树脂的绝缘强度是空气的 5～6 倍,大大提高了绝缘强度;②同样的灭弧室可用于不同的额定电压,只需按额定电流选择断路器;③灭弧室不需附加的紧固件,载流件被周围浇铸树脂牢固固定,大大减小了灭弧室的零件数,维护简便、寿命长。④灭弧室本身长度更短,且直径更小,有利于小型化。⑤有利于实现固体绝缘开关柜,时柜体大大减小。

4. 按功能项分

现在的开关发展趋势是赋予断路器更多功能:合、分、隔离、接地等。

1)两工位真空断路器:分一合,完成关合与开断任务。

2)三工位真空断路器:分一合一隔离,完成分合、开断及隔离电源的任务。

3)四工位真空断路器:分一合一隔离一接地,完成分合、开断、隔离电源及接地的任务。

5. 同步真空断路器

同步真空断路器又叫选相真空断路器或受控真空断路器。基本原理是使真空断路器在电压或电流最有利时刻关合或开断。

6. 配永磁操动机构的真空断路器

在中压断路器领域，操动机构一般为电磁机构和弹簧机构，最新推出的是永磁操动机构。永磁操动机构的三大优势：①相对电磁机构和弹簧机构，大大减少了机械零件数，简化了结构，提高了可靠性。②机械寿命长，从弹簧机构的10000次提高到30000～50000次，甚至100000次以上。③具有很好的力—行程特性，接近真空断路器的要求。

由于永磁操动机构还存在一定的不足之处，与弹簧机构相辅相成，不能取代弹簧机构。目前主要用在三个方面：①中等开断容量(31.5kA及以下)的真空断路器；②户外柱上重合器和分段器；③同步断路器。

二、真空断路器操作过电压及抑制方法

过电压问题不仅在真空断路器中存在，在某些使用SF_6断路器的回路也同样存在，但真空断路器表现得更为明显。

1. 常见过电压

(1)截流过电压

断路器开断交流电流理想的情况是，电流自然过零、电弧自然熄灭后不再发生重燃，电路最终被切断。但是一般情况下，电弧电流是在电流过零稍前或稍后时，由于电弧燃烧不稳定，突然熄弧造成电流突然被切断，称为“截流开断”，这就必然会引起感性负载回路的“截流过电压”。截流数值越大、过电压将越高，减小开关的截流值是解决和杜绝截流过电压的关键。

1)单相截流过电压

由于采用了铜铬新型触头材料，真空灭弧室的截流值已限制到了3～5A，单相截流过电压问题已不必担心。只是在用真空断路器控制电动机时，因电机绝缘强度较低，仍须要考虑。

2)三相同时截流时的过电压

对一般的三相工频电路开断过程，首开相触头将此相电流开断后，其余两相要延时1/4周期后电流过零而被开断。但在用真空断路器开断时，可能出现三相同时开断的情况。这是因为当首开相因截流过电压而发生重燃时，在该相负载中将流过高频电流，通过电磁耦合在其他两相同时感应出一个高频电流叠加到工频电流上，使其他两相电流也强制过零，造成电路的三相“同时”发生截流的现象，从而出现更大的过电压。

(2)高频多次重燃过电压

开关开断中发生重燃将产生高频电流，若高频电流多次被开断－重燃将会引起过电压，称为多次重燃过电压。开关操作过程中都会有电弧重燃现象，若重燃后高频电流不被切断而自由衰减，就不会产生过电压；若重燃后高频电流被多次开断－重燃，将会出现高频多次重燃过电压。开关的开断能力与开断性能是有联系但又有不同内涵的两个概念，重燃过电压正是开断高频电流能力强的表现，但它最终可能因为过电压而造成事故，因此开断能力强的开关往往会表现出开断性能低。开断高频电流能力强的真空断路器将更突出地表现出高频多次重燃过电压。由于真空断路器的高频多次重燃，在开断感性电流（如电动机启动电流）时，即使没有截流也会发生过电压，这种过电压由于上升陡度很高，对电机绕组绝缘的危害特别大，往往在过电压倍数不高时就能使绕组的匝间绝缘损坏。

(3)切断电容性负载时，重击穿产生的过电压

这是因熄弧后间隙发生重击穿而引起。真空断路器虽比其他断路器有较好的开断容性负载的性能，但是由于真空间隙耐压强度不稳定和直流耐压水平较低，仍会有一定的重击穿几率，从而出现过电压。因此要求真空断路器的重击穿几率越小越好，最好不发生重击穿。

因为真空断路器偶尔发生重击穿后能很快自动恢复其耐压强度，不会产生不断地在电源电压峰值处连续发生重击穿的情况，所以过电压并不高。

2. 抑制操作过电压的方法

(1)采用低电涌真空灭弧室

“电涌”即异常过电压，一般认为是由电流截断而引起的电压峰值。低电涌灭弧室是采用低截流值的触头材料与纵向磁场触头组成的真空灭弧室，既可降低截流过电压，又可提高开断能力。

(2)负载端并联电容

这既可降低截流过电压，也可减缓恢复电压的上升陡度。

(3)负载端并联“电阻一电容”

不仅能降低截流过电压及其上升陡度，而且在高频重燃时可使振荡过程强烈衰减，对抑制多次重燃过电压有较好的效果。

(4)安装避雷器

只能限制过电压的幅值。

(5)串联电感

用它可降低过电压的上升陡度和幅值。

任务四　高压隔离开关及运行

阅读资料

一、高压隔离开关在电力系统中的应用

高压隔离开关在电力系统中的应用如图1-3-29所示。

隔离开关是电力系统中常用开关电器，需与断路器配合使用。电源、负载线路等元件均必须装设断路器(QF)，而断路器的两侧则应串联装设隔离开关(QS)。

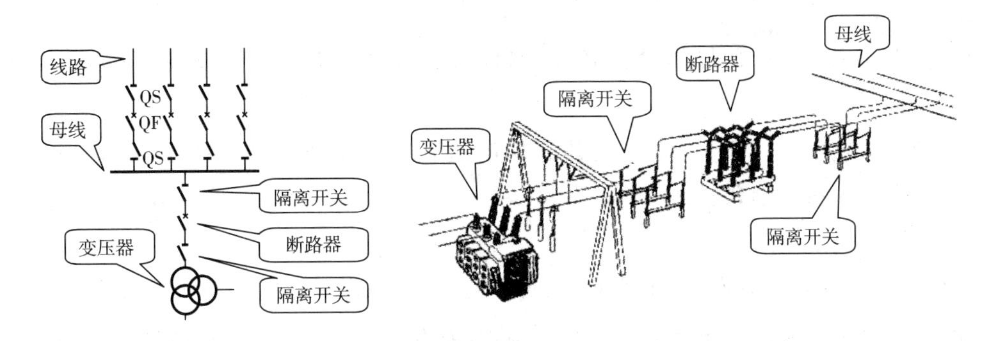

图 1-3-29　高压隔离开关在电力系统中的应用

二、高压隔离开关的图形和文字符号

高压隔离开关的图形和文字符号见表 1-3-5 所示。

表 1-3-5　高压隔离开关的图形和文字符号

隔离开关的图形符号	─┤ ╱─
隔离开关的文字符号	QS
电力调度术语(简称)	刀闸

三、高压隔离开关的外形

高压隔离开关外形如图 1-3-30 所示。

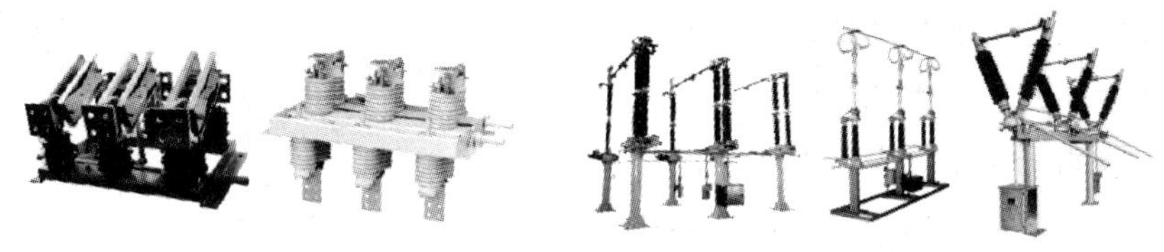

图 1-3-30　高压隔离开关的外形

为了满足不同接线和不同场地条件下，达到合理布置，缩小空间和占地面积的要求，以及为了适应不同的用途和工作条件，隔离开关已发展成了较多系列、品种和规格，但基本结构组成和作用相同。

四、事故案例

1. 事故部分经过

某变电站甲和乙执行停电操作任务，甲为值班长担任监护人，乙为值班员承担操作。在远方拉开断路器后，两人来到高压配电装置室需拉闸的 A 开关柜前，未做任何查看，乙说："我没力气，你操作吧。"甲二话未说，误将旁边正在运行的 B 开关柜刀闸拉开，瞬间出现刺眼弧光，室内烟雾弥漫。造成甲手臂、眼睛严重烧伤，乙轻度烧伤，开关柜崩毁。

2. 事故部分原因

① 操作前未核对所需操作设备名称、编号，站错位置，错拉带电设备刀闸即带负荷拉刀闸。

② 未履行监护。应担任监护的值班长操作，应操作的值班员又未履行监护。

③ 操作时未执行唱票复诵。

3. 事故部分结论

本案例为一起严重违章，造成带负荷拉隔离开关恶性误操作事故的典型案例。

五、2009《国家电网公司电力安全工作规程(变电部分)》(以下简称《安规》)选摘

《安规》(2.3.6.10 条文)规定：电气设备停电后(包括事故停电)，在未拉开有关隔离开关(刀闸)和做好安全措施前，不得触及设备或进入遮栏，以防突然来电。

《安规》(4.2.2 条文)规定：检修设备停电，应把各方面的电源完全断开(任何运行中的星形接线设备的中性点，应视为带电设备)。禁止在只经断路器(开关)断开电源或只经换流器闭锁隔离电源的设备上工作。应拉开隔离开关(刀闸)，手车开关应拉至试验或检修位置，应使各方面有一个明显的断开点，若无法观察到停电设备的断开点，应有能够反映设备运行状态的电气和机械等指示。与停电设备有关的变压器和电压互感器，应将设备各侧断开，防止向停电检修设备反送电。

思考问题

◆ 高压隔离开关在电力系统中的作用和功能是什么？

◆ 高压隔离开关的基本结构如何？

◆ 高压隔离开关如何分类？

◆ 高压隔离开关型号表示方法如何？

◆ 高压隔离开关有哪些主要技术参数？

◆ 如何判断断路器确在分闸位置？

◆ 为什么隔离开关分合后，应到现场检查实际位置？

◆ 理解隔离开关操作原则及要领。

◆ 理解停电拉闸操作顺序：断路器(开关)－负荷侧隔离开关(刀闸)－电源侧隔离开关(刀闸)，送电合闸操作应按与上述相反的顺序进行。

◆ 配电装置“五防”闭锁的内容有哪些？

学习必读

一、高压隔离开关的定义及结构特点

1. 高压隔离开关定义

GB/T2900.20－94(3.24 条文)对隔离开关定义：在分闸位置时，触头间有符合规定要求的绝缘距离和明显的断开标志；在合闸位置时，能承载正常回路条件下的电流及在规定时

间内异常条件(例如短路)下的电流的开关设备。

2. 高压隔离开关的结构特点

高压隔离开关是一种没有专门的灭弧装置的开关设备,不能用来开断负荷电流和短路电流。隔离开关的特点如下:

① 触头暴露在空气中,在分闸状态时有明显可见的断口。

② 断口能保证在任何状态下不被击穿,因此断口耐压比其他对地耐压高出 10%～15%。

③ 在合闸状态时能可靠地通过正常工作电流,并能在规定的时间内承载故障短路电流和承受相应的电动力的冲击。

④ 隔离开关可以附设接地刀闸,供检修设备时接地用。

二、高压隔离开关的基本结构

高压隔离开关的基本结构如图 1－3－31 和图 1－3－32 所示。

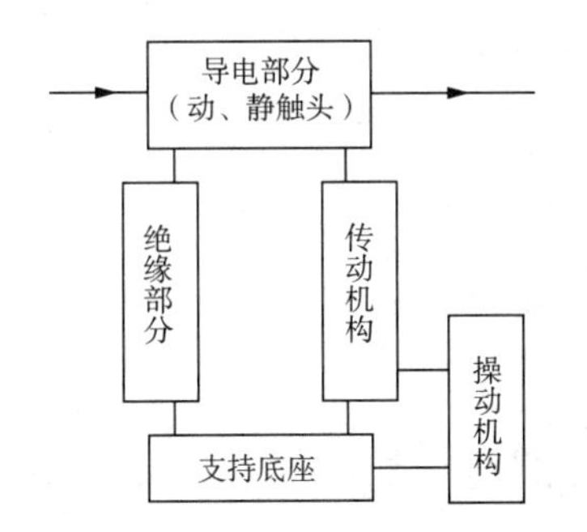

图 1－3－31　高压隔离开关基本结构

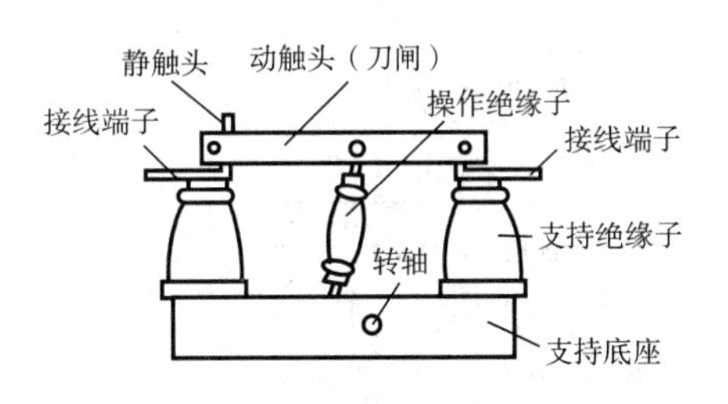

图 1－3－32　户内型隔离开关典型结构

① 导电回路:包括动触头、静触头、接线座。主要起传导电路中的电流,关合和开断电路的作用。

② 操动机构:由操作绝缘子通过手动、电动、气动、液压向隔离开关的动作提供能源。

③ 传动机构:由拐臂、联杆、轴齿或操作绝缘子组成。接受操动机构的力矩,将运动传动给触头,以完成隔离开关的分、合闸动作。

④ 绝缘部分:包括支持绝缘子和操作绝缘子。实现带电部分和接地部分的绝缘。

⑤ 支持底座:将导电部分、绝缘子、传动机构、操动机构等固定为一体,并使其固定在基础上。

三、高压隔离开关的主要功能

① 在检修电气设备时用来隔离电源,使检修的设备与带电部分之间有明显可见的断口。

② 在改变设备状态(运行、备用、检修)时用来配合断路器协同完成倒闸操作。

③ 用来分、合小电流,可以接通或切断下列电路:a. 无故障的电压互感器;b. 避雷器;c. 母线和直接与母线相连设备;d. 电容电流不超过 5A 的空载线路;e. 励磁电流不超过 2A

的空载变压器。

④ 隔离开关的接地闸刀可代替接地线，保证检修工作安全。

四、高压隔离开关的分类

① 按装设地点分为：户内式、户外式。

② 按绝缘支柱数目分为：单柱式、双柱式、三柱式。

③ 按动触头运动方式分为：水平旋转式、垂直旋转式、摆动式、插入式。

④ 按有无接地闸刀分为：无接地闸刀、一侧有接地闸刀、两侧有接地闸刀。

⑤ 按操动机构分为：手动式、电动式、气动式、液动式。

⑥ 按极数分为：单极（每极单独装于一个底座上）、三极（三级装于同一底座上）。

五、高压隔离开关型号命名方法

高压隔离开关型号命名方法如下图所示：

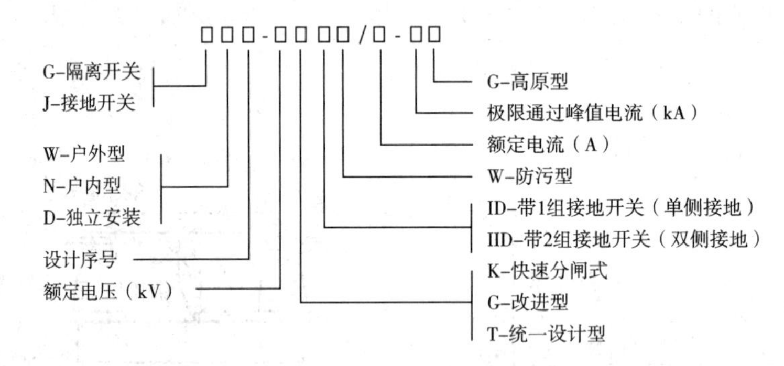

例如：GW4－110ⅡD/630 型隔离开关，指额定电压为 110kV、额定电流为 630A、设计序列号为 4、双侧带接地刀闸的户外式隔离开关。

六、隔离开关操作原则及要领

1. 隔离开关与断路器的操作原则

只有确认断路器在断开状态时，才允许操作隔离开关分、合闸，即送电操作应先合隔离开关、后合断路器，停电操作应先拉隔离开关、后拉断路器。

断路器断开状态的判据：①断路器状态信号灯为绿灯亮；②断路器回路电流表指示为零；③断路器操作机构指示器为“分闸”位置。

2. 隔离开关与接地刀闸间的操作原则

为了防止“带接地刀送电”或者防止“带电合接地刀”，隔离开关主刀与地刀的操作应确保：“主分一地合”、“地分一主合”的顺序动作。

3. 隔离开关的操作要领

① 分、合隔离开关时，断路器必须在断开位置，并核对编号无误后，方可操作。

② 手动就地操作的隔离开关，合闸应迅速果断，但在合闸终了，不得用力过猛，以免损坏机械。

③ 远方操作的隔离开关，一般不得在带电情况下就地手动操作，以免失去电气闭锁。

④ 隔离开关误操作时严禁反方向操作。当误合入接地、短路回路或带负荷合闸时，严禁将隔离开关再次拉开。拉闸时，应慢而谨慎，特别是动、静触头刚分离时，如发现弧光，判断为带负荷误拉闸，则应迅速合入，停止操作；一旦拉开，便不允许再合。

⑤ 切断空载变压器、空载线路、空母线或拉系统环路等小电流时，产生小的弧光属于正常，此时应快速果断拉开，以促使电弧迅速熄灭。（允许分断的电流值应根据产品使用说明书的规定）。

⑥ 隔离开关分合后，应到现场检查实际位置，以免传动机构或控制回路（指远方操作）有故障，出现拒合或拒分，同时检查触头位置应正确。运行中处于合闸位置的隔离开关，触头处应接触紧密避免触头过热；处于分闸位置的隔离开关，静触头与动触头间的距离应符合安全距离。如果触头间距离太小，可能发生闪络，使得检修中的装置带电造成事故。

七、《安规》解读（隔离开关操作原则及要领）

1.《安规》（2.3.6.1 条文）规定

停电拉闸操作应按照断路器（开关）—负荷侧隔离开关（刀闸）—电源侧隔离开关（刀闸）的顺序依次进行，送电合闸操作应按与上述相反的顺序进行。禁止带负荷拉合隔离开关（刀闸）。

解读：断路器具有灭弧功能，可以用来直接切断或接通回路中的电流；而隔离开关不具备灭弧功能，只能在断路器切断工作电流后，再拉开隔离开关隔离电压。若直接用隔离开关断开负荷电流，将引起弧光短路，造成人身伤害和设备损坏。禁止带负荷拉合隔离开关。

停电操作应先拉负荷侧隔离开关，送电操作应先合母线侧隔离开关，是为了防止发生意外情况，如图 1－3－33 所示，若断路器实际上未断开而带负荷拉或合隔离开关时，所引起的故障点始终是在断路器的负荷侧，继电保护动作就可以使断路器切除故障，把事故影响限制在最小范围。反之，故障点如果出现在母线侧隔离开关，将导致整段母线停电，扩大事故范围，并且母线侧隔离开关损坏的复修工作要比负荷侧隔离开关复修工作带来的影响要大得多。

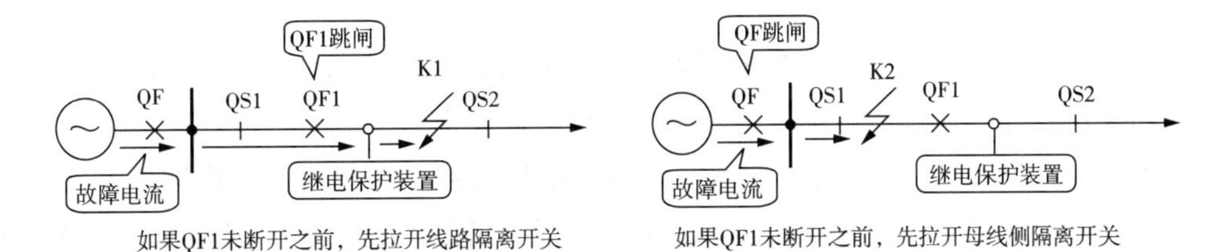

图 1－3－33　带负荷拉隔离开关故障电流通过断路器时，距离故障点最近的断路器跳闸

2.《安规》（2.3.5.3 条文）规定

高压电气设备都应安装完善的防误操作闭锁装置。防误操作闭锁装置不得随意退出运行，停用防误操作闭锁装置应经本单位分管生产的行政副职或总工程师批准；短时间退出防误操作闭锁装置时，应经变电站站长或发电厂当班值长批准，并应按程序尽快投入。

解读：防误闭锁装置是利用自身既定的程序闭锁功能，装设在高压电气设备上以防止误操作的装置。防误装置包括:微机防误、电气闭锁、电磁闭锁、机械联锁、机械程序锁、带电显示装置等。防误闭锁装置应具有五种功能,简称“五防”功能,即:防止误分合断路器,防止带负荷拉、合隔离开关或手车触头,防止带电挂(合)接地线(接地刀闸),防止带接地线(接地刀闸)合断路器(隔离开关),防止误入带电间隔。

实践证明,通过加装防误闭锁装置使得电气误操作事故得到大幅度下降。防误闭锁装置投运后应按主设备对待,不得随意停退。

继续探讨

- ◆ 接地刀闸、接地线的作用。
- ◆《安规》相关条文解读。
- ◆ 影响高压隔离开关运行可靠性的主要问题。

延伸拓展

一、接地刀闸(或接地线)的作用

① 泄放电气设备残余电荷。电气设备对地存在杂散电容,设备停电断开断路器后,仍然会存在残余电荷,此时检修人员触摸设备,残余电荷将会通过人体导入大地,造成人身触电事故。因此,准备检修的停电设备在断开隔离开关后应合上相应的接地刀(或挂接地线),将残余电荷导入大地,防止人身触电。

② 泄放感应电荷。由于附近有还在运行的电气设备,这会在停电检修设备上出现感应电荷,接地刀(或)接地线可以及时将感应电荷导入大地,保护检修人员的安全。

③ 防突然来电。当出现对检修设备误送电的极端情况时,电流通过接地刀(或接地线)接地,可以对人身起到保护作用。

二、《安规》相关条文解读

1.《安规》(4.4.3 条文)规定

对于可能送电至停电设备的各方面都应装设接地线或合上接地刀闸(装置),所装接地线与带电部分应考虑接地线摆动时仍符合安全距离的规定。

解读:对于可能送电至停电设备的各方面都应装设接地线,是为了防止检修设备突然来电和感应电压对工作人员造成人身伤害。对有可能产生感应电压的设备应视为电源设备,应视情况适当增加接地线。若断开有感应电压的连接部件,在断开前应在断开点两侧各装一组接地线。在装接地线时,要充分考虑接地线在大风情况摆动时与带电部分的安全距离,避免因接地线摆动导致运行设备接地故障。

2.《安规》(4.4.4 条文)规定

对于因平行或邻近带电设备导致检修设备可能产生感应电压时,应加装工作接地线或使用个人保安线,加装的接地线应登录在工作票上,个人保安线由工作人员自装自拆。

解读:“工作接地”是指在停电范围内的工作地点,对可能来电(含感应电)的设备端进

行的保护性接地。“个人保安线”是防止工作人员在设备上作业时遭受感应电触电，防止电源侵入，由工作人员自挂自拆的地线。为了区别于正常接地线，故称为个人保安辅助接地线。

3.《安规》(4.4.7条文)规定

接地线、接地刀闸与检修设备之间不得连有断路器(开关)或熔断器。若由于设备原因，接地刀闸与检修设备之间连有断路器(开关)，在接地刀闸和断路器(开关)合上后，应有保证断路器(开关)不会分闸的措施。

解读：在检修中断路器或熔断器有断开的可能，且不能直观的发现其断开或熔断，从而工作地点失去接地线保护，突然来电或感应电的存在将危及人身安全。为了保证工作人员始终工作在地线保护范围内，接地线、接地刀闸与检修设备之间不得连有断路器或熔断器。

如果由于设备原因，接地刀闸与检修设备之间不可避免地连有断路器时，在接地刀闸和断路器合上后，应将断路器控制电源断开，或将跳闸出口压板退出等防止断路器分闸的措施，并在断路器操作处设置“禁止分闸!”的标志。

4.《安规》(4.4.9条文)规定

装设接地线应先接接地端，后接导体端，接地线应接触良好，连接应可靠。拆接地线的顺序与此相反。装、拆接地线均应使用绝缘棒和戴绝缘手套。人体不得碰触接地线或未接地的导线，以防止触电。带接地线拆设备接头时，应采取防止接地线脱落的措施。

解读：装设接地线应先接接地端，后接导体端；拆接地线的顺序与此相反。这样能保证接地线始终处于良好的接地状态：①装、拆接地线时设备上的残余电荷或感应电荷能够通过接地线导入大地，防止了装拆接地线人员由于绝缘手套及绝缘杆老化或破损、或人体误触设备而发生触电。②装、拆接地线时如突然来电，能有效地限制接地线上的电位，保证装拆接地线人员的安全。

三、影响高压隔离开关安全运行的主要问题

影响高压隔离开关安全运行的问题有：绝缘子断裂、操作失灵、导电回路过热和锈蚀。因此高压隔离开关运行维护及操作时应有针对性地做好危险点分析及处理预案。

任务五　高压熔断器、负荷开关及运行

阅读资料

一、《供电营业规则》(1996年)规定

供电企业供电的低压供电电压单相为220伏，三相为380伏；高压供电电压为10、35(63)、110、220千伏。用户用电设备容量在100kW以上或需用变压器容量在50kVA以上者，应采用高压供电，用户自设变、配电所降压为220V/380V后，向低压设备供电。

目前我国城乡配电网已形成高压受电、变压器降压和低压配电的配电格局;环网供电单元和预装式变电站也已大量应用。在这些装置中,高压开关设备面临对变压器短路故障的保护问题。一般有两种途径:一种是利用断路器;另一种利用负荷开关和限流熔断器。实践证明后者保护效果更好。

我国农村电网10kV配电变压器多为户外变压器台布置,高压侧广泛采用跌落式熔断器保护,这是一种较经济、简便、有效的方法。

二、熔断器和负荷开关的图形和文字符号

熔断器和负荷开关的图形和文字符号见表1-3-6和表1-3-7所示。

表1-3-6　熔断器的图形和文字符号

熔断器的图形符号	—▭—
熔断器的文字符号	FU

表1-3-7　负荷开关的图形和文字符号

负荷开关的图形符号	(图形符号)
负荷开关的文字符号	QL

三、高压熔断器和负荷开关的外形图片

熔断器及负荷开关各自基本结构组成和作用相同;但系列、品种和规格多样,外形亦多样,如图1-3-34和图1-3-35所示。

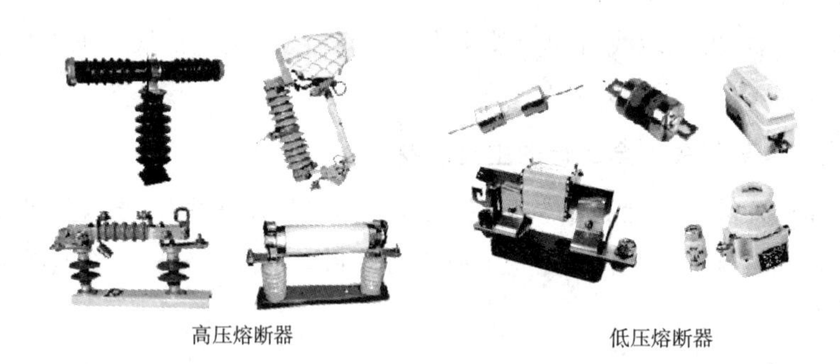

图1-3-34　高低压熔断器外形

图1-3-35　高压负荷开关

四、配电网供电典型方案

配电网供电典型方案如图1-3-36所示。

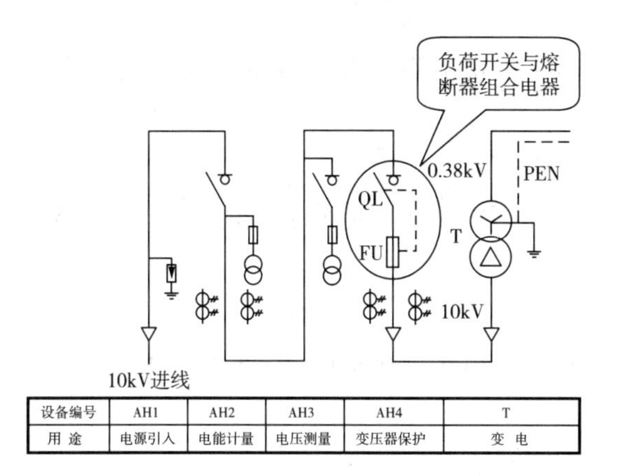

设备编号	AH1	AH2	AH3	AH4	T
用　途	电源引入	电能计量	电压测量	变压器保护	变　电

10kV变电所电气主接线典型方案

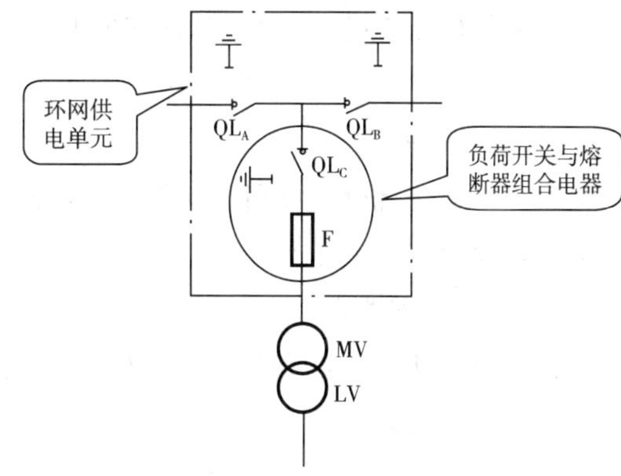

环网供电单元基本布置

图 1－3－36　配电网供电典型方案

思考问题

- 熔断器及负荷开关在电力系统中的作用是什么？
- 什么叫限流式熔断器？熄弧原理如何？
- 什么叫跌落式熔断器？熄弧原理如何？
- 跌落式熔断器开断电流下限值与上限值的意义分别如何？
- 熔断器型号表示方法如何？
- 负荷开关型号表示方法如何？

学习必读

一、高压交流熔断器

1. 高压交流熔断器术语

高压熔断器的额定电压为3.6kV、7.2kV、12kV、24kV、40.5kV、126kV。

GB/T 15166.1—94《交流高压熔断器术语》给出了熔断器的术语，这些术语可以帮助我们了解或理解熔断器的分类及特性。

(1)熔断器

当电流超过规定值一定时间后，以它本身产生的热量使熔体熔化而开断电路的开关装置。

(2)隔离断口式熔断器

以熔断件或载熔件构成触头间具有隔离开关绝缘性能的熔断器。

(3)跌落式熔断器

动作后熔件自动跌落，形成断口的熔断器。

(4)一般熔断器

在规定使用和性能条件下，能开断从额定最大开断电流到熔体1h或稍长时间内熔化电流的熔断器。

(5)后备熔断器

在规定使用和性能条件下，能开断从额定最大开断电流到额定最小开断电流的熔断器。后备熔断器通常与其他设备(如接触器)组合。

(6)全范围熔断器

在规定使用和性能条件下，能开断从所有熔体熔化电流到额定最大开断电流的熔断器。

(7)喷射熔断器

由电弧能量产生气体的喷射而熄灭电弧的熔断器。

(8)限流熔断器

在规定电流范围内且在它的动作期间和动作结束前，将电流限制到远低于预期电流峰值的熔断器。

2. 熔断器的作用及工作原理

熔断器是最简单和最早使用的一种保护电器，用来保护电路中的电气设备。熔断器与被保护设备串联连接。正常工作时由于通过熔体的电流较小，熔体温度虽然上升，但不致熔化，电路可靠接通；当该电路发生过载或短路故障时，通过熔断器的电流达到或超过了某一规定值时，熔体产生的热量使其自身温度超过熔点而熔断，从而切断电路，实现对其他设备的保护。

高压熔断器通常与隔离开关或负荷开关、接触器配合使用可代替价格高的断路器。熔断器具有结构简单、价格低廉、维护方便、使用灵活等优点，但其容量小，保护特性不稳定。熔断器广泛用于1000V以下低压装置中；在电压为3～110kV高压装置中，主要作为小功率电力线路、配电变压器、电力电容器、电压互感器等设备的保护。

3. 熔断器熔断过程的四个阶段

(1)第一阶段

熔断器的熔体因通过过载电流或短路电流而发热，其温度上升到熔体材料的熔点，但仍处于固态，尚未开始熔化。

(2)第二阶段

熔体的部分金属开始由固态向液态转化，这时由于熔体熔化要吸收一部分热量(熔解热)，故熔体温度始终保持为熔点。

(3)第三阶段

已熔化的金属继续被加热，直到其温度上升到气化点为止，此即第二次加热阶段。

(4)第四阶段

熔体断裂，出现间隙，并因间隙被击穿而产生电弧，又使熔体加速熔化和气化，并将电弧拉长；金属蒸气向四周喷溅并发出爆炸声。熔体熔断产生电弧的同时，也开始了灭弧过程。直到电弧被熄灭，电路才真正被断开。

上述四个阶段实际上是两个连续的过程：未产生电弧之前的弧前过程（它包括前述第一至第三共三个阶段）；已产生电弧之后的电弧过程。

弧前过程的主要特征是熔体的发热与熔化，换言之，即熔断器在此过程中的功能在于对故障作出反应。显然，过载电流相对额定电流的倍数越大，温度上升就越快，弧前过程也越短；反之，过载电流倍数越小，弧前过程就越长。

电弧过程的主要特征是含有大量金属蒸汽的电弧在间隙内蔓延、燃炽，并在电动力作用于下在介质中运动，为介质所冷却，最后因弧隙增大以及电弧能量被吸收而无法持续燃炽，最终熄灭。这个过程的持续时间决定于熔断器的有效熄弧能力。

4. 熔断器的保护特性

电气设备的电流保护有过载延时保护和短路瞬时保护两种主要形式。过载一般是指10倍额定电流以下的过电流，短路则是指10倍额定电流以上的过电流。熔断器过载保护和短路保护不仅是电流倍数的不同，保护特性、参数、工作原理方面都有很大差异。过载动作的物理过程主要是熔体热熔化过程；短路动作的过程则是熔体瞬间熔断后电弧的熄灭过程。

各种型号的熔断器都有安秒特性和分断能力两个主要技术参数，这两个参数体现了在保护方面对熔断器提出的要求。

(1)安秒特性曲线

熔断器的安秒特性曲线（即为熔断特性曲线或保护特性曲线）主要是为过载保护服务的，曲线表征了流过熔体的电流与熔体熔断时间的关系，体现了过载延时保护特性。

图1-3-37熔断器安一秒特性曲线说明：①熔体的熔断时间随着电流的增大而缩小，是反时限特性。因为熔断器是以过载时的发热现象作为动作的基础，而在电流发热过程中总是存在熔断时间与电流的平方成反比，所以电流越大，熔断时间越短。②熔体的额定电流是指长时间通过熔体而不熔断的最大电流值。③在安秒持性曲线中有一个熔断电流与不熔断电流的分界线，与此相对应的电流称为最小熔断电流或临界电流。往往以在1～2h内能熔断的最小电流值作为最小熔断电流。我们定义熔体的最小熔断电流与熔体额定电流的比值为熔体的熔断系数，用β表示。根据对熔断器的要求，熔体在额定电流下绝对不应熔断，所以最小熔断电流必须大于额定电流，故β必须大于1。同时β是表征熔断器保护小倍数过载时的灵敏度的指标，β值小对小倍数过载保护有利，一般$\beta=1.2\sim1.5$。

(2)分断能力

熔断器的分断能力主要是为短路保护服务的。分断能力通常是指熔断器在额定电压及一定功率因数下切断短路电流的极限能力，所以常用极限断开电流值来表示。短路时熔体的熔断时间不随电流的变化而变化，是一常数，为定时限保护特性，并且体现的是短路瞬时保护特性。短路电流的持续时间很短，是电弧的熄灭过程。

由上可知，熔断器对过载反应是很不灵敏的，当系统电气设备发生轻度过载时，熔断器将持续很长时间才熔断，有时甚至不熔断。因此，熔断器一般不宜作为过载保护，主要用作短路保护。

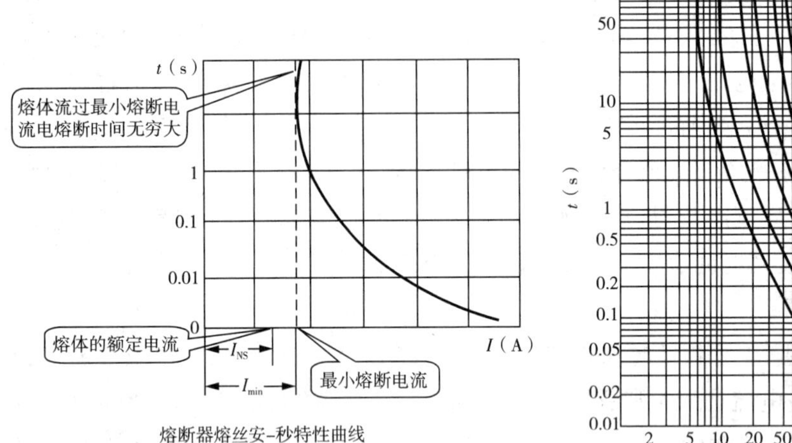

熔断器熔丝安-秒特性曲线

6~35kV熔丝安-秒特性曲线

图 1-3-37 熔断器安-秒特性曲线

5. 熔断器的基本结构

熔断器基本组成部分为：熔体、熔管和熔座。

(1)熔体

熔体是熔断器主要组成部分，是一个易于熔断的导体，常做成丝状、片状和栅状。

在500V及以下的低压小电流熔断器中，熔体往往采用锌、铅等材料，这些材料的优点是熔点较低(锌－420℃，铅－327℃，铅锡－200℃)，在过载电流流过时较易熔断。缺点是电阻率较大，所制成的熔体截面也较大，在熔化后金属蒸汽量大，不利于熄弧，其分断能力也受到限制。额定电流较大的低压熔断器采用铜熔件。

在高压熔断器中，熔体往往采用铜、银等材料，这些材料的优点是电阻率较小，所制成的熔体截面可较小，熔化后金属蒸汽较少，有利于熄弧，可以提高分断能力。缺点是熔点高(铜－1080℃，银－960℃)，对小过载电流会失去保护。为了对较低过载电流也能保护，利用软锡焊点来降低纯金属的熔化温度。一般是在丝状的铜或银熔体上面焊以小锡球，过电流通过时，锡先融化，与铜形成合金，降低熔点，熔件在此处开断产生电弧进而将整根铜丝熔化。这种方法称为“冶金效应”。举例来说，纯银的熔点为960℃，而加入软锡后，软锡焊点处的熔点可降低到220℃左右，可以大大缩短过载电流的熔化时间。

(2)熔管

熔管是熔体的外壳，为纤维、瓷质绝缘或高强度玻璃纤维管，是用来安放熔体的容器，在熔体熔断时兼有灭弧作用。

熔断器的外壳两端连接向外导电的铜导体，根据国际标准规定有两种形式：圆筒形状(插入式)和平板形状(母线式)。

熔管中可装入不同电流等级的熔体，但装入的熔体额定电流不能大于熔管的额定电流值。

(3)熔座

熔座的作用主要是固定熔管、外接引出线及保证带电部分与地绝缘。

6. 高压熔断器的主要技术参数

(1)额定电压

指熔断器长期所能承受的正常工作电压。

(2)熔体额定电流

指允许长期通过熔体不致发生熔断的最大有效值电流。该电流可小于或等于熔断器的额定电流,但不能超过。

(3)熔断器(或称熔管)额定电流

指一般环境温度(不超过40℃)下熔断器壳体的载流部分和接触部分允许通过的最大持续电流有效值。在同一熔管内,通常可分别装入额定电流不大于熔断器本身额定电流的任何熔体。

(4)极限分断电流

指熔断器允许切断的最大有效值电流,由熔断器的灭弧能力决定。

表1-3-8给出了高压熔断器分类。表1-3-9则给出了真空一限流一喷射熔断器技术性能比较。

表1-3-8　高压熔断器分类

分类方式	分类名称	相关说明
安装场所	户内、户外	户内熔断器均为限流式。 户外熔断器有两种:非限流式、限流式。
保护对象	电力熔断器(变压器、电动机、线路保护用),电容器保护用、电压互感器保护用	电压互感器专用熔断器熔体的额定电流均为0.5A,以保证熔体的截面满足机械强度要求。
保护范围	一般、后备、全范围	一般熔断器:对于最大开断电流到熔体1h或稍长时间内熔化电流产生的电弧能够熄弧。 后备熔断器:对于额定最大开断电流和最小开断电流范围以外的熔化电流产生的电弧不能熄弧。 全范围熔断器:对于额定最大开断电流值以下的熔化电流产生的电弧均能熄弧。
保护性能	限流式、非限流式	限流式熔断器:熔断时间(包括熄弧时间)远小于短路电流达到最大的时间(0.01s),回路不会有短路冲击电流通过,可认为熔断器限制了短路电流的发展。限流式熔断器容易发生截流过电压。 非限流熔断器:熔断时间超过短路电流达到最大的时间,回路将要承受短路冲击电流的作用。

（续表）

分类方式	分类名称	相关说明
熄弧方式	石英砂填料（限流式）、喷射式（非限流式）、真空	熔管内填充石英砂填料，电弧在石英砂的缝隙中熄灭的为限流式熔断器，因在开断电路时无游离气体排出，所以在户内配电装置中广泛采用。 真空熔断器，电弧在真空容器内产生并熄灭；体积小，开断电流大。真空熔断器对大电流（50kA以上）不能起限流作用。 喷射式熔断器属于自能式熄弧，为非限流式，消弧管在电弧高温作用下分解出大量气体，使管内压力急剧增大，气体向外高速喷出，对电弧形成强有力的纵向吹弧，电弧迅速被拉长而熄灭；因熄弧时有高温游离气体对外喷射极大的声响，仅供户外使用。喷射式熔断器不易发生截流。 （三类熔断器技术性能比较见表1-3-9）
结构型式	跌落式、支柱式	跌落式熔断器均为户外式，可以从地面上用高压绝缘钩棒（俗称令克棒）投入或断开。灭弧方式为喷射式，该熔断器属后备式，对于最小开断电流以下的熔化电流产生的电弧不能熄灭。 支柱式熔断器户内、户外产品均为限流式。

表1-3-9 真空-限流-喷射熔断器技术性能比较

类型	真空熔断器	限流熔断器	喷射熔断器
构造	密封式	密封式	开启式
开断性能	非限流式	限流式	非限流式
开断容量	大	大	小
开断小工作电流	良好	差（除全范围外）	良好
开断过程对环境的影响	无声、无气体排除	无声、无气体排出	有爆炸声、并排除大量气体
尺寸、重量	大容量规格价格高、小容量规格价格适中	价格高	价格低
使用寿命	熔体几乎不老化，使用寿命长	使用寿命适中	受环境影响大，维护检修工作量大

7. 户内高压熔断器

户内高压熔断器全部是限流式，为RN系列（外形如图1-3-38所示）。主要用于3～35kV电力系统的短路保护和过载保护，其中RN1（设计序号为奇数）型是用于电力变压器和电路线路的短路保护，RN2（设计序号为偶数）型是用于电压互感器的短路保护。

RN系列限流式熔断器主要由熔管、触头座、熔断指示器、绝缘子和底座构成。熔管一般是瓷质管，内部填充石英砂，熔丝由单根或多根镀银的细铜丝并联绕成螺旋状，熔丝埋放在石英砂中，熔丝上焊有小锡球。过负荷时铜丝上锡球受热熔化，铜锡分子相互参透形成熔

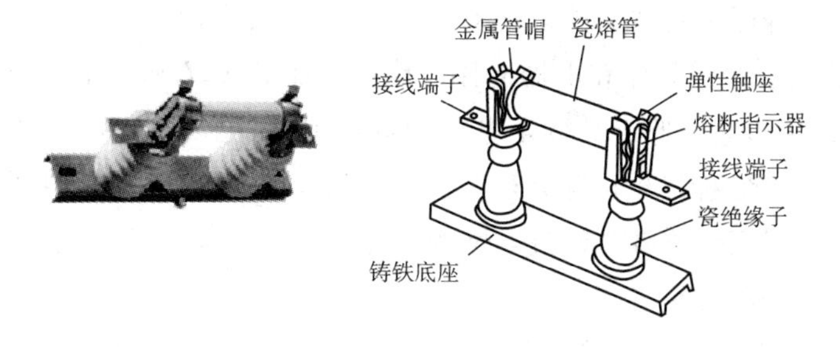

图 1-3-38　RN_1、RN_2 型户内限流式高压熔断器外形图

点较低的铜锡合金，使铜熔丝能在较低的温度下熔断，灵敏度较高。

限流式熔断器的灭弧原理是：当短路电流通过熔件使其熔断时，几根并联铜丝熔断时可将粗弧分细，电弧在石英砂中燃烧，受到石英砂颗粒间狭沟的限制，弧柱直径很小，同时电弧还受到很大的气体压力作用和石英砂对它的强烈冷却作用，短路后不到半个周期（0.01s），短路电流远未达到冲击电流时就能完全熄灭电弧。图 1-3-39 所示，三相短路冲击电流出现在短路后 0.01s 时。

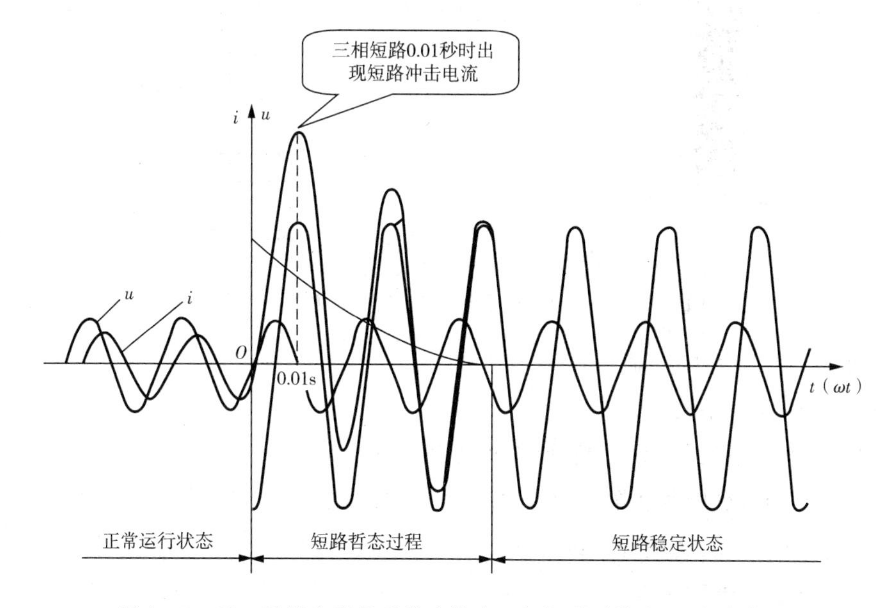

图 1-3-39　无限大容量系统中发生三相短路时的电压、电流曲线

熔体熔断后红色熔断指示器弹出，显示出该熔断器已动作。电压互感器专用熔断器无熔断指示器，熔体熔断可通过电压互感器副边相关仪表指示作出判断。

限流熔断器选用时的若干问题：

① DL/T 5222—2005《导体和电器选择设计技术规定》(5.0.10 条文）规定：仅用熔断器保护的导体和电器可不验算热稳定；除用有限流作用的熔断器保护者外，导体和电器的动稳定仍应验算。即限流式熔断器保护的电气设备可以不校验动、热稳定性。解读：限流式熔断器保护的回路发生短路时，电流远未达到预期的短路电流最大瞬时值（冲击电流值），熔断器便将电路开断了，也就不需要考虑冲击电流对被保护设备的危害了，这就大大减轻了电气设

备所受危害的程度，降低了对被保护设备动、热稳定性的要求。

② DL/T 5222—2005《导体和电器选择设计技术规定》(17.0.4 条文)规定：限流式高压熔断器不宜使用在工作电压低于其额定电压的电网中，以免因过电压而使电网中的电器损坏。解读：由于限流式熔断器开断电流时易发生有截流过电压，若额定电压高于电网的额定电压，产生的截流过电压数值将会超过电网的允许值。

8. 户外高压限流熔断器

型号 RW—35 户外限流式系列高压熔断器(外形如图 1-3-40 所示)是用相应的 RN 系列 35kV 熔管装入户外式瓷套管中，再用户外棒式支柱绝缘子在中部作 T 形支持而成，运行保护特性与相应 RN 系列相同。其中额定电流为 0.5A 的供保护电压互感器用，其余的供保护线路、变压器用。

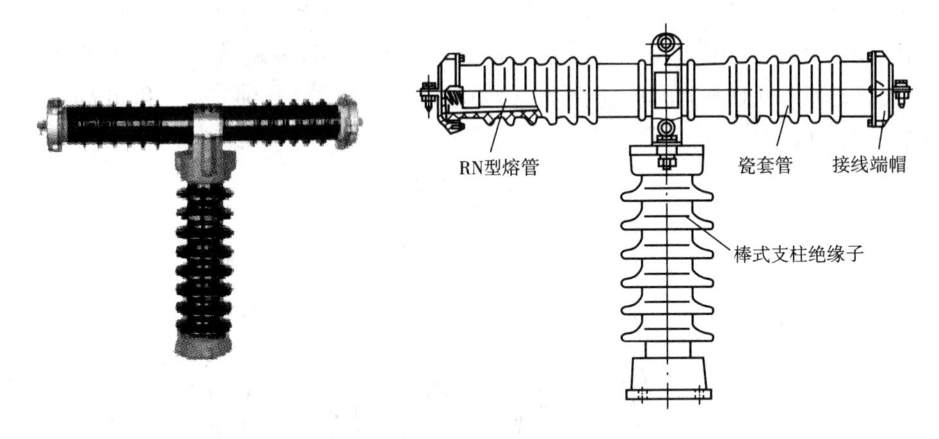

图 1-3-40　RW10—35 型限流熔断器结构原理图

9. 户外高压跌落式熔断器

(1)跌落式熔断器结构

型号 RW 户外跌落式系列熔断器(俗称令克开关，外形如图 1-3-41 所示)价格便宜、结构简单、安装方便，可以兼作隔离开关和过载、短路保护之用，因其有一个明显的断开点，具备了隔离开关的功能，给检修段线路和设备创造了一个安全作业环境。因此被广泛应用于保护小型配电变压器和 10kV 配电线路，以及可在一定条件下，直接用高压绝缘钩棒(俗称令克棒)来操作熔管的分合，实现对设备投、切。

跌落式熔断器由固定支持部分、活动熔管及熔丝组成，熔丝由铜银合金制成，穿在熔管内，固定支持部分为瓷或合成绝缘体。

正常运行时，熔丝使熔管上的活动节锁紧，熔管在上触头的压力下处于合闸状态；当被保护设备短路时，熔丝熔断，熔丝的拉力消失，使锁紧机构释放，熔管在上静触头的弹力及其自重的作用下，绕下轴翻转跌落，形成明显的分断间隙。

(2)跌落式熔断器灭弧原理

跌落式熔断器属于高压喷射式熄弧，当熔体熔断时，在熔管内产生电弧，熔管内衬的消弧管在电弧高温作用下分解出大量气体，使管内压力急剧增大，气体从熔管的一端(小电流

时)或两端(大电流时)向外高速喷出,对电弧形成强有力的纵向吹弧,电弧迅速被拉长而熄灭。跌落式熔断器灭弧能力不强,灭弧速度不快,不能在短路电流到达冲击值之前熄灭电弧,因此属"非限流"熔断器。切断电流时,不易截流,过电压较低。

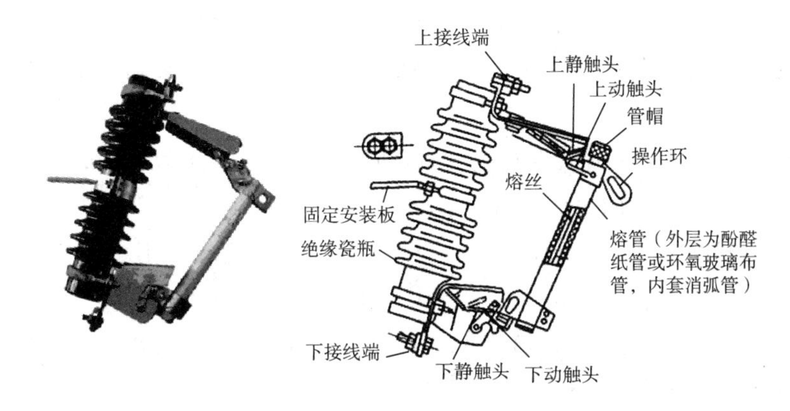

图 1-3-41　RW4—10 型户外跌落式高压熔断器外形图

普通型跌落熔断器没有专门的灭弧装置,不能开断大电流,只能开断变压器的空载电流。负荷型跌落熔断器是在普通跌落式熔断器的触头上加装一简单的灭弧罩(RW10—10F),从而能带负荷操作(外形如图 1-3-42 所示)。

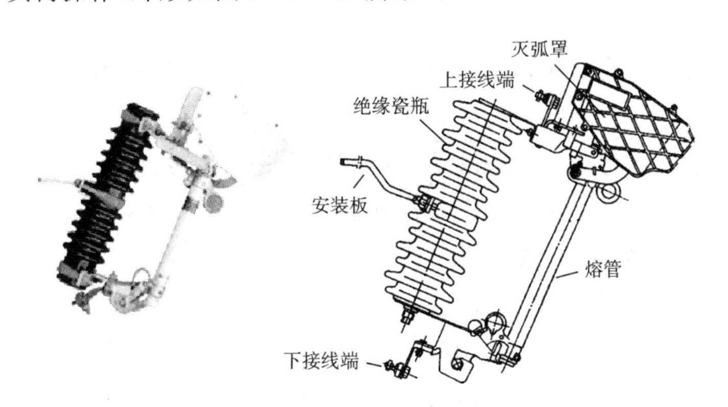

图 1-3-42　RW10—10F 型户外跌落式高压负荷熔断器外形图

(3)跌落式熔断器的若干问题

1)跌落式熔断器断流容量的选择

DL/T 5222—2005《导体和电器选择设计技术规定》(17.0.13 条文)规定:跌落式高压熔断器的断流容量应分别按上、下限值校验,开断电流应以短路全电流校验。解读:跌落式熔断器采用喷射式熄弧方法,属于自能式熄弧,靠电弧使衬管汽化后的高压气体吹弧。当电弧电流较小产生的气体压力也较小,电弧可能不会熄灭,因此喷射式熄弧开断能力有一下限;当电流过大时,产生的气体压力过高,又会使熔管产生爆炸等机械性破坏,导致其他设备的损坏,所以开断能力又有一上限。因此跌落式熔断器应用时要注意到额定断开容量上限值和下限值,安装地点的短路容量应在其额定断流容量范围内。跌落式高压熔断器作为配电变压器内部故障的主保护:保护范围从低压熔断器变压器侧到高压熔断器变压器侧,应以变

压器低压侧最大三相短路选择其上限开断容量；作为低压熔断器的后备保护：应以变压器低压侧出口最小两相短路选择其下限开断容量。

2)跌落式熔断器的安装要求

① 安装时务必检查熔丝是否拴紧，以防止触头接触不良过热。

② 熔器轴线与铅垂线成25°倾角，不得垂直或水平安装，以保证熔件熔断时熔管能靠自重自行跌落。

③ 不得装于变压器及其他设备的上方，以防熔管掉落发生事故。若装于被保护设备的侧上方，与被保护设备外廓的水平距离应不小于0.5米。

④ 应保持足够的安全距离。6～10kV户外安装时相间距离应不小于70mm，对地距离4.5m，户内安装时，相间距离应不小于60mm、对地距离3.0m为宜。

⑤ 应检查分合操作是否灵活，熔管上端口的磷铜膜片应完好，紧固熔体时应将膜片压封住熔管上端口以保证灭弧性能。

3)跌落式熔断器的操作要求

① 由两人进行(一人监护，一人操作)，但必须戴经试验合格的绝缘手套，穿绝缘靴、戴护目眼镜，使用电压等级相匹配的合格的绝缘棒(俗称令克棒)操作。

② 变压器出现故障的征兆(声音异常、喷油等)时不得进行操作，应用变压器电源线路的断路器将其断开。

③ 下雨天应尽量避免操作，不得不操作时，应使用有防雨罩的绝缘杆；雷电时则严禁操作跌落式熔断器和更换熔丝。

④ 操作前先将负荷停电。一般跌落式熔断器没有消弧装置，所以在变压器停送电时，应避免带负荷拉闸。RW－10F型跌落式熔断器带有灭弧罩和灭弧触头，可以拉合变压器的额定电流，因此不受操作顺序的限制。

⑤ 正常停电拉闸时，操作顺序规定：先拉断中间相，再拉背风的边相，最后拉断迎风的边相。这是因为三相负荷在开断第一相时，断口电压较低，产生电弧小，不致造成相间短路；开断第二相时，断口电压较高，开断时往往出现强烈电弧，易造成与临相短路，因为中间相已被拉开，背风边相与迎风边相的距离较大，造成相间短路的可能性很小；拉开最后第三相时，因电流较小(无负荷电流，仅为对地电容电流)产生的电弧很轻微。因此拉第二相是确保安全的关键。送电合闸时，操作顺序与停电时相反：先合迎风的边相，再拉背风的边相，最后合中间相。

10. 熔断器的型号命名方法

熔断器的型号命名方法见下图：

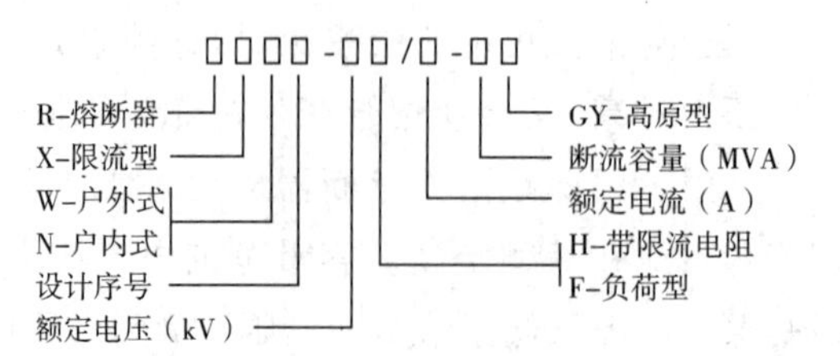

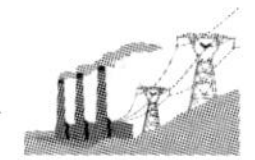

二、高压负荷开关

1. 高压负荷开关术语

GB3804－2004《3.6kV～40.5kV 高压交流负荷开关》(5.1 条文)规定高压交流负荷开关的电压等级为:3.6kV、7.2kV、12kV、24kV、40.5kV。

GB3804－2004 给出了负荷开关的术语定义:

① 负荷开关——能够在回路正常条件(也可包括规定的过载条件)下关合,承载和开断电流及在规定的异常回路条件(如短路)下,在规定的时间内承载电流的开关装置。

② 隔离负荷开关——在断开位置,能满足对隔离开关所规定的隔离要求的一种负荷开关。

2. 负荷开关的结构特点

负荷开关结构比断路器简单,具有简单的灭弧装置。与断路器的主要区别在于,负荷开关能切断额定负荷电流和一定的过载电流,但不能切断短路电流。隔离负荷开关有着与隔离开关一样明显的可见断开点,具备对隔离开关的所有规定。

3. 高压负荷开关的功能及作用

负荷开关能通断正常负荷电流和过负荷电流,但是它不能断开短路电流。因此高压负荷开关常与高压熔断器串联配合使用,实现断路器对电路的控制及保护功能。正常的开闭控制由负荷开关实现;过载及短路电流用熔断器切断。在功率不大或不太重要的场所,可代替价格昂贵的断路器使用,可降低配电装置的成本,而且其操作和维护也较简单。

4. 负荷开关的分类

① 按安装地点分为:户内式和户外式两大类。

② 按灭弧介质分为:自产气式、压气式、真空式和 SF_6 式。曾经使用过的油负荷开关和磁吹负荷开关已被淘汰。

③ 按用途划分:通用负荷开关、专用负荷开关(只有通用负荷开关的一种或几种功能,而非全部功能的负荷开关)、特殊用途负荷开关(目前有隔离负荷开关、电动机负荷开关、单个电容器组负荷开关等)。

④ 按操作方式划分:三相同时操作和分相操作。

⑤ 按操动机构分:动力贮能和人力贮能。

5. 负荷开关型号命名方法

负荷开关型号命名方法见下图:

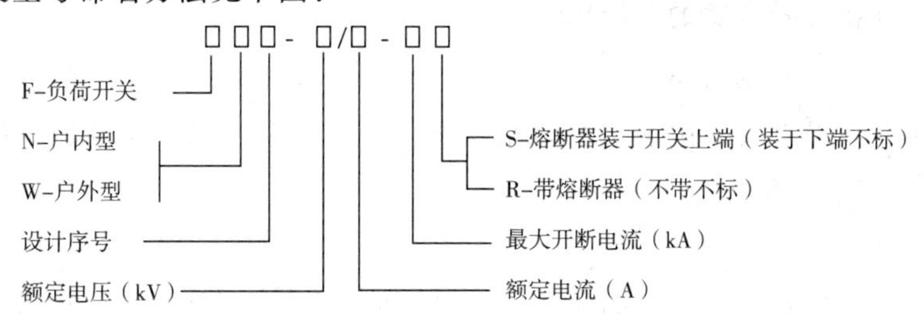

继续探讨

◆ 负荷开关-限流熔断器组合电器结构特点?

◆ 负荷开关-限流式熔断器保护特点?

◆ 负荷开关-限流式熔断器应用场合?

延伸拓展

一、负荷开关－限流熔断器组合电器相关术语

GB 16926－2009《高压交流负荷开关一熔断器组合电器》给出的相关术语如下:

1. 负荷开关一限流熔断器组合电器

一种组合电器,它包括一组三级负荷开关及配有撞击器的三只熔断器,任何一个撞击器的动作会引起负荷开关三级全部自动分闸。

2. 脱扣器操作的组合电器

一种组合电器,它的负荷开关的自动分闸由过电流脱扣器或并联脱扣器触发。

GB/T 15166.1－94《交流高压熔断器术语》给出的相关术语。

3. 撞击器

熔断器的机械装置。它在熔断器动作后释放能量,使其他电器或指示器动作,或提供联锁。

GB/T 2900.20－94《电工术语　高压开关设备》给出的相关术语。

4. 脱扣器

与开关机械连接的一种装置,用它来释放保持装置以使开关分或合。

5. 过流脱扣器

当脱扣器电流超过某一预定值时,使开关分闸的一种脱扣器。

6. 并联脱扣器(分励脱扣器)

由电压源激励的脱扣器。该电压源可与主回路无关。

二、负荷开关－限流熔断器组合电器的应用

目前国内外负荷开关一限流熔断器组合电器主要应用于配电网环网供电单元、预装式变电站,装于 10/0.4kV 变压器的高压侧实现对变压器的保护。它有两大特点:一是比用断路器结构简单、造价低;二是对变压器的保护比用断路器保护特性更好。

三、配电变压器保护方案的分析比较

变压器内部发生故障时,保护变压器的任务交给了高压开关设备,有两种选择,一种是断路器,另一种是负荷开关一限流熔断器组合电器。实践证明采用熔断器保护变压器特性优越于断路器。两种方案比较如下:

1. 保护时间比较

变压器发生短路时,在电弧高温作用下,油箱内部的油压力迅速增高,极有可能造成油

箱爆炸。试验表明，1600kVA 以下的小型变压器，为使油箱不爆炸，必须在 20ms 内切除故障。限流熔断器能在 10ms 内切除短路故障。断路器保护时间由三部分组成：继电保护时间、断路器固有分闸时间、燃弧时间，一般时间至少为 60ms 完成开断。

2. 保护可靠性比较

变压器要求快速可靠地切除短路故障，熔断器能非常可靠的根据短路电流大小切除故障；而断路器保护的可靠性由三部分组成：电流互感器接线是否牢固、继电保护是否完好及断路器机械传动是否完好。断路器保护存在发生拒动的可能性。

四、限流熔断器与负荷开关的配合问题

DL/T 5222—2005《导体和电器选择设计技术规定》(10.2.1 条文)规定：当负荷开关与熔断器组合使用时，负荷开关应能关合组合电器中可能配用熔断器的最大截止电流。DL/T 5222—2005(10.2.2 条文)规定：当负荷开关与熔断器组合使用时，负荷开关的开断电流应大于转移电流和交接电流。

解读：在负荷开关—限流熔断器组合电器中，熔断器承担过载电流及短路电流的开断，负荷开关负责正常电流或转移电流的开断，有的负荷开关还应承担断开交接电流的任务。两种电器的开断能力相互配合，才能顺利完全开断任务，因此就对限流熔断器、负荷开关功能提出了特殊要求。

1)限流熔断器的外壳一端设有撞击器。为了防止设备非全相运行，熔断器单相熔断后，撞击器推动与其串联的负荷开关的分闸机构，由负荷开关完成三相电路的开断。

2)对负荷开关提出更高要求。

① 负荷开关应能关合组合电器中可能配用熔断器的最大截止电流。

GB/T 15166.2—2008《高压交流熔断器　第 2 部分：限流熔断器》定义熔断器截止电流(允通电流)：在熔断器的开断期间达到的最大瞬时电流值。当负荷开关合闸于有预伏故障的电路时，熔断器瞬间开断，此时负荷开关应能可靠关合此时出现的最大电流，即熔断器的最大截止电流。

② 负荷开关必须能开断远大于其额定电流的转移电流和交接电流。

a. 转移电流。GB 16926—2009《高压交流负荷开关-熔断器组合电器》(3.7.109 条文)定义：转移电流(撞击器操作)为在熔断器与负荷开关转换开断职能时的三相对称电流值。大于该值，三相电流仅由熔断器开断，稍小于该值，首先开断极中的电流由熔断器开断，而后两相电流由负荷开关或者熔断器开断，这取决于熔断器的时间-电流特性的偏差及熔断器触发的负荷开关的分闸时间。解读：由于熔断器三相熔件熔化有时间差，有一首开相，当首开相动作后，撞击器击出，此时可能会出现另二相熔断器尚未熄弧开断，而因撞击器击出，负荷开关动作分闸切断故障电流，原本应由熔断器承担的开断任务转移至由负荷开关承担。“转移电流”是负荷开关应能开断的最大电流。

b. 交接电流。GB 16926—2009《高压交流负荷开关-熔断器组合电器》(3.7.110 条文)定义：交接电流(脱扣器操作)为两种过电流保护装置的时间-电流特性交点的电流值。解读：为了降低运行费用，尽量少烧损熔断器，将开断较小故障电流的任务交给带电流脱扣器触发的负荷开关承担，熔断器不再承担此较小故障电流的开断任务。熔断器不承担开断，全部由负荷开关开断的三相对称电流值称为交接电流。

③ 负荷开关必须有供撞击器撞击的撞击脱扣装置。熔断器单相熔断后，使负荷开关撞击脱扣装置动作，开断三相电路。

④ 承担开断交接电流任务的负荷开关应装设相应的电流脱扣器。

⑤ 负荷开关结构上具有两个明显的特点

a. 三工位，即“分－合－接地”，能完成开断、隔离和接地任务。

b. 灭弧系统与载流系统分开。

项目四　载流导体

任务　母线及运行维护

阅读资料

一、阅读图纸

1. 电气一次接线图例

大型发电厂电气一次接线图如图 1-4-1 所示。

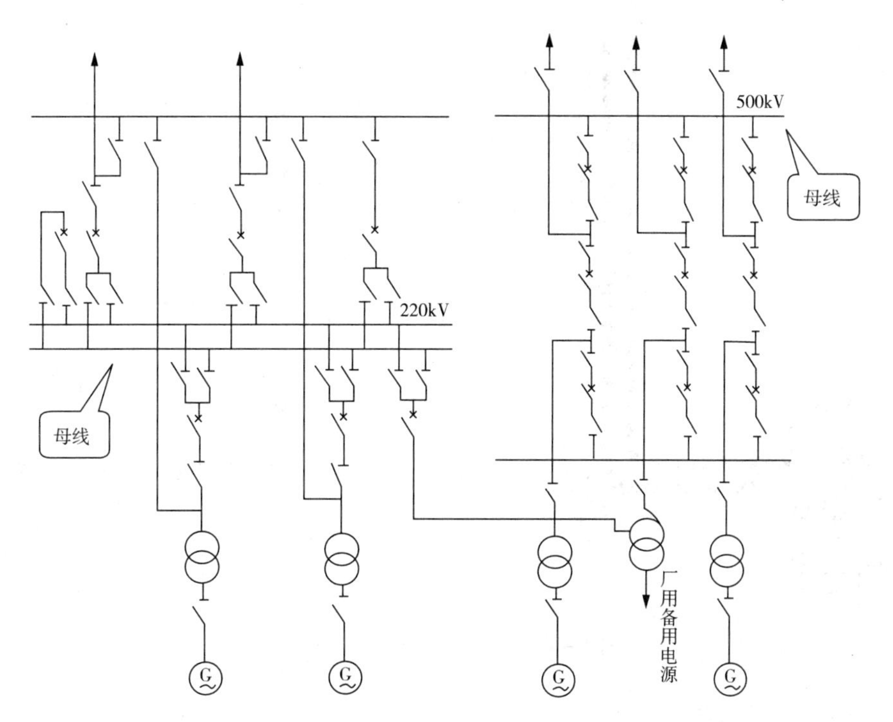

图 1-4-1　大型发电厂电气一次接线图

2.10kV 配电装置布置图例

10kV 配置装置实例图如图 1－4－2 所示。

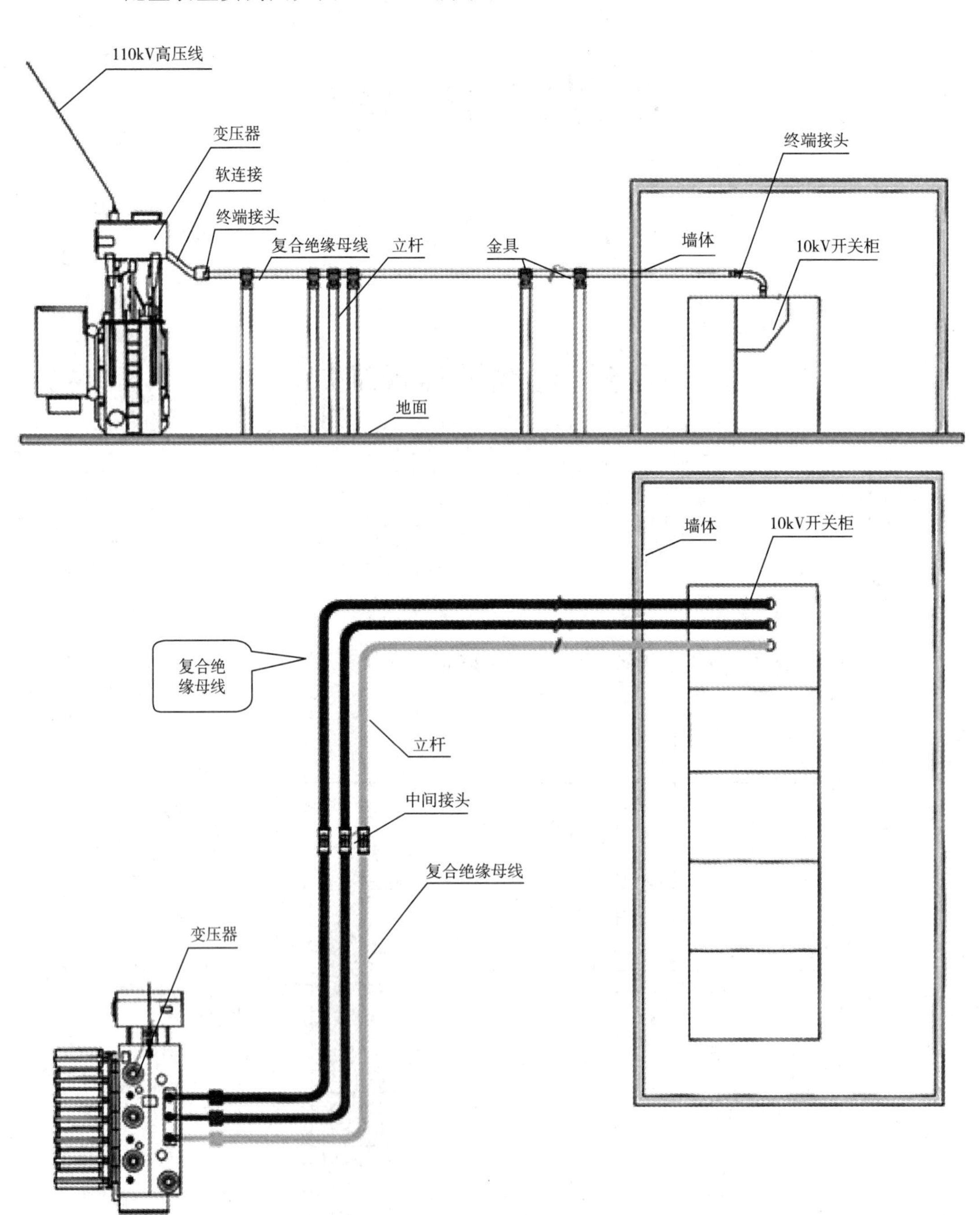

图 1－4－2　10kV 配电装置实例图

二、母线的外形图片

母线的外形图片如图 1－4－3 所示。

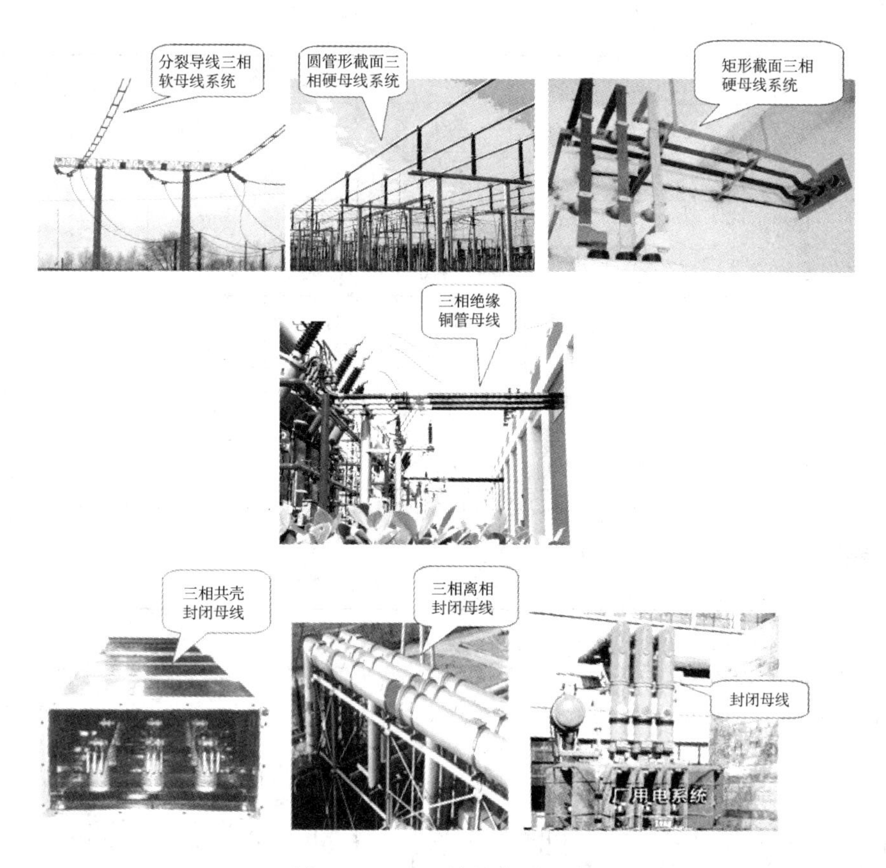

图 1-4-3　母线的外形图片

三、DL/T 5222—2005

《导体和电器选择设计技术规定》给出的矩形铝导体长期允许载流量见表 1-4-1。

表 1-4-1　矩形铝导体长期允许载流量　A

导体尺寸 $h\times b$ mm×mm	单条		双条		三条		四条	
	平放	竖放	平放	竖放	平放	竖放	平放	竖放
40×4	480	503						
40×5	542	562						
50×4	586	613						
50×5	661	692						
63×6.3	910	952	1409	1547	1866	2111		
63×8	1038	1085	1623	1777	2113	2379		
63×10	1168	1221	1825	1994	2381	2665		
80×6.3	1128	1178	1724	1892	2211	2505	2558	3411
80×8	1274	1330	1946	2131	2491	2809	2863	3817

（续表）

导体尺寸 $h\times b$ mm×mm	单条		双条		三条		四条	
	平放	竖放	平放	竖放	平放	竖放	平放	竖放
80×10	1472	1490	2175	2373	2774	3114	3167	4222
100×6.3	1371	1430	2054	2253	2633	2985	3032	4043
100×8	1542	1609	2298	2516	2933	3311	3359	4479
100×10	1278	1803	2558	2796	3181	3578	3622	4829
125×6.3	1674	1744	2446	2680	2079	3490	3525	4700
125×8	1876	1955	2725	2982	3375	3813	3847	5129
125×10	2089	2177	3005	3282	3725	4194	4225	5633

注 1：载流量系按最高允许温度＋70℃，基准环境温度＋25℃、无风、无日照条件计算的。

注 2：导体尺寸中，h 为宽度，b 为厚度。

注 3：当导体为四条时，平放、竖放第 2、3 片间距离皆为 50mm。

四、矩形截面母线布置方式

矩形截面母线布置方式如图 1－4－4 所示。

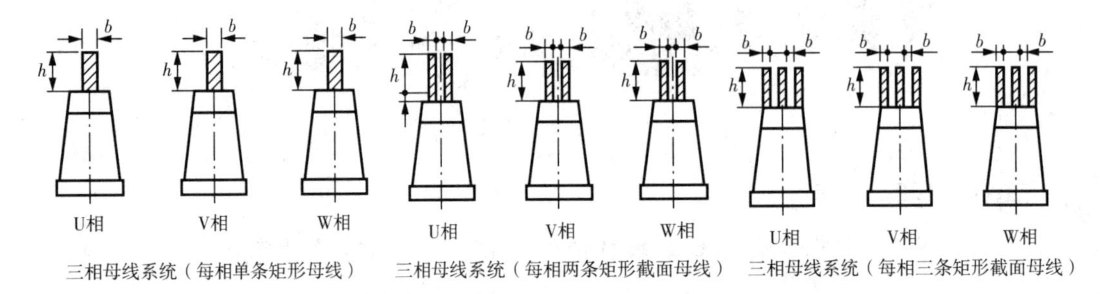

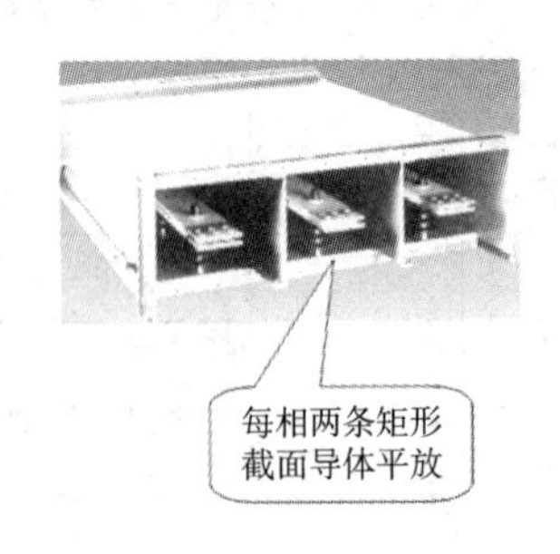

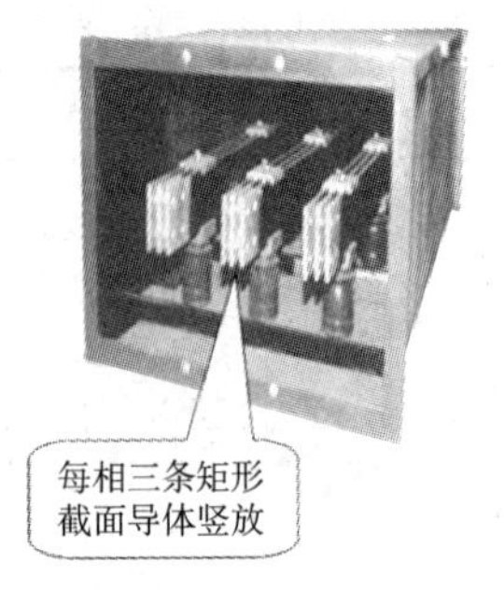

图 1－4－4　矩形截面母线布置方式

思考问题

◆ 母线常用材料、截面形状有哪些？应用情况如何？

◆ 矩形截面母线型号的表示方法？

◆ 阅读“矩形铝导体长期允许载流量”从中可以获得哪些信息？

◆ 全连离相封闭母线的基本结构、作用原理及应用场合？

◆ 三相母线系统着色如何规定？

学习必读

一、母线的作用

在电力系统中，母线将配电装置中的各个载流分支回路连接在一起，通常还把发电机、变压器与相应配电装置之间的连接导体，统称为母线（如图 1－4－5 所示）。

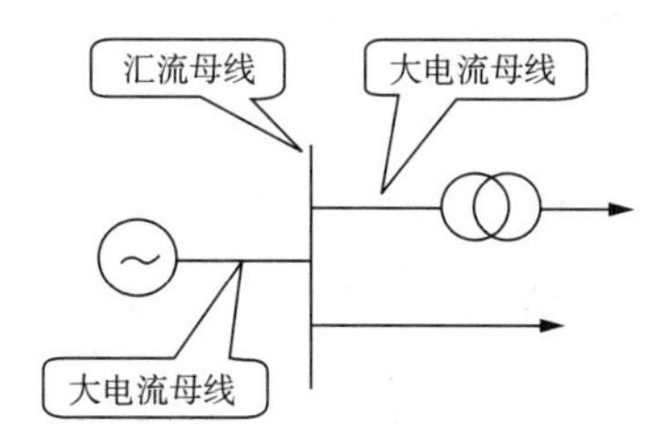

图 1－4－5　母线定义

母线起着汇集、分配和传送电能的作用。母线在运行中有巨大的电功率通过；在短路时，承受着很大的发热和电动力效应。因此母线选用时在材料、截面积、截面形状及布置等方面均应满足安全经济运行的要求。

二、母线的分类

母线的分类见表 1－4－2 所示。

表 1－4－2　母线的分类

母线材料分类	①铜　②铝　③钢
母线质地分类	①硬母线　②软母线 三相硬母线　三相软母线
母线截面形状分类	①矩形　②槽形　③菱形　④圆管形　⑤圆形 矩形　槽形　菱形　圆管形　圆形 各种母线的截面形状
母线绝缘方式分类	①敞露裸母线　②电缆母线　③绝缘母线　④金属封闭母线　⑤SF_6气体绝缘金属封闭母线

三、母线材料及应用

1. 母线材料特性

常用母线材料有铜、铝和钢三种，特性比较见表1-4-3。

表1-4-3　母线材料特性比较

母线材料	电阻率	同长度和电阻下截面积	同长度和电阻下重量	机械强度	抗腐蚀性	自然界储量
铜	低	小	较重	较高	较强	不多
铝	较高，约为铜的1.63倍	较大，约比铜大1.63倍	最轻，约为铜的0.5倍	最低	易腐蚀	较铜丰富
钢	最大，比铜大7倍，用于交流时有很强的集肤效应。	最大	最重	最高	易腐蚀	储量丰富

2. 母线材料的应用

DL/T 5222—2005《导体和电器选择设计技术规定》(7.1.3条文)：载流导体一般选用铝、铝合金或铜材料；对持续工作电流较大且位置特别狭窄的发电机出线端部或污秽对铝有较严重腐蚀的场所宜选铜导体；钢母线只在额定电流小而短路电动力大或不重要的场合下使用。

四、硬母线及应用

1. 矩形母线

矩形母线为矩形截面硬质裸母线，是最常用的母线，也称母线排。按其材质又有铝母线（铝排）和铜母线（铜排）之分。一般应用于35kV及以下、持续工作电流4000A及以下的户内配电装置中。

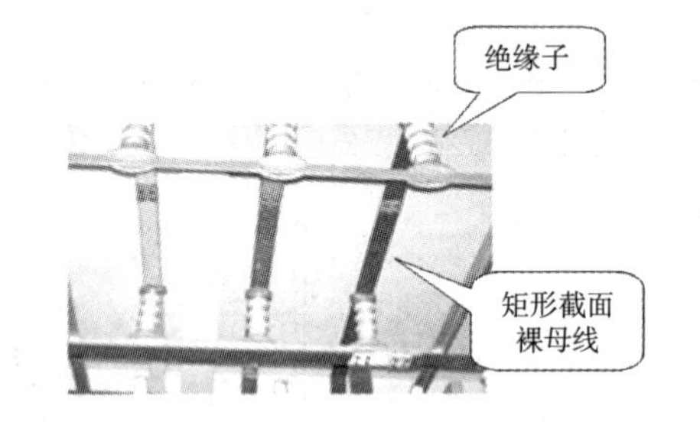

图1-4-6　三相矩形截面母线

如图1-4-6所示，三相矩形裸母线固定在绝缘子上，实现母线与构架之间的绝缘，不同相母线间的绝缘由空间安全距离保证。

(1)矩形母线的型号命名方法

矩形母线的型号命名方法见下图：

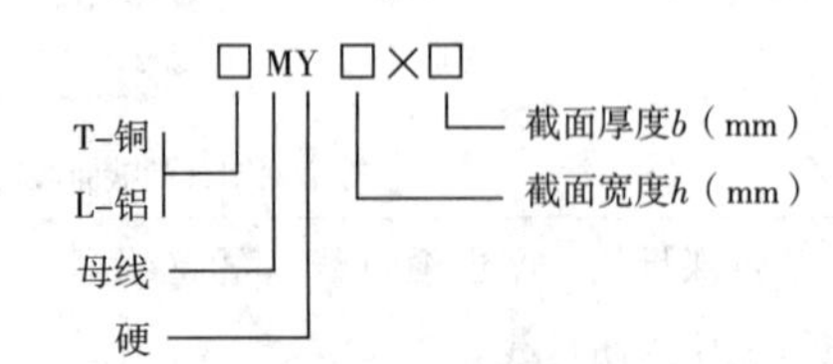

例如：LMY100×10指的是矩形截面铝质硬母线，截面积为100×10=1000mm²。

(2)矩形母线的特点

① 矩形截面母线与相同截面积的实心圆形截面母线相比，散热表面积大，集肤效应较小。因此，在相同的截面积和相同的容许温度条件下，矩形截面母线要比实心圆形截面母线的容许工作电流大，或者是同一容许工作电流下，矩形截面母线的截面积要比实心圆形截面母线的截面积小。

② 矩形母线要比实心圆形母线所消耗的金属量少。

③ 为增加散热面，减少集肤效应，并兼顾机械强度，通常矩形截面母线的边长之比为1∶5～1∶12，单条截面积最大不超过$125\times10=1250mm^2$。当电路的工作电流超过最大截面的单条母线的允许载流量时，每相可用2～4条并列使用，条间净距离一般为一条的厚度，以保证较好地散热。

④ 母线表面的曲率半径愈小则电场强度愈大，矩形截面的四角易引起电晕现象，因此不宜用于户外高电压的场合。

(3)对阅读资料“矩形铝导体长期允许载流量”解读

① “长期允许载流量系按最高允许温度＋70℃，基准环境温度＋25℃、无风、无日照条件计算的”就是说由于导体存在电阻和多导体接近时交流电流趋表效应等因素影响，母线通过电流时会引起发热。一般螺栓连接的铜、铝质裸母线长期工作时的发热允许温度均为70℃，但当其接触面处具有锡的可靠覆盖居时(如超声波搪锡等)，则允许温度提高到85℃。为了保证运行温度不超过允许值，当环境温度不为＋25℃时，长期允许载流量将需要修正。环境温度高于基准环境温度时，散热条件变差，应降低长期允许载流量；反之长期允许载流量可以提高。

② 每相双条矩形导体的长期允许载流量小于单条长期允许载流量的两倍。每相条数增加时，其允许电流并不成正比地增加，是随条数的增加而增加得很少。这是因为散热条件变差，以及电流集肤效应和临近效应(导体中电流密度不再均匀的现象)的缘故。当每相有3条及以上时，电流并不在条间平均分配(例如，每相有3条时，电流分配为：中间条约占20%，两边条约各占40%)，因此每相不宜超过4条。

③ 矩形母线平放较竖放允许载流量低。这是由于导体竖放比平放散热条件好。导体的载流量与散热条件好坏直接有关，散热良好则导体运行的稳定温升低，载流量可以提高。散热面积大、环境温度低均可以提高散热量。

2. 槽形母线

槽形母线为双槽形截面硬质裸母线，是将铜材或铝材轧制成槽形截面，使用时，每相由两根槽形母线相对的固定在绝缘子上，如图1-4-7所示。槽形母线常用在35kV及以下，持续工作电流在4000～8000A及对热、动稳定性要求较高的户内配电装置中。

图1-4-7 三相槽形截面母线

(1)槽形母线截面尺寸

槽形母线截面尺寸见图 1-4-8 所示。

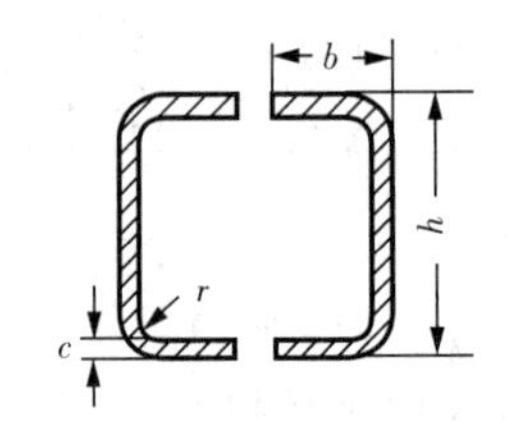

图 1-4-8　槽形导体尺寸

h—槽形导体高度;b—宽度;c—壁厚;r—弯曲半径

(2)槽形母线的特点

① 槽形导体与利用几条矩形母线相比,在相同截面下允许载流量大得多。因为槽形母线比矩形母线电流分布均匀,集肤效应较小,散热条件好。例如,h 为 175mm,b 为 80mm,c 为 8mm,r 为 12 的双槽形铝母线,截面积为 $4880mm^2$,载流量为 6600A;而每相采用 $4\times(125\times10)mm^2$ 的矩形铝母线,截面积为 $5000mm^2$,其竖放的载流量仅为 5633A。

② 机械强度高,安装简单,连接方便。当每相需用三条以上的矩形母线时,一般采用双槽形母线。

3. 圆管形母线

圆管形母线为圆管截面硬质裸母线,一般用于 110kV 及以上、持续工作电流在 8000A 以上的户外配电装置中。圆管形母线特点如下:

① 母线表面圆滑电场分布均匀,不容易发生电晕。因此适用于易产生电晕的户外 110kV 及以上高压配电装置。

② 户外采用硬管形母线与绞线相比,相间及相对地距离减小,可以大大节省占地。

③ 散热好,载流量大。因为管形母线为空心导体,母线两端开有通风孔,内径风道能自然形成热空气对流,散热条件好相比常规母线要好。管内可通风或通水以改善散热条件,且载流能力随通入冷却介质的速度而变。

④ 机械强度高,可承受的短路电流大,母线支撑跨距大,便于安装。

⑤ 集肤效应系数小,交流电阻小,因而母线的功率损失小。

4. 屏蔽式绝缘铜管母线

绝缘铜管母线主要应用与 10kV 电压等级,户内、外发电机及变压器等大电流(3000A 以上)回路,代替以往的组装式裸母线(如每相多条矩形母线)装置。绝缘铜管母线在现场的应用如图 1-4-9 所示。

图 1-4-9　绝缘铜管母线在现场应用

(1)屏蔽式绝缘铜管母线的结构

屏蔽式绝缘铜管母线,其结构类似于电缆,从里到外依次为导电铜管、半导体层、聚四氟乙烯层、半导电层、导电接地屏蔽层(铜带)、热缩绝缘管和绝缘护套管。

(2)屏蔽式绝缘铜管母线的特点

屏蔽式绝缘管母线较常规组装式裸母线除了具有上述圆管形裸母线的特点外还具有如下优点：

① 电气绝缘性能强。绝缘管母线采用密封屏蔽绝缘方式，外壳接地电位为零，导电管母线电场分布均匀，避免危险的接触电压。

② 绝缘材料耐热系数高。绝缘管母线主绝缘材料采用聚四氟乙烯，可在－250℃～＋250℃中工作，有优良的电气性能和化学稳定性，介质损耗小，阻燃、耐老化、使用寿命≥40 年。

③ 不受环境干扰、可靠性高。绝缘管母线每相外部是密封屏蔽绝缘，消除了因外界潮气、灰尘以及外物所引起的接地和相间短路故障，运行时具有较高的可靠性。

④ 母线架构简明、布置清晰、安装方便、实现免维护运行。

5. 金属封闭母线

(1)敞露式大电流母线两个突出问题及解决的方法

随着发电机单机容量的不断增大，发电机回路母线电流也愈来愈大，大电流母线周围的磁场也将愈来愈强，敞露式大电流母线存在两个突出的问题：一是大电流导体附近钢构将会严重发热。这是由于钢构在强磁场的作用下会产生很大的铁损而引起严重发热；二是巨大的短路电流将会使母线产生巨大的电动力。发热及电动力都是由强磁场引发。解决上述两个问题的方法是将母线封闭于金属外壳中，这样就可以屏蔽磁场，削弱封闭母线外部的磁场，从而减小母线附近钢构的发热及母线系统的短路电动力。同时也可以有效地避免了母线的相间短路。目前全连式离相封闭母线被广泛用于 8000A 以上的发电机出线及其厂用分支线上。

(2)金属封闭母线分类及特点

金属封闭母线是用金属外壳将导体连同绝缘等封闭起来的组合体，分为共箱封闭母线和离相封闭母线两大类，见表 1－4－4。

表 1－4－4　金属封闭母线分类特点及结构

<table>
<tr><th colspan="2">金属封闭母线分类及特点</th><th>金属封闭母线结构示意</th><th colspan="2">金属封闭母线定义</th></tr>
<tr><td rowspan="2">共箱封闭母线</td><td>①不隔相共箱封闭母线
特点：外壳只能起防止绝缘子免受污秽和外物所造成的母线短路，而不能消除发生相间短路的可能性，也不能减小母线相间电动力和改善钢构的发热。</td><td>金属外壳
母线
绝缘子
不隔相共箱封闭母线</td><td>各相母线导体间不用隔板隔开。</td><td rowspan="2">三相母线导体封闭在同一个金属外壳中。</td></tr>
<tr><td>②隔相共箱封闭母线
特点：可以较好地防止相间故障，一定程度上能减小母线电动力和改善母线周围钢构的发热，但是仍然发生过因单相接地而烧穿相间隔板造成相间短路的事例，因此可靠性不够高。一般用于容量较小但污秽比较严重的地方。</td><td>金属外壳
母线
绝缘子
金属隔板</td><td>各相母线导体间用隔板隔开。</td></tr>
</table>

（续表）

<table>
<tr><th colspan="2">金属封闭母线分类及特点</th><th>金属封闭母线结构示意</th><th colspan="2">金属封闭母线定义</th></tr>
<tr><td rowspan="2">离相封闭母线</td><td>①不连式(分段绝缘)离相封闭母线
特点:属于早期产品,磁屏蔽效果不理想,随着焊接技术的发展,现在已被全连式离相封闭母线取代。</td><td>橡胶绝缘环 活动外壳 金属外壳
母线</td><td>每相外壳分为若干段,段间绝缘,每段只有一点接地。</td><td rowspan="2">每相具有单独金属外壳且各相外壳间有空隙隔离。</td></tr>
<tr><td>②全连式离相封闭母线
特点:在结构上构成了以母线为原方、外壳为副方的三相1∶1空心变压器。外壳上产生的感应电流与母线电流大小相近、方向相反,因而产生的磁场互相抵消,壳外磁场减小到敞露母线的10%以下(称为磁屏蔽作用),因此壳外钢构的发热可以忽略不计,此时壳间电动力也不会太大。当母线通过三相短路电流时,由一相电流产生的磁场,经过外壳环流屏蔽削弱后所剩余的磁场,再进入某相外壳时,还将受到该相外壳涡流的屏蔽作用。由于先后两次屏蔽作用的结果,使进入该相壳内磁场已非常小,所以该相载流母线的电动力大大减小,一般可减小到敞露母线的四分之一左右。</td><td>外壳感应电流 母线电流 短路板 连接外壳 封闭铝外壳 母线 短路板
全连式离相封闭母线
铝质外壳 管形导体 绝缘子
离相封闭母线结构图</td><td>每相外壳电气上连通,分别在三相外壳首末端处短路并接地。</td></tr>
</table>

(3)全连式离相封闭母线的优缺点

与敞露式母线相比全连式离相封闭母线有以下优点:①运行可靠性高,防尘、不受自然环境和外物影响,且相间有两层外壳,消除了发生相间短路的可能性。同时,由于外壳接地,得以保证人接触的安全;离相封闭母线外壳的防护等级一般为IP54。②消除了母线附近钢构中的损耗和发热;③短路时母线间及外壳之间电动力大为减小,可加大绝缘子之间的跨距;④由于母线和外壳可兼作强迫冷却的管道,因此,母线的载流量可做得很大;⑤封闭母线大修周期长,安装维护工作量小,占地也小。

全连式离相封闭母线的缺点有:①有色金属消耗大,约增加一倍;②母线损耗大,月增加一倍;③母线散热条件差,相同截面的母线载流量减小。

6. 硬母线在我国的应用

1)DL/T 5222—2005《导体和电器选择设计技术规定》7.3.2条文:①20kV及以下回路的正常工作电流在4000A及以下时,宜选用矩形导体;在4000～8000A时,宜选用槽形导

体；在 8000A 以上时，宜选用圆管形导体。②110kV 及以上高压配电装置，当采用硬导体时，宜用铝合金管形导体。③500kV 硬导体可采用单根大直径圆管或多根小直径圆管组成的分裂结构，固定方式可采用支持式或悬吊式。

2）DL/T 5000－2000《火力发电厂设计技术规程》13.2.9 条文：容量为 200MW 及以上发电机的引出线、厂用分支线以及电压互感器与避雷器等回路的引下线应采用全连式分相封闭母线。

3）DL/T 5222－2005《导体和电器选择设计技术规定》①7.4.8 条文：当离相封闭母线的额定电流小于 25kA 时，宜采用空气自然冷却方式，当离相封闭母线的额定电流大于 25kA 时，可采用强制通风冷却方式。在日环境温度变化比较大或湿度较大的场所宜采用微正压充气离相封闭母线。②7.5.3 条文：共箱封闭母线是指三相导体封闭在同一外壳中的金属封闭母线，主要应用于发电厂厂用高压变压器低压侧到高压厂用配电装置之间的连接，也可应用于交流主励磁机出线端子至整流柜间，以及励磁开关柜至发电机转子滑环之间的电气连接。③7.5.4 条文：中小容量的发电机引出线可选用共箱隔相式封闭母线以提高发电机回路的可靠性。

在我国大部分发电企业的离相封闭母线采用的是微正压充气运行方式，只有极少数机组（通常以 125MW、200MW 小容量机组为主）采用的是母线外壳内通自然风，以自然风为冷却介质的自然冷却封闭母线，而大部分 300MW、600MW、甚至 1000MW 机组采用的是微正压式封闭母线，即外壳内充以干燥、洁净的空气，使其压力保持略高于周围大气压的封闭母线，其目的是保证母线内空气的洁净度，杜绝母线结露、闪烙、雨水侵入等隐患的发生。但这种方式的缺点在于封闭母线的密封性能容易遭到破坏，一旦密封受到破坏，就容易引发各种事故。

五、软母线

软母线多用于室外。室外空间大，导线间距宽，散热效果好，施工方便，造价也较低。

1. 钢芯铝绞线

钢芯铝绞线是由铝线和钢线绞合而成的裸导体，截面轮廓为圆形的软母线。不容易发生电晕，跨距大，易于安装。一般用于 35kV 及以上屋外配电装置中。钢芯铝绞线中心是钢线，钢线的周围是铝线，钢承受拉力，铝为载流导体，结构如图 1－4－10 所示。

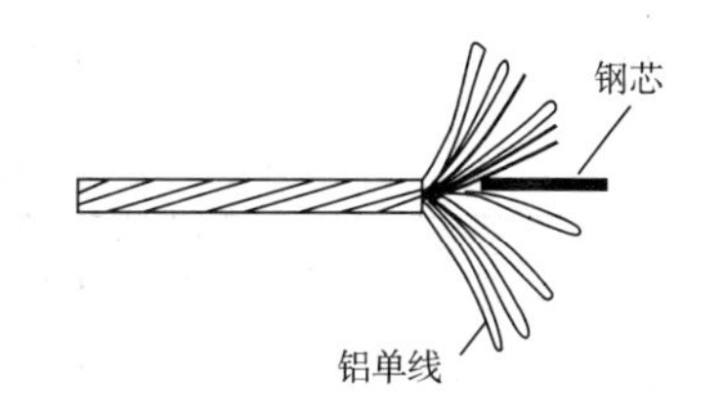

图 1－4－10　钢芯铝绞线

2. 组合导线

组合导线由多根铝绞线固定在套环上组合而成，常用于发电机与屋内配电装置或屋外主变压器之间大电流回路的连接。软母线一般为三相水平布置，用悬式绝缘子悬挂，如图 1－4－11所示。

组合导线为大电流软母线，由多根铝绞线固定在套环上组合而成，用于发电机与屋内配电装置或屋外主变压器之间的连接。型号举例：2×LGJ－300/15＋16×LJ－185，为 2 根钢芯铝绞线和 16 根铝绞线组成。

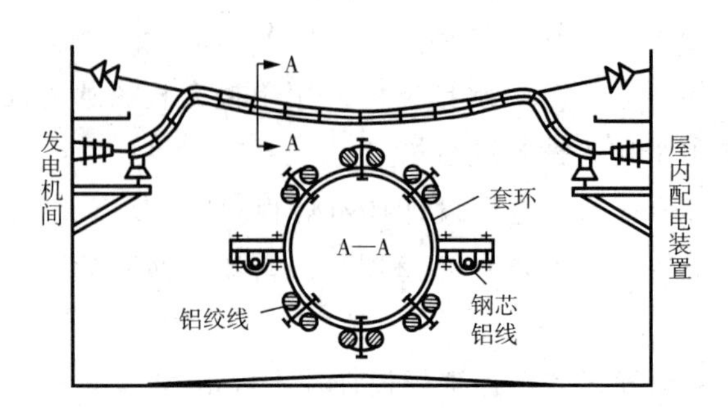

图 1-4-11 组合导线(大电流母线)

3. 软母线的应用

DL/T 5222—2005《导体和电器选择设计技术规定》①7.2.1 条文:220kV 及以下软导线宜选用钢芯铝绞线;330kV 软导线宜选用空心扩径导线;500kV 软导线宜选用双分裂导线。②7.2.3 条文:在空气中含盐量较大的沿海地区或周围气体对铝有明显腐蚀的场所,宜选用防腐型铝绞线或铜绞线。

防腐型钢芯铝绞线是将普通的钢芯铝绞线中的钢丝及铝线根据防腐要求涂敷上一层防腐油脂而制成的钢芯铝绞线。

六、母线着色

1. 户内母线刷漆的目的

1)提高母线辐射散热系数,提高载流量。

实验结果表明:按规定涂刷相色漆的母线可增加载流量 12%~15%。

2)识别相序。

3)防止腐蚀。

2. 母线着色的规定

(1)GB2681—81《电工成套装置中的导线颜色》对母线着色规定

GB2681—81 对母线刷漆着色规定见表 1-4-5 所示。

表 1-4-5 母线刷漆着色规定

电　路	相(极)别	颜　色
交流三相电路	A 相(U 相)	黄
	B 相(V 相)	绿
	C 相(W 相)	红
	零线或中性线	淡蓝色
	安全用的接地线	黄和绿双色
直流电路	正极	棕色
	负极	蓝色
	接地中线	淡蓝色

(2)刷漆注意事项

在焊缝螺栓连接处、设备引线端为了便于运行监察接头情况都不宜着相色漆。可在母线接头的显著位置涂刷温度变色漆或粘贴温度变色带。

户外软母线为了减小对太阳辐射热的吸收不宜着相色漆。

继续探讨

◆ 硬母线伸缩接头的作用是什么?

◆ 母线导体搭接应如何处理?

延伸拓展

一、硬母线伸缩接头的作用

1)物体都有热胀冷缩特性,母线在运行中会因发热而使长度发生变化,引起微量的形变。为了避免因热胀冷缩的变化使母线和支持绝缘子受到过大的应力而损坏,应在硬母线上装设伸缩接头。

2)如果母线与变压器等电器设备连接,不装伸缩接头会把变压器等设备的振动传到母线以及配电柜等设备上。因此我们会看到硬导体和电器设备往往是经过伸缩接头软连接的。

硬母线伸缩接头及应用如图 1-4-12 所示。

图 1-4-12　硬母线伸缩接头及应用

DL/T 5222—2005《导体和电器选择设计技术规定》7.3.10 条文:在有可能发生不同沉陷和振动的场所,硬导体和电器连接处,应装设伸缩接头或采取防振措施。为了消除由于温度变化引起的危险应力,矩形硬铝导体的直线段一般每隔 20m 左右安装一个伸缩接头。对滑动支持式铝管母线一般每隔 30～40m 安装一个伸缩接头;对滚动支持式铝管母线应根据计算确定。

二、母线导体搭接的问题

1. 搭接面的处理

为了预防母线及导体连接处金属的电化腐蚀，降低接头处的接触电阻，确保接头接触良好，减少接头发热，母线及导体连接时，根据不同材质和使用环境对其搭接面应作相应的处理。GB50149－2010《电气装置安装工程母线装置施工及验收规范》3.1.8 条文对母线与母线、母线与分支线、母线与电气接线端子搭接时，其搭接面的处理做了如下规定：

① 经镀银处理的搭接面可直接连接；

② 铜与铜：在室外，高温且潮湿或对母线有腐蚀气体的室内应搪锡；在干燥的室内可以直接连接；

③ 铝与铝的搭接面可直接连接；

④ 钢与钢的搭接面不得直接连接，应搪锡或镀锌后连接；

⑤ 铜与铝的搭接面，在干燥的室内，铜导体应搪锡；室外或空气相对湿度接近 100％的室内，应采用铜铝过渡板，铜端应搪锡。

2. 铜铝过渡板

铜、铝两种活泼性不同的金属接触后，由于空气中的水及二氧化碳的作用而产生化学反应：铝失去电子而成负极，铜不易失去电子而成正极，形成电池式的电化腐蚀，造成铝接触面被强烈腐蚀（电蚀），接触电阻增大；另外，由于铜、铝的弹性模量和热膨胀系数相差很大，在运行中经多次冷热循环（通电与断电）后，会使接触点处产生较大的间隙而影响接触，也增大了接触电阻。接触电阻增大，运行中就会引起温度升高，高温下电化腐蚀就会加剧，产生恶性循环，使连接质量进一步恶化，最后导致接触点温度过高甚至会发生冒烟、烧毁等事故。铜与铝的搭接面可采用铜铝过渡板或铜铝端子。

GB 2342《铜铝过渡板》对发电厂和变电站铜母线与铝母线接续的铜铝过渡板作了规定：

① 铜铝焊接采用闪光焊接工艺；

② 铜铝过渡板主要尺寸应符合图 1－4－13 和表 1－4－6 的规定。

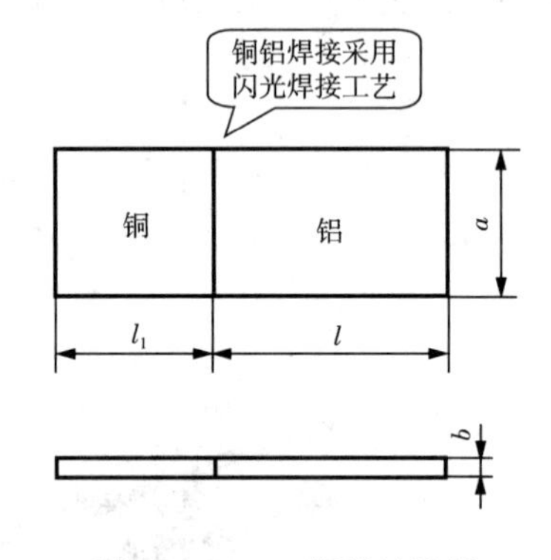

图 1－4－13　铜铝过渡板

表 1－4－6　铜铝过渡板尺寸　　mm

型　号	母线规格（mm^2）	a	b	l_1	l
MG－50×5	50×5	50	5.0	50	60
MG－63×6.3	63×6.3	63	6.3	68	85
MG－63×8	63×8	63	8.0	68	85
MG－63×10	63×10	63	10.0	68	85

（续表）

型　号	母线规格（mm^2）	a	b	l_1	l
MG－80×6.3	80×6.3	80	6.3	85	100
MG－80×8	80×8	80	8.0	85	100
MG－80×10	80×10	80	10.0	85	100
MG－100×8	100×8	100	8.0	105	120
MG－100×10	100×10	100	10.0	105	120
MG－125×8	125×8	125	8.0	130	140
MG－125×10	125×10	125	10.0	130	140
MG－125×12.5	125×12.5	125	12.5	130	140

注：型号中字母及数字意义为：M——母线；G——过渡；数字——板件规格（宽×厚，mm^2）。

3. 电力复合脂

电力复合脂（简称电力脂、导电膏）广泛应用于电力行业金具连接处，起到降低接触电阻、抗氧化、抗腐蚀等作用。

为缓解金属的腐蚀和电化腐蚀，在母线与母线、母线与分支线、母线与电气接线端子连接处的接触面和断路器的触头上，相同和不同金属材质导体连接处除去金属氧化层后，可在接触面上涂一层0.2mm厚的电力复合脂，以降低连接处的接触电阻，减少接头发热。

电力脂无毒、无臭、无污染、不霉变，在200℃高温下不滴漏，在－60℃下不凝固，不氧化，有较好的化学稳定性能。电力脂并不是导电率很高的涂敷膏，相反，它的电阻率很大，这是因为它是由金属粉末和有机油脂搅拌而成的一种糊状膏体。涂上电力脂后就可以填补接触面处在显微镜下可观察到的大量空隙，使接触面由少量的点接触改为面接触，并在电磁场的作用下形成更多的导电隧道，即隧道效应。这样既极大地改善了接触面的导电性能，又油封了空气中的氧气、水分和杂质的浸入，从而使导体的连接点在长期的运行中能保持良好的导电性能，使接触电阻不会升高，保证了电路的长期安全运行。

项目五　互感器及其运行维护

任务一　电流互感器及运行维护

阅读资料

一、电流测量的接线

电力系统中往往需要测量元件的电流，在低压小电流回路中可以将电流表直接连接与一次电路中进行电流测量，如图 1-5-1 所示；当电压和电流超过一定值时，电流表和其他测量仪表应经过互感器接入电路，使测量仪表及工作人员避免与高压回路直接接触，以保证安全，如图 1-5-2 所示。

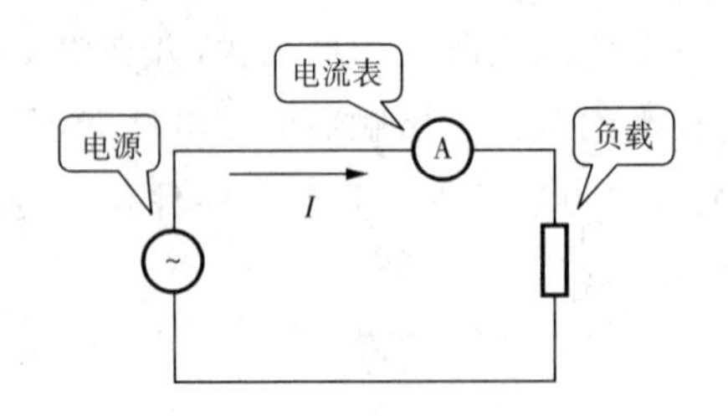

图 1-5-1　低压小电流回路电流测量接线

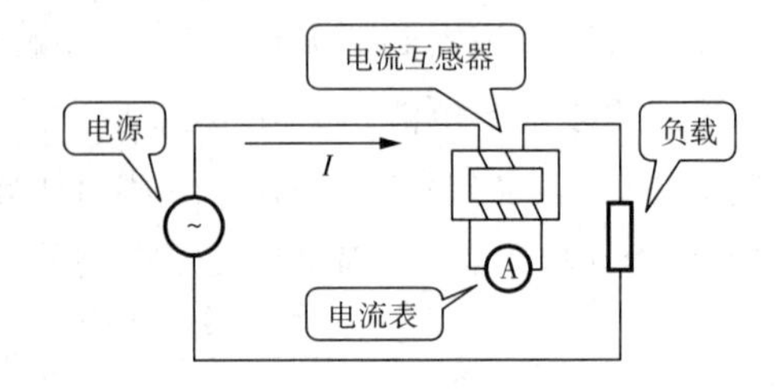

图 1-5-2　高压大电流回路电流测量接线

二、电流互感器的图形和文字符号

电流互感器的图形和文字符号如表 1-5-1 所示。

表 1-5-1　电流互感器的图形和文字符号

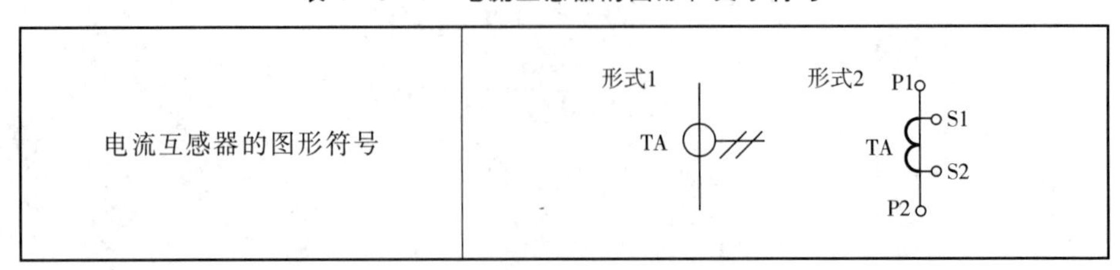

电流互感器的图形符号	形式1 TA　形式2 P1 S1 TA S2 P2

（续表）

电流互感器的文字符号	TA（电磁式）
	ECT（电子式）
电力调度术语（简称）	CT（或 TA）

三、电流互感器的外形图片

电力系统中广泛采用的是电磁式电流互感器（以下简称电流互感器，用 TA 表示），电磁式电流互感器型号众多，外形各异，如图 1-5-3 所示，但其基本结构组成和作用相同。

图 1-5-3　电流互感器外形图片

思考问题

- ◆ 电流互感器的作用有哪些？
- ◆ 电流互感器二次侧的额定电流值为多少？
- ◆ 电流互感器的铭牌参数有哪些？
- ◆ 电磁式电流互感器的变流比表达式是什么？
- ◆ 测量用电流互感器数值误差的表达式是什么？
- ◆ 试写出 LZW 型互感器各字母的含义。
- ◆ 一台电流互感器准确度等级为 5P/5P/0.5/0.2S，其含义是什么？
- ◆ 电流互感器一次侧电流和二次侧负载电阻数值大小对其误差有什么影响？
- ◆ 试画出电流互感器常用接线。
- ◆ 电流互感器二次侧为什么必须有一个可靠接地点？
- ◆ 电流互感器如何接线可以取得零序电流？
- ◆ 电流互感器运行时二次侧开路后的危害有哪些？

学习必读

互感器（电磁式）是一种为测量仪器、仪表、继电器和其他类似电器供电的变压器。

电流互感器是在正常使用条件下其二次电流与一次电流实际成正比，且在连接方法正确时其相位差接近于零的互感器。

一、电流互感器的作用

如图 1－5－2 所示，电流互感器是电气一次系统和电气二次系统之间的联络元件。电流互感器的作用如下：

1)隔离高电压。电流互感器可以使二次设备与高压部分隔离，且互感器二次侧均可靠接地，从而保证了设备和人身安全。

2)扩大测量表计量程，统一测量表计规格。电流互感器将交流大电流变成小电流，供电给测量仪表和保护装置的电流线圈，并且其二次侧额定电流为标准的 5A 或 1A，照此电流值制造的仪表容易做到标准化、系列化和小型化，且可利用互感器任意扩大测量范围，仪表测量准确度也容易提高。

3)二次回路不受一次回路限制。如仪表的安装地点及与测量回路的连接方式可以灵活选择，维护、调试方便。

4)电流互感器可以测量零序电流。

二、电流互感器的分类

电流互感器可按多种方式分类，一般可由铭牌型号了解其类型。

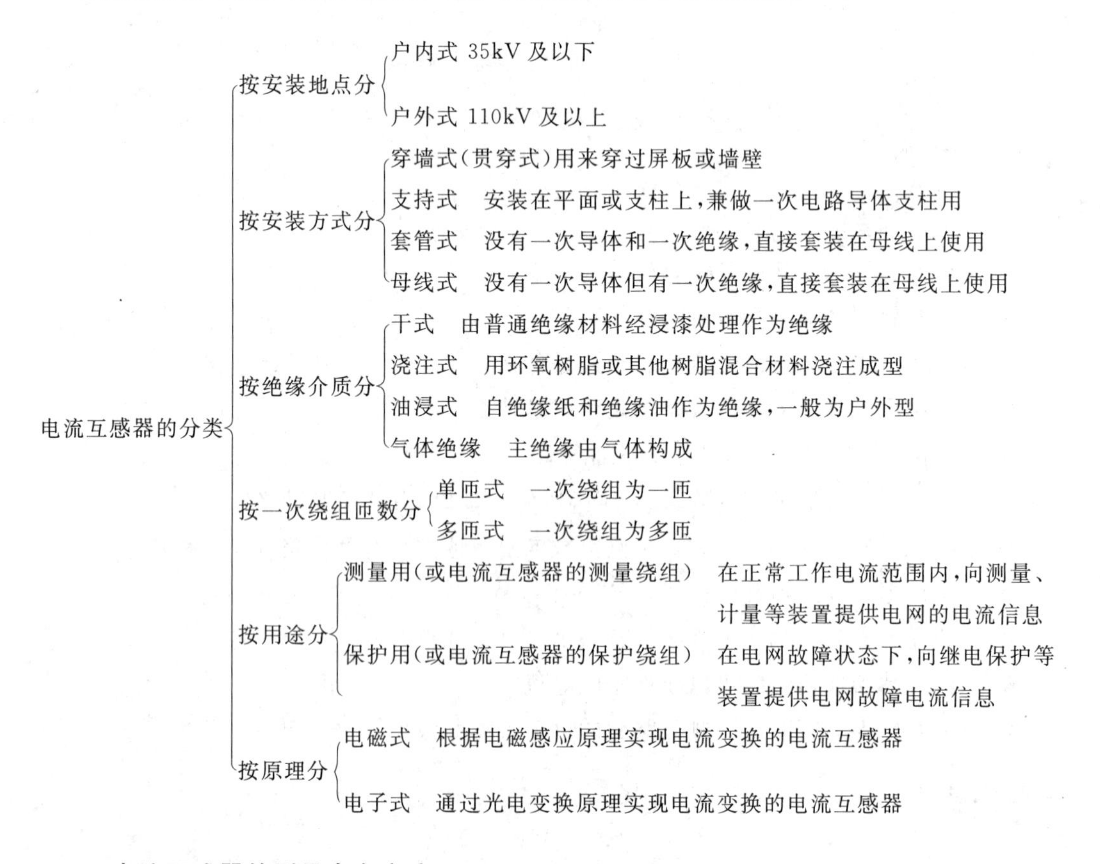

三、电流互感器的型号命名方法

电流互感器的型号命名方法如下图所示：

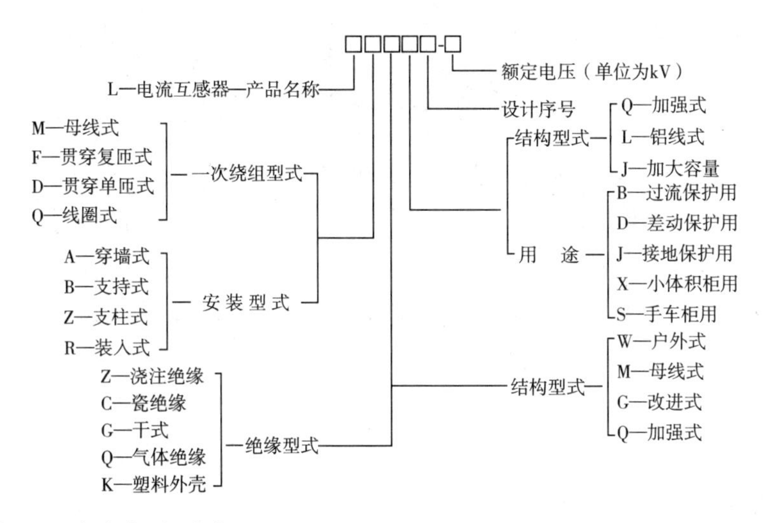

以上 6 位不一定全部表示出。

型号举例：

LMK—0.5S 型，表示使用于额定电压 500V 及以下电路，塑料外壳的母线式（又叫穿心式）0.5S 级电流互感器。

LA—10 型，表示使用于额定电压 10kV 电路的穿墙式电流互感器。

LR—35 型，表示装入式电流互感器（附装在断路器或变压器出线套管内）。

四、电流互感器工作原理及运行特点

1. 电流互感器的工作原理

电流互感器按电磁感应原理工作，它的结构与变压器相似，其原理接线如图 1-5-4 所示。

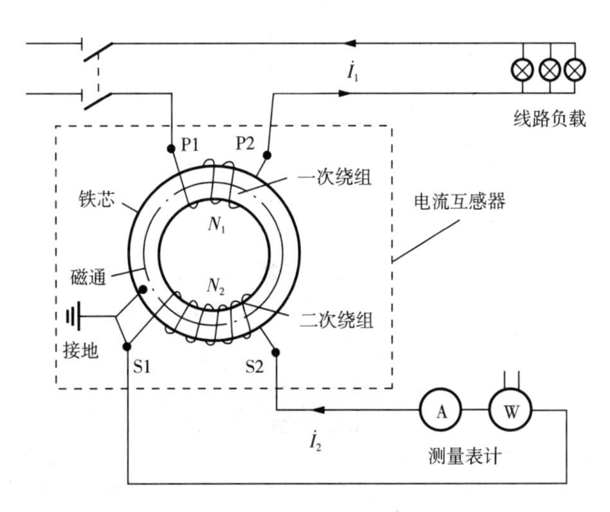

图 1-5-4　电磁型电流互感器简化工作原理图

2. 电流互感器的额定电流比

电流互感器一、二次额定电流之比称为电流互感器的额定电流比（即变流比，用 K_n 表示)，近似与匝数成反比：

$$K_n = I_{1N}/I_{2N} \approx N_2/N_1$$

式中：I_{1N} 为一次额定电流，N_1 为一次绕组匝数；I_{2N} 为二次额定电梳，N_2 为二次绕组匝数。

二次额定电流一般为 5A。

3. 电流互感器的额定容量

电流互感器的额定容量(S_{2N})就是允许接入的二次负载容量，为二次侧额定电流的平方(I_{2N}^2)与二次额定负载阻抗(Z_{2N})的乘积，即

$$S_{2N} = I_{2N}^2 Z_{2N}$$

4. 电磁式电流互感器运行特点

如表 1-5-2 所示为电磁式电流互感器运行特点。

表 1-5-2 电磁式电流互感器运行特点

电磁式电流互感器与变压器运行特点比较	
电流互感器	变压器
一次侧绕组匝数很少，甚至可以是单匝；二次侧绕组匝数很多	升压变压器一次侧绕组匝数少、二次侧绕组匝数多；降压变压器相反
一次绕组串联在被测电路中；二次负载恒定(仪表或继电器的电流线圈)，且串联在二次侧电路中	一次绕组并联在电网上；二次负载变化，且并联在二次侧电路中
电流互感器二次电路所消耗的功率随二次电路阻抗的增加而增大，即 $S_2 = I_{2N}^2 Z_2$	二次侧负载阻抗增大则消耗功率减小；反之消耗功率增大
二次侧所串联的仪表或继电器的电流线圈阻抗都很小，所以正常运行时，接近于短路状况下运行	正常运行所带负载阻抗较大
一次绕组中的电流完全取决于被测电路的电流，而与二次电流无关，例如多串几只电流表或少串几只电流表，不能改变其一次电流值的大小。当二次侧开路，二次侧电流为零时，一次侧电流仍然为被测电路的电流(很大的负荷电流)并作为励磁电流，此时将造成铁芯过饱和	一次侧电流随二次侧电流变化而变化。当二次侧开路，二次电流为零后，一次侧电流减小到空载电流(很小的励磁电流)，铁芯不会饱和
一次回路不允许接地，二次回路必须有一点接地，属于保护接地	一次侧中性点与二次侧中性点接地或不接地根据运行方式要求，接地属于工作接地
运行中二次侧不允许开路，二次侧开路将会造成铁芯过饱和，铁芯过饱和的危害在后面分析。二次侧不允许装设熔断器	运行中二次侧不允许短路，短路会产生很大的短路电流，烧损设备

五、电流互感器的标准准确级及误差限值

1. 电流互感器误差的定义

电流互感器分为测量用电流互感器和保护用电流互感器，二者误差的定义不同。

1)测量用电流互感器误差的定义

测量用电流互感器误差的定义如下式：

$$\text{电流误差}(\%)=\frac{(K_n I_s-I_p)\times 100}{I_p}$$

式中：K_n——额定电流比；

I_p——实际一次电流，A；

I_s——测量条件下通过 I_p时的二次电流，A。

2)保护用电流互感器误差的定义

由于短路过程中一次电流和二次电流关系复杂，所以保护级电流互感器的误差是以复合误差 ε_c 来表示，即按下式用一次电流方均根值的百分数表示：

$$\varepsilon_c(\%)=\frac{100}{I_p}\sqrt{\frac{1}{T}\int_0^T (K_n i_s-i_p)^2 dt}$$

式中：K_n——额定电流比；

I_p——一次电流方均根值；

i_p——一次电流瞬时值；

i_s——二次电流瞬时值；

T——一个周波的时间。

2. 电流互感器的标准准确级及误差限值

准确级是指在规定的二次负荷范围内，电流互感器的一次电流为额定值时的最大误差，代表了电流互感器测量的准确程度。测量用和保护用电流互感器，二者的标准准确级不同。

根据 GB 1208—2006《电流互感器》(已由 GB 20840.2－2010 替代)我国电流互感器标准准确级和误差限值规定如下：

1)测量用电流互感器的标准准确级及误差限值

测量用电流互感器的标准准确级为：0.1、0.2、0.5、1、3、5。

特殊用途的测量用电流互感器的标准准确级为：0.2S、0.5S。

DL/T 5222－2005《导体和电器选择设计技术规定》15.0.4 条文指出：选择测量用电流互感器应根据电力系统测量和计量系统的实际需要合理选择互感器的类型。要求在较大工作电流范围内作准确测量时可选用 S 类电流互感器。

对于 0.1、0.2、0.5 和 1 级，在二次负荷为额定负荷的 25%～100%之间的任一值时，其额定频率下的电流误差和相位差应不超过表 1－5－3 所列限值。

对于 0.2S 级和 0.5S 级特殊用途的电流互感器在二次负荷为额定负荷的 25%～100%之间任一值时，其额定频率下的电流误差和相位差应不超过表 1－5－4 所列限值。

对3级和5级，在二次负荷为额定负荷的50%～100%之间的任一值时，其额定频率下的电流误差和相位差不应超过表1-5-5所列限值。

表1-5-3　测量用电流互感器(0.1级～1级)电流误差和相位差限值

准确级	在下列额定电流下的电流误差 ±%				在下列额定电流(%)下的相位差							
					±(′)				±crad			
	5	20	100	120	5	20	100	120	5	20	100	120
0.1	0.4	0.2	0.1	0.1	15	8	5	5	0.45	0.24	0.15	0.15
0.2	0.75	0.35	0.2	0.2	30	15	10	10	0.9	0.45	0.3	0.3
0.5	1.5	0.75	0.5	0.5	90	45	30	30	2.7	1.35	0.9	0.9
1	3.0	1.5	1.0	1.0	180	90	60	60	5.4	2.7	1.8	1.8

表1-5-4　特殊用途电流互感器电流误差和相位差限值

准确级	在下列额定电流下的电流误差±%					在下列额定电流(%)下的相位差									
						±(′)					±crad				
	1	5	20	100	120	1	5	20	100	120	1	5	20	100	120
0.2S	0.75	0.35	0.2	0.2	0.2	30	15	10	10	10	0.9	0.45	0.3	0.3	0.3
0.5S	1.5	0.75	0.5	0.5	0.5	90	45	30	30	30	2.7	1.35	0.9	0.9	0.9

表1-5-5　测量用电流互感器(3级和5级)电流误差限值

准确级	在下列额定电流(%)下的电流误差(±%)	
	50	120
3	3	3
5	5	5
注:3级和5级的相位差不予规定。		

2)保护用电流互感器的标准准确级及误差限值

保护用电流互感器可以分为稳态保护用和暂态保护用两类。稳态保护用电流互感器分为P、PR及PX类;暂态保护用电流互感器分为TPS、TPX、TPY及TPZ类。

我国常用的是P类及PR类。P类用于常规稳态保护，对剩磁无要求;PR类为低剩磁保护用，要求剩磁系数≤10%，在某些情况下，也可规定二次回路的时间常数或二次绕组电阻的限值。微机保护被广泛使用后，电流互感器的二次负荷由阻感性变为电阻性，且故障切除时间缩短，使P类电流互感器残留剩磁大大增加，常引起下次故障时，继电保护装置误动或延时动作;PR类低剩磁电流互感器，可以消除剩磁对保护的影响。

保护用电流互感器的准确级是以其额定准确限值一次电流下的最大复合误差的百分比来标称，其后标以字母“P”或“PR”。标准准确级为:5P和10P或5PR和10PR。

在额定频率及额定负荷下，保护用电流互感器电流误差、相位差和复合误差应不超过表1-5-6所列限值。

表 1-5-6　保护用电流互感器误差限值

准确级	额定一次电流下的电流误差±%	额定一次电流下的相位差		额定准确限值一次电流下的复合误差%
		±(′)	±crad	
5P(5PR)	1	60	1.8	5
10P(10PR)	3	—	—	10

额定准确限值一次电流是保证复合误差不超过限值的一次电流最大值。额定准确限值系数是额定准确限值一次电流与额定一次电流的倍数，其标准值为5，10，15，20，30。准确限值系数在准确级标称后标出。

例如一台电流互感器的准确级为5P20，其含义是：当流过电流互感器一次侧的短路电流为互感器一次额定电流的20倍及以下时，复合误差ε_c%为5%。

DL/T 5222—2005《导体和电器选择设计技术规定》15.0.4条文指出：330kV、500kV系统及大型发电厂的保护用电流互感器应考虑短路暂态的影响，宜选用具有暂态特性的TP类互感器，某些保护装置本身具有克服电流互感器暂态饱和影响的能力，则可按保护装置具体要求选择适当的P类电流互感器。对220kV及以下系统的电流互感器一般可不考虑暂态影响，可采用P类电流互感器。

3. 保证电流互感器测量准确性的使用要求

电流互感器的测量误差，不仅与铁芯质量、本身结构及尺寸、制造工艺等有关，而且与运行过程中的一次侧电流的大小和二次负载有关。

(1)应使一次额定电流与一次回路的电流相配套

当电流互感器工作在小电流时(一次侧电流比一次额定电流小得多)，由于硅钢片磁化曲线的非线性影响，会引起误差增大。所以在选择电流互感器一次侧额定电流时，不能选得过大，以避免在小电流下运行。例如由表1-5-3可以看出，当一次回路的实际电流低于额定电流20%以下时，误差明显增大。当一次电流大大超过一次额定电流时，磁路饱和，其误差也很大。所以在选用电流互感器一次侧额定电流时，测量用的应保证电流在合适的范围内，额定电流不应比工作电流大很多，不应出现“大马拉小车”的现象；保护用电流互感器一次回路短路电流应不大于额定准确限值一次电流。即短路电流与一次额定电流的比值应不大于一次电流准确限值系数。

(2)二次负载阻抗Z_2对误差的影响

如果一次电流不变，则二次负载阻抗Z_2及功率因数$\cos\varphi_2$直接影响误差的大小。当二次负载阻抗Z_2增大时，电流误差和角误差都会增加；二次功率因数角$\cos\varphi_2$变化时，电流误差和相位误差会出现不同的变化。因此，要保证电流互感器的测量误差不超过规定值，应将其二次负载阻抗和功率因数限制在相应的范围内。

二次负荷容量应在额定容量的25%～100%之间，太大和太小都会增大误差。同一台电流互感器使用在不同准确级时，会有不同的额定容量。换言之，当同一台电流互感器二次侧所接的负载阻抗大小不同时，其误差不同。

例如：LMZ1－10－300/5－0.5 型电流互感器在 0.5 级下工作时，额定二次阻抗为 1.6Ω，额定容量为：$S_{2N}=25Z_{2N}=25\times1.6\text{VA}=40\text{VA}$。在 1 级下工作时，额定二次阻抗为 2.4Ω，额定容量为：$S_{N2}=25Z_{N2}=25\times2.4\text{VA}=60\text{VA}$。

电流互感器的二次负载组成如图 1－5－5 所示，阻抗包括三部分：二次电缆阻抗、连接点阻抗及二次仪表或继电器阻抗。

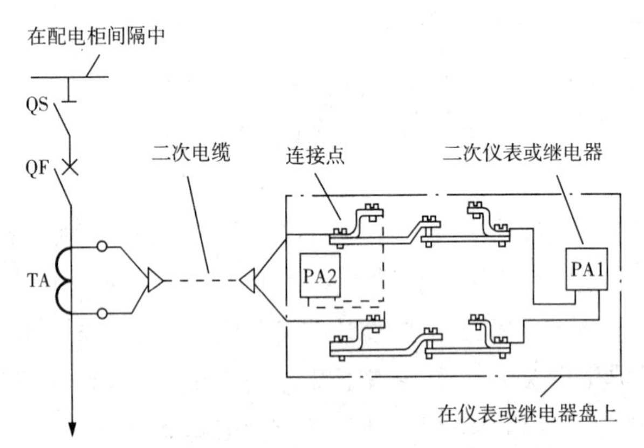

图 1－5－5　电流互感器二次侧负载组成

在生产现场减小测量负载阻抗进而减小测量误差的措施一般是采用增加二次电缆（即连接导线）的有效截面的方法，如采用较大截面的电缆，或多芯并联使用，以减少二次负载的阻抗值；还可以把两个同型号、变比相同的电流互感器串联使用，使每个电流互感器的负载成为整个负载的一半。

六、电磁式电流互感器结构及极性

1. 电磁式电流互感器结构

电磁式电流互感器主要包括：一次绕组、二次绕组、铁芯和绝缘等，如图 1－5－6 所示。

在同一回路中，往往需要很多电流互感器供给测量和保护用，为了节约材料和投资，高压电流互感器常由多个没有磁联系的独立铁芯和二次绕组与共同的一次绕组组成同一电流比、多二次绕组的结构，图 1－5－6 中所示的为具有两个铁芯的复匝式结构，有些电流互感器具有 3～5 个铁芯。

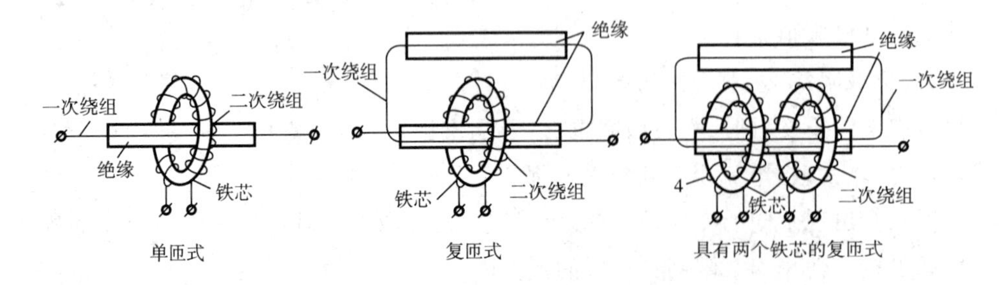

图 1－5－6　电流互感器结构示意图

对于 110kV 及以上的电流互感器，为了适应一次电流的变化和减少产品规格，常将一次绕组分成几组，通过切换来改变绕组的串、并联，以获得 2～3 种互感比（参见表 1－5－7 中图 3）。

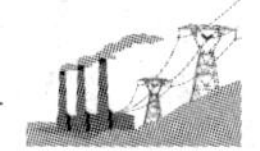

另外还有些电流互感器其二次绕组具有中间抽头(参见表 1－5－7 图 2)。

2. 电磁式电流互感器的极性关系

电流互感器的极性按减极性原则标注,如图 1－5－7 所示。其中 P1 与 S1 为同名端,P2 与 S2 亦为同名端。如果某一瞬时一次电流 i_1 从 P1 流向 P2,则该瞬时二次电流 i_2 应从 S2 流向 S1。

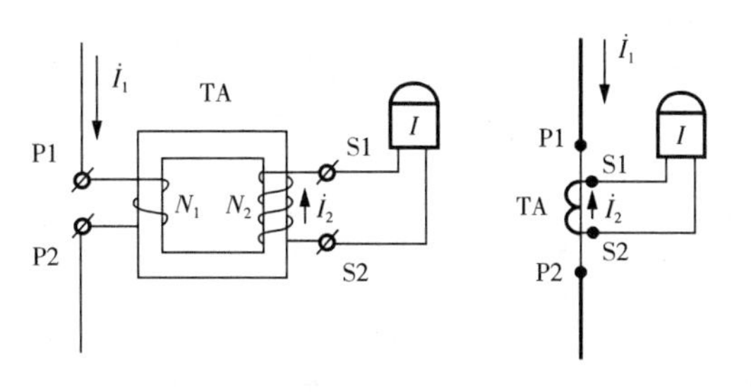

图 1－5－7　电流互感器的极性关系

3. 电流互感器端子标志

电流互感器端子标志如表 1－5－7 所示。标有 P1、S1 和 C1 的所有端子,在同一瞬间具有同一极性。

表 1－5－7　端子标志

一次端子 二次端子	P1 P2 S1 S2 图1　单电流比互感器	P1 P2 S1 S2 S3 图2　二次绕组有中间抽头的电流互感器
一次端子 二次端子	C1 C2 P1 P2 S1 S2 图3　互感器一次绕组分为两段供串联或并联	P1 P2 1S1 1S2 2S1 2S2 S_1^1 S_2^1 S_1^2 S_2^2 图4　互感器有两个二次绕组，各有自身铁心 （二次端子有两种标志方式）

七、电流互感器的工程应用及注意事项

1. 电流互感器的接线及正确极性

电流互感器一次线圈串联接入被测电路,二次线圈与二次设备的电流线圈串联。在安装和使用电流互感器时,一定要注意端子的极性应正确,否则其二次仪表、继电器中流过的电流就不是预想的电流,甚至可能引起误测。

电流互感器的常用接线列于表 1－5－8。

表 1-5-8　电流互感器的常用接线

序号	电流互感器接线名称	电流互感器接线原理图	测量的电流参数	用途说明
1	单相接线	U V W I P1 S1 i_V TA_V i_V P2 S2 PE	测量单相电流	用于负载平衡的三相电力系统中的单相电流测量。
2	完全(三相)星形接线	U V W I I I i_U i_V i_W P1 S1 P1 S1 P1 S1 TA_U TA_V TA_W S2 S2 S2 P2 P2 P2 PE	测量三相电流	用于 110kV 及以上的三相电路和低压三相四线制电路的测量，以及某些继电保护回路。
3	不完全(两相)星形接线	U V W i_u I I I i_W P1 S1 P1 S1 TA_U i_U TA_W i_W P2 S2 P2 S2 PE	测量三相线电流	用于 35kV 及以下小电流接地系统的三相测量回路，以及除差动保护外的保护回路。
4	两相电流差接线	U V W I i_u i_w P1 S1 P1 S1 TA_U i_U TA_W i_W P2 S2 P2 S2 PE	测量 U 相电流与 W 相电流相量差 $I_u - I_w$	一般用于保护回路，如高压电动机保护。
5	三相电流互感器并联接线	U V W I i_U i_V i_W P1 S1 P1 S1 P1 S1 TA_U TA_V TA_W S2 S2 S2 P2 P2 P2 PE	测量 3 倍零序电流	对于中性点非有效接地系统零序电流作用于信号；对于中性点有效接地系统零序电流作用于跳闸。
6	三角形接线	U V W i_U i_V i_W i_U-i_V i_V-i_W i_W-i_U P1 S1 P1 S1 P1 S1 TA_U TA_V TA_W S2 S2 S2 P2 P2 P2	测量两相电流之差，副边输出的两相电流之差超前一次侧电流 30°	用于 Y,d 接线变压器的差动保护。

2. 电流互感器的测量级与保护级不能互相替代

测量仪表不能接于保护级电流互感器、保护装置不能接于测量级电流互感器。以 10kV 电流互感器的 0.5/3 两个绕组为例。其 0.5 级准确度绕组应接电能计量仪表，而 3 级准确度绕组应接继电保护装置。如果错接则：一是使正常运行中测量的准确度降低，使电能计量不准；二是在发生短路故障时，继电保护动作不灵敏，而计量仪表可能烧坏。这是因为计量用的电流互感器铁芯设计是保证在短路电流超过额定电流的一定倍数时，铁芯饱和，限制了二次电流增长，以保护仪表；而继电保护用的电流互感器铁芯不饱和，二次电流随短路电流相应增大，以使继电保护装置准确动作。

3. 电流互感器运行时二次侧不允许开路

电流互感器正常运行时，在铁芯中二次感应电流生成的磁通对一次电流生成的磁通是减磁的，因此铁芯不会饱和，磁通较小且为正弦波形，二次感应电势也为正弦波；当二次回路开路后，造成减磁效应的二次电流消失，此时一次侧很大的电流产生的很大的磁通将会造成铁芯严重饱和。磁通的波形不再是正弦波形，而是方波，如图 1-5-8 所示。一次侧带电二次侧开路造成危害如下：

① 由于二次绕组感应电动势是与磁通的变化率$\frac{d\Phi}{dt}$成正比的，因此，二次绕组将在磁通过零前后，感应产生很高的尖顶波电势 e_2 如图 1-5-8 所示，其值可达数千甚至上万伏，危及工作人员安全和仪表、继电器的绝缘。

② 由于磁感应强度骤增，损耗增大，会引起铁芯和绕组过热。

③ 在铁芯中会产生剩磁，导致测量误差增大。

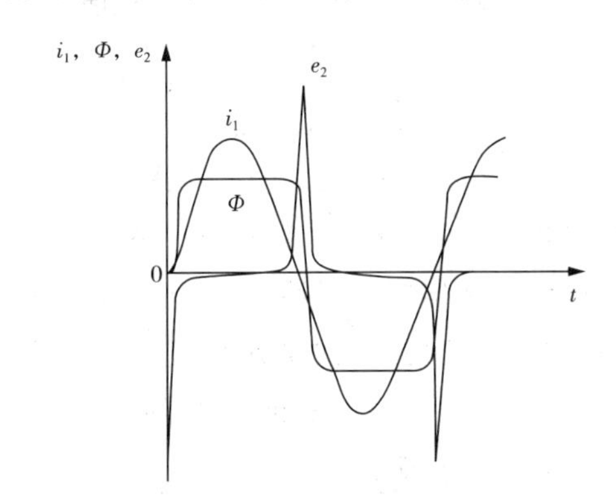

图 1-5-8　电流互感器二次绕组开路时 i_1、Φ 和 e_2 的变化曲线

4. 电流互感器二次侧不能与电压互感器二次侧连接

电压互感器二次侧的负载阻抗很大，二次侧近似开路，电流互感器二次侧不能与电压互感器二次侧互联，以免造成电流互感器近似开路，出现高电压的危险。

5. 电流互感器二次回路必须接地且只允许有一个接地点

电流互感器二次绕组、铁芯和外壳都必须可靠接地，防止一、二次侧之间绝缘击穿时危及人身和设备的安全。电流互感器二次回路只允许有一个接地点，因为多点接地会形成电流分路，可能使继电保护装置拒动。例如电流互感器已在端子箱处接地(电流互感器安装所在地)，在继电器附近的保护盘端子排上再有接地点，若恰巧该点又在继电器线圈另一侧的话，则流过继电器线圈的电流被两个接地点形成回路分流，使流过继电器线圈的电流减小，在一次回路故障时有可能动作不了。

一般，独立的电流互感器二次绕组在就地端子箱一点接地；公用的电流互感器二次绕组必须在保护柜内一点接地。

继续探讨

◆ 运行中的电流互感器二次侧开路会有哪些现象及应如何处理？

◆ 在运行中的电流互感器二次回路上工作时的注意事项。

◆ 零序电流互感器的用途及结构原理。

拓展阅读

一、电流互感器二次侧开路的判断及处理原则

1. 电流互感器二次侧开路的判断

① 回路仪表指示异常，一般是降低或为零。用于测量表计的电流回路开路，会使三相电流表指示不一致、功率表指示降低、计量表计转速缓慢或不转。如表计指示时有时无，则可能处于半开路状态(接触不良)。

② 电流互感器本体有噪声、振动不均匀、严重发热、冒烟等现象，这些现象在负荷小时表现并不明显。

③ 电流互感器二次回路端子、元件线头有放电、打火现象。

④ 继电保护装置发生误动或拒动，这种情况可在误跳闸或越级跳闸时发现并处理。

⑤ 电度表、继电器等冒烟烧坏。而有无功功率表及电度表、远动装置的变送器、保护装置的继电器烧坏，不仅会使电流互感器二次回路开路，还会使电压互感器二次回路短路。

当一次回路空载或一次负荷不大时，二次侧开路铁芯未饱和上述有些现象可能不会出现，故障不容易被发现，需要在实际工作中摸索和积累经验。

2. 电流互感器二次侧开路的处理原则

① 检查处理电流互感器二次开路故障时，首先要防止二次绕组开路而危及设备与人身安全。操作时要在严格监护下进行；要站在绝缘垫上，戴好绝缘手套，使用绝缘良好的工具。

② 解除有可能误动的保护。发现电流互感器二次开路，要先分清是哪一组电流回路故障、开路的相别、对保护有无影响，汇报调度，解除有可能误动的保护。

③ 尽量减小一次负荷电流。减小一次负荷电流，解除铁芯中的磁饱和，以降低二次回路开路点的电压。

④ 应查明开路位置并设法将开路处进行短路。就近的试验端子上用良好的短接线将电流互感器二次侧短路，再检查处理开路点。如果不进行短路处理时，可向调度申请停电处理。

⑤ 若短接时发现有火花，那么短接应该是有效的，故障点应该就在短接点以下的回路中，可进一步查找。若短接时没有火花，则可能短接无效，故障点可能在短接点以前的回路中，可逐点向前变换短接点，缩小范围检查。

⑥ 在故障范围内，应检查容易发生故障的端子和元件。对检查出的故障，能自行处理的，如接线端子等外部元件松动、接触不良等，立即处理后投入所退出的保护。若不能自行处理的(如继电器内部)或不能自行查明故障的，应先将电流互感器二次短路后汇报上级。

⑦ 需停电处理的情形。若电流互感器严重损伤、开路点在电流互感器本体的接线端子上，则应停电处理。

二、在运行中的电流互感器二次回路上工作时的注意事项

在运行中的电流互感器二次回路上进行工作，必须按照《国家电网公司电力安全工作规程》的要求填写工作票，并且要注意下列几项：

① 工作中严禁将电流互感器二次回路开路；

② 根据需要在适当地点将电流互感器二次回路短路。短路应采用短路片或专用短路线，短路应妥善可靠，禁止采用熔丝或一般导线缠绕。

③ 禁止在电流互感器与短路点之间的回路上进行任何工作；

④ 工作时必须有人监护，使用绝缘工具，并站在绝缘垫上；

⑤ 值班人员在清扫二次线时，应使用干燥的清扫工具，穿长袖工作服，带线手套，工作时应将手表等金属物摘下。工作中要认真、谨慎，避免损坏元件或造成二次回路断线，不得将回路的永久接地点断开。

三、零序电流互感器的用途及结构原理

零序电流互感器是一种零序电流滤过器，可以取出故障电流里的零序分量电流使继电器动作，实现有选择性跳闸或发出信号。

1. 零序电流互感器在三相电力电缆回路中的应用

如图 1-5-9 所示，三相电缆作为一次绕组穿过零序电流互感器的铁芯，二次绕组绕在铁芯上并与电流继电器串联。

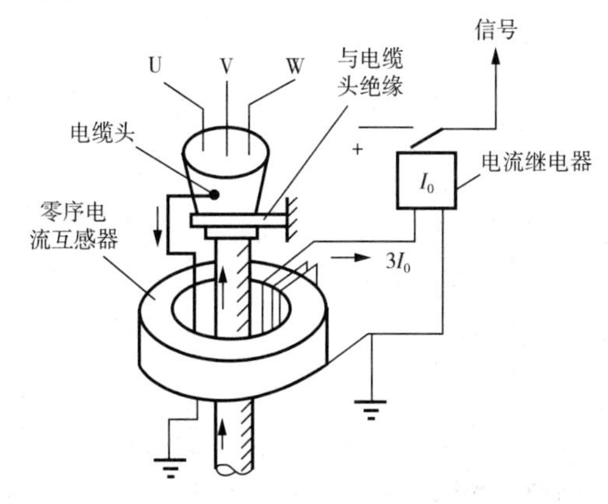

图 1-5-9 零序电流互感器在电缆回路中的应用

正常运行或三相对称短路、两相短路时，没有零序电流分量；当单相接地时，三相电缆流过零序分量电流就会产生零序分量磁通通过铁芯，这时在二次侧感应出零序电流，而使电流继电器动作。

2．零序电流互感器在变压器中性点回路中的应用

在110kV及以上的中性点直接接地的电力系统中，变压器的中性点有直接接地和不接地两种运行方式，可以通过切换中性点隔离开关来实现。图1－5－10所示为变压器中性点设备。

中性点直接接地的变压器一般设有零序电流保护，作为母线接地故障的后备保护，并可作为变压器和线路接地故障的后备保护，保护装置接于中性点电流互感器；中性点不接地的变压器，一般设有中性点间隙接地保护，采用零序电压继电器与零序电流继电器并联方式，当系统发生接地故障时，利用零序电压继电器动作；在放电间隙放电时，则有零序电流流过放电间隙电流互感器，接于该电流互感器副边的零序电流继电器动作。

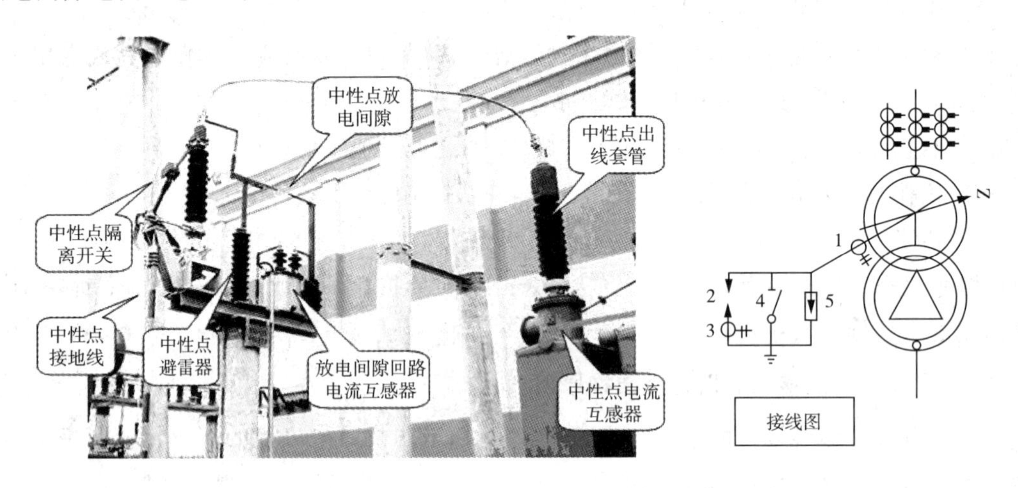

图1－5－10　变压器中性点设备

1—中性点电流互感器；2—中性点放电间隙；3—放电间隙回路电流互感器；4—中性点隔离开关；5—中性点避雷器

任务二　电压互感器及运行维护

阅读资料

一、电压测量的接线

电力系统中需要测量元件的电压，低压回路中可以将电压表直接连接于一次电路中，如图1－5－11所示；对高压回路的测量则需要使用电压互感器，测量仪表应连接于电压互感器回路的二次侧，如图1－5－12所示。电压互感器与电流互感器相同的是使测量仪表及工

作人员避免与高压回路直接接触，以保证安全。

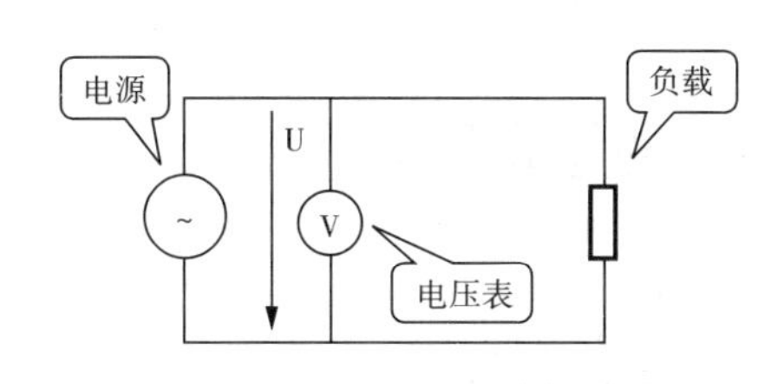

图 1－5－11　低压回路电压测量接线

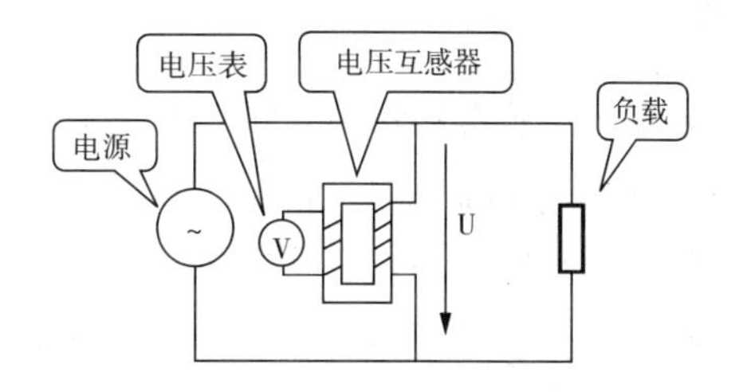

图 1－5－12　高压回路电压测量接线

二、电压互感器的图形和文字符号

电压互感器的图形和文字符号如表 1－5－9 所示。

表 1－5－9　电压互感器的图形和文字符号

电压互感器的图形符号	形式1 TV　　形式2 TV
电压互感器的文字符号	TV（电磁式）
	CVT（电容分压式）
	EVT（电子式）
电力调度术语（简称）	PT（或 TV）

三、电压互感器的外形图片

电压互感器型号众多，外形各异，如图 1－5－13 所示，但基本结构组成和作用相同。

图 1－5－13　电压互感器外形图片

思考问题

◆ 电压互感器的作用有哪些?

◆ 电压互感器在测量相电压和线电压时二次侧的额定电压分别为多少伏?

◆ 电压互感器测量零序电压时要求 3 倍零序电压值大约为多少伏?

◆ 电压互感器的基本工作原理是什么?

◆ 电磁式电压互感器和电容分压式电压互感器在结构上有什么区别?分别应用在哪些电压等级?

◆ 电压互感器的铭牌参数有哪些?

◆ 电压互感器测量用和保护用准确度级有哪几种?

◆ 电压互感器误差的表达式?

◆ 一次侧电压和二次侧负载对电压互感器误差有什么影响?

◆ 试写出 JDZ 型互感器各字母的含义。

◆ 试画出电压互感器常用接线?

◆ 电压互感器剩余绕组如何接线可以取得零序电压?

◆ 三相五柱式、三相三柱式及单相式电压互感器铁芯结构的区别?

◆ 为什么三相五柱式电压互感器和三只单相式电压互感器可以用作小接地电流系统的绝缘监察,三相三柱式电压互感器不能用于绝缘监察?

◆ 电压互感器二次侧为什么必须有一个可靠接地点?

◆ 电压互感器运行时二次侧短路后的危害有哪些?

学习必读

电压互感器是一种在正常使用条件下其二次电压与一次电压实际成正比的互感器。

一、电压互感器的作用

如图 1-5-12 所示,电压互感器是电气一次系统和电气二次系统之间的联络元件。电压互感器的作用如下:

① 电压互感器将交流高电压变成低电压供电给测量仪表和保护装置的电压线圈,并且其二次侧额定电压为标准的 100V 或 $100/\sqrt{3}$ V;从而可以使得测量仪表和保护装置标准化和小型化。

② 电压互感器可以测量零序电压。

③ 电压互感器可以使二次设备与高压部分隔离,且互感器二次侧均可靠接地,从而保证了设备和人身安全。

④ 电压互感器可以使二次回路不受一次回路限制,接线灵活,维护、调试方便。

二、电压互感器分类

电压互感器可按多种方式分类,一般可由铭牌型号了解其类型。

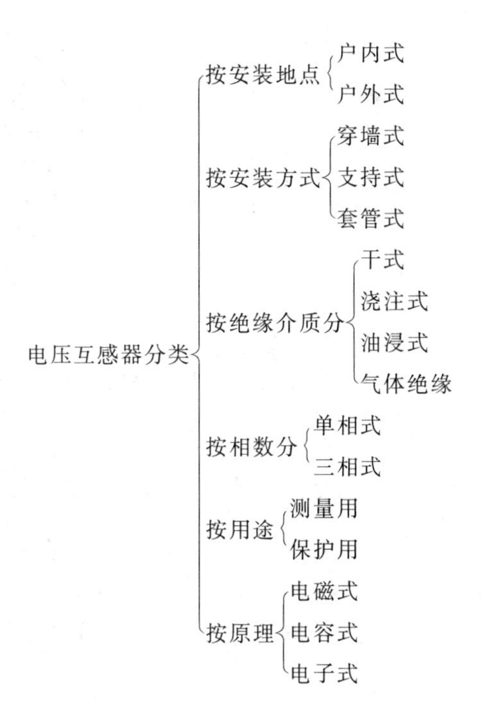

三、电压互感器的型号命名方法

电压互感器的型号命名方法分为电磁型和电容分压型两种。

1. 电磁型电压互感器的型号命名方法

电磁型电压互感器的型号命名方法如下图所示：

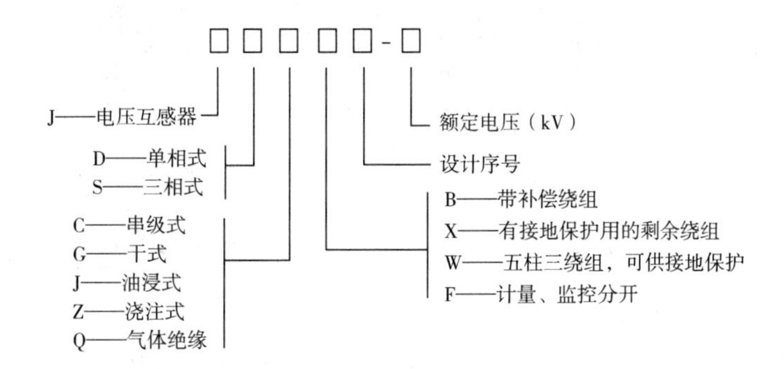

例如：

JDZF71－35 表示单相浇注式绝缘电压互感器，额定电压 35kV，设计序号为 71，测量、计量分开。

JDZX9－35 单相带有剩余电压绕组电压互感器，额定电压 35kV，设计序号为 9。

JDJ－10 表示单相油浸电压互感器，额定电压 10kV。

2. 电容式电压互感器的型号命名方法

电容式电压互感器的型号命名方法如下图所示：

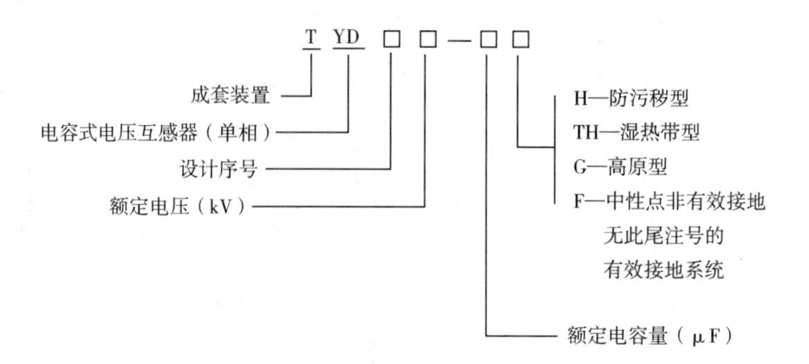

例如：T YD $220/\sqrt{3}$ — 0.005 H 表示成套单相电容式电压互感器，防污秽型（用于Ⅲ、Ⅳ级污秽地区），额定相电压为 $220/\sqrt{3}$ kV，额定电容量为 0.005μF。

四、电磁型电压互感器工作原理及运行特点

1. 工作原理

电磁式电压互感器（以下简称电压互感器，用 TV 表示）用在 110kV 及以下的电力系统中，电压互感器按电磁感应原理工作，它的结构与变压器相似，其原理接线如图 1-5-14 所示。

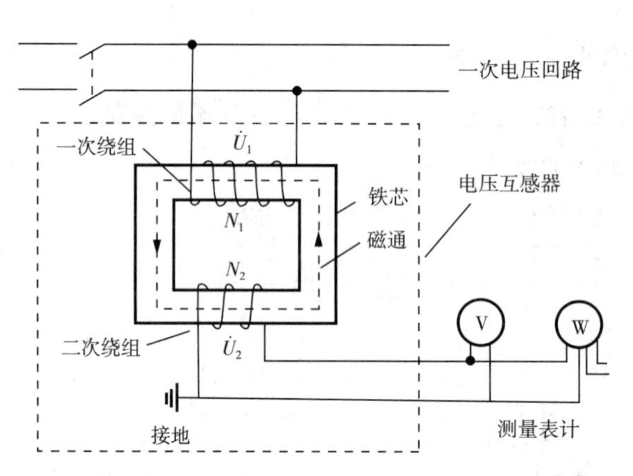

图 1-5-14 电磁型电压互感器简化工作原理图

2. 电压互感器的额定电压比

电压互感器一、二次额定电压之比称为电压互感器的额定电压比（即变压比，用 K_n 表示），近似与匝数成正比：

$$K_n = U_{1N}/U_{2N} \approx N_1/N_2$$

式中：U_{1N} 为一次侧相电压，N_1 为一次侧绕组匝数；U_{2N} 为二次侧相电压，N_2 为二次侧绕组匝数。

一次额定相电压为电网额定相电压，二次额定相电压一般为 $100/\sqrt{3}$ V。

3. 电压互感器的容量

电压互感器容量通常有两个参数，额定容量和最大容量。额定容量：是指电压互感器对应于最高准确级的容量。最大容量：是电压互感器按照在最高工作电压下长期工作容许的

发热条件而确定的。

4. 电磁式电压互感器运行特点

电磁式电压互感器运行特点如表 1-5-10 所示。

表 1-5-10　电磁式电压互感器运行特点

电磁式电压互感器与变压器运行特点比较	
电压互感器	变压器
电压互感器均用于降压，一次侧绕组匝数很多，二次侧绕组匝数很少。	升压变压器一次侧绕组匝数少、二次侧绕组匝数多；降压变压器相反。
一次绕组并联在被测电路中；二次负载恒定（仪表或继电器的电压线圈），且并联在二次侧电路中。	一次绕组并联在电网上；二次负载变化，且并联在二次侧电路中。
二次侧所并联的仪表或继电器的电压线圈阻抗都很大，所以正常运行时，接近于空载状况下运行。电压互感器类似一台小容量变压器，但结构上要求有较高的安全系数。	运行于带负载或空载。
一次绕组中的电压完全取决于被测电路的电压，而与二次负载大小无关，例如多并几只电压表或少并几只电压表，不能改变其一次电压值的大小。	二次侧负载电流变化时，一次侧线路上的压降变化，则一次侧电压会改变。
如需测量零序电压或测量相对地电压时，一次侧中性点必须接地，属于工作接地；如不作零序电压测量或相对地测量时一次侧中性点不接地。二次回路必须有一点接地，可以是中性点也可以不是中性点，接地属于保护接地。	一次侧中性点与二次侧中性点接地或不接地根据运行方式要求，接地属于工作接地。
运行中二次侧不允许短路，短路会产生很大的短路电流，烧损设备。二次侧一般装设熔断器或自动开关作为二次回路短路保护。	运行中二次侧不允许短路，短路会产生很大的短路电流，烧损设备。

五、电压互感器标准准确级及误差限值

1. 电压互感器误差的定义

$$\text{电压误差}(\%)=\frac{(K_n U_s - U_p)\times 100}{U_p}$$

式中：K_n——额定电压比；

U_p——实际一次电压，单位为伏，V；

U_s——在测量条件下，施加 U_p 时的实际二次电压，单位为伏，V。

2. 电压互感器的标准准确级和误差限值

测量准确级由规定运行条件下的最大允许电压误差百分数来标称。保护准确级由规定

运行条件下的最大允许电压误差百分数之后加一个字母“P”来标称。根据 GB 1207—2006《电磁式电压互感器》及 GB4703－2001《电容式电压互感器》我国电压互感器标准准确级和误差限值规定如下：

1)测量用电压互感器的标准准确极及误差限值

测量用电压互感器的标准准确级为：0.1、0.2、0.5、1.0、3.0。

在额定频率和 80％～120％额定电压之间的任一电压下，以及在 25％～100％额定负荷之间的任意负荷且其功率因数为 0.8(滞后)的条件下，电压互感器的电压误差和相位差不超过表 1－5－11 所列限值。

表 1－5－11　测量用电压互感器的电压误差和相位差限值

准确级	电压误差 ±％	相位差	
		±(′)	±crad
0.1	0.1	5	0.15
0.2	0.2	10	0.3
0.5	0.5	20	0.6
1.0	1.0	40	1.2
3.0	3.0	不规定	不规定

2)保护用电压互感器的标准准确极及误差限值

保护用电压互感器的标准准确级为：3P 和 6P。

在额定频率及 5％额定电压和 1.2、1.5、或 1.9 倍的额定电压下，负荷为 25％～100％额定负荷和功率因素为 0.8(滞后)时，其电压误差和相位差限值不超过表 1－5－12 所列限值。

在额定频率及 2％额定电压下，负荷为 25％～100％额定负荷和功率因素为 0.8(滞后)时，其电压误差和相位差限值不超过表 1－5－12 所列限值的 2 倍。

表 1－5－12　保护用电压互感器的电压误差和相位差限值

准确级	电压误差 ±％	相位差	
		±(′)	±crad
3P	3.0	120	3.5
6P	6.0	240	7.0

3. 保证电压互感器测量准确性的使用要求

电压互感器的测量误差影响因素与电流互感器相类似，不仅与铁芯质量、本身结构及尺寸、制造工艺等有关，而且与运行过程中的一次侧电压的大小和二次负荷大小及性质有关。

1)应使电压互感器的一次额定电压与被测回路的额定电压等级相配套

电压互感器不应降低电压等级使用，例如，电压为 6kV 等级的电力系统不应选用 10kV 等级的电压互感器，以免运行电压过低(如低于 80％互感器额定电压)而增大测量误差。

2)二次负载阻抗 Z_2 对误差的影响

要保证电压互感器的测量准确度，二次负荷容量范围应为 25%～100%额定负荷容量，二次负载阻抗的功率因素应为 0.8(滞后)。

六、电磁式电压互感器极性及结构

1. 电压互感器的极性

(1)电压互感器端子标志

大写字母 A、B、C 和 N 表示一次绕组端子，小写字母 a、b、c 和 n 表示相应的二次绕组端子。复合字母 da 和 dn 提供剩余电压的绕组端子。

(2)电压互感器极性关系

标有同一字母大写或小写的端子，在同一瞬间具有同一极性。

2. 电磁式电压互感器结构

(1)三相三柱式电压互感器

三相三柱式电压互感器应用于 20kV 及以下电压等级，结构如图 1-5-15 所示，三相双绕组共用一个三芯柱铁芯，无剩余绕组。一次和二次绕组采用 Y 形接线，中性点不接地，只用来测量线电压。

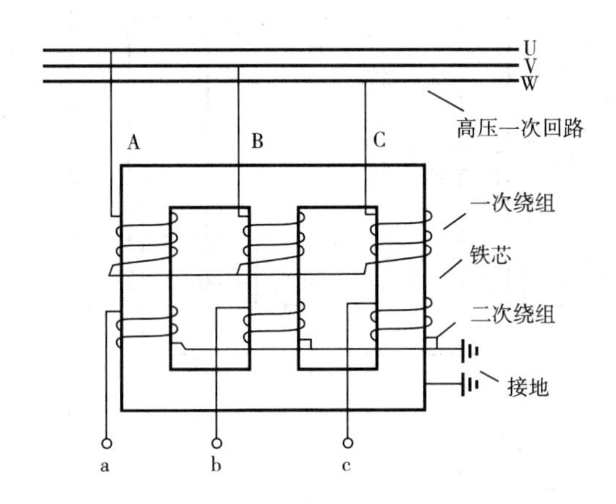

图 1-5-15　三相三柱式电压互感器结构示意

这种电压互感器不能测量零序电压，因为当系统发生单相接地时，如果在互感器的三相一次绕组中有零序电流流过，产生的零序磁通三相大小相等、相位相同，由于铁芯只有三个芯柱，零序磁通在铁芯内无法形成闭合回路，只能通过气隙和铁外壳形成闭合磁路，如图 1-5-16 所示，由于气隙磁阻很大，故零序励磁电流比正常励磁电流大许多倍，致使互感器绕组过热甚至损坏；另外，零序磁通在铁外壳内造会成铁损，使外壳发热。

为了避免测量零序电压，三相三柱式电压互感器一次绕组的中性点不允许接地，因此也就不能测量相对地的电压变化，即不能作接地测量。

(2)三相五柱式电压互感器

三相五柱式电压互感器也是应用于 20kV 及以下电压等级，结构如图 1-5-17 所示，三

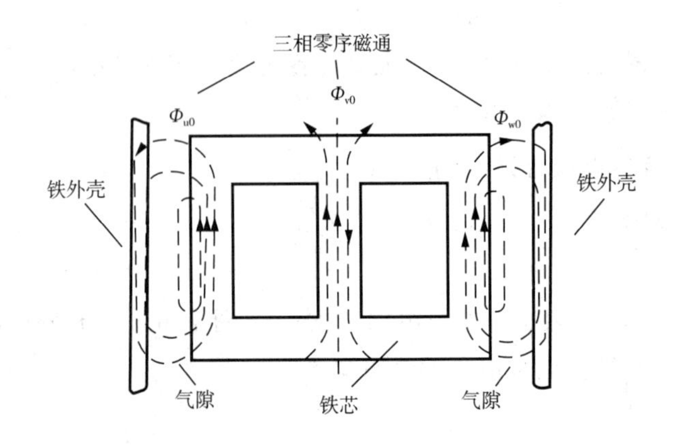

图 1-5-16　三相三柱式电压互感器零序磁通的路径

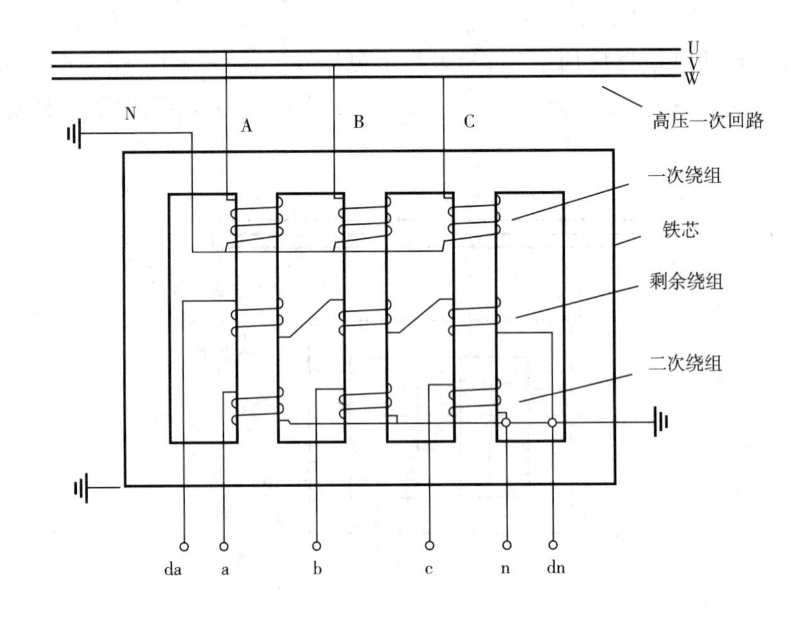

图 1-5-17　三相五柱式电压互感器结构示意

相绕组共用一个五芯柱铁芯，有剩余绕组。

铁芯的中间三柱分别套入三相绕组，一、二次绕组均为 YN 接线，剩余绕组为开口三角形接线，即三相绕组串联连接。二次绕组测量相对地电压及线电压，剩余绕组三相串联输出三倍零序电压($3U_0$)。

1)剩余绕组输出三倍零序电压分析

剩余绕组三相串联，所以输出电压为三相电压相量和。已知正序分量、负序分量三相电压相量相加后为零，零序分量电压相量相加后不为零，所以当三相电压只有正序和负序分量时，剩余绕组的输出为零，在有零序分量时，三相串联连接的剩余绕组输出为三倍零序分量值($\dot{U}_k=\dot{U}_u+\dot{U}_v+\dot{U}_w=3\dot{U}_0$)。

2)两个铁芯边柱的作用

三相五柱式电压互感器的铁芯较三柱式两侧多设了两个铁芯边柱,作用是给零序磁通提供闭合路径,如图 1-5-18 所示。当一次系统发生单相接地时,零序磁通可经过磁阻很小的铁芯边柱形成闭合回路,故零序励磁电流值不大,对互感器并无损害;零序磁通也不会进入铁质外壳,不会引起过热。

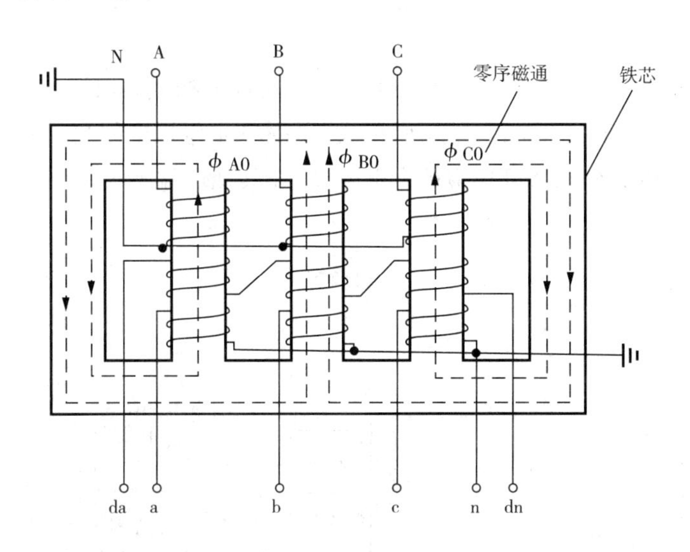

图 1-5-18　三相五柱式电压互感器零序磁通的路径

(3)单相式电压互感器

单相式电压互感器适用于各种电压等级,用来测量相对地电压、线电压及零序电压。图 1-5-19 为三只单相电压互感器组结构示意图,单相独立铁芯,有剩余绕组。由于每相有独立的铁芯,可以给零序磁通提供闭合路径,所以可以用于测量零序电压和作接地测量。图 1-5-20 为单相零序磁通路径。

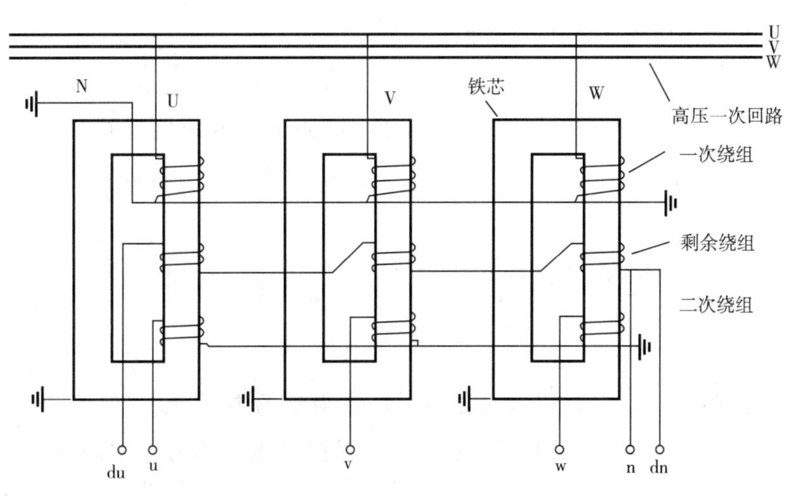

图 1-5-19　三只单相电压互感器组结构示意图

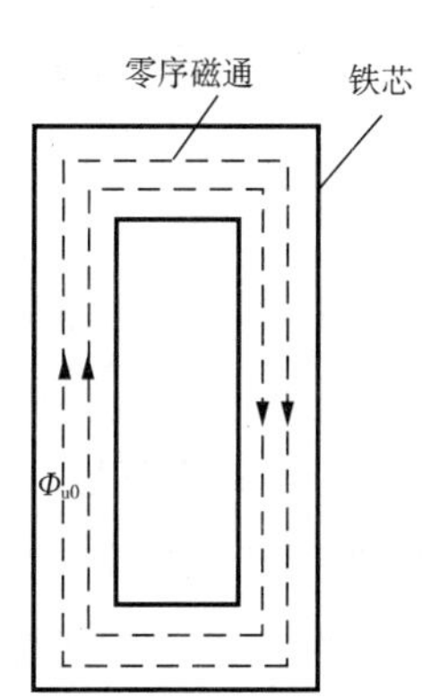

图 1-5-20　单相电压互感器零序磁通路径

七、电容式电压互感器工作原理及结构

电容式电压互感器是由串联电容器抽取电压再经变压器变压作为表计、继电保护等的电压源的电压互感器，多在 110kV 及以上电网中采用，电容式电压互感器（用 CVT 表示）与电磁式电压互感器相比具有重量轻、体积小、价格低等优点，同时又可兼作载波用，因此得到广泛应用。330kV 及以上只生产电容式电压互感器。

1. 基本结构

电容式电压互感器是由电容分压器和电磁单元两部分构成，如图 1－5－21 所示。电容分压器由高压电容 C_1 和中压电容 C_2 串联组成；电磁单元包括中间变压器 TV、补偿电抗器 L 和阻尼器 D 等。电容分压器可作为耦合电容器，在其低压端 N 端子连接结合滤波器以传送高频信号。

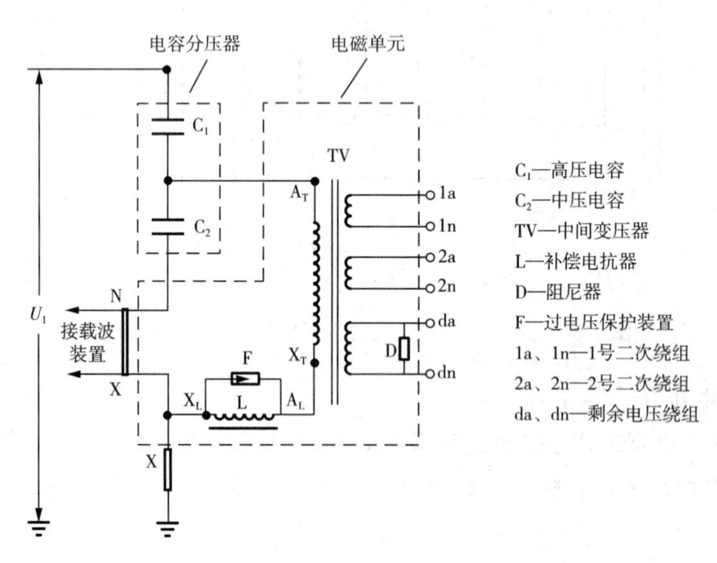

图 1－5－21　电容式电压互感器基本结构原理图

2. 电容式电压互感器各元件的作用及工作原理

(1)电容分压器

电容分压器的作用是采用电容分压原理，将电网相电压 U_1 降低为分压电容 C_2 上的电压 U_{C2}。U_{C2} 与 U_1 的关系式如下：

$$U_{C2}=\frac{C_1}{C_1+C_2}U_1=KU_1$$

(2)中间变压器

中间变压器是一台电磁式电压互感器，电容分压器分压后得到的中间电压 U_{C2}（一般为 10～20kV）通过中间变压器降压，为电压测量及继电保护装置提供电压信号。中间变压器二次绕组额定电压为 $100/\sqrt{3}$ V，剩余绕组额定电压为 100V（中性点有效接地系统，中性点非有效接地系统为 100/3V）。

(3)补偿电抗器

补偿电抗器与中间变压器串联,设计时使回路等效容抗和感抗值基本相等,用于减小或消除电容输出的内阻抗,从而减小误差。

(4)阻尼器

阻尼器用来抑制可能产生的铁磁谐振过电压。

(5)过电压保护器

当出现异常过电压时,F 放电起到过电压保护的作用。

八、电压互感器的工程应用及注意事项

1. 电压互感器的常用接线及铭牌额定电压

电压互感器一次线圈并联接入被测电路,二次线圈与二次设备的电压线圈并联。在安装和使用电压互感器时,与电流互感器一样也一定要注意端子的极性应正确。在接线时,若将其中的一相绕组接反,二次回路中的测量电压将发生变化,会造成测量误差和保护误动作(或误信号),甚至可能对仪表造成损害。

电压互感器常用接线及铭牌额定电压列于表 1-5-13。

表 1-5-13　电压互感器常用接线及铭牌额定电压

序号	电压互感器接线名称	电压互感器接线原理图	测量的电压参数	电压互感器铭牌额定电压			
				一次绕组	二次绕组	剩余绕组	
						非有效接地系统	有效接地系统
1	一台单相式电压互感器单相接线		测量单相电压	电源相电压(kV)	$100/\sqrt{3}$(V)	—	—
2	一台单相式电压互感器单相接线		测量单相线电压	电源线电压(kV)	100(V)	—	—
3	两台单相式电压互感器"V,v"接线		测量三相线电压	电源线电压(kV)	100(V)	—	—
4	一台三相三柱式电压互感器"星形—星形(Y,Y0)"接线		测量三相线电压	电源线电压(kV)(三相设备用额定电压为线电压)	100(V)	—	—

（续表）

序号	电压互感器接线名称	电压互感器接线原理图	测量的电压参数	电压互感器铭牌额定电压			
				一次绕组	二次绕组	剩余绕组	
						非有效接地系统	有效接地系统
5	一台三相五柱式电压互感器“星形—星形—开口三角形（YN，yn0，d0）”接线	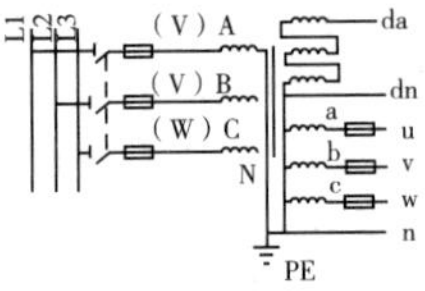	测量三相对地电压、三相线电压、3倍零序电压	电源线电压（kV）（三相设备用额定电压为线电压）	100（V）	100/3（V）	100（V）
6	三台单相三绕组式电压互感器“星形—星形—开口三角形（YN，yn0，d0）”接线	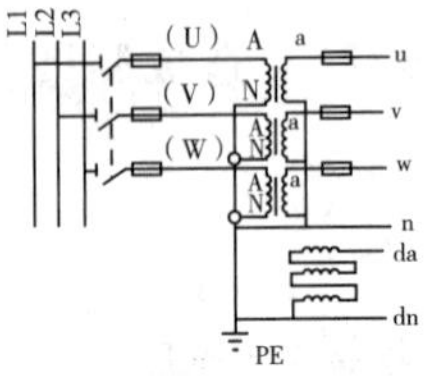	测量三相对地电压、三相线电压、3倍零序电压	电源相电压（kV）	$100/\sqrt{3}$（V）	100/3（V）	100（V）
7	三台单相三绕组电容式电压互感器“星形—星形—开口三角形（YN，yn0，d0）”接线	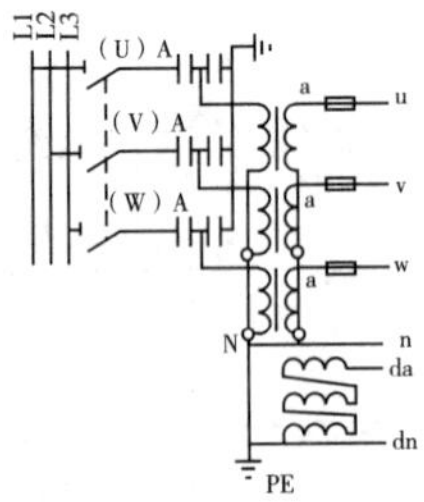	测量三相对地电压、三相线电压、3倍零序电压	电源相电压（kV）	$100/\sqrt{3}$（V）	100/3（V）	100（V）

2. 电压互感器控制

电压互感器一次侧设置隔离开关，在电压互感器无故障的情况下，可以用隔离开关投切电压互感器。禁止使用隔离开关或取下熔丝管等方法停用故障的电压互感器。

3. 电压互感器短路保护

35kV及以下电压互感器一次侧装设专用熔断器，熔件的额定电流为0.5A，作为一次侧短路保护，保护范围为高压引线至电压互感器的一次绕组。

110kV及以上电压互感器因为一次侧相间安全距离较大，引线发生短路故障的机会少，同时高压熔断器较难制造，所以不设熔断器保护，而把互感器纳入母差保护范围，当互感器故障时，由母差保护动作切除故障。

电压互感器二次侧必须装设熔断器，作为二次侧短路保护。

4. 电压互感器接地

电压互感器二次绕组、剩余绕组均必须有一点可靠接地，防止一、二次侧之间绝缘击穿时危及人身和设备的安全。

继续探讨

互感器的配置。

拓展阅读

互感器在主接线中的配置与测量仪表、继电保护和自动装置的要求、同期点的选择及主接线的形式有关。

电压互感器的配置应以满足测量、保护、同期和自动装置的要求，并能保证在运行方式改变时，保护装置不得失电，同期点的两侧都能取到电压为原则。因此每组主母线的三相上宜装设电压互感器。当需要监视和检测线路侧有无电压时，出线侧的一相上宜装设电压互感器。

电流互感器常按回路配置，用以满足回路的电流测量、保护等。因此凡装有断路器的回路均应配置电流互感器。

一、变电站互感器配置实例

图 1-5-22 为变电站互感器配置实例图。

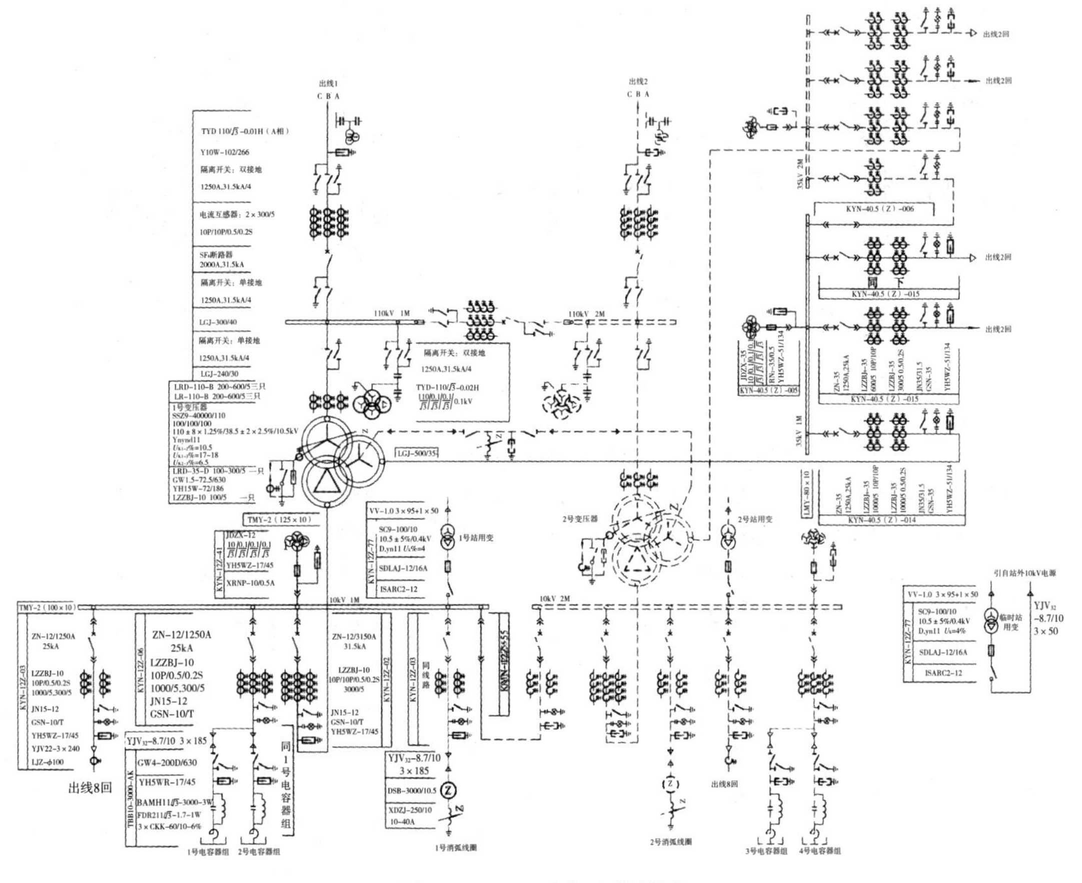

图 1-5-22　电气主接线图

二、发电厂变电站互感器配置实例

如图 1－5－23 所示为发电厂变电站互感器配置实例。

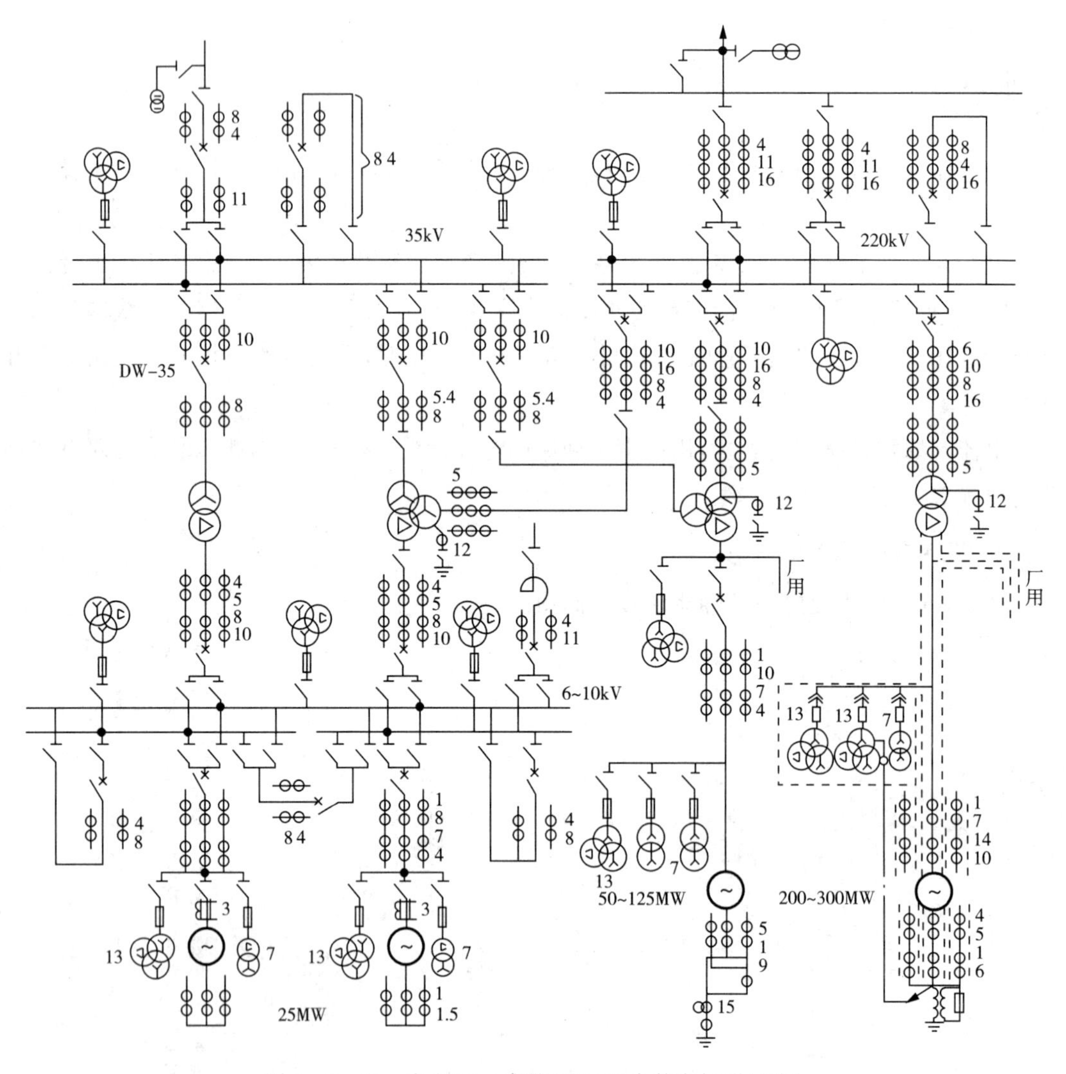

图 1－5－23　发电厂互感器配置(图中数字标明用途)

1—发电机差动保护；2—测量仪表(机房)；3—接地保护；4—测量仪表；5—过流保护；6—发电机—变压差动保护；7—自动调节励磁；8—母线保护；9—发电机横差保护；10—变压器差动保护；11—线路保护；12—零序保护；13—仪表和保护用；14—发电机失步保护；15—发电机定子 100%接地保护；16—断路器失灵保护

学习领域二

电力系统中性点运行方式

项目一　电力系统中性点概述

任务　电力系统中性点基本概念及分类

阅读资料

一、中性点概述

中性点是指发电机或变压器三个绕组作星形连接时，其绕组的公共连接点(如图 2-1-1)。

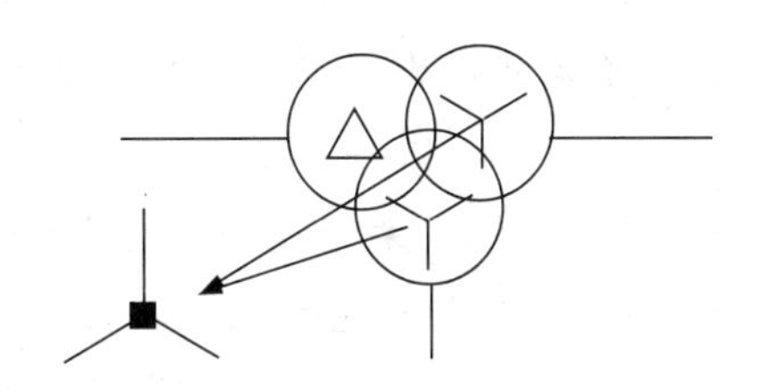

图 2-1-1　中性点示意图

二、电力网中性点和变压器中性点

电力网的中性点接地方式是一个综合性的技术问题，它与电压等级、单相接地短路电流、过电压水平、保护配置等有关，直接影响电网的绝缘水平、系统供电的可靠性和连续性、主变压器和发电机的运行安全以及对通信线路的干扰等。根据国内外电力网发展经验，一般着重考虑供电可靠性与绝缘水平两方面的问题。

变压器中性点接地方式影响电力网的中性点接地方式，但两者不能等同。

变压器中性点接地方式是指变压器中性点和接地体之间的连接关系，主要有中性点直接接地、中性点不接地和中性点经阻抗接地三种方式。其中经阻抗接地又分为经消弧线圈接地和高电阻接地和中、低电阻接地以及中、低电抗接地等方式。

电力网中性点接地方式不能只看其中某台变压器或其中的几台变压器中性点运行方式。电力网中性点接地方式，是指某电压等级有直接电气联系的系统中，综合考虑每台变压器中性点接地方式对系统零序阻抗的影响，因而不能以变压器的接地方式来描述电力网中性点的接地方式。

思考问题

◆ 变压器中性点及电力系统中性运行方式的有何不同?

◆ 电力系统中性点运行方式有哪几种?各自的适用范围是什么?

学习必读

电力网的中性点接地方式虽然有多种表现形式,但基本上可以划分为两大类:中性点有效接地系统和中性点非有效接地系统。

一、中性点非有效接地系统

1. 中性点不接地

中性点不接地方式最简单,单相接地时允许带故障运行两小时,供电连续性好,接地电流仅为线路及设备的电容电流。但由于过电压水平高,要求有较高的绝缘水平,不宜用于110kV及以上电网。在6~63kV电网中,则采用中性点不接地方式,但电容电流不能超过允许值,否则接地电弧不易自熄,易产生较高弧光间歇接地过电压,波及整个电网。

2. 中性点经消弧线圈接地

在电压等级较低(如10kV及以下)的电网,绝缘费用在总投资中所占的比重不大,降低绝缘水平的经济价值不甚显著,因而着重考虑供电可靠性的要求,一般采用中性点不接地的方式。

但是,在电网线路长度比较长(如35kV架空线路超过100km,电缆线路超过2~3km。6、10kV电缆线路分别超过35、20km)时,电容电流也比较大,当电网发生单相电弧接地时,接地电弧不能自动熄灭,仍需跳闸,供电可靠性的优点也就不存在了。

因此,当单相接地电流大于规定值时,中性点应装设消弧线圈接地。

3. 中性点经高电阻接地

当接地电容电流超过允许值时,也可采用中性点经高电阻接地方式。此接地方式和经消弧线圈接地方式相比,改变了接地电流相位,加速泄放回路中的残余电荷,促使接地电弧自熄,从而降低弧光间隙接地过电压,同时可提供足够的电流和零序电压,使接地保护可靠动作。

6kV和10kV配电系统以及发电厂厂用电系统,接地故障电容电流较小时,为防止谐振、间歇性电弧接地过电压等对设备的损害,可采用高电阻接地方式。

二、中性点有效接地系统

1. 直接接地

直接接地方式的单相短路电流很大,线路或设备须立即切除,增加了断路器负担,降低供电连续性,但由于过电压较低,绝缘水平可下降,减少了设备造价,特别是在高压和超高压电网,经济效益显著。故适用于110kV及以上电网中。

此外，在雷电活动较强的山岳丘陵地区，结构简单的110kV电网，如采用直接接地方式不能满足安全供电要求和对联网影响不大时，可采用中性点经消弧线圈接地方式。

2. 小电阻接地

6～35kV主要由电缆线路构成的送、配电系统，单相接地故障电容电流较大时，一般为100～1000A，可采用低电阻接地方式，但应考虑供电可靠性要求、故障时瞬态电压、瞬态电流对电气设备的影响、对通信的影响和继电保护技术要求，以及本地的运行经验等。

三、变压器和发电机的中性点接地

1. 变压器中性点接地方式

电力网中性点的接地方式，决定了主变压器中性点的接地方式。

1)变压器的110～500kV侧采用中性点直接接地方式。

① 凡是自耦变压器，其中性点须要直接接地或经小阻抗接地。

② 凡低压有电源的升压站和降压变电站至少应有一台变压器直接接地。

③ 终端变电站的变压器中性点一般不接地。

④ 变压器中性点接地点的数量应使电网所有短路点的综合零序电抗与综合正序电抗在合适的范围内。

⑤ 所有普通变压器的中性点都应经隔离开关接地，以便于运行调度灵活选择接地点。

2)主变压器6～63kV侧采用中性点不接地或经消弧线圈接地方式。

2. 发电机中性点接地方式

3～20kV具有发电机的电网，发电机内部发生单相接地故障不要求瞬时切机时，如单相接地故障电容电流不大于表2-1-1所示允许值时，应采用不接地方式；大于该允许值时，应采用消弧线圈接地方式，且故障点残余电流也不得大于该允许值。消弧线圈可装在厂用变压器中性点上，也可装在发电机中性点上。

表2-1-1　发电机接地故障电流允许值

发电机额定电压kV	发电机额定容量MW	电流允许值A	发电机额定电压kV	发电机额定容量MW	电流允许值A
6.3	≤50	4	13.8～15.75	125～200	2
10.5	50～100	3	18～20	≥300	1
注：对额定电压为13.8kV～15.75kV的氢冷发电机为2.5A。					

发电机内部发生单相接地故障要求瞬时切机时，宜采用高电阻接地方式。电阻器一般接在发电机中性点单相配电接地变压器的二次绕组上。

项目二 中性点非有效接地系统及其特点

任务 中性点非有效接地系统分析

阅读资料

中性点非有效接地系统因发生单相接地时接地电流较小，也被称为小电流接地系统，在我国有着长期的运行经验，到目前为止仍然存在众多问题，主要是接地电流超标问题，当接地电流超标且未经消弧线圈补偿，易造成过电压，有时会引起爆炸，损坏设备。

某省电力公司就电网中性点非有效接地系统消弧线圈使用情况组织了调研，统计了各供电公司220kV、110kV变电站35kV、10kV系统消弧线圈的使用情况，实测了118个站的35kV系统、135个站的10kV系统的电容电流，其中41个站的35kV系统单相接地电容电流大于10A，占所测总数的比例的35%；93个站10kV系统单相接地电容电流大于10A，占所测总数的比例为69%。

可见中性点非有效接地系统单相接地时的电容电流超标问题比较严重，未引起运行单位的重视。

思考问题

◆ 中性点小电流接地系统单相接地时的相电压、线电压、接地电流分别有哪些变化

◆ 中性点小电流接地系统有哪些特点？

◆ 为什么在小电流接地系统中性点经消弧线圈接地后可有效改善单相接地时的接地电流超标问题？

学习必读

一、中性点不接地系统

1. 中性点不接地系统正常运行分析

中性点不接地的电力系统正常运行时的电路图和相量图如图 2-2-1 所示，三相线路

的相间及相与地之间都存在着分布电容。这里只考虑相与地之间的分布电容，且用集中电容来表示，系统正常运行时，三相相电压$\dot{U}_U$、$\dot{U}_V$、$\dot{U}_W$是对称的，三相线路对地的电容电流也是对称的，如图 2－2－1b 所示。这时三相的对地电容电流的相量和为零，因此没有电流在地线中流过。各相对地电压均为相电压。

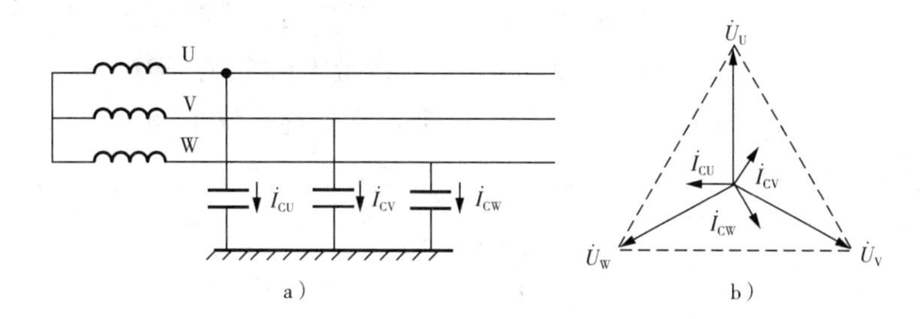

图 2－2－1　正常运行时中性点不接地系统

a)电路图；b)相量图

此时，电容电流超前对应的相电压 90°，其大小为

$$I_{c\varphi}=\frac{U_{\varphi}}{X_c}=\omega CU_{\varphi}(\mathrm{A}) \tag{2-2-1}$$

2. 中性点不接地系统单相金属性接地分析

当系统发生单相接地故障时，假设 C 相发生金属接地，其接地电阻为零，如图 2－2－2 所示，这时 W 相对地电压为零，而非故障相 U、V 相的对地电压在相位和数值上都发生改变，即

$$\dot{U}'_U=\dot{U}_U+(-\dot{U}_W)=\dot{U}_{UW} \tag{2-2-2}$$

$$\dot{U}'_V=\dot{U}_V+(-\dot{U}_W)=\dot{U}_{VW} \tag{2-2-3}$$

$$\dot{U}'_W=\dot{U}_W+(-\dot{U}_W)=0 \tag{2-2-4}$$

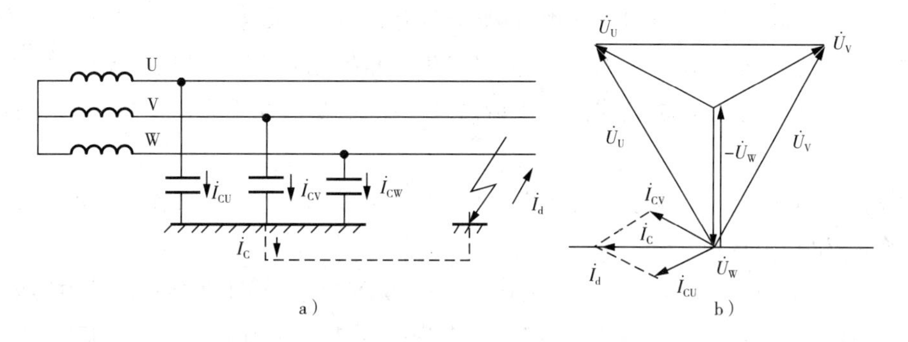

图 2－2－2　C 相金属性单时接地时中性点不接地系统

a)电路图；b)相量图

由图 2－2－2 及公式分析可知，当系统发生金属性接地时：

1)非故障相电压升高为线电压。

2)一组线电压：$\dot{U}_{UV}$、$\dot{U}_{VW}$、$\dot{U}_{WU}$大小相等，相位顺时针互差120°，即线电压的对称性不变。

单相接地故障时，由于线电压保持不变，对电力用户没有影响，用户可继续运行，提高了供电可靠性。理论上长期带单相接地故障运行不会危及电网绝缘，但实际上是不允许过分长期带单相接地运行的，因为未故障相电压升高为线电压，长期运行可能在绝缘薄弱处发生绝缘破坏而造成相间短路。一般规程规定，中性点不接地系统带单相接地点运行不超过2小时。

3)由于非故障相的对地电压升高到线电压，所以在这种系统中，电气设备和线路的对地绝缘必须按能承受线电压考虑设计，从而相应地增加了投资。

3. 接地电流分析

$$\dot{I}_d=\dot{I}_C=\dot{I}_{CU}+\dot{I}_{CV} \qquad (2-2-5)$$

$$I_d=\sqrt{3}I'_{CU}=\sqrt{3}\frac{U'_{CU}}{X_c}=\sqrt{3}\frac{\sqrt{3}U_\varphi}{X_c}=3\frac{U_\varphi}{X_c}=3I_\varphi=3\omega CU_\varphi \qquad (2-2-6)$$

可见接地电流的大小只与接地前的相对地电容电流的大小及电压级有关，而与接地无关，接地前的相对地电容电流的大小与线路对地电容有关，因此某系统单相接地时，接地电流的大小与该系统即时的对地电容有关。通常工程上按公式2-2-7估算接地电流的大小：

$$I_d=\frac{U_L\times\sum L_1}{350}+\frac{U_L\times\sum L_2}{10}(A) \qquad (2-2-7)$$

式中：U_L—— 该电压级的线路额电压，单位kV；

$\sum L_1$—— 该电压级有直接电气联系的所有架空线路的总长度，单位km；

$\sum L_2$——该电压级有直接电气联系的所有电缆线路的总长度，单位km。

二、中性点经消弧线圈接地

1. 中性点经消弧线圈接地分析

中性点不接地系统，具有单相接地故障时可继续给用户供电的优点，即供电可靠性比较高，但这是建立在接地电流不大的基础上，当发生单相接地时，如果接地电流较大，将在接地点产生间歇性电弧，这就可能使线路发生谐振过电压现象，因此不宜用于单相接地电流较大的系统。

一般不同电压级对接地电流的要求不同，根据标准DL/T620《交流电气装置的过电压保护和绝缘配合》中规定：

3～10kV不直接连接发电机的系统和35kV、66kV系统，当单相接地故障电容电流不超过下列数值时，应采用不接地方式；当超过下列数值又需在接地故障条件下运行时，应采用消弧线圈接地方式：

1)3～10kV钢筋混凝土或金属杆塔的架空线路构成的系统和所有35kV、66kV系统，为10A。

2)3～10kV非钢筋混凝土或非金属杆塔的架空线路构成的系统，当电压为3kV和6kV

时，为 30A；当电压为 10kV 时，为 20A。

3)3～10kV 电缆线路构成的系统，为 30A。

一旦接地电流超过允许值，应采取中性点经消弧线圈接地的运行方式。

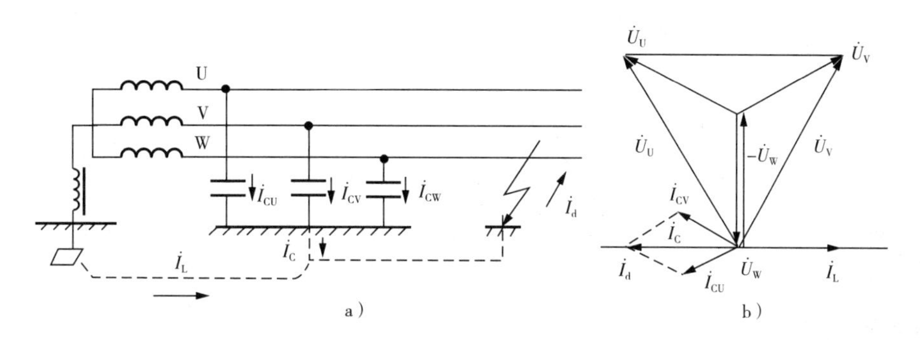

图 2-2-3　W 相金属性单时接地时中性点不接地系统

a)电路图；b)相量图

由于中性点电压为$-\dot{U}_W$，如图 2-2-3b 电感电流滞后电压 90°，$\dot{I}_L$ 正好和$\dot{I}_d$ 大小相等，方向相反。

2. 消弧线圈的补偿方式

用补偿度(也称调谐度)$k=\frac{I_L}{I_C}$或脱谐度 $\nu=1-k=\frac{I_C-I_L}{I_C}$表明单相接地故障时消弧线圈的电感电流$\dot{I}_L$ 对接地电容电流$\dot{I}_C$ 的补偿程度。

根据消弧线圈的电感电流对接地电容电流补偿程度不同，有三种补偿方式：完全补偿、欠补偿和过补偿。

(1)全补偿

全补偿，是使电感电流等于接地电容电流，即 $I_L=I_C$，接地处电流为零。

从消弧角度来看，完全补偿方式十分理想，但实际上却存在着严重问题。因为正常运行时，在某些条件下，如线路三相的对地电容不完全相等或断路器三相触头不同时合闸时，在中性点与地之间会出现一定的电压，此电压作用在消弧线圈通过大地与三相对地电容构成的串联回路中，此时感抗与容抗相等，满足谐振条件，形成串联谐振，产生谐振过电压，危及系统的绝缘，因此在实际电力工程中通常不采用完全补偿方式。

(2)欠补偿

欠补偿是使电感电流小于接地的电容电流，接地点尚有未补偿的电容性电流。欠补偿方式也较少采用，原因是在检修、事故切除部分线路或系统频率降低等情况下，可能使系统接近或达到全补偿，以致出现串联谐振过电压。

对采用单元连接的发电机中性点的消弧圈，为了限制电容耦合传递过电压以及频率变动等对发电机电性点，位移电压的影响，宜采用欠补偿方式。

(3)过补偿

过补偿是使电感电流大于接地的电容电流，接地点处尚有多余的电感性电流。过补偿

可避免谐振过电压的产生，因此得到广泛应用。过补偿接地处的电感电流也不能超过规定值，否则电弧也不能可靠地熄灭。因此，消弧线圈设有分接头，用以调整线圈的匝数，改变电感值的大小，从而调节消弧线圈的补偿电流，以适应系统运行方式的变化，达到消弧的目的。

继续探讨

◆ 消弧线圈有什么作用？

◆ 自动跟踪补偿消弧线圈有什么特点？

延伸拓展

1. 消弧线圈简介

消弧线圈是一个装设于配电网中性点的可调电感线圈，当发生单相接地时，可形成与接地电流大小接近但方向相反的感性电流以补偿容性电流，从而使接地处的电流变得很小或接近于零，当电流过零电弧熄灭后，消弧线圈还可减小故障相电压的恢复速度从而减小电弧重燃的可能性。完全补偿状态时，中性点位移电压 U_0 将很高，因此一般都采取过补偿方式以减小中性点位移过电压。失谐度大可降低中性点位移电压，但失谐度过大，将使线路接地电流太大，电弧不易熄灭，因此合理地选择失谐度才能使消弧线圈正常运行。失谐度一般选在10%左右，长时间中性点位移电压不应超过额定相电压的15%。

最近几年，自动调谐消弧线圈的出现，以及在消弧线圈上并联或串联电阻以后，全补偿和欠补偿也是允许的。

2. 自动跟踪补偿消弧线圈

自动跟踪补偿消弧线圈装置可以自动适时的监测跟踪电网运行方式的变化，快速地调节消弧线圈的电感值，以跟踪补偿变化的电容电流，使失谐度始终处于规定的范围内。大多数自动跟踪消弧装置在可调的电感线圈下串有阻尼电阻，它可以限制在调节电感量的过程中可能出现的中性点电压升高，以满足规程要求不超过相电压的15%。当电网发生永久性单相接地故障时，阻尼电阻可由控制器将其短路，以防止损坏。其原理接线如图2-2-4所示。

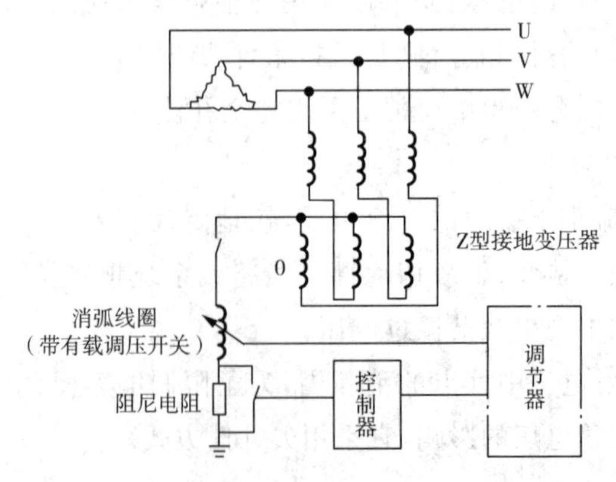

图2-2-4 自动跟踪补偿消弧线圈原理接线图

自动跟踪补偿消弧线圈有预调式和随调式两种：

1)预调式:消弧线圈的电感值,一般在故障发生前就已针对电网的实时参数做出调整,即消弧线圈的电抗已预先设置为基本上等于系统的容抗,是目前电力系统中广泛采用的形式。

2)随调式:消弧线圈的电感值的调节是在故障发生后进行的,即在正常运行时,消弧线圈的电感预先设置为远偏离于与系统电容构成谐振的谐振点,一旦发生接地故障,则立即调节消弧线圈的电感值到谐振点。具有正常运行因远离谐振点,不会发生谐振;故障时,因该装置不需要阻尼电阻,响应速度快,且调节范围广。此类装置是未来消弧线圈的发展趋势,但需要通过晶闸管实现,受晶闸管技术的影响目前尚未大量使用。

项目三 中性点有效接地系统及其特点

任务 中性点有效接地系统分析

阅读资料

中性点有效地系统是指该电压等级有直接电气联系的线路、母线及变压器绕组所构成的电力系统，存在变压器中性点直接接地。直接接地系统中，存在一个或多个变压器中性点，变压器中性点是否安排接地，要受到整个系统运行方式及操作的需要而定。变压器中性点的数量应使电网所有短路点的综合零序电抗与综合正序电抗之比 X_0/X_1 小于 3，X_0/X_1 同时要大于 1，以使单相短路电流不超过三相短路电流。因该系统发生单相接地时，短路电流较大也被称为中性点大电流接地系统。为限制操作过电压，在操作主变该电压等级侧的断路器时，要求中性点直接接地。在运行过程系统中中性点接地的数目不允许随意改动，当系统中因出现故障而失去中性点时，要及时安排该系统中其他中性点接地。

思考问题

◆ 中性点大电流接地系统，单相接地时，线路是否跳闸？

◆ 中性点大电流接地系统与中性小电流接地系统相比，供电可靠性是降低了还是升高了？

◆ 中性点大电流接地系统有哪些优点？

学习必读

中性点有效接地系统分析

中性点有效接地系统，单相接地时接地电流大，按故障处理，故障发生时，断路器跳闸。

随着电力系统输电电压等级的增高和输电距离的不断增长，单相接地电流也随之增大，

中性点不接地或经消弧线圈接地的运行方式已不能满足高压系统正常、安全、经济运行的要求。

针对这些情况，电力系统中性点可经变压器电性点采用直接接地的运行方式，即中性点直接与大地相连，或经小电阻与大地相联的运行方式。

正常运行时，由于三相系统对称，中性点的电压为零，中性点没有电流流过。当系统中发生单相接地时，由于接地相直接通过大地与电源构成单相回路，故称这种故障为单相短路。单相短路电流很大，继电保护装置应立即动作，使断路器断开，迅速切除故障部分，不会产生稳定电弧或间歇电弧，系统其他部分仍能正常运行。中性点大电流接地系统单相接地分析如图 2-3-1 所示。

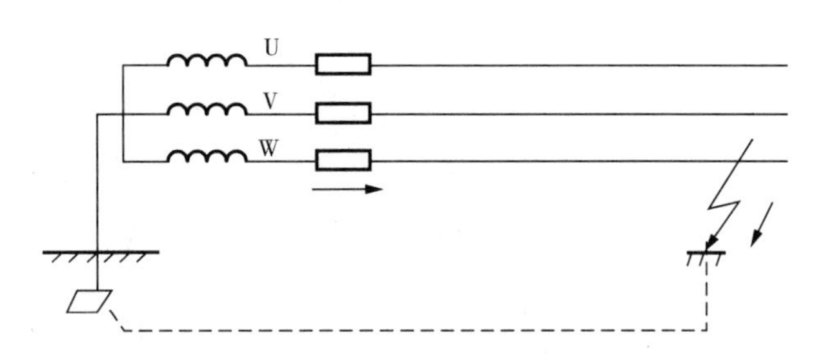

图 2-3-1　中性点有效接地系统单相接地分析

中性点有效接地系统中发生单相接地时，相间电压的对称关系被破坏，但未发生接地故障的两完好相的对地电压不会升高，仍维持相电压。因此，中性点有效接地系统中的供电设备的相绝缘只需按相电压来考虑。这对 110kV 及以上的高压系统来说，具有显著的经济技术价值，因为高压电器，特别是超高压电器，其绝缘问题是影响电器设计制造的关键问题。电器绝缘要求的降低，直接降低了电器的造价，同时也改善了电器性能。

中性点有效接地系统中发生单相接地即形成单相短路，必须立即断开电路，这样造成的后果是短期停电（重合闸成功），或者是长期停电（永久性故障，则重合闸不成功）。此外，在短路过程中，巨大的短路电流引起的电动力和热效应可能使一些电气设备造成损坏。一些断路器由于切断短路电流的次数增加，会增加其维护检修的工作量。

中性点有效接地系统中发生单相接地故障时，大的接地电流对邻近的通信线路干扰大，感应电压可能危及工作人员安全或引起信号装置误动作，因此，电力线和通信线间必须保持一定的距离。

此外，中性点有效接地系统发生单相接地时，由于接地电流很大，电压的剧烈下降、线路的突然切除可能导致系统稳定的破坏。

学习领域三

发电厂、变电站电气主接线

项目一　电气主接系统基本知识

任务一　电气主接系统概述

阅读资料

一、电气主接线图

走进变电站或发电厂升压站，能看到不同的一次设备，如断路器、隔离开关、变压器、母线、线路等，它们整齐有序的连接在一起，这些设备是如何连接的，如何接收外来电能，并把电能分配出去。主接线图正是这种直观的表述设备之间连接关系，并为分析电力系统正常或故障运行提供参考的一种电气图纸。如图3-1-1所示为电气接线图。

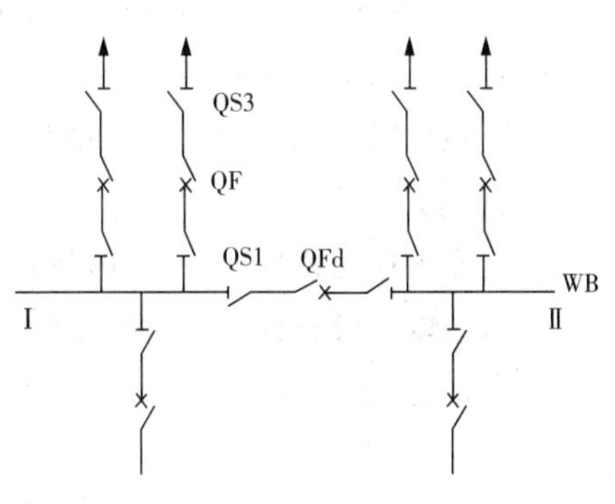

图3-1-1　电气主接线

二、电气主接线图与电气主接线

电气主接线图是指由各种电气设备的图形符号和连接线组成的表示电能生产流程的电路图。

我们通常所讲的电气主接线主要是指在发电厂、变电站、电力系统中，为满足预定的功率传送方式和运行等要求而设计的、表明高压电气设备(一次设备)之间相互连接关系的传送电能的电路。把它画成图就是电气主接线图，也称一次电气主接线图。

电路中的高压电气设备一般包括发电机、变压器、母线、断路器、隔离开关、线路等一次设备。它们的连接方式，对供电可靠性、运行灵活性及经济合理性等起着决定性作用。

一般在研究主接线方案和运行方式时，为了清晰和方便，通常将三相电路图描绘成单线图。在三相接线不完全相同的局部(如各相中电流互感器的配备情况不同)则绘制成三线图。在电气主接线全图中，除了上述主要电气设备外，还应将互感器、避雷器、中性点设备等也表示出来，并注明各设备的型号和参数。

思考问题

◆ 电气主接线有哪些基本要求？
◆ 电气主接线有什么作用？
◆ 一般从哪几个方面来衡量电气主接线的可靠性？
◆ 电气主接线设计原则有哪些？
◆ 电气主接线有哪些基本的类型？
◆ 电气主接线常用的一次设备图形及符号有哪些？

学习必读

一、电气主接线的基本要求

电气主接线应满足以下基本要求：

1. 可靠性

发电、输变电的安全可靠，是对电力系统的第一要求，电气主接线应首先给予满足。电气主接线的可靠性不是绝对的，同样的主接线对某些发电厂和变电站来说是可靠的，但对另一些发电厂和变电站就不一定能满足其对可靠性要求。

2. 灵活性

主接线要求在正常情况下，能够按调度的要求灵活地改变运行方式，而且在各种不正常或故障状态下以及设备检修时，能够尽快地切除故障或退出设备，使停电的时间最短、影响的范围最小，并且还要保证工作人员的安全。

3. 操作方便性

主接线应简单清晰、操作方便，尽可能使操作步骤简单，便于运行人员掌握；复杂的接线不仅不便于操作，往往还会造成误操作而发生事故。但接线过于简单，不但不能满足运行方式的需要，而且也会给运行造成不便，或造成不必要的停电。

4. 经济性

主接线在保证安全可靠情况下，要求操作地面积最少，使发电厂尽可能发挥更大的经济效益。

5. 可扩建性

由于我国工农业的高速发展，电力负荷增加很快，因此，在选择主接线时，还要考虑到扩建的可能性。

二、电气主接线的作用

电气主接线有以下作用：

1)可以了解各种电气设备的规范、数量、连接方式和作用，以及和各电力回路的相互关系和运行条件等。

2)主接线的选择正确与否,对电气设备选择、配电装置布置、运行可靠性和经济性等都有重大的影响。

三、衡量电气主接线可靠性的因素

一般地,可以从以下几个方面来衡量电气主接线的可靠性:

1)断路器检修时是否会影响对用户的供电。

2)设备和线路故障或检修时,停电线路的多少(停电范围的大小)和停电时间的长短,以及能否保证对重要用户的供电。

3)是否存在发电厂、变电站全部停止工作的可能性等。

四、电气主接线设计原则

电气主接线在设计时一般应遵循以下原则:

1)变电站的地理位置及其在系统中的地位和作用;

2)待设计变电站与系统的连接方式和推荐的主接线;

3)待设计的变电站的出线回路数、用途及运行方式、传输容量;

4)变电站母线的电压等级,自耦变压器各侧的额定电压及调压范围;

5)装设各种无功补偿装置的必要性、形式、数量和接线;

6)高压、中压及低压各侧和系统短路电流及容量,以及限制短路电流的措施;

7)变压器的中性点接地方式;

8)本地区及本电厂或变电站负荷增长的过程。

五、电气主接线类型

电气主接的类型一般分为有母线类和无母类两大类型,具体如下:

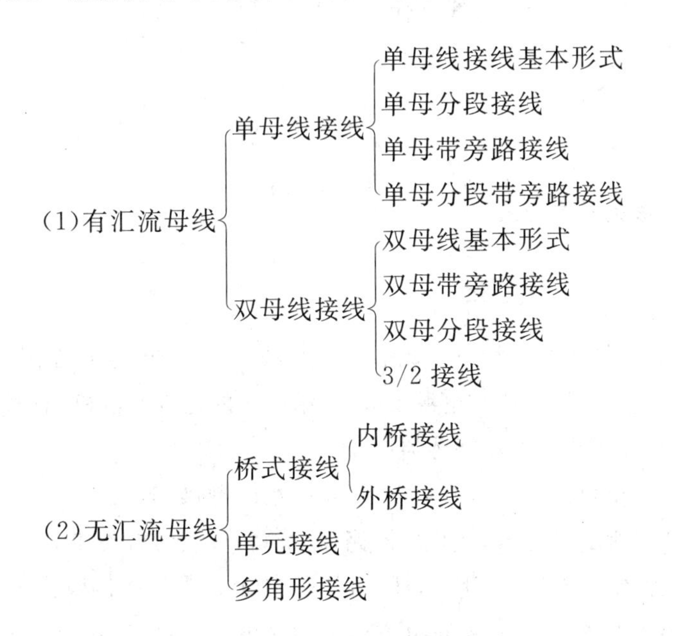

任务二　单母线接线

阅读资料

单母线接线是所示接线形式最简单的一种接线，如图 3-1-2 所示。

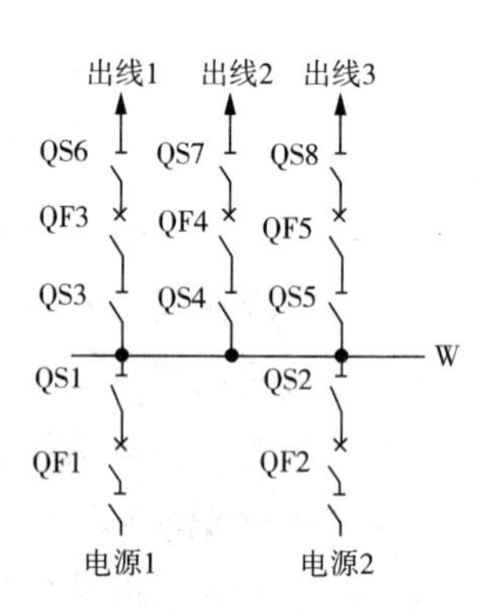

图 3-1-2　单母线接线图 1

由线路、电源回路和一组(汇流)母线所组成的电气主接线，单母线接线的每一回路都通过一台断路器和一组母线隔离开关接到这组母线上，这种接线方式的优点是简单清晰、设备较少、操作方便和占地少。

但这种接线也有其不足之处，供电可靠性不高，但由于其结构简单、操作方便、投资少，因而在电力系统中仍有十分广泛的应用，特别是经过适当变化的其他形式，如单母分段，单母分段带旁路等接线形式。

思考问题

◆ 单母线接线有什么特点?

◆ 单母分段接线和单母线相比有哪些不同?

◆ 什么是旁路母线? 旁路母线有什么作用?

◆ 单母线接线的应用范围有哪些?

学习必读

一、单母线接线的基本形式

1. 单母线接线构成

单母线接线如图 3-1-3 所示。

单母线接线方式最主要的特点是只有一组母线(也称汇流排)，在图中以 W 表示，在母线上连接有线路，包括电源进线和电源出线，连结母线的还有发电机，有时为变压器，以及为了测量需要的电压互感器和电流互感器。

为了对线路、发电机回路或变压器回路进行停送电操作，设有接通和断开电路的断路器，如图 3-1-3 中所示 QF。由于检修断路器、线路、母线而需要和来电方向形成明显的开断点，因此，在断路器两侧都装有隔离开关，如图中QS_W 为母线侧隔离开关，QS_L 为线路侧隔离开关，为了在线路检修时避免来电方向突然来电，在线路侧接有接地闸刀QS_0，同样当母线和断路器需要检修时，也需要在被检修的设备来电方向靠设备侧合上接地闸刀(图中未

画)，当没有接地闸刀时，可在补检修设备两挂接地线，接地线未反应在主接线图中。图中TA为电流互感器，也称流变，位于断路器和线路隔离开关之间，一般在简图中也可不画出，有时也可只画单相来代替三相。

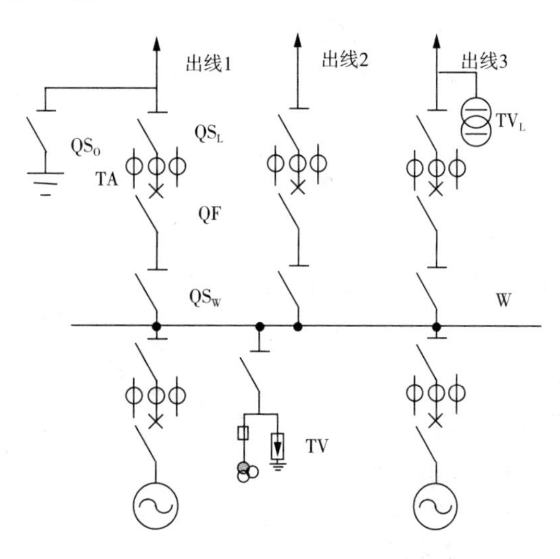

图 3-1-3 单母线接线图 2

电流互感器需要每条线路都安装，但电压互感器一般只需在母线上安装一组，如图中所示TV，是为了测量、计量和保护的需要，电压互感器一般和避雷器共用一个间隔，其通过隔离开关接于母线，接于高压的熔断器(35kV及以下电压级)也要求画出。当线路上装有备自投，或低周减载等需要线路电压的装置时，也在线路上接有线路电压互感器，一般只在A相安装，如图中TV_L所示。

2. 单母线特点

通常要从以下几个方面来分析电气主接线的优缺点：

1)接线是否简单，操作是否方便；

2)是否具有一定的灵活性；

3)是否适应进出线的数量，以及将来扩建的需要，即经济性好不好；

4)供电是否可靠。

上述第4条尤为重要，从任务一中可知主要从以下几个方面来考察供电可靠性：

1)断路器检修时是否会影响对用户的供电；

2)设备和线路故障或检修时，停电线路的多少(停电范围的大小)和停电时间的长短，以及能否保证对重要用户的供电。

3)是否存在发电厂、变电站全部停止工作的可能性等。

从以上几点可以看出单母线接线的优缺点如下：

1)优点：单母线接线简单、清晰；采用设备少、投资省；操作方便、便于扩建和采用成套配电装置。

2)缺点：母线、母线隔离开关故障或检修期间，连接在母线上所有回路都需长时间停止工作；检修出线回路断路器时，该回路必须停电。

可见单母线接线优点突出，但缺点也同样突出，在多数情况下需要采用单母改进的接线型式。

这种接线多用于进出线不多，对供电可靠性要求不高的场合，有时也用于 220kV、110kV 等较高压级第一期工程中。

二、单母线分段接线

单母线分段接线用分段断路器或分段隔离开关将单母线接线中的母线分成两段，将发电机(或变压器)以及线路分别接到两段母线上的电气主接线。它分为用断路器分段和隔离开关分段两种，如图 3-1-4 所示。

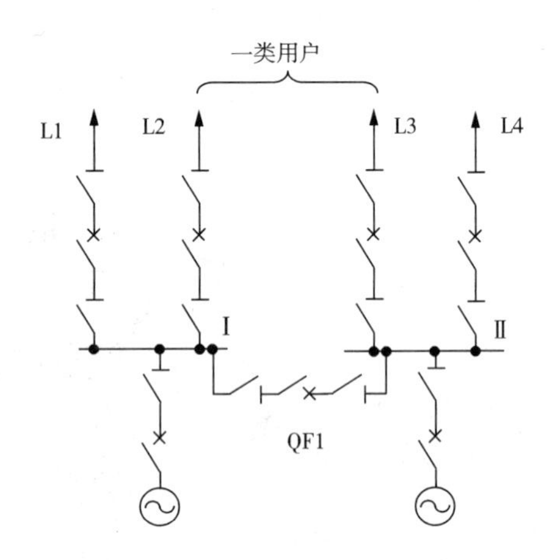

图 3-1-4　单母分段接线图

图中 QF1 称为分段断路器，互感器未画，这种接线同样从可靠性，灵活性，经济性来考察，其特点如下：

单母分段接线具有与单母接线相同的优点：简单、方便和占地少的。同时针对单线路、母线、母线隔离开关故障或检修期间，连接在母线上所有回路都需长时间停止工作的缺点，采用分段以后，可以保证一半的负荷继续供电，提高了供电的可靠性。

当一段母线上发生故障、母线隔离开关发生故障、线路断路器拒绝动作时，分段断路器将自动断开故障母线段，或断开连接有拒绝动作断路器的母线段，使无故障母线段能继续运行。此外，还可以在不影响一段母线正常运行的情况下，对另一段母线或其母线隔离开关进行停电检修。除了发生分段断路器故障外，其他设备发生故障时都不会使整个配电装置停电。

对有些供电可靠性要求不高的场合，也可用隔离关分段的单母线分段接线，这种接线，可靠性有所降低，任一段母线故障时将短时全部停电，待打开分段隔离开关后，非故障段母线才恢复供电。

对于重要负荷，可从两段母线上分别引出线路向该负荷供电，进一步提高供电可靠性。

但单母线分段接线依然没有解决线路断路器检修带来线路停电问题。

由于其可以采用成套配电装置，作为变电站中、低压侧主接线，在各级变电站广泛应用；作为高压侧主接线，也广泛用于 110kV 终端变、10～35kV 铁路变、配电所、城市轨道交通直流牵引变电站以及 110kV 电源进线回路较少的交流牵引变电站。

三、单母线带旁路接线

1. 接线方式

为解决单母线分段接线线路断路器检修带来线路停电问题可以采用如图 3-1-5 所示的单母线带旁路母线的接线，图中 W2 为旁路母线。

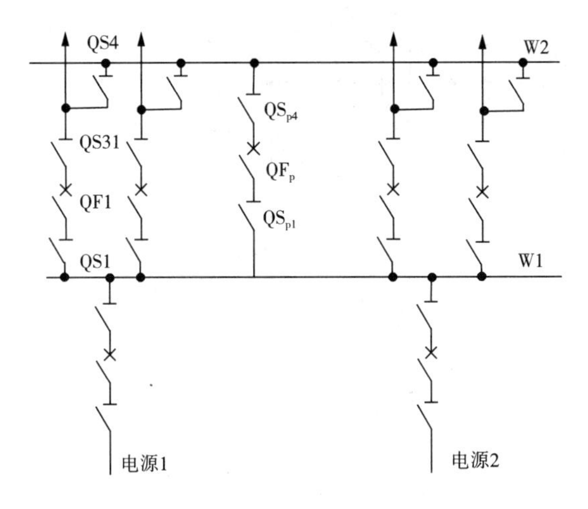

图 3－1－5　单母带旁路接线图

2. 旁路母线的作用

旁路母线要解决的是进、出线断路器检修所带来的停电问题，不是工作母线的备用母线，解决不了工作母线检修所带来的停电问题。图中每条进、出线都有过旁路隔离开关与旁路连接，旁路通过专门的旁路间隔，即旁路断路器，旁路两侧的隔离开关与工作母线相连，这样就为每条进出线建立了除线路与母线之间除本线路断路器以外的另一条通路，即可以通过旁路断路器代替进、出线断路器运行。一般情况下，旁路断路器同时只能带一条线路运行，特殊情况也可在断路器开断能力允许的情况下带两条线路运行，甚至还可以通过备用的线路断路器或不太重要负荷的断路器代替需要检修的断路器运行。

3. 旁代线路操作

旁代线路操作时一般采用不停电操作，例如图 3－1－5 中 QF1 需要检修，QF_P、QS_{p1}、QS_{p4} 均在断开位置，一般按以下方式操作：

1)先合 QS_{p1}，QS_{p4} 再合 QF_p 向旁路母线充电(当旁路长期不工作，不能保证其在完好状态，也有要求旁路长期处于带电状态，则此步骤省略)；

2)检查旁路母线充电正常(W1 有电，保护未动，且 QF_p 在合位)；

3)断开 QF_p 断路器(如不断开，采用等电位合 QS4，则回路中断路器均应设成非自动状态，一般实际工作中采用断路器合环)；

4)合上 QS4(闸刀可以合 220kV 及以下空母线，第 2 步是关键，否则当不能证明旁路正常，则旁路有故障时，将造成带接地点合闸刀，形成恶性误操作)；

5)合上 QF_p；

6)断开 QF1 及两侧隔离开关，QF1 退出运行，进行检修。

四、单母分段带旁路接线

为进一步提高供电可靠性，单母分段接线也可采用带旁路接线，如图 3－1－6 所示。

这种接线旁路断路器同时兼作分段断路器使用，同时保证两条母线上的出线均可通过旁路断路器连接原来的工作母线。

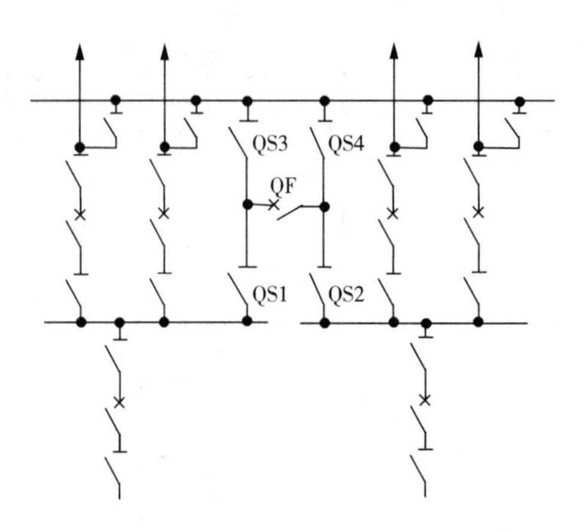

图 3-1-6　单母分段带旁路接线图

这种接线过于复杂，且旁路间隔设备多，在现场布置困难，并不能用于室内配电装置，操作也十分复杂，工程中一般不采用，工程中经常采用的是以专用旁路断路器的主接线形式。

继续探讨

单母分段带旁路接线，设专用的旁路断路器的主接线是如何绘制的，其在旁代时有什么特点？

延伸拓展

一、单母分段带旁路接线，设专用的旁路断路器的主接线图

设专用的旁路断路器的单母分段带旁路接线图如图 3-1-7 所示，一般只在其中一条母线上设专用的旁路断路器。

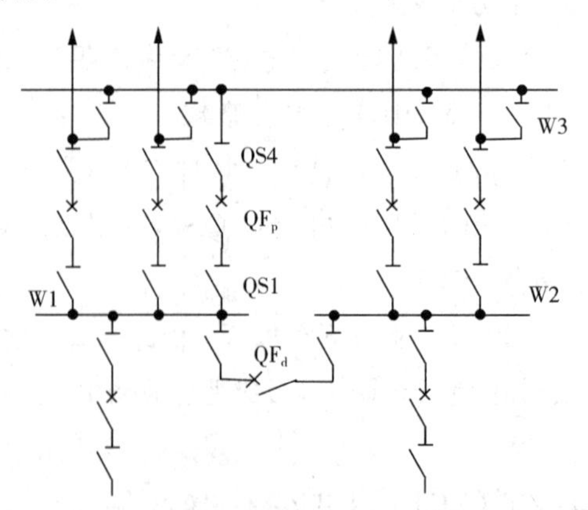

图 3-1-7　单母分段带旁路专用旁路断路器接线图

二、旁代操作分析

旁代时所有出线断路器均能建立从线路到母线的除本断路器之外的另一条通路，但只能与 W1 相连，旁代时，为保证不停电操作，需要先将分段断路器合上，在 110kV 及以下系统

中，此类操作均涉及电磁环网问题，操作时一定要保证分段断路器具备合闸的条件，分段断路器合上以后才能够进行旁代操作。

对供电可靠性要求不是特别高的情况可采用停电旁代，即旁路充电正常后，先断开旁路断路器，再将要检修的线路断路器转热备用，然后合上要检修线路的旁路隔离开关，最后合上旁路断路器，恢复要检修的断路器所在的线路送电。

任务三　双母线接线

阅读资料

双母线接线是供电可靠性比较高，在工程有着广泛应用的一种电气主接线，这种主接线在工程中有着丰富的运行经验的，如图 3－1－8 所示。

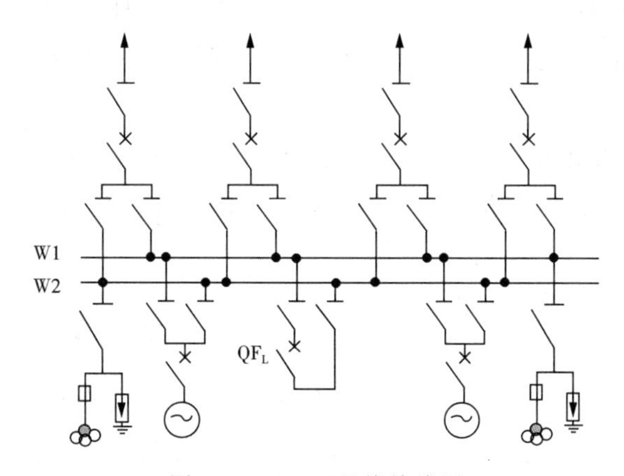

图 3－1－8　双母线接线图

图中可以看出设置有 W1、W2 两组母线，两组母线可以通过母线联络断路器 QF_L 相联络；每一回进出线都通过一台断路器和两组母线隔离开关分别接至两组母线上。正是由于每个回路都设置了两组母线隔离开关，可以在两组母线之间切换，从而大大地改善了这种接线形式的供电可靠性和运行灵活性。

图中还可以看出每组母线都通过隔离开关连接有一组电压互感器，此电压互感器有两个基本二次绕组其和原边一样中性点直接接地，还有一个辅助二次绕组接成开口三角形，图中未画出，一般要求在图画出，分别为测量、计量以及保护用。

这种接线由于供电可靠性不高，应用很广，虽然操作比较复杂，但在我国，此接线应用时间较长积累了大量的运行经验，因而在电力系统中有着十分广泛的应用，特别是经过适当改进的其他形式，如双母线带旁路接线，目前因高性能的 SF_6 断路器的广泛应用，双母线带旁路接线已有减少趋势，但仍广泛存在于大量已建变电站中。另一种改进形式，双母线分段（单分段、双分段、多分段）的接线在电力系统中应用越来越多。

思考问题

◆ 双母线接线有什么特点？

◆ 双母分段接线有哪些改进的形式？

◆ 双母分段接线有什么特点？

◆ 双母带旁路接线的有什么特点？

学习必读

一、双母线接线

1. 双母线接线的特点

(1)供电可靠性高

通过两组母线隔离开关的倒换操作，可以轮流检修一组母线而不致使供电中断；一组母线故障后，能迅速恢复供电；检修任一回路的母线隔离开关时，只需断开此隔离开关所属的一条电力线路和此隔离开关相连的该组母线，其他电路均可通过另一组母线继续运行。

(2)调度灵活性高

各个电源和各回路负荷可以任意分配到某一组母线上，能灵活地适应电力系统中各种运行方式调度和潮流变化的需要。通过倒换操作可以组成各种运行方式。

(3)便于扩建

双母线接线可以方便的向两边扩建。

(4)其他特点

双母线接线具有供电可靠、调度灵活，又便于扩建等优点，在大、中型发电厂和变电站中广为采用，并已积累了丰富的运行经验。但这种接线使用设备多(特别是隔离开关)，配电装置复杂，投资较多；在运行中隔离开关作为操作电器，容易发生误操作，尤其当母线出现故障时，须短时切换较多电源和负荷；当检修出线断路器时，仍然会使该回路停电。虽然可能通过架设跨条，并通过母联断路器代出线断路器运行的方式，短时停电，但这种方式太过复杂，安全性难以保证在工程中很少采用。为此必要时采用母线分段和增设旁路母线系统等措施。

2. 双母线接线母线检修时的操作

如图 3－1－9 所示，在Ⅰ组母线工作、Ⅱ组母线备用的运行方式下，欲检修工组母线时的倒闸操作步骤如下：

① 检查备用母线是否完好，合上 QF_L 两侧的隔离开关，再合上 QF_L 向备用母线充电。若备用母线完好时，则 QF_L 不会因继电保护动作而跳闸，可继续进行操作。

② 将所有回路切换至备用母线上。例如，先合上 QS_2、再断开 QS_1，可将线路 WL1 从工作母线 I 母切换至备用母线Ⅱ母上，其他回路的操作步骤与此相同，③断开 QF_L 及其两侧的隔离开关，恢复正常运行。

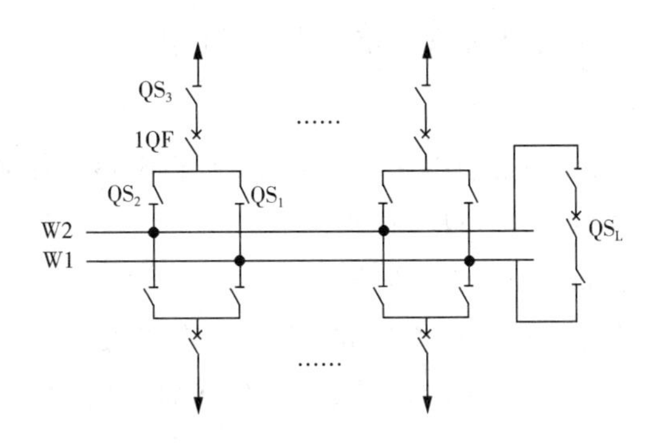

图 3-1-9　双母线接线

二、双母线分段接线

双母线双分段四组工作母线，每条引出线通过一台断路器、两组母线隔离开关分别接到工作母线上，如图 3-1-10 所示。

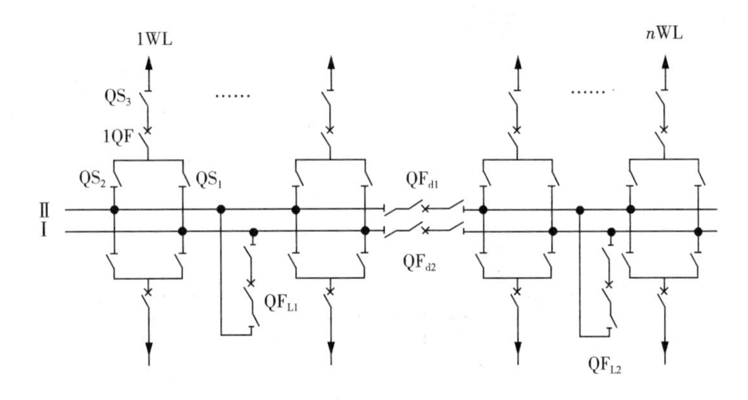

图 3-1-10　双母线双分段接线

1. 双母线双分段主接线的优点

1)具有双母线接线的所有优点；

2)母线轮流检修时不中断对用户供电；

3)运行方式灵活、可靠性高；

4)母线检修或故障时，停电面积进一步减小。

2. 双母线双分段主接线的缺点

该接线虽然较双母线和单分段接线供电可靠性有一定提高，但还是存在不带旁路主接线的共同缺点：

1)母线故障或线路故障而对应断路器失灵时，导致接在该母线上的所有出线停电；

2)倒闸操作复杂，母线检修时需要进行闸刀的倒换操作；

3)母联、分段断路器与电流互感器之间故障时，会导致二段母失电；

4)接线复杂，操作繁琐，容易引起误操作；工作母线故障会引起短时停电；检修出线断路器会造成该回路短时停电；

5)占地面积达，投资费用大。

这种主接线一般用于对供电可靠性要求较高的场合。

三、双母线带旁路接线

为解决出线断路器检修所带来的出线停电问题，加装旁路母线则解决。如图 3-1-11 所示，是具有专用旁路断路器的旁路母线接线。

这种接线，除了两组主母线 W1、W2 之外，还增设了一组旁路母线 W_p 及专用的旁路断路器 QF_p 回路。要利用旁路母线的所有回路，都需装有可接至旁路母线的旁路隔离开关 QS_p。若变压器高压侧的断路器回路不需接入旁路母线时，可将图 3-1-11 中的虚线部分取消，此虚线部分称为进线旁路。

双母线带旁路接线运行方式灵活，具有双母线接线的所有优点，不影响双母线正常运行，但多装一台断路器，增加了投资和配电装置的占地面积。且旁路断路器的继电保护为适应各回出线的要求，其旁代线路，特别是旁代主变操作相当复杂。

我国一般规定，当 220kV 有 4 回及以上出线、110kV 6 回及以上出线时，可采用具有专用旁路断路器的双母线带旁路母线接线。

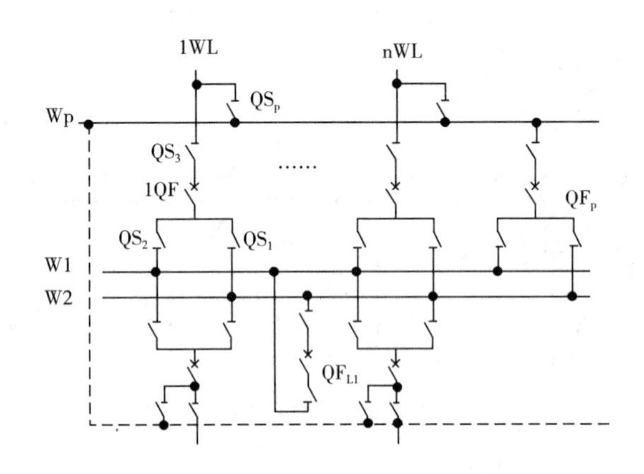

图 3-1-11 双母线带旁路接线

现以检修线路 1WL 的断路器 QF1 为例，说明其操作步骤：首先合上旁路断路器 QF_p 两侧的隔离开关及 QF_p，对旁路母线进行充电检查。若旁路母线完好时，先断开 QF_p，再利用隔离开关合空母线，合上 1WL 旁路隔离开关 QS_p，再合上 QF_p 构成从工作母线出发，经 QF_p、W_p 及 QS_p 向线路 1WL 供电的旁路通路。然后断开 1QF 及其两侧的隔离开关，做好安全措施后，即可对 1QF 进行检修。

由于 QF_p 配备有继电保护装置，所以不仅可以用它来正常投入或退出线路，而且还能自动切除线路上的故障。

继续探讨

3/2 接线也是双母线吗？这种接线有什么特点？

延伸拓展

3/2 接线方式中 2 条母线之间 3 个断路器串联，形成一串。在一串中从相邻的 2 个断路器之间引出元件，即 3 个断路器供两个元件，中间断路器作为共用，相当于每个元件用 1.5 个断路器，因此也称为一个半断路器接线。是双母线接线的一种，如图 3-1-12 所示。

正常运行时，断路器都接通，双母线同时工作，任一条线路例如 WL1 发生故障，QF1 断路器和 QF2 自动断开，此时同串中另一条线路可以通过断路器 QF3 继续工作。

任一组母线故障时，断开所有连接在这组母线上的断路器，而全部电路仍可通过另一组母线继续供电。此外，这种接线还能保证检修任一断路器时，电路仍可继续工作。

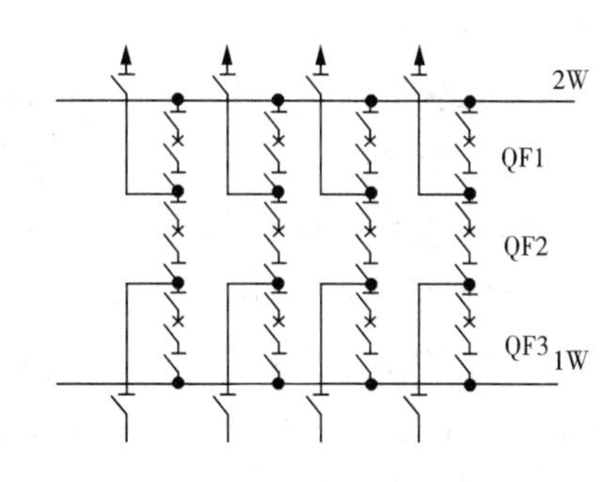

图 3-1-12　3/2 接线

3/2 断路器双母线接线的优点有：

1)它兼有环形接线和双母线接线的优点，有很高的供电可靠性和灵活性。

2)与双母线加旁路母线比较，隔离开关少，配电装置结构简单，占地面积小，土建投资少。

3)隔离开关在电路中仍作隔离电压的操作，不易因误操作而造成事故。

与双母线加旁路母线比较，它的缺点有：

1)用断路器较多，投资大。

2)继电保护装置比较复杂。

这种接线广泛应用在多回路、超高压 330kV 及以上、长距离送电及环网接线时应用，少数对供可靠性要求很高的场 220kV 变电站也采用。

在一台半断路器接线中，一般应采用交叉配置的原则，即同名回路应接在不同串内，电源回路宜与出线回路配合成串。此外，同名回路还宜接在不同侧的母线上。

任务四　无母线类主接线

阅读资料

如图 3-1-13 所示电路，在发电机出口，直接经变压器接入升高电压系统的接线，称为发电机—变压器组单元接线，实际上，这种单元接线往往只是电厂主接线中的一部分或一条回路。

关于发电机出口是否装设断路器的问题。目前我国及许多国家的大容量机组(特别是 200MW 以上的机组)的单元接线中，发电机出口一般不装设断路器，其理由是，大电流大容量断路器(或负荷开关)投资较大,而且在发电机出口至主变压器之间采用封闭母线后,此段线路范围的故障可能性亦已降低。甚至在发电机出口也不装隔离开关,只设有可拆的连接片,以供发电机测试时用。

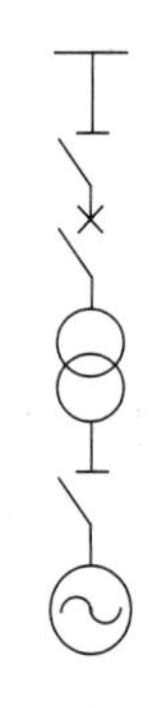
图 3-1-13　发电机变压组接线

发电机出口也有装设断路器的,其理由是:

1)发电机组解、并列时,可减少主变压器高压侧断路器操作次数,特别是500kV或220kV为一个半断路器接线时,能始终保持一串内的完整性。当电厂接线串数较少时,保持各串不断开(不致开环),对提高供电送电的可靠性有明显的作用。

2)启停机组时,可用厂用高压工作变压器供电厂用电,减少了厂用高压系统的倒闸操作,从而可提高运行可靠性。当厂用工作变压器与厂用启动变压器之间的电气功角占相差较大(一般$\delta>15°$)时,这种运行方式更为需要。

3)当发电机出口有断路器时,厂用备用变压器的容量可与工作变压器容量相等,且厂用高压备用变压器的台数可以减少。如我国规程规定,两台机组(不设出口断路器)要设置一台厂用备用变压器。

发电机出口装设断路器所带来的缺点是,在发电机回路增加了一个可能的事故点。但根据以往事故经验及世界发展方向,500MW及以上机组出口装设断路器有其突出优点。

思考问题

◆ 无母线类接线有哪些类型?
◆ 单元接线有哪些特点,其主要应用在哪些场合?
◆ 内桥接线有哪些特点,其主要应用在哪些场合?
◆ 外桥接线有哪些特点,其主要应用在哪些场合?

学习必读

在各种有母线的主接线形式中断路器的数目大于连接回路的数目,造成配电装置占地面积大,建设成本高,对于一些经济性要求较高的场合,在满足主接线可靠性要求的前提下,可采用无母线的主接线方式,常见的无母线类接线主要有,单元制接线,以及桥式接线和多角形接线。

一、单元接线

将发电机、变压器及线路直接连接成一个单元称为单元接线。

单元接线主要有三种形式:即发电机—变压器单元、发电机—变压器—线路单元及变压器—线路单元。前两种应用在发电厂中,后一种应用在变电站中。

1. 发电机—变压器单元

发电机与变压器直接连接成一个单元,组成发电机—变压器组。它具有接线简单,断路

器设备少，操作简便以及因不设发电机出口母线，使得在发电机和变压器低压侧短路时，短路电流相对于具有母线时，有所减小等特点。

图 3－1－14c 为发电机双绕组变压器组成的单元接线，是大型机组广为采用的接线形式。发电机和变压器容量应配套设置。发电机出口多采用分相封闭母线，为了减少开断点，亦可不装，但应留有可拆点，以利于机组调试，这种单元接线，避免了由于额定电流或短路电流过大，使得选择出口断路器时，受到制造条件或价格甚高等原因造成困难。

图 3－1－14a 为发电机与自耦变压器，图 3－1－14b 为发电机与三绕组变压器组成的单元接线。为了在发电机停止工作时，还能保持和中压电网之间的联系，在变压器的三侧均装有断路器。

三绕组变压器中压侧由于制造原因，均为死抽头，从而影响高、中压侧电压水平及负荷分配灵活性。

此外，在一个发电厂或变电站中采用绕组变压器台数过多时，增加了中压侧引线的构架，造成布置的复杂和困难。因此通常采用三绕组主变压器一般不多于三台。

图 3－1－14d 为发电机一分裂绕组变压器扩大单元接线。

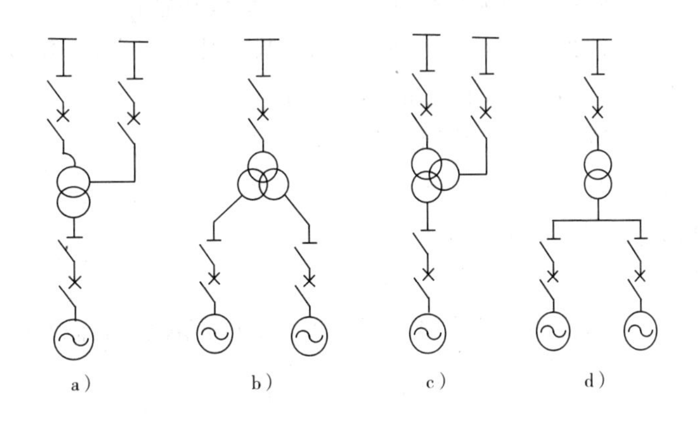

图 3－1－14　发电厂单元接线图

a)发电机一自耦变压器单元接线；b)发电机一三绕组变压器单元接线；
c)发电机一双绕组变压器扩大单元接线；d)发电机一分裂绕组变压器扩大单元接线

2. 发电机—变压器—线路单元

图 3－1－15 为发电机—变压器—线路组成的单元接线。发电厂每台主变压器高压侧直接与一条输电线路相连接，单独送电。发电厂内不设开关（断路器）站。各台主变压器之间没有电气连接。厂内主变压器台数与线路条数相等。每台发电机—变压器组单元各自单独送电至一个或多个开关站或变电站。变压器高压侧在厂内也可装设一台高压断路器，作为元件保护和线路保护的断开点，也可作为同期操作之用。

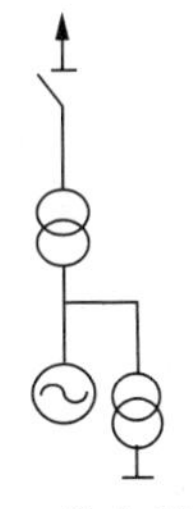

图 3－1－15　发电机—变压器—线路单元接线

一般应用于下列情况：

1)同一地区有几个大型电厂能源丰富，可以合起来建一个公共的枢纽变电站时；

2)电厂地位狭窄平面布置有困难时；

3)电厂离枢纽变电站较近，直接引线比较方便时。

3. 变压器—线路单元接线

图 3-1-16 为变压器—线路单元接线，用于只有一回进线和一回出线的场合，只有一种运行方式，一般适用于小容量的不重要的小型水电站和变电站高压侧的接线。

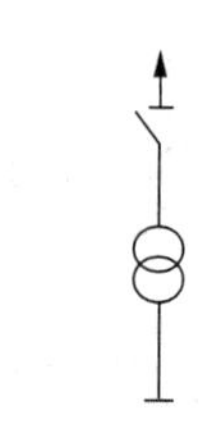

图 3-1-16　变压器—线路单元接线

二、桥式接线

当只有两台变压器和两条线路时，可以采用桥式接线，桥式接线是单母线分段接线中进出线回路数相同，且取消进线或出线断路器时的特殊情况，将此时的母线分段断路器称为桥断路器。桥式接线按照桥断路器的位置可分为内桥式接线和外桥式接线。

(1)内桥式接线

如图 3-1-17a 所示，桥断路器在进线断路器内侧(变压器侧)则称为内桥接线。

内桥接线的特点是：线路投切比较方便，变压器投切比较复杂，内桥接线适用于进线线路较长，负荷比较平稳，变压器不需要经常投切的场合。

L1 故障：仅 QF1 跳闸，T1 及其他回路继续运行。

T1 检修：断开 QF、QF1，再拉开 QS1，出线 l1 停电。

恢复 L1 供电：关合 QF 和 QF1。

(2)外桥式接线

如图 3-1-17b 所示，桥断路器在进线断路器外侧(线路侧)则称为外桥接线。

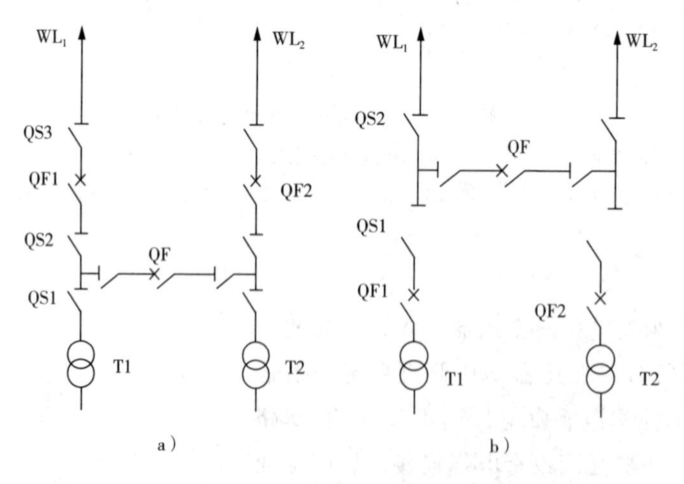

图 3-1-17　变压器—线路单元接线

a)内桥接线；b)外桥接线

外桥接线的特点是：适用于进线线路较短，负荷变化较大，变压器需要经常切换的场合。当两条线路间有穿越功率时，也采用外桥接线。

桥式接线有工作可靠、灵活、使用电气少、装置简单清晰和建设费用低等优点。

对于供电可靠性要求不很高的变电站，也可以在桥电路中不装断路器，而只装隔离开关，这称之为便桥形接线，通常在便桥上装两组隔离开关，其目的是检修其中的一组隔离开关时，不必全站停电。

系统中多采用内桥接线。内桥接线的缺点是主变故障和检修时，将影响线路暂时停电，因为变压器故障和检修的机会比线路少得多，所以上述缺点并不重要。

继续探讨

什么是多角形接线，主要应用在哪些地方？

延伸拓展

一、角形接线的概念

将多台断路器环形相连并从每两台断路器连线上引出回路的电气主接线，称为角形接线。

二、角形接线的形式

当有三台断路器环形连接时，从每两台断路器之间可以引出三个回路，即成为三角形接线。其他多角形接线按此类推，角形接线的三角形接线、四角形接线、五角形接线分别如图3-1-18、图3-1-19、图3-1-20所示。

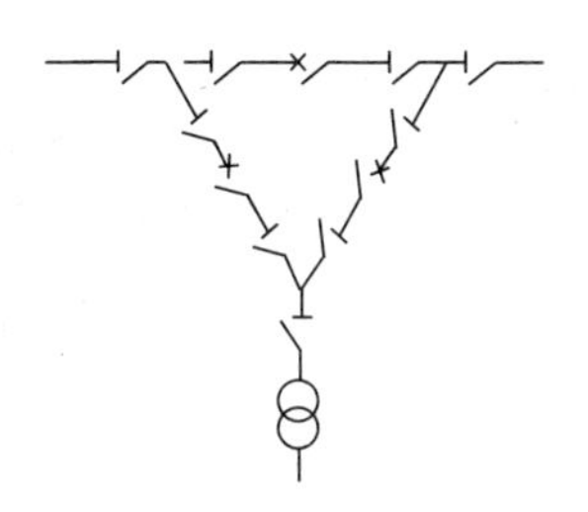

图3-1-18　三角形接线

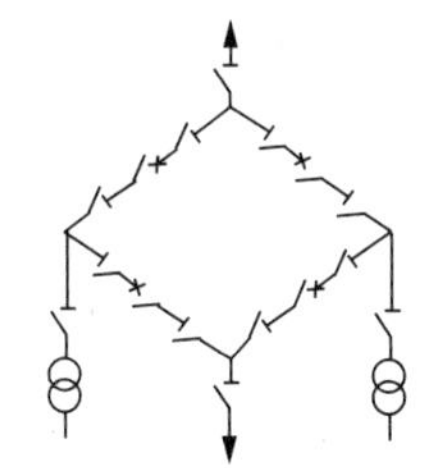

图3-1-19　四角形接线

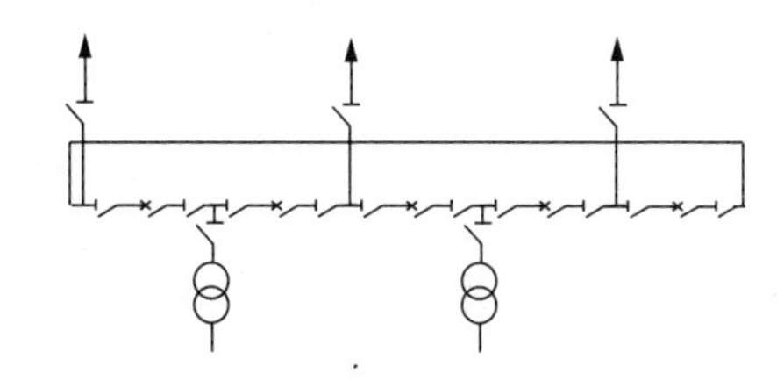

图3-1-20　五角形接线

三、角形接线的特点

多角形接线中每台断路器的两侧均装设有隔离开关，供检修断路器时隔离之用。多角形接线的断路器台数与所引出的线路回路数相等，与单母线接线相同，是一种较为经济的接线。

在单母线接线中，当母线、母线隔离开关发生故障、进行检修，或当继电保护动作而断路器拒绝动作时，都会使整个配电装置停电。而在多角形接线中，最严重的故障也只会使相邻的两回线路停电，所以多角形接线的供电可靠性较高。

多角形接线中任一台断路器进行检修时，其他各回路均能继续正常供电，具有较高的灵活性。此外，多角形接线的配电装置占地也较少。

为了提高多角形接线的可靠性，电源线路和供电线路通常需布置在对角上，避免相邻布置。当断路器进行检修时，多角形接线可开环运行，开环运行的时间将随着断路器台数的增加而增加。

多角形接线一般不多于六角形，通常为三角形和四角形。

多角形接线的配电装置在布置上不容易进行扩建。因此通常是变电站的远景规模比较明确和场地受到限制时，采用多角形接线。

项目二　发电厂电气主接线

任务一　中型热电厂电气主接线

阅读资料

一、热电厂的概念

热电厂在发电的同时，还利用汽轮机的抽汽或排汽为用户供热。

一般发电厂都采用凝汽式机组，只生产电能向用户供电。工业生产和人们生活用热则由特设的工业锅炉及采暖锅炉房单独供应。这种能量生产方式称为热、电分产。

在热电厂中则采用供热式机组，除了供应电能以外，同时还利用做过功（即发了电）的汽轮机抽汽或排汽来满足生产和生活上所需热量。这种能量生产方式称为热电联产。

热电联产分为以下两种方式：

1)采用背压式供热机组的热电联产热力系统；

2)采用抽汽式供热机组的热电联产的热力系统。这种电厂中只有抽汽供热部分才是热电联产，而凝汽发电部分则不是。可见抽汽式供热机组实质上是背压式供热机组和凝汽式发电机组的组合。

热电厂装机容量受热负荷大小、性质等制约，机组规模要比目前火电厂的主力机组小很多。热电厂由于既发电又供热，锅炉容量大于同规模火电厂。热电厂必须比一般火电厂多增设锅炉容量以备用，水处理量也大。热电厂必须靠近热负荷中心，往往又是人口密集区的城镇中心，其用水、征地、拆迁、环保要求等均大大高于同容量火电厂，同时还建热力管网。

二、热电厂的特点

1. 供热方式

供热方式有分散供热和集中供热两大类。在用户处就地分散供热，因供热规模限制，只能采用低参数热效率不高的小型锅炉(热效率为50%左右)。然而由热电厂供热则形成地区集中供热。由于供热规模大,可以采用高参数高效率的大型锅炉(热效率为85%以上),从而使能源利用效益得到较大的提高,节省了燃料。

2. 效益指标

在环境污染方面,由于热电厂集中供热而使用煤量减少,排污量也减少,城区内运煤除灰的麻烦也减少了,而且大容量锅炉备有高效除尘器设备和高烟囱,使环境污染程度大为降低。

热电厂的热经济指标比凝汽式电厂和供热锅炉房要复杂得多。前者同时生产形式不同、质量不等的两种产品——热能和电能;而后者分别只生产单一产品。所以反映热电厂的热经济性除了用总的热经济指标以外,还必须有生产热、电两种产品的分项指标。

从能源利用效果考虑,热电分产对能源使用很不合理:一方面热功转换过程(凝汽式机组发电)必然产生低品位热能损失(汽机排汽在冷源中放热),另一方面让高品位热能(锅炉提供的蒸汽热量)贬值地用于低品位供热。在热电联产中燃料化学能则转变为高位热能先用来发电(高品位热能),然后使用做过功的低品位热能向用户供热,这符合按质用能和综合用能的原则。所以热电厂的特点是,一次能源利用得比较合理,做到按质供能,梯级用能,能尽其用,使地区的整个能量供应系统节约了能源。

以热电联产为基础的热电厂,其运行特点与许多因素有关,如热负荷特性、供热机组形式、连接电网的特性等。

三、热电厂运行特点

1)在装有背压式供热机组的热电厂中,其运行特点是:

① 生产的热量与电量之间相互制约,不能独立调节。一般是按热负荷要求来调节电负荷。

② 热负荷变化时,电功率随之变化,难以同时满足热负荷和电负荷要求。当满足不了电负荷时,就要依靠电力系统的补偿容量来承担热电厂发电不足的电量。

2)在装有抽汽、凝汽式供热机组的热电厂中,由于机组相当于背压式和凝汽式机组的组合,所以它的运行特点是:

① 热、电生产有一定的自由度,在规定范围内热、电负荷可以各自独立调节。所以它对热、电负荷变化适应性较大。

② 双抽汽式供热机组对工业用热、采暖及电负荷之间的独立调节范围更大,所以它对热、电负荷变化的适应性更强。

3)在装有背压式和抽汽式供热机组的热电厂中,其运行特点是在冬季采暖期间,使背压式机组投入运行,而在夏季时期则投入抽汽式机组运行,并停用背压式机组。这样可以提高热电厂的运行经济性。

4)在装有抽汽式供热机组和工业锅炉的热电厂中,其运行特点除具有抽汽式供热机组的运行特点外,还可以把工业锅炉投入运行,以应付尖峰热负荷的需要。这样就能增加热电联产和集中供热的效益。

5)在工厂自备热电厂中,一般采用背压式供热机组和工业锅炉,其运行特点是:在一年中长时间使用背压式机组来满足本厂的热负荷和电负荷,而在尖峰热负荷出现时,则投入工业锅炉运行。若此时满足不了电负荷需要,则由电力系统的补偿容量来弥补。

思考问题

◆ 中型热电厂发电机容量一般为多大?

◆ 中型热电厂电气主接线一般有几个电压级分别是多少?

◆ 中型热电厂中有哪些主要设备?

◆ 母线分段中的电抗器有什么作用?

学习必读

一、中型热电厂的特点

中型电厂一般是指单机容量为50～200MW,总装机容量为200～1000MW的发电厂。小型电厂一般是指总装机容量在200MW以下的发电厂,单机容量多为6～50MW。其接线特点:

1)中小型电厂靠近负荷中心,近区负荷较多,通常还兼供部分热能,因此,需设置发电机电压母线。

2)接于6kV或10kV发电机电压母线的发电机总容量分别不超过120MW、240MW,负荷分别不超过100MW、200MW。

3)当负荷过大时,宜用35～100kV线路供电,其作较大容量的机组,可采用单元接线直接接入升高电压的配电装置。

二、中型热电厂主接线分析

图3-2-1为某中型热电厂,邻近热电负荷中心,装有9台30～60MW热电机组,总容量为420MW。

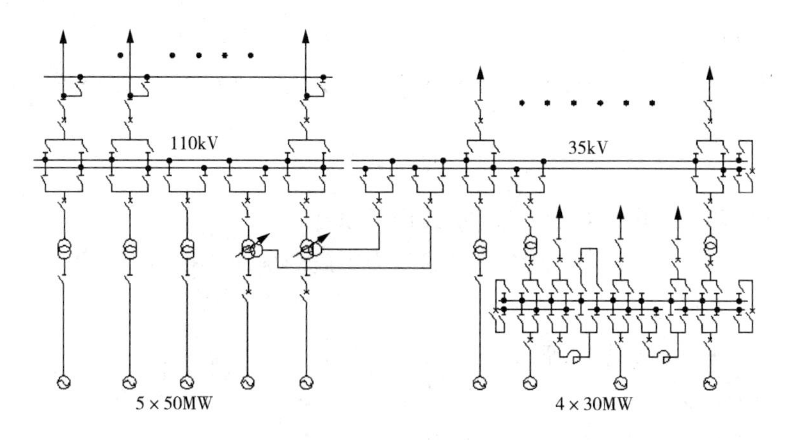

图3-2-1　中型热电厂电气主接线图

1. 发电机接线

由于机端负荷较大，出线回路数多，因而发电机出口接线一般均采用有母线的接线方式。

1)有3台30MW机组接入采用分裂电抗器分段的双母线接线的6kV发电机电压配电装置，向就近用户供电。

2)有4台机组均采用发电机一变压器单元接线，分别接入双母线接线的35kV配电装置和双母线带旁路接线的10kV配电装置，向其他用户供电并与电力系统连接。

3)有两台机组经联络变分别接入110kV及35kV母线。

2. 各电压级电气主接线

发电机的容量不同，接线形式也不一样，可为单母线、单母线分段、双母线、双母线分段。

1)高压侧为110kV双母带旁路的主接线。

2)中压侧为35kV双母线接线。

3)低压侧为10kV双母线多分段接线，当机组容量较大时，可在母线分段处和出线上加装电抗器，以限制短路电流。

任务二　大型凝汽式火电厂电气主接线

阅读资料

以煤、石油或天然气作为燃料的发电厂统称为火电厂，火电厂有多种类型，按不同的方式有不同的分类方法：

1. 按燃料分类

1)燃煤发电厂，即以煤作为燃料的发电厂；

2)燃油发电厂，即以石油(实际是提取汽油、煤油、柴油后的渣油)为燃料的发电厂；

3)燃气发电厂，即以天然气、煤气等可燃气体为燃料的发电厂；

4)余热发电厂，即用工业企业的各种余热进行发电的发电厂。此外还有利用垃圾及工业废料作燃料的发电厂。

2. 按原动机分类

1)凝汽式汽轮机发电厂(利用蒸汽动力循环原理)；

2)燃气轮机发电厂(是一种以空气及燃气为工质的旋转式热力发动机)；

3)内燃机发电厂；

4)蒸汽一燃气轮机发电厂等。

3. 按供出能源分类

1)凝汽式发电厂，即只向外供应电能的电厂；

2)热电厂，即同时向外供应电能和热能的电厂。

4. 按发电厂总装机容量的多少分类

1)小容量发电厂,其装机总容量在100MW以下的发电厂;

2)中容量发电厂,其装机总容量在100～250MW范围内的发电厂;

3)大中容量发电厂,其装机总容量在250～600MW范围内的发电厂;

4)大容量发电厂,其装机总容量在600～1000MW范围内的发电厂;

5)特大容量发电厂,其装机容量在1000MW及以上的发电厂。

5. 按蒸汽压力和温度分类

1)低温低压电厂。锅炉蒸汽压力为1.4MPa(汽轮机压力为1.3MPa)、温度为350℃(汽轮机蒸汽温度为340℃)的电厂。低温低压电厂的单机容量一般在1.5～3MW之间;

2)中温中压电厂。锅炉蒸汽压力为3,9MPa(汽轮机蒸汽压力为3.14MPa)、温度为450℃(汽机蒸汽温度为435℃)的电厂。中温中压电厂的单机容量一般在6～50MW之间;

3)高温高压电厂。锅炉蒸汽压力为9.8MPa(汽轮机蒸汽压力为8.8MPa),温度为540℃(汽轮机蒸汽温度535℃)的电厂。高温高压电厂的单机容量一般为25～100MW之间;

4)超高压电厂。锅炉蒸汽压力为13.7MPa(汽轮机蒸汽温度为535℃)的电厂。超高压电厂的单机容量一般在125～200MW之间;

5)亚临界压力电厂。锅炉蒸汽压力为16.7MPa(汽轮机蒸汽压力16.2MPa),温度为540℃(汽轮机蒸汽温度为535℃)的电厂。亚临界压力电厂的单机容量一般在300～600MW之间;

6)超临界压力发电厂。其蒸汽压力大于22.11MPa(225.6kgf/cm^2)、温度为550/550℃的发电厂,机组功率为600MW及以上。

6. 按供电范围分类

1)区域性发电厂,在电网内运行,承担一定区域性供电的大中型发电厂;

2)孤立发电厂,是不并入电网内,单独运行的发电厂;

3)自备发电厂,由大型企业自己建造,主要供本单位用电的发电厂(一般也与电网相连)。

思考问题

◆ 大型凝汽式火电厂的装机容量一般为多大,它有哪些特点?

◆ 大型凝汽式火电厂电气主接线一般分几个电压级,分别是多少?

◆ 大型凝汽式火电厂电气主接线图中有哪些主要设备?

◆ 这些设备分别用什么符号表示?

◆ 大型凝汽式火电厂的电气设备是如何连接的?

◆ 大型凝汽式火电厂主接线有哪些特点?

学习必读

一般把装机总容量在600MW以上并利用蒸汽动力循环原理的发电厂称为大型凝汽式汽轮机发电厂，本节以600M机组为例来介绍大型凝汽式汽轮机发电厂电气主接线，如图3－2－2所示。

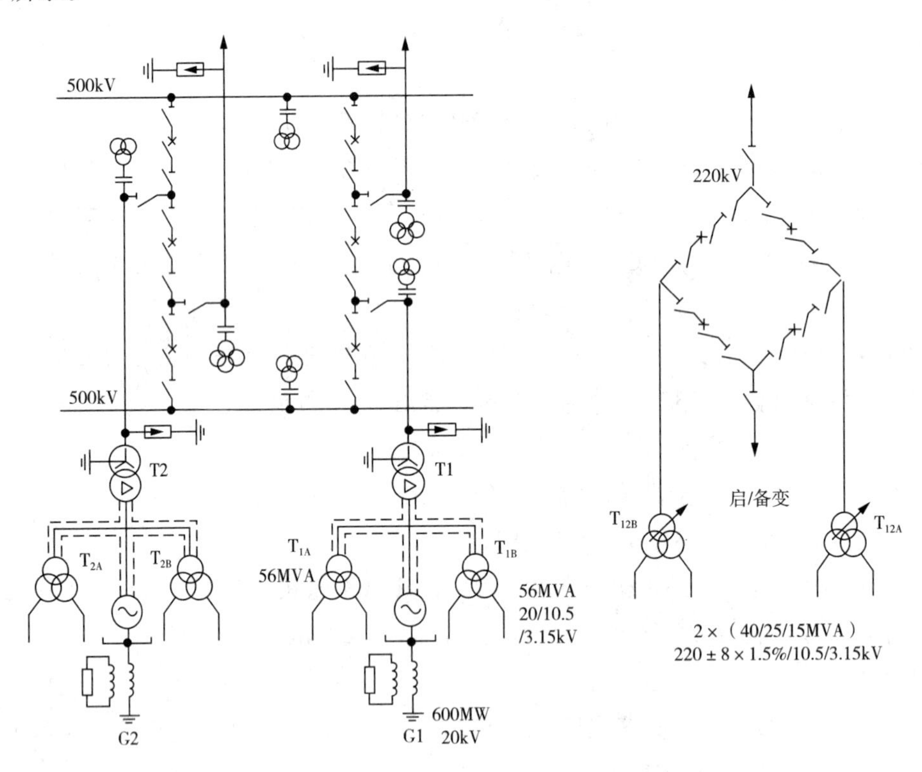

图3－2－2　大型凝汽式汽轮机发电厂电气主接线

一、高压侧为500kV的大型凝汽式汽轮机发电厂电气主接线举例

图3－2－2为某电厂一期工程主接线，600MW汽轮发电机G与主变压器T接成发电机一自耦变压器组单元接线方式，发电机出口不装断路器，将额定电压为20kV的发电机经三台单相双绕组、总容量为3×240MVA的主变压器升高电压至500kV。

1. 高压侧电气主接线

500kV升压变电站(亦称升压站)采用一个半断路器接线。一般情况不考虑线路退出时断路器成串运行，出线上不装隔离开关，也不考虑进出线交叉布置。因该电厂第一期工程为两台机组和两路出线，只构成两个完整串，为保持线路及变压器停役时能成串运行。因此，在第一期工程的两串出线上均装设隔离开关，第二串的进出线也进行交叉，见图3－2－2。当线路检修时，串中与线路相连的断路器退出后，即断开线路隔离开关，然后，再恢复串运行，以保证3/2接线的供电可靠性高的优点。但在今后扩建的几串中，出线不再装设隔离开关，进出线也不再进行交叉连接。

2. 发电机端接线

发电机至主变压器之间的主引出线采用分相封闭母线，厂用变压器分支引出线和电压互感器分支引出线（图 3-2-2 中未画出）也采用分相封闭母线。

发电机中性点为高电阻接地系统，目的是限制发电机电压系统发生弧光接地时所产生的过电压不超过额定电压的 2.6 倍，以保证发电机及其他设备的绝缘不被击穿。

接地电阻通过一台单相接地变压器用高压电缆接至发电机中性点。单相接地变压器额定容量为 30kVA、额定电压为 20/0.23kV。二次侧接阻值为 0.542Ω、抽头 0.408Ω、1min 发热功率为 32.51kW 的接地负荷电阻。接地负荷电阻上并联接地检测继电器，提供发电机定子绕组接地故障保护。接地负载电阻功率是根据发电机定子绕组金属性接地故障时，消耗在接地电阻上的功率千瓦数等于系统三相分布电容正常充电容量千伏·安数的 1.1 倍确定。

3. 220kV 系统

图 3-2-2 中 220kV 系统为电厂机组的启动与厂用备用电源，采用四角形环形接线，两回 220kV 进线，第一期工程安装启动兼厂用备用变压器 T_{12A}、T_{12B} 两台，分别接于四角环形接线的两对角上。启动/备用变压器（简称启/备变）电压为 220±8×1.5%/10.5/3.15kV、容量为 40/25/15MVA。

4. 避雷器、电压互感器

按 DL 5000—2000《火力发电厂设计技术规程》第 13.2.6 条 330～500kV 避雷器的功能除用以保护大气过电压外，还借以限制操作过电压，也即相应回路投运后不允许退出运行，故规定“不应装设隔离开关”。另外，110～500kV 线路电压互感器、耦合电容器或电容式电压互感器以及避雷器的检修与试验可与相应回路配合或带电作业进行，故亦规定“不宜装设隔离开关”。

因此图 3-2-2 中线路、母线压变、避雷器均直接接于系统，中间不装设隔离开关。

二、高压侧为 220kV 的大型凝汽式汽轮机发电厂电气主接线举例

600MW 汽轮发电机组采用发电机，变压器组单元接线方式，将额定电压为 20kV 的发电机经三台单相容量为 240MVA 的主变压器组升高至 220kV，通过该电压级的一台半断路器接线与系统可靠连接。高压侧 220kV 的大型凝汽式汽轮机发电厂电气主接线如图 3-2-3 所示。

发电机出口与主变压器之间采用全连式分相封闭母线相连接，中间不设断路器和隔离开关。在发电机电压引出的分相封闭母线上支接高压厂用变压器和电压互感器，其连接线也均采用全连式分相封闭母线。启动/备用厂用变压器 T_{34A}、T_{34AB}，则直接从 220kV 母线上引接。

这种 600MW 的大型发电机，中性点采用经高电阻接地的方式。为减小电阻阻值，中性点通过一台单相变压器接地，电阻接在该单相变压器的二次侧。采用发电机中性点经高电阻接地方式后，可达到如下要求：

1）限制过电压不超过 2.6 倍额定相电压；

2)限制接地故障电流不超过10～15A;

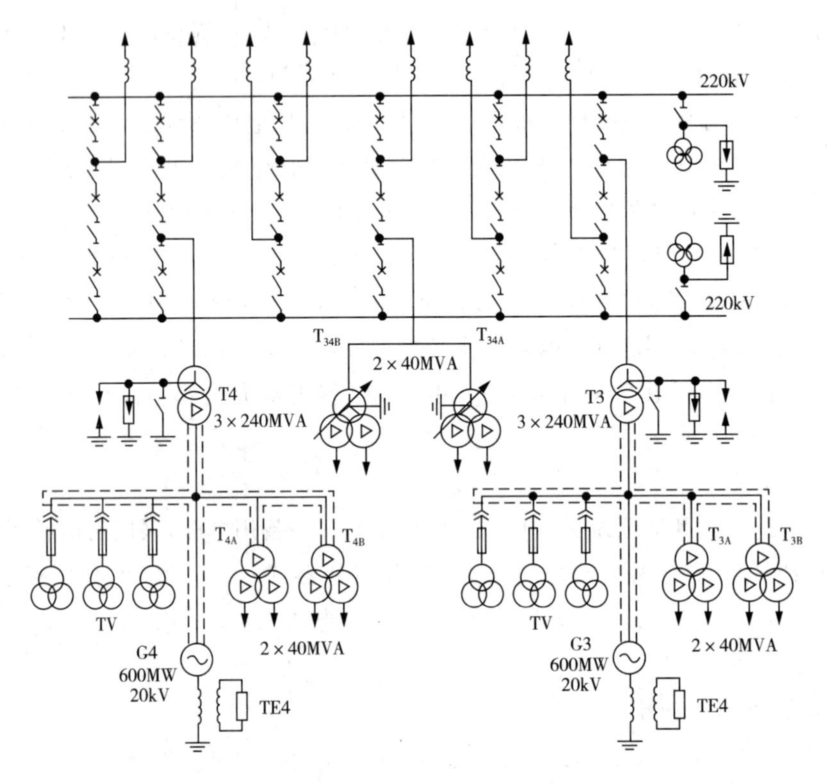

图3-2-3 高压侧220kV的大型凝汽式汽轮机发电厂电气主接线

3)为定子接地保护提供电源,便于检测。为保证接地保护不带时限立即跳闸停机,要求发生单相接地时,总的故障电流不宜小于3A。

主变压器的中性点经隔离开关接地,以便于运行调度灵活选择接地点。当中性点隔离开关合上时,则为直接接地方式;当其拉开时,则变成主变压器中性点断开方式运行。由于该主变压器中性点绝缘不是按线电压设计,故在中性点应装设避雷器和火花间隙,以保护中性点绝缘(在500kV系统中,变压器中性点一般都是直接接地,不设隔离开关)。

继续探讨

在发电厂500kV侧主接线中电流互感器是如何配置的?

延伸拓展

500kV侧电流互感器配置如图3-2-4所示。

500kV侧电流互感常用三个电流互感器方式,如图3-2-4a所示,这种方式广泛应用于各类500kV主接线中,虽然保护配合比较复杂,但由于已有多年运行经验,具备了完全成熟的继电保护方案。也有些地方采用落地罐式断路器,这种断路器本身在两侧套管处存电流互感器,故如图3-2-4b所示,主接线图可见六个电流互感器配置。

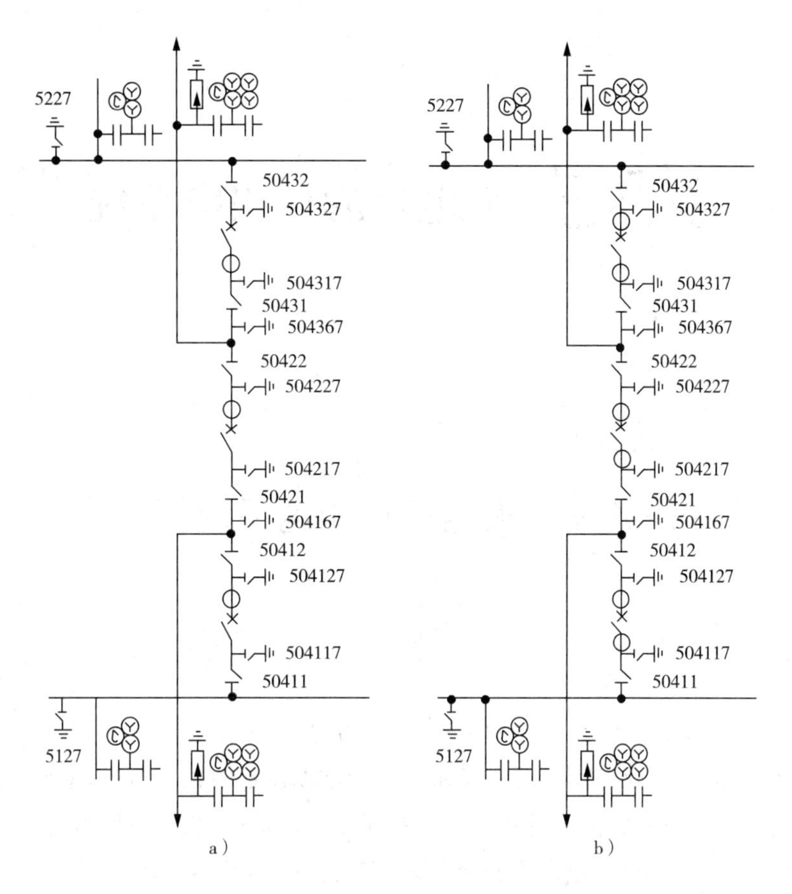

图 3-2-4　500kV 侧电流互感器配置

a)三电流互感器配置；b)六电流互感器配置

项目三 火电厂的厂用电系统

任务一 火电厂厂用电系统概述

阅读资料

发电厂在启动、运转、停役、检修过程中，有大量以电动机拖动的机械设备，用以保证机组的主要设备和输煤、碎煤、除灰、除尘及水处理等辅助设备的正常运行，这些电动机以及全厂的运行、操作、试验、检修、照明等用电设备都属于厂用负荷，统称为厂用电。

厂用电的电量，大都由发电厂本身供给。其耗电量与电厂类型、机械化和自动化程度、燃料种类及其燃烧方式、蒸汽参数等因素有关。厂用电耗电量占发电厂全部发电量的百分数，称为厂用电率。

厂用电率是发电厂运行的主要经济指标之一。一般凝汽式电厂的厂用电率为5%～8%。降低厂用电率可以降低电能成本，同时相应增大对系统的供电量。凝汽式发电厂厂用电率一般按下式进行计算：

$$e=\frac{S_c\cos\varphi_{\text{av}}}{P_e}\times 100\%$$

式中：e——厂用电率，%；

S_c——厂用电计算负荷，kVA；

$\cos\varphi_{\text{av}}$——电动机在运行功率时的平均功率因数，一般取0.8；

P_e——发电机的额定功率，kW。

按照DL/T 5153－2002《火力发电厂厂用电设计技术规定》，火力发电厂厂用电（以下简称厂用电）设计必须贯彻国家的技术经济政策，同时要考虑全厂发展规划和分期建设的情况，以达到安全可靠、经济适用、符合国情的要求，在设计中要积极慎重地采用经过运行考验并通过鉴定的新技术、新设备。对于200MW及以上的机组，应保持各单元厂用电的独立性，减少单元之间的联系，以提高运行的安全可靠性。

思考问题

◆ 厂用负荷如何分类？

◆ 不同厂用负荷对供电可靠性有哪些要求？

◆ 对厂用电接线有哪些要求？

◆ 厂用供电电压是如何确定的？

◆ 厂用供电电源的引接有哪些方式？

◆ 厂备用电源的明备用和暗备用的概念是什么？

◆ 如何理解交流不间断电源？

◆ 厂用电的中性点接地方式有哪些？

学习必读

一、厂用负荷的分类

厂用电负荷按生产过程中的重要性可分为下列三类：

1. Ⅰ类负荷

凡是属于单元机组本身运行所必需的负荷，短时停电会造成主辅设备损坏、危及人身安全、主机停运及影响大量出力的负荷，都属于Ⅰ类负荷。如火电厂的给水泵、凝结水泵、循环水泵、引风机、送风机、给粉机等。通常，它们设有两套或多套相同的设备。

2. Ⅱ类负荷

允许短时停电，但停电时间过长，有可能损坏设备或影响正常生产的负荷。此类负荷一般属于公用性质负荷，不需要24h连续运行，而是可断性运行，如上煤、除灰、水处理系统等的负荷。一般它们也有备用电源，常用手动切换。

3. Ⅲ类负荷

长时间停电不会直接影响生产的负荷。较长时间停电，不会直接影响生产，仅造成生产上不方便者，都属于这类厂用负荷。如修配车间、试验室、油处理室等负荷。通常由一个电源供电，在大型电厂中，也常采用两路电源供电。

4. 不停电负荷

在机组运行期间，以及停机（包括事故停机）过程中，甚至在停机以后的一段时间内，需要进行连续供电的负荷称为，简称“OⅠ”类负荷。

5. 事故保安负荷

在发生全厂停电或在单元机组失去厂用电时，为了保证机炉的安全停运，过后能很快地重新启动，或者为了防止危及人身安全等原因，需要在停电时继续进行供电的负荷，称为事故保安负荷。按保安负荷对供电电源的要求不同，可以分为：

（1）直流保安负荷

简称“OⅡ”类负荷。如发电机的直流润滑油泵，事故氢密封油泵等；交流不停电保安负荷，如实时控制用的计算机。

(2)交流保安负荷

简称“OⅢ”类负荷。允许短时停电的交流保安负荷，如盘车电动机、交流润滑油泵、交流密封油泵、除灰用事故冲洗水泵、消防水泵等。

为满足事故保安负荷的供电要求，对大容量机组应设置事故保安电源。通常，事故保安负荷是由蓄电池组、柴油发电机组、燃汽轮机组或具有可靠的外部独立电源作为其备用电源。

二、厂用电接线

1. 厂用电电压

发电厂可采用3kV、6kV、10kV作为高压厂用电的电压。容量为600MW及以下的机组，发电机电压为10.5kV时，可采用3kV(或10kV)；发电机电压为6.3kV时，可采用6kV；容量为125～300MW级的机组，宜采用6kV；容量为600MW及以上的机组，可根据工程具体条件采用6kV 1级或3kV、10kV 2级高压厂用电压。

容量为200MW及以上的机组，主厂房内的低压厂用电系统应采用动力与照明分开供电的方式，动力网络的电压宜采用380V。

2. 厂用电系统中性点的接地方式

DL/T 5153－2002《火力发电厂厂用电设计技术规定》：当高压厂用电系统的接地电容电流小于或等于$\frac{10}{\sqrt{2}}$A＝7A时，其中性点宜采用高电阻接地方式，也可采用不接地方式；当接地电容电流大于7A时，其中性点宜采用低电阻接地方式，也可采用不接地方式。

主厂房内的低压厂用电系统宜采用三相三线制，中性点经高电阻接地的方式，也可采用动力与照明共用的三相四线制中性线直接接地的方式。

3. 厂用母线的接线方式

1)高压厂用母线应采用单母线接线。锅炉容量为400t/h以下时，每台锅炉可由1段母线供电；锅炉容量为400t/h及以上时，每台锅炉每一级高压厂用电压应不少于2段，并将双套辅机的电动机分接在两段母线上，2段母线可由1台变压器供电。对脱硫负荷可根据工艺流程及工程具体情况接入工作段母线、公用段母线或设立专用的脱硫段母线。

低压厂用母线也应采用单母线接线。锅炉容量为220t/h级，且在母线上接有机炉的Ⅰ类负荷时，宜按炉或机对应分段；锅炉容量为400～670t/h级时，每台锅炉可由2段母线供电，并将双套辅机的电动机分接在2段母线上，两段母线可由1台变压器供电；锅炉容量为1000t/h级及以上时，每台锅炉应设置2段及以上母线。

2)容量为200MW及以上的机组，如公用负荷较多、容量较大、采用组合供电方式合理时，可设立高压公用母线段，但应保证重要公用负荷的供电可靠性。

3)独立供电的主厂房照明母线应采用单母线接线。容量为200MW及以上的机组，每个单元机组可设1台照明变压器，当设有检修变压器时可从检修变压器取得备用电源，也可采用2台机组互为备用的方式。照明母线的电源进线上宜装设分级补偿的有载自动调压

器，使照明母线的电压自动调整在380/220V的0～5%以内。

4. 厂用工作电源

1)高压厂用工作电源可采用下列引接方式：

① 当有发电机电压母线时，由各段母线引接，供给接在该段母线上的机组的厂用负荷。

② 当发电机与主变压器为单元连接时，由主变压器低压侧引接，供给该机组的厂用负荷。

2)容量为125MW及以下机组，在厂用分支线上宜装设断路器。当无所需开断短路电流的断路器时，可采用能够满足动稳定要求的断路器，但应采取相应的措施，使该断路器仅在其允许的开断短路电流范围内切除短路故障；也可采用能满足动稳定要求的隔离开关或连接片等。

当厂用分支线采用分相封闭母线时，在该分支线上不应装设断路器和隔离开关，但应有可拆连接片。

3)高压厂用电抗器宜装设在断路器之后，但断路器的分断能力和动热稳定性，可按电抗器后面短路条件进行验算。在布置上合理时，也可将电抗器装设在断路器之前。

4)按炉分段的低压厂用母线，其工作变压器应由对应的高压厂用母线段供电。

5)200MW、300MW机组的高压厂用工作电源宜采用1台分裂变压器，600MW机组的高压厂用工作电源可采用一台或两台变压器。

5. 厂用备用、启动/备用电源

1)接有Ⅰ类负荷的高压和低压明(暗)备用动力中心的厂用母线应设置备用电源。当备用电源采用明(专用)备用方式时，还应装设备用电源自动投入装置；当备用电源采用暗(互为)备用方式时，暗(互为)备用的联络断路器宜采用手动切换。

接有Ⅱ类负荷的高压和低压明(暗)备用动力中心的厂用母线，应设置手动切换的备用电源。

只有Ⅲ类负荷的厂用母线，可不设置备用电源。

2)全厂应设置可靠的高压厂用备用或启动/备用电源。

① 125MW及以下机组的高压厂用备用变压器(或电抗器)主要作为事故备用电源，兼作机炉检修、启动或停用时的电源。

② 200MW及以上机组的高压厂用启动/备用变压器，主要作为机组启动或停机的电源，兼作厂用备用电源。

3)高压厂用备用(启动/备用)变压器(电抗器)的设置条件如下：

① 容量为100MW及以下的机组，高压厂用工作变压器(电抗器)的数量在6台(组)及以上时，可设置第二台(组)高压厂用备用变压器(电抗器)。

② 容量为100MW～125MW的机组采用单元制时，高压厂用工作变压器的数量在5台及以上，可增设第二台高压厂用备用变压器。

③ 容量为200MW～300MW的机组，每两台机组可设1台(组)高压厂用启动/备用变压器。

④ 容量为 600MW 的机组，当发电机出口不装设断路器或负荷开关时，每两台机组应设 1 台或 2 台高压厂用启动/备用变压器，且在配置 2 台时应考虑 1 台高压厂用启动/备用变压器检修时，不影响任一台机组的起停；当发电机出口装有断路器或负荷开关时，4 台及以下机组可设置 1 台高压厂用启动/备用变压器，其容量可为 1 台高压厂用工作变压器的 60%～100%。全厂有同容量 5 台及以上机组时，可再设置 1 台不接线的高压厂用工作变压器作为备品。

当公用负荷由两台具有部分互为备用功能的高压厂用启动/备用变压器供电时，每台高压厂用启动/备用变压器高压侧应装设 1 台断路器；当公用负荷由每两台机组配置的 2 台高压厂用启动/备用变压器供电，并由高压厂用工作变压器作为其备用电源或公用负荷由高压厂用工作变压器供电时，2 台高压厂用启动/备用变压器高压侧可共用 1 台断路器。1 台"高压厂用启动/备用变压器高压侧断路器"应由 1 回(个)线路(电源)供电；2 台及以上"高压厂用启动/备用变压器高压侧断路器"应由 2 回(个)线路(电源)供电。

4)当低压厂用备用电源采用明(专用)备用变压器时，容量为 125MW 及以下的机组，低压厂用工作变压器的数量在 8 台及以上时，可增设第二台低压厂用备用变压器；容量为 200MW 的机组，每 2 台机组可合用 1 台低压厂用备用变压器；容量为 300MW 及以上的机组，每台机组宜设 1 台低压厂用备用变压器。

当低压厂用变压器采用两台变压器互为(暗)备用时，互为备用的负荷应分别由两台变压器供电，两台变压器之间不宜装设自动投入装置。远离主厂房的Ⅱ类负荷，宜采用邻近的两台变压器互为备用的方式。互为备用的低压厂用变压器不应再设专用的备用变压器。

① 明备用

如图 3-3-1 所示，明备用专门设置一台 #0 备用变压器，其容量等于最大一台厂用工作变压器的容量。正常运行时 #0 变压器不工作。当厂用工作变压器发生故障跳闸时，通过备用电源自动投入装置将 #0 备用变压器投入运行，迅速恢复对失电厂用母线的供电。

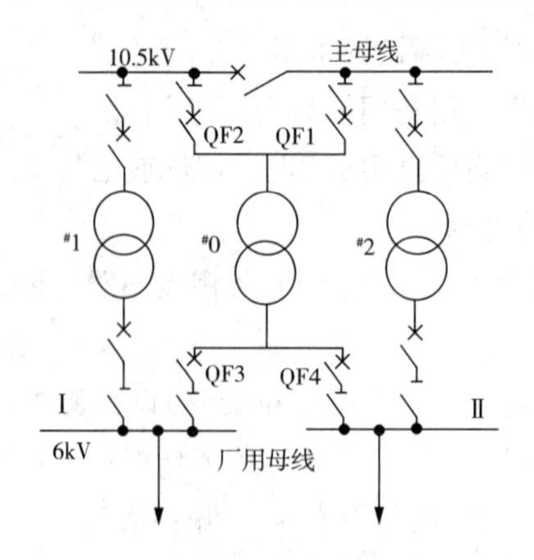

图 3-3-1 明备用示意图

② 暗备用

如图 3-3-2 所示，正常运行时，每台工作变压器在欠载状态下运行，分段断路器 QF_F

处于断开状态，当任一台工作变压器因故障被断开后，在备自投的作用下，分段断路器接通，使两段母线上的厂用负荷均由完好的厂用工作变压器供电。

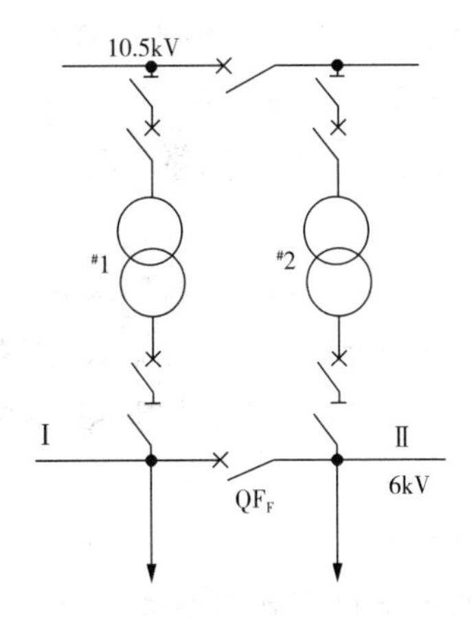

图 3-3-2　暗备用示意图

5)高压厂用备用或启动/备用电源，可采用下列引接方式：

① 当无发电机电压母线时，由高压母线中电源可靠的最低一级电压母线或由联络变压器的第三(低压)绕组引接，并应保证在全厂停电的情况下，能从外部电力系统取得足够的电源(包括三绕组变压器的中压侧从高压侧取得电源)。

② 当有发电机电压母线时，由该母线引接 1 个备用电源。

③ 当技术经济合理时，可由外部电网引接专用线路供给。

④ 全厂需要 2 个及以上高压厂用备用或启动/备用电源时，应引自两个相对独立的电源。

⑤ 从 220kV 及以上中心点直接接地的电力系统中引接的高压厂用备用或启动/备用变压器，其中性点的接地线上不应装设隔离开关。

6)低压厂用备用变压器不宜与需要由其自动投入的低压厂用工作变压器接在同一高压母线段上。

7)厂用变压器接线组别的选择，应使厂用工作电源与备用电源之间的相位一致，以便厂用电源的切换可采用并联切换的方式。低压厂用变压器宜采用“Dyn”的接线。

8)全厂只有 1 个高压或低压厂用备用或启动/备用电源时，与各厂用母线段的连接方式如下：

① 宜采用分组支接的方式，每组支接的母线段可为 2～4 段。

② 在备用或启动/备用变压器的低压侧总出口处宜装设隔离电器。

6. 交流保安电源和不停电电源

1)容量为 200MW 及以上的机组，应设置交流保安电源。交流保安电源宜采用自动快速启动的柴油发电机组，按允许加负荷的程序，分批投入保安负荷。

交流保安电源的电压和中性点的接地方式宜与低压厂用电系统一致。

每两台 200MW 机组宜设置 1 台柴油发电机组，每台 300MW 或 600MW 机组宜设置一台柴油发电机组。

2)交流保安母线段应采用单母线接线,按机组分段分别供给本机组的交流保安负荷。

正常运行时保安母线段应由本机组的低压明或暗备用动力中心供电,当确认本机组动力中心真正失电后应能切换到交流保安电源供电。

3)当机组采用计算机监控时,应设置交流不停电电源。交流不停电电源宜采用静态逆变装置,不宜再设备用。

4)不停电母线段应采用单母线接线,按机组分段,分别供给本机组的不停电负荷。

为了保证不停电负荷供电的连续性和测量的正确性,正常情况下,不停电母线段应由不停电电源供电。当不停电电源发生故障时,应自动切换到本机组的交流保安母线段供电,在切换时交流侧的断电时间应不大于5ms。

7. 厂用电负荷的连接和供电方式

1)锅炉和汽轮发电机组用的电动机应分别连接到与其相应的高压和低压厂用母线段上。对于60MW及以下的机组,互为备用的重要设备(如凝结水泵)也可采用交叉供电方式。

2)每炉有2段厂用母线时,应将双套辅机分接在2段母线上。对于工艺上有连锁要求的Ⅰ类高低压电动机,应接于同一条电源通道上。

3)当无公用母线段时,全厂公用性负荷应根据负荷容量和对供电可靠性的要求,分别接在各段厂用母线上,但应适当集中。当有公用母线段时,相同的Ⅰ类公用电动机不应全部接在同一公用母线段上。对200MW及以上机组,公用负荷也可由启动/备用变压器供电。

4)无汽动给水泵的200MW、300MW机组,每台机组为2台电动给水泵时,其2台泵应接在本机组2段工作母线上;每台机组为3台电动给水泵时,其中1台泵应跨接在本机组的2段工作母线上。

有汽动给水泵的300MW、600MW机组,其备用电动给水泵,宜接在本机组的工作母线上,也可接在启动/备用变压器供电的公用母线上;当600MW机组接在启动/备用变压器供电的且有2段公用母线时,宜用跨接方式。

继续探讨

如何理解厂用电动机的自启动?

延伸拓展

一、厂用电动机的启动

1. 厂用电动机

在发电厂的生产过程中,需要许多机械为主要设备和辅助设备配套,这些机械总称为厂用机械,例如磨煤机、给煤机、给水泵、送风机、一次风机、吸风机、循环水泵、油泵及真空泵等。这些机械一般都由电动机带动,因为电动机比其他原动机可靠、经济、价廉、轻便,且启

动、安装和检修较简单，易于实现操作过程自动化，这些电动机总称为厂用电动机。若带动重要厂用机械的厂用电动机出现故障，即便在极短时间内停止工作，也都会引起出力减少，甚至被迫停炉停机，造成巨大的经济损失。

2. 厂用电动机的启动过程

厂用电动机一般都采用鼠笼式感应电动机，为了改善启动特性，可采用双鼠笼和深槽单鼠笼感应电动机，大部分鼠笼型异步电动机的启动均为全电压启动。

电动机从接通电源开始转动到正常运行转速为止的这一过程，称为电动机的启动过程。此过程中，电动机定子和转子绕组的电流是变化的。在电动机刚接通电源的瞬间，转子是静止的，定子产生的旋转磁场对静止的转子有着很高的相对转速，转子绕组中感应出的电动势很大，转子电流也很大，这样就使启动时的定子电流相应很大。当转差率 $s=1$ 时，转子绕组和定子绕组中流过的电流称为电动机的启动电流，一般用它与电动机的定子额定电流的倍数来表示。电动机的启动电流倍数为 4～7 倍。

根据异步电动机的工作原理可知，在电网频率及电动机参数不变时，电动机的启动转矩 M_s 与电压 U 的平方成正比（实际上启动时，由于电动机磁路饱和影响，电网电压的变俊化可能引起电动机参数的变化，使 M_s 与电网电压 U 的几次方成正比，而 n 常常大于 2）。

3. 厂用电动机启动对厂用电的影响

厂用电动机的启动往往会引起厂用电供电母线电压的波动。因此，对于大容量电动机，进行必要启动试验是十分必要。异步鼠笼式电动机在全压启动过程中，其启动电流很大。因此，厂用供电母线上的电压波动相当大，往往由于厂用变压器的选择裕度不大，在大容量电动动机启动过程中，使母线电压下降过多，有可能使接于同一母线上的其他辅助设备停止工作，出力降低。为了保证厂用电源可靠地供电和维持一定的电压水平，厂用电动机的启动往往采用重要和不重要电动机分批启动办法。

厂用电动机的启动不仅考等虑到机组的启动成功与否，还要考虑到它对整个厂用电系统供电的影响。

二、电动机的自启动

1. 自启动的概念

当电源断开或厂用电压降低时，厂用电动机转速会下降，甚至会停运，这一转速下降的过程称为惰行。厂用电动机失压后，经过 0.5～1.5s 后厂用供电母线电压恢复或自动切换至备用电源，电动机惰行尚未结束，又自动启动恢复到稳定运行状态，这一过程称为电动机的自启动。

因为同时有多电动机参加自启动，因而自启动过程中会出现厂用供电系统电压下降和电动机本身发热，将危及厂用供电系统的稳定运行和电动机的安全和寿命。

2. 自启动分类

1)失压自启动；

2)空负荷自启动；

3)带负荷自启动。

要保证厂用电动机自启动的安全，应满足：

1)厂用母线电压不低于电压最低限值；

2)参加自启动电动机的总容量不超过自启动允许容量。

3. 电动机自启动厂用母线电压最低限值

异步电动机的转矩与电压的平方成正比，在额定电压下，其最大转矩约为额定转矩的两倍。当电压下降到 $0.7U_n$ 左右时，若电动机带额定负荷，则电动机会因其最大转矩小于被拖动机械的轴转矩而开始惰行，最终可能停止运转。为了保证电动机自启动，并考虑到机械的惯性因素，规定厂用母线电压在电动机自启动时，应不低于表 3-3-1 的数值。

表 3-3-1　电动机自启动要求的厂用最低母线电压

名　称	自启动电压为额定电压的百分数(%)
中压厂用母线自启动	65～70
低压厂用母线自启动	60
中低压厂用母线同时自启动	55

4. 为保证重要厂用电动机自启动采取的措施

1)限制参加自启动电动机的数量。次要电动机装设低电压保护，延时 0.5s 动作。

2)阻力转矩为恒定值的重要厂用电动机，因其自启动电压要求较高(接近额定电压)，也装设低电压保护和自动重合闸装置，当电压低时从母线断开，而母线恢复后又自动投入，从而实行电动机分级自启动。

3)对重要的厂用机械设备，应选用具有较高启动转矩和较大允许过载倍数的电动机。

4)不得已情况下，可增大厂用变压器容量或减小厂用变压器的阻抗值。

任务二　中型热电厂厂用电系统

阅读资料

一、中型热电厂厂用电系统接线

图 3-3-3 所示为某中型热电厂的厂用电接线简图。

二、接线分析

高压厂用母线按锅炉数分三段，通过 1T、2T、3T 三台高压工作厂用变压器分别从三台主变低压侧引接。

低压厂用母线分为两段。

采用明备用方式，即专门设置高压备用厂用变压器 4T 和低压备用厂用变压器 6T。

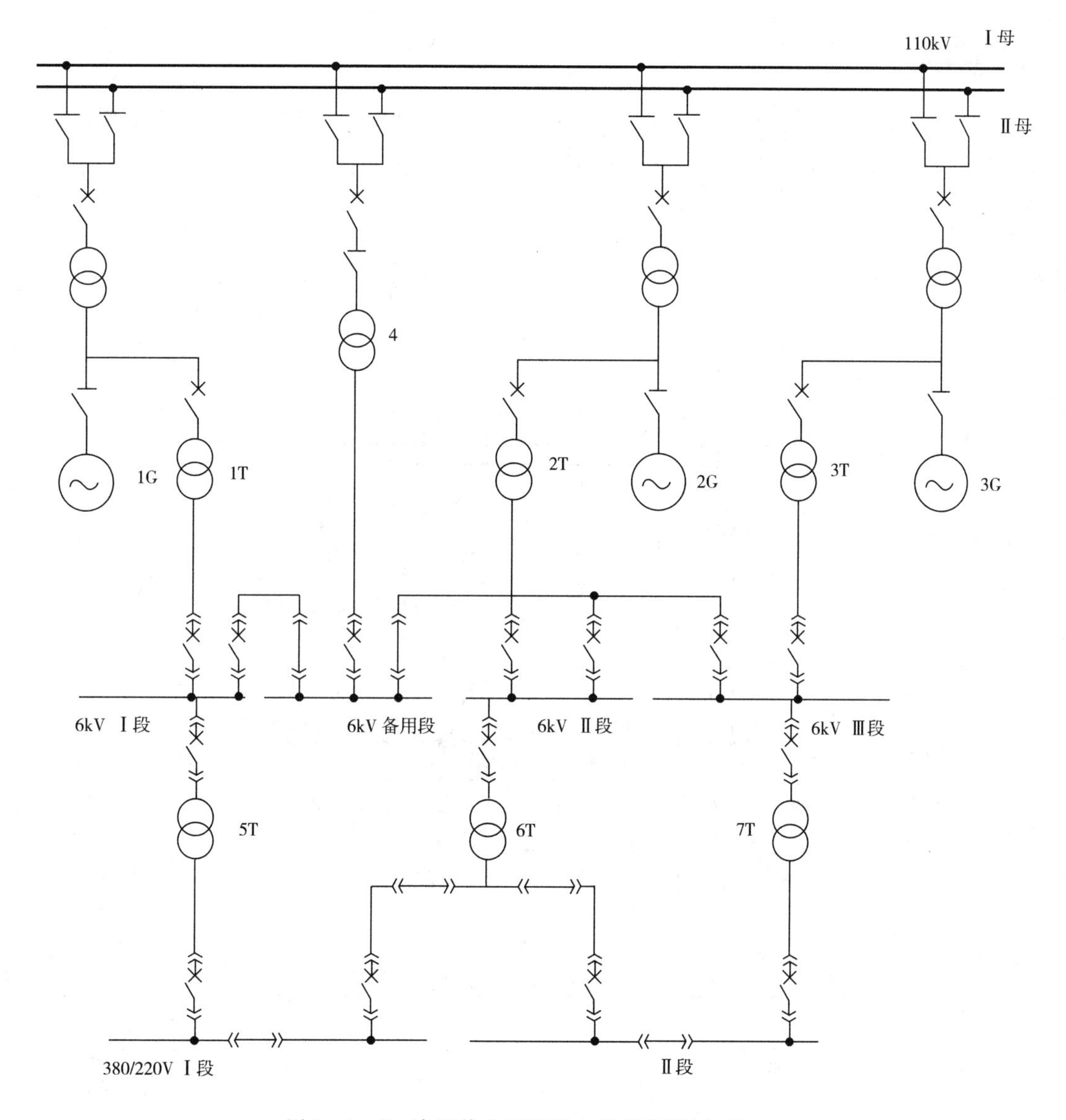

图 3-3-3　中型热电厂厂用电系统接线(方式一)

55kW 及以上的Ⅰ类厂用负荷和 40kW 以上的Ⅱ、Ⅲ类厂用重要机械的电动机，均采用分别供电方式。对一般不重要机械的小电动机和距离厂用配电装置较远的车间(如中央水泵房)的电动机，则采用成组供电方式最为适宜。

思考问题

◆ 中型热电厂接线有什么特点？

◆ 中型热电厂厂用电电源是如何接入的？

◆ 中型热电厂厂用电电源备用方式是怎样的？

学习必读

如图 3-3-4 所示该电厂装设有两机三炉。发电机电压为 10.5kV，发电机采用单元接线，通过主变压器与 110kV 电力系统相联系。

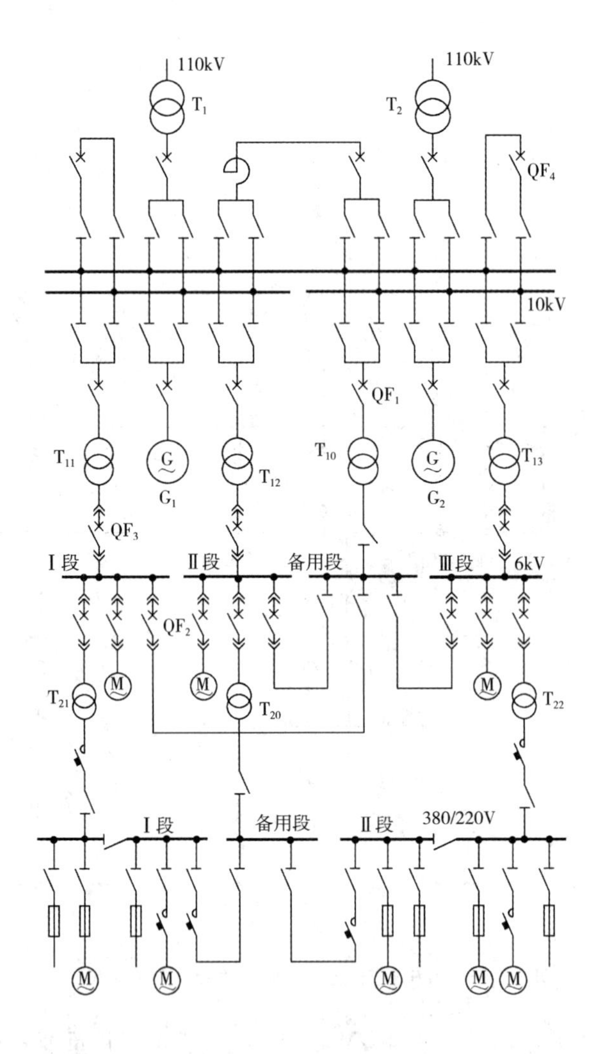

图 3-3-4　中型热电厂厂用电系统接线(方式二)

一、厂用电源接入方式

1. 高厂变接入

高压厂用母线按锅炉台数分为三段，厂一用高压为 6kV，由发电厂主母线的两组工作母线通过 T_{11}、T_{12}、T_{13} 三台高压厂用工作变供电。

由于机组容量不大，低压厂用母线分为两段。

2. 高备变接入

备用电源采用明备用方式，即专门设置高压厂用备用变压器 T_{10} 和低压厂用备用变压器 T_{20} 作为备用电源。为了提高厂用系统运行的可靠性，在运行方式上，可将发电厂的一台升压变压器如 T_2 与高压厂用备用变压器 T_{10} 都接到备用主母线上，将所在段的母联断路器 QF_2 合闸，这样可使高压厂用备用变压器与系统的联系更加紧密，而且受主母线故障的影响也较小。

二、厂用负荷供电

对厂用电动机的供电，有分别供电和成组供电两种方式。

1. 分别供电

图 3-3-4 中所示的高压(6kV)电动机的供电属于分别供电方式。即对每台电动机各敷设一条电缆线路，通过专用的高压开关柜或低压配电盘进行供电。55kW 及其以上的Ⅰ类厂用负荷和 40kW 以上的Ⅱ、Ⅲ类厂用重要机械的电动机，应采用分别供电方式。

2. 成套供电

图 3-3-4 所示的低压(380/220V)Ⅰ、Ⅱ段的其他馈线表示去往车间的专用盘，是成组供电方式，即数台电动机用同一条线路送到车间的专用盘后，再分别引接到各电动机。对一般不重要机械的小电动机和距离厂用配电装置较远的车间(如中央水泵房)的电动机，这种供电方式最为适宜，可以节省电缆，简化厂用配电装置。

任务三　大型火电厂厂用电系统

阅读资料

一、大型火电厂厂电系统接线图

某 300MW 机组大型火电厂厂用电系统图如图 3-3-5 所示。

二、大型火电厂厂用电系统分析

从图中可以看出，大型火电厂厂用电系统十分复杂，包含多个电压级，明备用、暗备用众多，厂用电源除具有正常工作电源外，还设置有备用电源，同时设置了启动电源、事故保安电源和交流不停电电源。

下面以 600MW 火电机组厂用电来介绍大型火电厂厂用电系统。

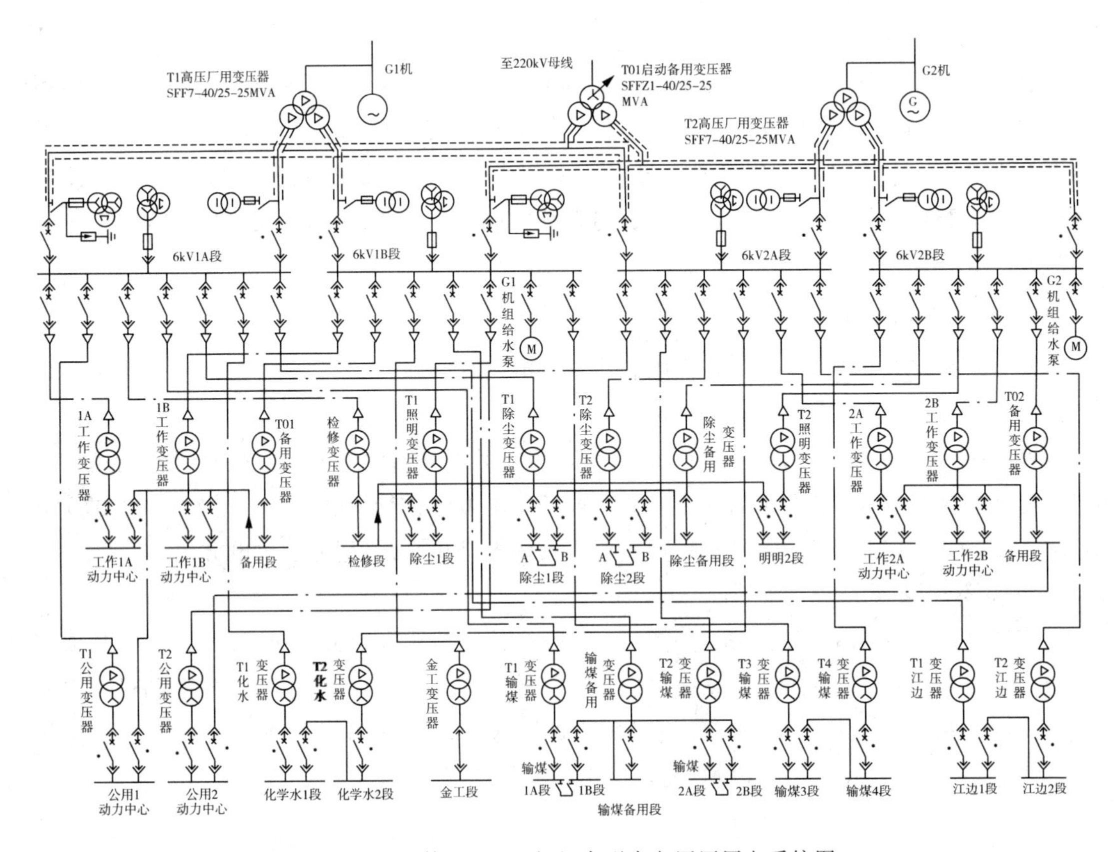

图 3-3-5　某 300MW 机组大型火电厂厂用电系统图

思考问题

◆ 大型火电厂厂用电系统包括哪些电压级?

◆ 大型火电厂厂用电源的接线方式?

◆ 大型火电厂高压厂负荷接线型式?

◆ 大型火电厂低压厂负荷接线型式?

学习必读

一、厂用电的电压等级

厂用电的电压等级与电动机的容量直接有关,大容量电动机宜采用较高的电压,厂用电的电压与采用的电动机电压相匹配,电厂中拖动各种厂用机械的电动机,其容量差别很大,从一般的几千瓦、几十千瓦,大到几百千瓦、几千千瓦,不可能只采用一个电压等级的电动机,但力求电压等级尽量减少,对于大中型机组的火力发电厂,一般设置两个电压等级,厂用高压(一般为 6kV)和厂用低压(400V),100～200kW 及其以上的电动机采用高压。

对 600MW 机组的厂用电,根据国内电厂的设置情况,可分如下两种方案:

1. 厂用电采用 6kV 和 380V(或称 6.3kV 和 400V)两个电压等级

配电原则为:

1)200kW 及以上的电动机采用 6kV 电压供电;

2)200kW 以下的电动机采用 400V 电压供电。

2. 厂用电采用 10kV、3kV 与 380V(或称 10.5kV、3.15kV 与 400V)三个电压等级

配电原则为:

1)2000kW 及以上的电动机采用 10kV 电压供电;

2)200～2000kW 的电动机由 3kV 电压供电;

3)200kW 以下的电动机采用 400V 电压供电。

第一种方案采用了一个 6.3kV 等级的厂用高压,而第一种方案采用了 10.5kV 和 3.15kV 两个等级的厂用高压。

原则上,前者可使厂用电系统简化、设备减少,每台 600MW 机组只用一台高压厂用工作变压器,其 6.3kV 侧的共相封闭母线(引出线)和 6.3kV 厂用母线可减少,但许多 2000kW 以上的大容量电动机接在 6.3kV 母线上,也会带来设备选择和运行方面的问题,如电动给水泵的启动就要考虑许多因素。

二、厂用电源的接线方式

发电厂的厂用电源,要求供电可靠,且能满足电厂各种工作状态的要求,除应具有正常的工作电源外,还应设置备用电源、启动电源和事故保安电源。

一般电厂中都以启动电源作备用电源。下面主要介绍 600MW 机组的厂用电源。

1. 厂用工作电源及其引接

(1)发电机出口不装设断路器

对于大容量机组,各机组的厂用工作电源必须是独立的,是保证机组正常运行最基本的电源,要求供电可靠,而且满足整套机炉的全部厂用负荷要求,并可能还承担部分公用负荷。

600MW 机组都采用发电机一变压器组单元接线,并采用分相封闭母线。机组厂用电源都从发电机 G 至主变压器 T 之间的封闭母线引接,即从发电机出口经高压厂用工作变压器 TA1,TA1 又简称高压厂用变,高压厂用变将发电机出口电压降至所要求的厂用高压,如图 3-3-6a 所示。一般在 600MW 机组的厂用分支上也不装设断路器,主要是因为要求的开断电流很大,断路器难于选择,也不装隔离开关,只设可拆连接片,以供检修和调试用。为提高供电可靠性,厂用分支也都采用分相封闭母线。

在这种接线方式下,发电机、主变压器、厂用高压变压器以及相互连接的导体,任何元件故障都要断开主变压器高压倒的断路器并停机。因此,仅当发电机处于正常运行时,才能对厂用负荷供电;在发电机处于停机状态、启动时发电机电压来建立之前或停机使电压下降时,都不能对厂用负荷供电,因此,需要另外设置独立可靠的启动和停机用的电源。

停机电源是指保证发电机安全停机的某些厂用负荷继续运行一段时间所需的电源。

(2)发电机出口装设断路器

如果发电机出口装有断路器,见图 3-3-6b 所示,则发电机启动和停机时,只要断开发

电机出口断路器，厂用负荷仍可从系统经主变压器，再经高压厂用变压器供电。

低压400V厂用工作电源，由高压厂用母线透过低压厂用变压器引接，若高压厂电设有10.5kV和3.15kV两个电压等级，则400V工作电源一般从10.5kV厂用母线引接。

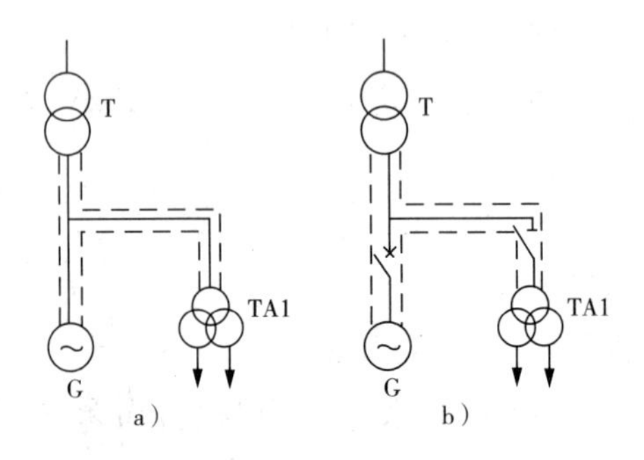

图3-3-6　厂用电源接线

a)发电出口不设断路器；b)发电机出口设断路器

2. 厂用备用电源与启动电源

厂用备用电源用于工作电源因事故或检修而失电时替代工作电源，起后备作用。备用电源应具有独立性和足够的供电容量，最好能与电力系统紧密联系。在全厂停电下仍能从系统获得厂用电源。

启动电源一般是指机组在启动或停运过程中，工作电源不可能供电的工况下为该机组的厂用负荷提供电源。

600MW机组的厂用电，一般采用启动电源兼备用电源的方式设置，而且一般都从系统经启动/备用变压器（简称启/备变，如果它带有厂用公用负荷，则又常简称其为公备变）Tfa1、Tfa2引接，从220kV系统引接具有很高的可靠性，这种电源除起备用电源和启动电源的作用外，也承担了发电机停机电源的作用。

这种由启动兼备用的电源变压器，从备用的角度看是一种明备用（另一种是暗备用），平时不接通高压厂用母线，不带机组负荷，当工作电源故障断开时，由备用电源自动投入装置进行切换接通，代替故障的工作电源（厂总变），承担全部厂用负荷。

启动/备用变压器平时是否处于运行工况，要看其平时是否带公用负荷。如果全厂的公用负荷由各机组的工作变压器分担，启动/备用变压器平时不带公用负荷，则启动/备用变压器平时不投入，一次侧断开，可省去空载损耗，其容量也可减小，但工作变压器容量稍有增大，故障时动作的断路器较多，可靠性略有降低。

另一种方式是启动/备用变压器平时带有较多的公用负荷，容量较大，而工作变压器的容量相应减小，启动/备用变压器替代工作电源时，动作的断路器较少，可靠性有所提高，但启动/备用变压器将长期带电，使损耗增加。

对600MW机组，一般每两台机组设一套（通常为两台）公用的启动/备用变压器。

对于低压400V的备用电源，与低压工作电源的引接相似，也从高压厂用母线（亦称中压厂用母线）经低压变压器引接，但低压工作电源与备用电流源取自高压厂用母线的不同分

段上。

3. 事故保安电源

对大容量发电机组，当厂用工作电源和备用电源都消失时，为确保在严重事故状态下能安全停帆，应设置事故保安电源，以满足事故保安负荷的连续供电。

对600MW机组单元广用备用电源(启/备变)，通常接于220kV系统，供电的可靠性已相当高，但仍需设置后备的备用电源，事故保安电源。采用事故保安电源通常是：蓄电池组和柴油发电机。

1)蓄电池组，它是一种独立而十分可靠的保安电源。蓄电池组不仅在正常运行时承担控制操作、信号设备、继电保护等直流负荷，而且在事故情况下，仍能提供直流保安负荷用电，如润滑油泵、氢密封油泵、事故照明等。同时，还可经过逆变器将直流变为交流，兼作交流事故保安电源，向不允许间断供电的交流负荷供电，由于蓄电池容量有限，故不能带很多的事故保安负荷，且持续供电时间一般不超过1小时。

2)柴油发电机，它是一种广泛采用的事故保安电源，当失去厂用电源时，柴油发电机能在10～15s之内向保安负荷供电，一般每台600MW机组厂用负荷设置一套400V、三相、50Hz柴油发电机组，作为交流事故保安电源。当一个发电厂有两个以上单元机组时，各个单元机组的柴油发电机保安母线之间也可设置联络线，以保证互为备用。

3)外接电源，当发电厂附近有可靠的变电站或者有另外的发电厂时，事故保安电源还可以由附近的变电站或发电厂引接，作为第三备用电源。

三、600MW机组厂用电基本接线形式

厂用电接线方式合理与否，对机、炉、电的辅机以及整个发电厂的工作可靠性有很大影响。厂用电的接线应保证厂用供电的连续性，使发电厂能安全满发，并满足运行安全可靠、灵活方便等要求。

600MW机组通常都为一机一炉单元式设置，采用机、炉、电为一单元的控制方式，因此，厂用系统也必须接单元设置，各台机组单元(包括机、炉、电)的厂用系统必须是独立的，而且采用多段(两段或四段)单母线供电。

1. 高压厂用电系统

高压厂用电系统，是指厂总变和启/备变以下3～10kV电压等级的厂用电系统。

600MW机组单元高压厂用电系统的接线，与采用的电压等级、厂总变的型式和台数、启/备变的型式和台数、启/备变平时是否带公用负荷等因素有关。

图3-3-7所示高压厂用电采用6kV一个电压等级，设置一台高压厂用三相三绕组(或分裂中压绕组)的工作变压器 T_{1AB}、两台三相双绕组启/备变 T_{C1}、T_{C2}，启/备变平时带公用负荷。这种厂用电接线的主要特点是：

1)机组单元(机、炉、电)厂用负荷由两段高压厂用母线(IA和IB)分担，正常运行由厂总变供电，有双套或更多套设备的，可均匀地分接在两段母线上，以提高可靠性。厂总变不带公用负荷，故其容量较小。

2)公用负荷由两段厂用公用母线(Cl和C2)分担，正常运行时，两台启/备变各带一段公

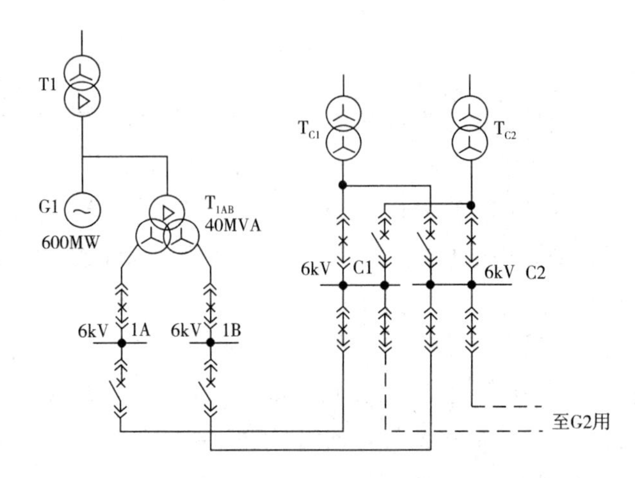

图 3-3-7　600MW 机组高压厂用电系统接线(方式一)

用母线(亦称公用段),两段公用母线分开运行。由于该厂的启/备变经常带公用负荷,故也称其为"公备变。

3)当一台启/备变停投或由于其他设备有异常,其中一台启/备变不能运行时,可由另一台启/备变带两段公用母线。因此,对公用负荷而言,两台启/备变互为备用的电源。

如图 3-3-8 所示,每个机组单元设置两台三绕组或分裂绕组的工作变压器 T_{1A}、T_{2A},每两台机组设公用的两台三绕组或分裂绕组变压器作启动兼备用变压 T_{12A}、T_{12B}。

这种接线的特点是,工作电源经两台三绕组或分裂中压绕组变压器,分接至四段高压厂用母线,既带机组单元负荷,又带公用负荷,启/备变平时不带负荷。

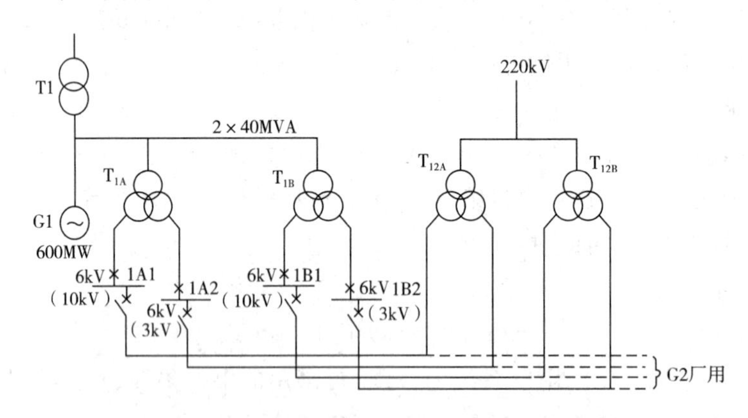

图 3-3-8　600MW 机组高压厂用电系统接线(方式二)

这种高压厂用电系统接线形式,既可用于采用 6kV 一个电压等级的接线,也可用于采用 10.5kV 和 3.15kV 两个电压等级的高压厂用电系统接线。

2.400V 厂用电系统基本接线

600MW 机组单元低压厂用电系统,其工作电源和备用电源都从高压厂用母线上引接,对于设有 10.5kV 和 3.15kV 两级高压厂用电的,一般从 10.5kV 母线上引接。

380V(或 400V)低压厂用电系统,通常任一个单元中设有若干个动力中心(简称 PC)和

由 PC 供电的若干个电动机(马达)控制中心(简称 MCC)。一般容量在 75～200kW 之间的电动机和 150～650kW 之间的静态电动机负荷接于动力中心(PC),容量小于 75kW 的电动机和小功率加热器等杂散负荷接于电动机控制中心(MCC)。从电动机控制中心又可接出至车间就地配电屏(PDP),供本车间小容量杂散负荷。

400V 各动力中心,如汽轮机 PC、锅炉 PC、出灰 PC、水处理 PC 等,基本接线为单母线分段,如图 3-3-9 所示。每一 400V 的 PC 单元设两段母线,每段母线通过一台低压厂用变压器供电,两台变压器的高压侧分别接至厂用高压母线的不同分段上。两段低压母线之间设一联络断路器。工作电源与备用电源之间的关系,采用暗备用方式,即两台低压厂用变压器(简称厂变)互为备用,一台低压厂变故障或其他原因停役时,另一台低压厂变能满足同时带二段母线的负荷运行的要求。也就是说,一台厂变退出工作后,可合上两段母竣的联络断路器,由另一台厂变带两段母线的负荷。但在正常运行时,一般两台厂变是不能并联工作的,即不可合上联络断路器,因为 PC 的所有设备的短路容量均按一台厂变提供的短路电流选择的。

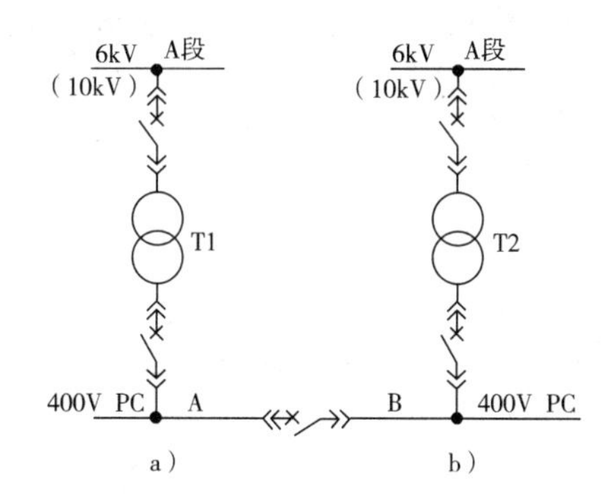

图 3-3-9　厂用 380V 动力中心接线

3. 400V 保安 MCC 基本接线

对于在失去正常厂用电的事故中,会危及机组主、辅机安全,造成永久性损坏的负荷,即机组的保安负荷,由专门设置的保安电动机控制中心(MCC)对其集中供电,每台 600MW 机组设置一台柴油发电机作为交流保安负荷的备用电源(也称交流保安电源)。

600MW 机组单元一般设置有汽轮机保安 MCC 和锅炉保安 MCC,也有只设一段母线的保安 MCC,基本接线如图 3-3-10 所示,图 a 中保安 MCC 每段有两个电源。正常运行时,每段保安 MCC 由机组单元低压厂用动力中心供电,当保安 MCC 失电时,柴油发电机自动投入,一般 15s 内可向失电的保安 MCC 恢复供电。图 b 中保安段母线有三路电源,即机组单元厂用 PC、公用 PC、柴油发电机,正常运行时,由机组单元厂用 PC 供电。

当保安 MCC 母线失电时,自动切换至公用 PC 供电,同时启动柴油发电机。如果柴油发电机电压已达到额定值(约经 10s),而保安 MCC 母线仍然为低电压,则由柴油发电机发出切除公用 PC 供电命令,改由柴油发电机供电。

为了确保柴油发电机处于完整的备用状态,对柴油发电机应定期进行带负荷试验,柴油发电机一般不允许在厂用电系统并列运行(防止短路容量超过 400V 断路器设备的额定值),

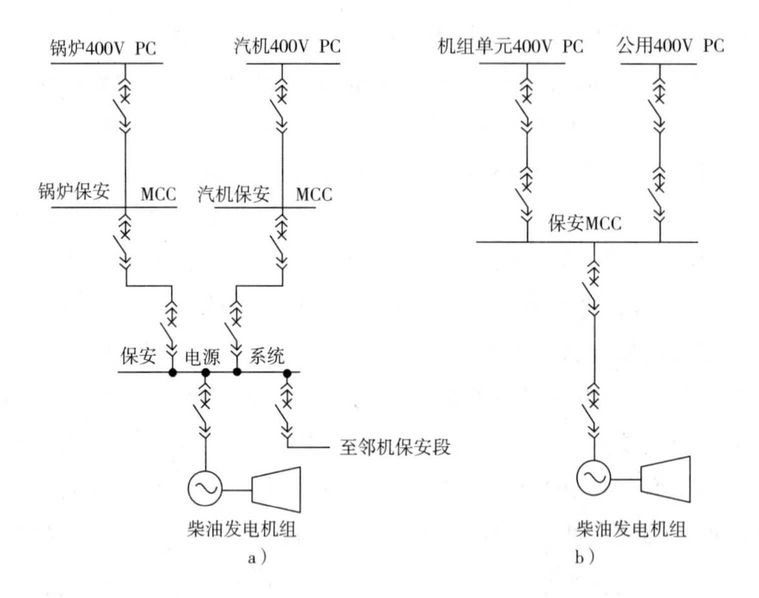

图 3-3-10 交流保安 MCC 基本接线

a)保安 MCC 有两个电源；b)保安 MCC 有三个电源

因此，柴油发电机还必须配置一套试验负荷装置。

继续探讨

大型火电厂厂用电系统中性点采用哪种接地方式？

延伸拓展

一、高压厂用电系统的中性点接地方式

高压(3kV、6kV、10kV)厂用电系统中性点接地方式的选择，与接地电容电流的大小有关：当接地电容电流小于 7A 时，可采用高电阻接地方式，也可采用不接地方式；当接地电容电流大于 7A 时，可采用中电阻接地方式，也可采用电感补偿消弧线圈，或电感补偿并联高电阻的接地方式。目前电厂的高压厂用电系统多采用中性点经电阻接地方式

二、低压厂用电系统中性点接地方式

低压厂用电系统中性点接地方式主要有两种：中性点直接接地方式和中性点经高电阻接地方式。600MW 机组单元厂用 400V 系统，多采用中性点经商电阻按地的方式，但也有采用中性点直接接地方式的。

低压厂用电系统采用中性点经高电阻接地的一种接线如图 3-3-11 所示，在变压器 380V 侧中性点连接 44Ω 接地电阻，并可在变压器的进线屏上控制，改变接地方式(不接地或经电阻接地两种)。中性点还经常接一只电压继电器，用来发出同网络单相接地故障信号，信号发送到运行人员值班处，运行人员获悉信号后，首先到中央配电装置室投入接地电阻(当原来是不接地方式运行时)，屏上高电阻接地指示灯发亮的回路，即为发生接地的馈线。

如故障发生在去车间的干线上，运行人员应到车间盘检查。当某一支路的高电阻指示灯发亮时，即表明该支路发生接地，若所有支路未发现接地故障，即说明接地发生在车间盘母线上。此外，为了防止变压器高，低压绕组间击穿或380V网络中产生感应过电压，在380V侧中性点上，与接地电阻并列装设一只击穿熔断器。

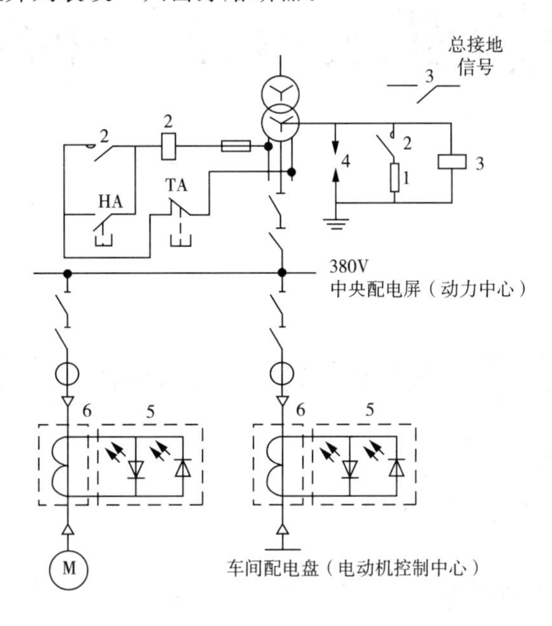

图 3-3-11　低压厂用电系统中性点经电阻接地的接线示例

1—接地电阻；2—接触器；3—电压继电器；4—击穿熔断器；5—高阻接地指示灯；6—高阻接照变压器

项目四　变电站电气主接线

任务一　220kV 地区变电站电气主接线

阅读资料

随着电网的发展，不同时期，主网架的不同，变电站的类型也在不断的变化之中，变电站的分类有以下几种：

1. 按交、直流分

变电站按交直流可分为交流变电站和直流变电站。

2. 按升降压分

① 升压变电站，存在于发电厂、水电站中；

② 降压变电站，存在于输、配电网中。

3. 按电压等级分

(1)特高压变电站

到 2020 年将在全国范围内形成华中、华东、华北，"三华"特高压同步电网并通过特高压直流与西北、东北和南方电网联结成庞大的全国异步电网，构成这个网络的变电站主要是特高压变电站。

① ±1100kV 直流特高压变电站；

② ±800kV 直流特高压变电站；

③ 1000kV 交流特高压变电站。

(2)超高压变电站

在上述全国同步联网的异步电网中，也存在一些超高压直流电网，另外在华中、华东、华北、西北、东北和南方电网内部是以超高压为主网架的同步电网变电站主要有：

① ±660kV 直流超高压变电站；

② ±500kV 直流超高压变电站；

③ 750kV 交流超高压变电站；

④ 500kV 交流超高压变电站；

⑤ 330kV 交流超高压变电站。

其中 330kV、750kV 交流超高压变电站主要分布在西北地区，而华东地区主要是 500kV 交流超高压变电站。在区域内部各省目前也正在形成以 500kV、330kV、750kV 的主网架。

(3)高压变电站

在省内各地市主要以 110～220kV 电压级的高压变电站构成地区性变电站，主要有：

① 220kV 高压变电站；

② 110kV 高压变电站。

(4)35kV 及以下变电站

35kV 及以下主要配网、用户变电站主要有：

① 35kV 变电站；

② 20kV 变电站；

③ 10kV 开闭所。

4. 按有无变压器分

① 变电站，有变压器；

② 开关站，无变压器。

5. 按控制方式分

① 常规变电站，有控制盘台；

② 常规自动化变电站，能实现常规技控制的自动化站，没有控制盘台，可通过微机进行控制，并能实现集中控制；

③ 数字式自动化变电站，采用 DL/T860 规约的自动化变电站，不仅能集中控制，同时二次系统网络化；

④ 智能化变电站，采用 DL/T860 规约的并能实现如互操作功能的高级应用的自动化变电站，这是目前最新型的变电，代表了变电站技术的发展趋势。

6. 按在系统中的作用分

① 输电变电站(包括区域变电站和地区变电站)；

② 配电变电站；

③ 用户变电站。

本节将以输电网中的 220kV 地区变电站为例进行介绍，帮助大家熟悉和了解变电站电气主接线。

思考问题

◆ 220kV 变电站常用的电气主接线形式有哪些？

◆ 如何对 220kV 变电站进行识图？

◆ 220kV 变电站主变压器采用三圈变还是自耦变？

◆ 低压侧有哪些无功补偿装置？

◆ 低压侧中性点采用什么运行方式？

学习必读

地区变电站通常是某一个地区或城市的主要变电站，高压侧的电压等级一般为 110 ～ 220kV。地区变电站主要承担地区性的供电任务。中低压侧往往需要采用无功补装置进行无功就地平衡，以维持电压水平。

一、220kV 变电站电气主接线

变电站电气主接线一般根据：主变容量、变电站在系统中的地位、配电装置的不同等多种因素而设计。

1. 220kV 侧主接线

220kV 变电站 220kV 侧电气主接线主要有双母线带旁路接线，随着电气设备运行可靠性的提高，特别是 SF_6 断路器的投入使用，新建变电站一般不设旁路，只设计成双母线接线，特别是采用 GIS 配电装置时。也有不少变电站采用双母单、双、多分段接线，3/2 接线，以及单母分段接线。

2. 110kV 侧

220kV 变电站 110kV 侧一般采用双母线带旁路、双母线、单母分段接线。

3. 35kV 侧

220kV 变电站 35kV 侧，当采用手车柜配电装置时，一般采用单母分段接线，采用其他配电装置时，一般采用单母分段带旁路接线。

二、设备编号

电力系统的安全可靠运行，要求系统中的每一个设备、每一条线路都要有一个编号，以便进行系统调度和运行人员操作。对设备进行编号应遵循以下原则：

1)唯一性：一个变电站的每一个设备、每一条线路均有一个编号，且只有一个编号。

2)独一性：一个变电站内的每一个编号只能对应一个设备或一条线路。

3)规律性：编号按一定的规则进行编排，这样既可防止重复编号，又便于阅读和记忆。国家在 1987 年颁布的 SD240《电力系统部分设备统一编号准则》中，就对 500kV 系统中部分设备的编号进行了规定，其他电压等级没有做出相关规定。

三、220kV 变电站识图

如图 3-4-1 为某 220kV 变电站电气主接线图。

1. 接线方式

1)高压侧为双母线带旁路接线，电压级：220kV。

2)中压侧为双母线接线，电压级：110kV。

3)低压侧为单母分段接线。

2. 设备配置

1)断路器全部为 SF_6 断路器,部分变电站在 35kV 侧使用真空断路器。

2)35kV 采用室内手车配电装置。

3)220kV、110kV 侧互感器均采用电容式互感器,35kV 电压互感器为电磁型。

3. 图中各元件说明

1)1、2 为降压变压器。

2)3、4 为 220kV 母线,一般为管母配置。

3)6、7 为 110kV 母线,也为管母配置。

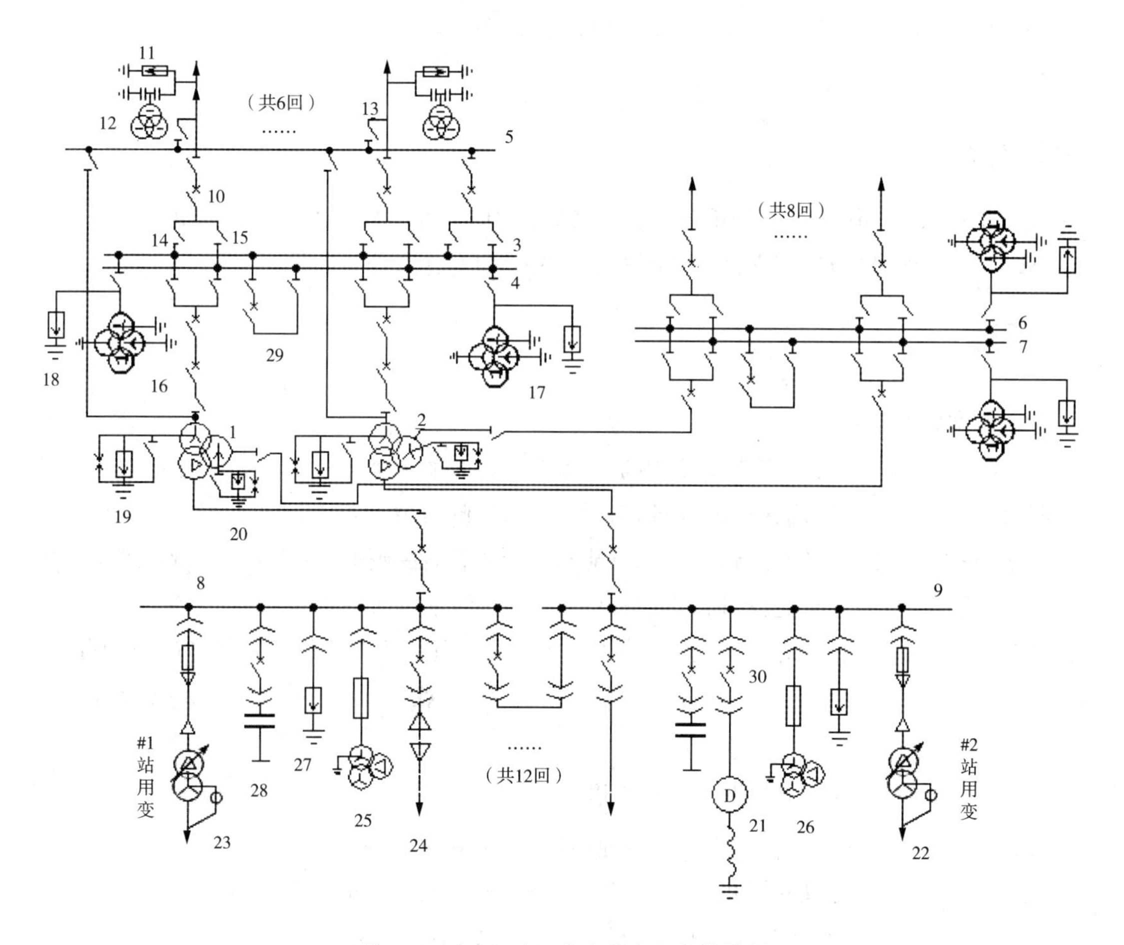

图 3-4-1 220kV 变电站电气主接线图

4)8、9 为 35kV 母线,手车配电装置,一般都要结成单母分段接线。

5)5 为 220kV 旁路母线,当全部采用 SF_6 断路器时,也可不配旁路母线。

6)10 为 220kV 侧 SF_6 断路器。

7)11 为线路避雷器,18、27 为母线避雷器,19 为变压器中性点避雷器,变压器三侧均配有避雷器图中未画出;低压侧各间隔含母联均接有避雷器,防止操作过电。

8)12 为线路电压互感器,单相三绕组,一个一次绕组,两个二次绕组,一般接于 A 相;

16、17为220kV侧母线压变，三台单相式互感器，每台一个一次绕组，两个基二次绕组，这三个绕组采用Yo，yo，yo接线，还有一个辅助二次绕组，接成开口三角形。25、26为35kV电压互感器，为电磁型，220kV、110kV电压互感器均于母线避雷器在一个间隔，高压侧经闸刀接于母线，35kV侧高压则接有熔断器，线路互感器直接接于线路。

9)14、15为母线侧隔离开关，13为旁路隔离开关。

10)22、23为站用变，分别接于低压母线，有时，其中一台也可接于低压侧联络线上。

11)28为电容器，在低压侧母线上各段分别接一组。

12)30为手车式断路器。在35kV分段回路有两个间隔，其中一个为分段断路器间隔，别一个为连接线，其目的是当8母线检修时能提供明显的开断点，保证检修时人身和设备安全。

继续探讨

◆ 图3-4-1中220kV变电站电气主接线图中21为什么设备？有何作用？

◆ 220kV侧、110kV侧中性点有哪些设备？分别有什么作用？

延伸拓展

一、接地变的作用

图3-4-1中21为接地变，其作用是为35kV侧增加一个中性点。由于变压器低压侧必须接成三角形，以消除高次谐波分量，因此在35kV侧为中性点不接地系统。由于出线较多，当单相接地发生时，单相接地电流很可能超过允许值，必须进行消弧线圈补偿，消弧线圈只能接在系统中性点才能起到补偿作用。由于35kV侧本身没有接地点，虽然在35kV出线所接变器中有大量中性点存在，但消弧线圈一般安装于电源侧，以免线路故障时被切除，因此，在35kV侧安装一接地变，可以人为设置一个中性点满足了中性点消弧线圈补偿的需要。

二、220kV侧、110kV侧中性点设备作用

220kV、110kV侧均为中性点有效接地系统，由于变压器为三圈变，不是自耦变，变压器中性点存在根据运行需要调整的可能，一般一个站中为两台三圈变接线，安排其中一台主变中性点直接接地，另一台中性不接地，可根据运行需要进行调整。

当中性点不接地时，由于变压器中性点绝缘比较薄弱，当出现不平衡运行时，变压器中性很可能受到破坏，因此在中性点装有避雷器，以及放电间隙对变压器中性点进保护。

110kV中性点作为电源端，一般两台变压器中性点均接地，当出现不接地运行方式时，也有保护中性点的需要，因此在中性点也接有避雷器和放电间隙对变压器中性点进行保护。

任务二　终端变电站和用户变电站电气主接线

阅读资料

终端(或分支)变电站的地址通常靠近负荷点,一般只有两个电压等级,高压侧电压多为110kV,由1—2回线路供电,接线较简单。利用110kV终端(或分支)变电站直接降压至10kV供电时,通常不必再建35kV线路及35/10kV变电站,有利于简化电网结构,减少变电站电压等级和变电站重复容量,大大降低了电力系统的各种损耗。

企业变电站通常是某一工矿企业自建的专用变电站。大型联合企业的总变电站,高压侧电压多为220kV,一般的企业变电站高压侧电压多优先选择110kV,或35kV,居民区一般为10kV的开闭所。

在众多的终端变和用户变电站中,高压侧为110kV的变电站为大多数,且一般高压侧为两回线路,一工作一备用,并安装有备自投以提高供电可靠性,因此多采用桥式接线。

在110kV变电站电气主接线的典型设计中,110kV侧全部为内桥接线。只是根据负荷的需要,采用双绕组变压器(110/38.5kV),或采用三绕组变压器(110/38.5/11kV),负荷侧出线有的采用全电缆出线,有的采用架空线出线。

思考问题

◆ 35～110kV变电站电气主接线采用哪种主接线?

◆ 当需限制变电站6～10kV线路的短路电流时可采用哪些措施?

学习必读

一、电气主接线型式

1)35～110kV变电站的主接线,应根据变电站在电力网中的地位、出线回路数,设备特点及负荷性质等条件确定;并应满足供电可靠、运行灵活、操作检修方便、节约投资和便于扩建等要求。

2)当能满足运行要求时,变电站高压侧宜采用断路器较少或不用断路器的接线。

3)在采用单母线接线,单母分段接线或双母线的35～110kV主接线中,当不允许停电检修断路器时,可设置旁路母线。

4)当有旁路母线时,首先宜采用分段断路器或母联断路器兼作旁路断路器的接线。当110kV线路为6回及以上,35～63kV线路为8回以上时,可装设专用的旁路断路器。主变压器35～110kV回路中的断路器,有条件时亦可接入旁路母线。采用SF_6断路器的主接线不宜设旁路设施。

5)当变电站装有两台主变压器时,6～10kV 侧宜采用分段单母线。线路为 12 回及以上时,亦可采用双母线。当不允许停电检修断路器时,可设置旁路设施。

6)当 6～35kV 配电装置采用手车式高压开关柜时,不宜设置旁路设施。

7)接在母线上的避雷器可合用一组隔离开关。对接在变压器引出线上的避雷器,不宜装设隔离开关。

二、限制 6～10kV 线路的短路电流

当需限制变电站 6～10kV 线路的短路电流时可采用下列措施:

1)变压器分列运行;

2)采用高阻抗变压器;

3)在变压器回路中装设电抗器。

三、110kV 变电站举例

图 3-4-2 是高压侧为桥式接线的 110kV 变电站电气主接线。

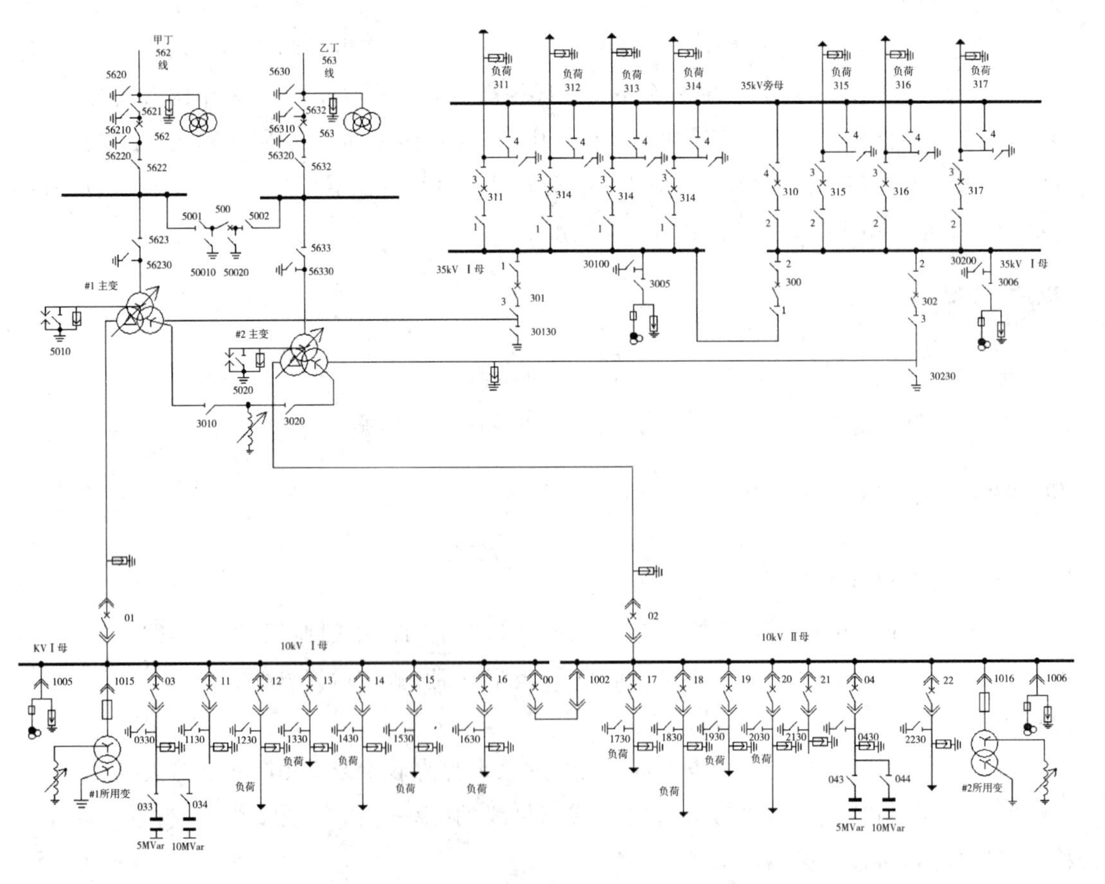

图 3-4-2　110kV 变电站电气主接线

四、35 变电站全图举例

图 3-4-3 所示为 35kV 变电站电气主接线全图。

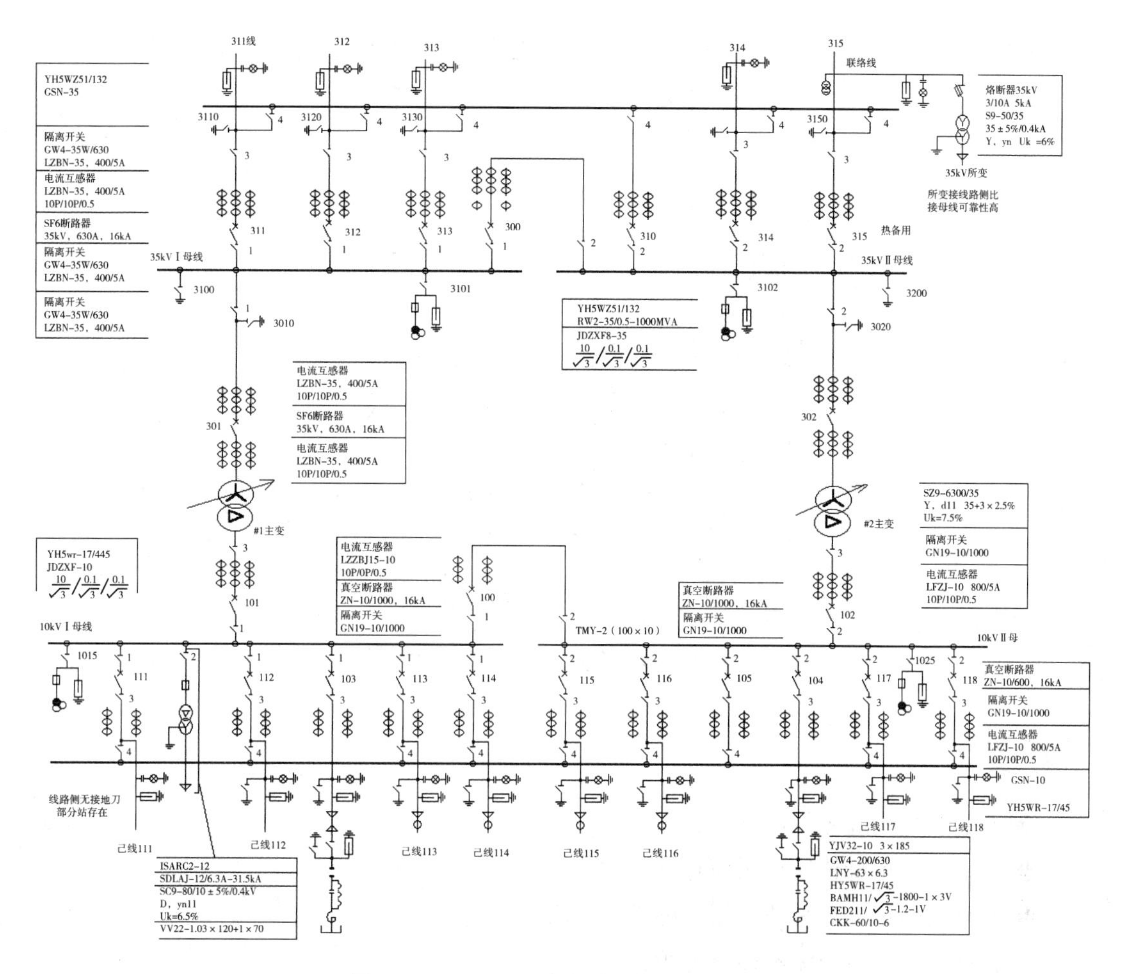

图 3-4-3　35kV 变电站电气主接线全图

任务三　变电站站用电系统

阅读资料

图 3-4-4 为某大型变电站所用电系统接线，380/220V 低压所用电系统采用单母线分段接线，且分为两段。所用电源从主变压器低压侧母线引接，通过两台所用变压器 T_{21} 和 T_{22} 分别向两段低压所用母线供电，两台所用变压器之间可以实现暗备用方式互相备用。

为了进一步提高所用电系统的供电可靠性，还设有一台专用的所用备用变压器 T_{20}（其容量与一台工作变压器的容量相同），由所外 35kV 系统引接，作为低压所用工作变压器的明备用，并设置备用电源自动投入装置，当工作变压器故障退出运行时，备用变压器自动投入运行。

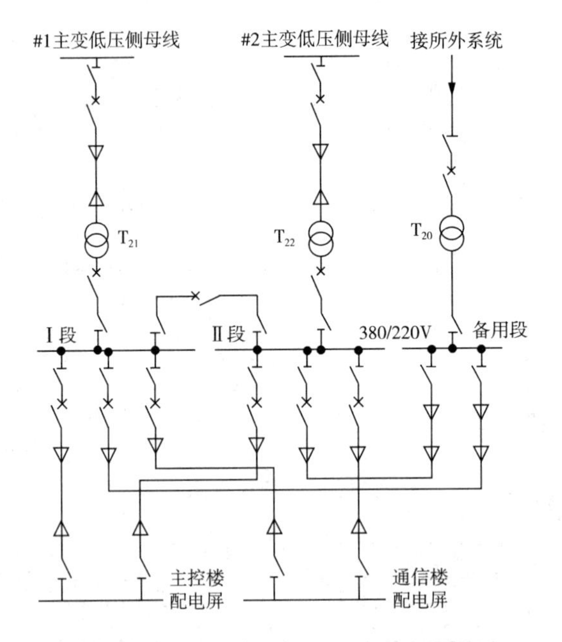

图 3-4-4　某大型变电站站用电系统接线图

思考问题

◆ 变电站站用电源如何接入?

◆ 变电站站用电接线采用何种方式?

◆ 变电站站用电负荷的采用何种供电方式?

◆ 什么是变电站交流不停电电源?

学习必读

一、变电站站用电源接入

1)220kV 变电站宜从主变压器低压侧分别引接两台容量相同,可互为备用,分列运行的所用工作变压器。每台工作变压器按全所计算负荷选择。

只有一台主变压器时,其中一台所用变压器宜从所外电源引接。

2)330～500kV 变电站的主变压器为两台(组)及以上时,由主变压器低压侧引接的所用工作变压器台数不宜少于两台,并应装设一台从所外可靠电源引接的专用备用变压器。

每台工作变压器的容量至少考虑两台(组)主变压器的冷却用电负荷。专用备用变压器的容量应与最大的工作变压器容量相同。

初期只有一台(组)主变压器时,除由所内引接一台工作变压器外,应再设置一台由所外可靠电源引接的所用工作变压器。

3)35～110kV 小型变电站,大多只装 1 台站用变压器,从变电站低压母线上引接。在有两台及以上主变压器的变电站中,宜装设两台容量相同可互为备用的站所用变压器。如能

从变电站外引入一个可靠的低压备用所用电源时，亦可装设一台所用变压器。

4）当35kV变电站只有一回电源进线及一台主变压器时，可在电源进线断路器之前装设一台所用变压器。

二、站用电接线方式

1）所用电低压系统应采用三相四线制，系统的中性点直接接地。系统额定电压380/220V。

2）所用电母线采用按工作变压器划分的单母线。相邻两段工作母线间可配置分段或联络断路器，但宜同时供电分列运行。两段工作母线间不宜装设自动投入装置。

3）当任一台工作变压器退出时，专用备用变压器应能自动切换至失电的工作母线段，继续供电。

三、站用电负荷的供电方式

1）站用电负荷宜由所用配电屏直配供电，对重要负荷应采用分别接在两段母线上的双回路供电方式。

2）强油风（水）冷主变压器的冷却装置、有载调压装置及带电滤油装置，宜按下列方式共同设置可互为备用的双回路电源进线；并只在冷却装置控制箱内自动相互切换。

① 主变压器为三相变压器时，宜按台分别设置双回路；

② 主变压器为单相变压器组时，宜按组分别设置双回路，各相变压器的用电负荷接在经切换后的进线上。

③ 330～500kV变电站的控制楼、通信楼，可根据负荷需要，分别设置专用配电屏向楼内负荷供电。专用屏宜采用单母线接线。

④ 断路器、隔离开关的操作及加热负荷，可采用按配电装置区域划分的，分别接在两段所用电母线的下列双回路供电方式：

a. 各区域分别设置环形供电网络，并在环网中间设置断路器以开环运行；

b. 各区域分别设置专用配电箱，向各间隔负荷辐射供电，配电箱电源进线一路运行，一路备用。

⑤ 检修电源网络宜采用按配电装置区域划分的单同路分支供电方式。

四、交流不停电电源

1）不停电电源宜采用成套UPS装置，或由直流系统和逆变器联合组成。电源装置可以按全部负载集中设置，也可按不同负载分散设置。

2）不停电电源宜采用具有稳压稳频性能的装置，额定输出电压为单相220V，额定输出频率50Hz。

3）供计算机使用的不停电电源装置，其容量的选择宜留有裕度。

五、220kV变电站站用电系统举例

图3-4-5为某220kV变电站站用电系统接线图，除了从本站低压母线接站用电外，还从站外接入与本站无关的地方性外接电源，以保证在事故时，特别是全站停电时，能快速恢

复变电站供电。

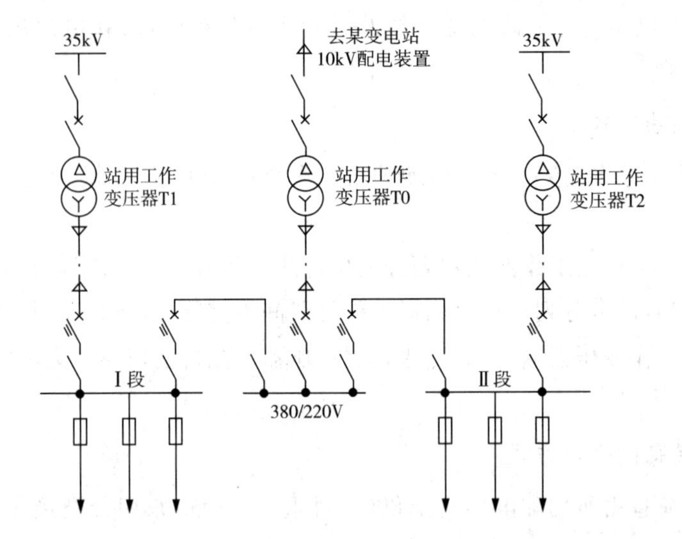

图 3-4-5　220kV 变电站站用电系统接线图

学习领域四

配电装置识图

项目一　敞开式配电装置

任务一　屋外配电装置辨识及识图

阅读资料

仔细观察图 4－1－1、图 4－1－2。

图 4－1－1　35kV 配电装置实景图

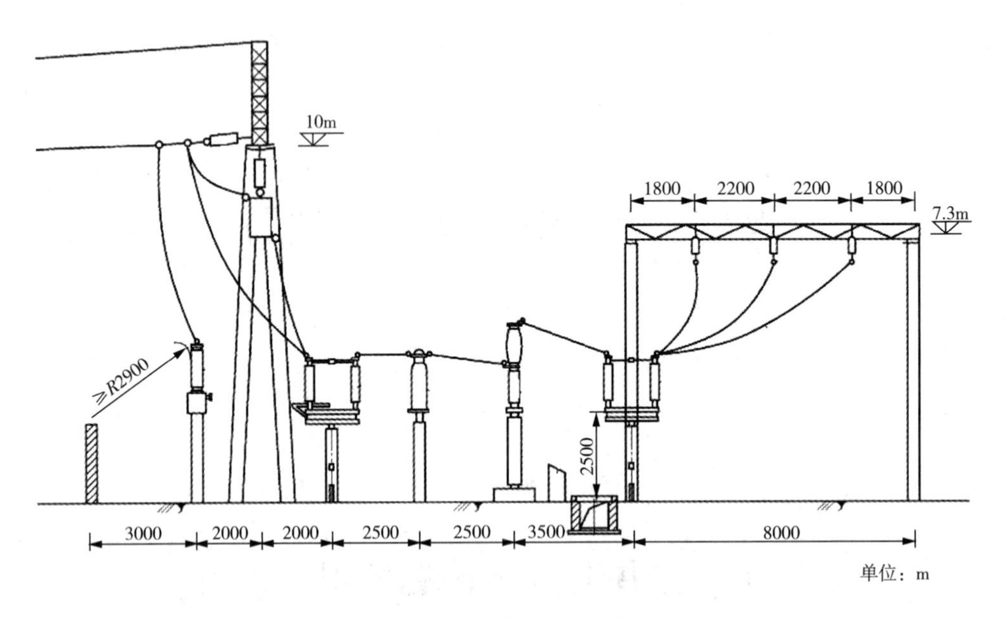

图 4－1－2　典型单母线接线配电装置断面图

思考问题

◆ 从变电站电气设备实景图中找出断路器、隔离开关等一系列电气设备。

◆ 你知道配电装置有哪些类型吗？

◆ 看懂屋外配电装置图，能从典型单母线接线配电装置断面图辨认各类电气设备。

◆ 能在断面图中看出电流的走向吗？

◆ 根据断面图画出主接线图。

学习必读

一、配电装置概述

配电装置是发电厂与变电站电气一次接线的工程实施，是按电气主接线的要求，由开关电器、载流导体和必要的辅助设备（安装布置电气设备的构架、基础、房屋和通道等）所组成，用以接受和分配电能的电工建筑物。

1. 对配电装置的基本要求

根据 DL/T5352《高压配电装置设计规程》高压配电装置的设计应满足以下基本要求：

1）应贯彻国家法律、法规，执行国家的建设方针和技术经济政策，符合安全可靠、运行维护方便、经济合理、环境保护的要求。

2）应根据电力负荷性质、容量、环境条件、运行维护等要求，合理地选用设备和制定布置方案。在技术经济合理时应选用效率高、能耗小的电气设备和材料。

3）应根据工程特点、规模和发展规划，做到远近结合，以近期为主。

4）必须坚持节约用地的原则。

5)应符合现行的有关国家标准和行业标准的规定。

2. 配电装置的类型

(1)按电气设备的安装地点分类

按电气设备的装设地点配电装置分为屋内式和屋外式两大类,如图 4-1-3 所示。

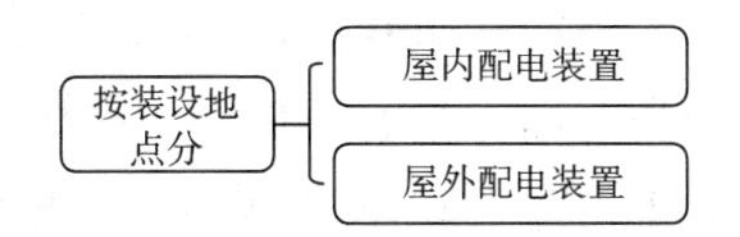

图 4-1-3　配电装置按照装设地点分类

屋内配电装置的特点是:所有电气设备均放置在屋内,安全净距小,可采用分层布置,占地面积小;外界污秽气体及灰尘对电气设备的影响较小;操作、维护与检修都在室内进行,工作条件较好,不受气候影响;土建工程量大,投资较大。

屋外配电装置的特点是:所有电气设备放置在屋外,土建工程量小,相应的投资较小,建设工期短;扩建方便;相间及设备之间的距离大,便于带电检修作业;受外界环境影响,设备的运行条件及人员进行操作维护的工作条件较差,而且占地面积大。

(2)按安装方式分类

按照安装方法配电装置又可以分为装配式配电装置和成套式配电装置,如图 4-1-4 所示。装配式是指电气设备及其结构物均在现场组装的配电装置;成套配电装置是在制造厂已将所需电气设备装配成一整体,并成套供应,这种装置运到现场后,连接起来即可投入运行。成套配电装置工作可靠性高,维护方便;结构紧凑,占地少;建设时间短,便于扩建和搬迁;耗用钢材较多,造价较高。

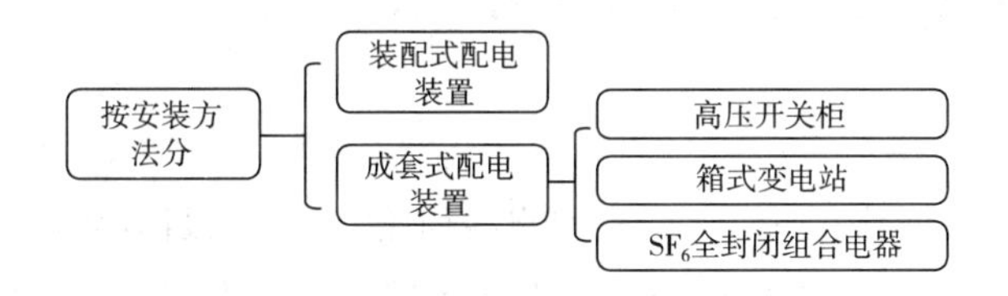

图 4-1-4　配电装置按照安装方法分类

(3)按绝缘方式分类

高压配电装置按照绝缘方式分为三种:空气绝缘开关设备(Air Insulated Switchgear, AIS)敞开式配电装置;气体绝缘金属封闭开关设备(Gas Instulated Switchgear,GIS)配电装置;复合式气体绝缘金属封闭开关设备(Hybrid Gas Instulated Switchgear,HGIS)配电装置,如图 4-1-5 所示。

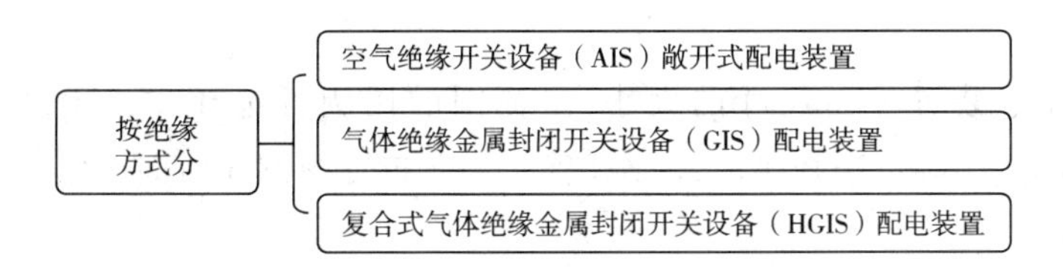

图 4-1-5　配电装置按照绝缘方式分类

空气绝缘开关设备的特征是高压断路器与其他电气元件之间的连接暴露在空气中，又称敞开式配电装置，其母线裸露，直接与空气接触，断路器可用瓷柱式或罐式。它的外绝缘距离大，占地面积大；因设备外露部件多，易受气候环境条件的影响，不利于系统的安全及可靠运行；但投资少，安装简单，可视性好，现大多数电力用户使用的均是这类配电装置。

气体绝缘金属封闭开关设备为封闭式组合电器，主要把母线、断路器、电流互感器、电压互感器、隔离开关、避雷器都组合在一起，封闭于高于一个大气压的 SF_6 气体中，常称为 SF_6 全封闭组合电器。GIS 的优点在于占地面积小，可靠性高，安全性强，维护工作量很小，其主要部件的维修间隔不小于 20 年。但投资大，对运行维护的技术性要求很高。

复合式气体绝缘金属封闭开关设备是一种介于 GIS 和 AIS 之间的新型高压开关设备。HGIS 配电装置是由 GIS 演变而来，特点是母线采用敞开式，其他均为六氟化硫气体绝缘装置。其优点是母线不装于 SF_6 气室，是外露的，因而结线清晰、简洁、紧凑，安装及维护检修方便，运行可靠性高。

3. 配电装置的间隔

配电装置通常由数个不同的间隔组成，所谓间隔是指一个具有特定功能的完整的电气回路，包括断路器、隔离开关、电流互感器、高压熔断器、电压互感器、避雷器等不同数量的电气设备。一般由构架（屋外配电装置）或隔板（或墙体）来分界，使不同电气回路互相隔离，故称为间隔。根据功能不同，间隔可分为进线（发电机、变压器引出线回路）间隔、出线间隔、旁路间隔、母联间隔、分段间隔、电压互感器和避雷器间隔等。对成套配电装置，如果采用的是高压开关柜，则每个开关柜为一个间隔。各间隔依次排列起来即为列，屋外配电装置的布置通常按断路器的列数分为单列布置、双列布置和三列布置。采用高压开关柜的屋内配电装置则按开关柜布置的列数分为单列布置和双列布置。

4. 配电装置图纸

(1)配置图

配置图是把发电机回路、变压器回路、引出线回路、母线分段回路、母联回路以及电压互感器回路等，按电气主接线的连接顺序，分别布置在各层的间隔中，并显示出走廊、间隔以及用图形符号表示出来母线和电器在各间隔中的位置，但不要求按比例尺寸绘制，如图 4-1-6 所示。配置图是在配电装置的基本形式确定以后，按照电气主接线进行总体布置的结果，为平面图、断面图的设计做必要的准备，它还用来分析配电装置的布置方案和统计主要设备的数量。

(2)平面布置图

平面图是按比例画出房屋、间隔、通道走廊及出口等平面布置情况的图形，平面图上示出的间隔只是为了确定间隔部位和数目，所以可不必画出所装电器，但应标出各部位的尺寸。

根据实际配电装置平面尺寸的大小，平面图的比例可选择 1∶50、1∶100、1∶200、1∶300、1∶500 等，图幅可选择 A3、A2、Al 等。平面布置图例在后面介绍。

(3)断面图

断面图是表明所截取的配电装置间隔断面中，电气设备的相互连接及详细的结构布置

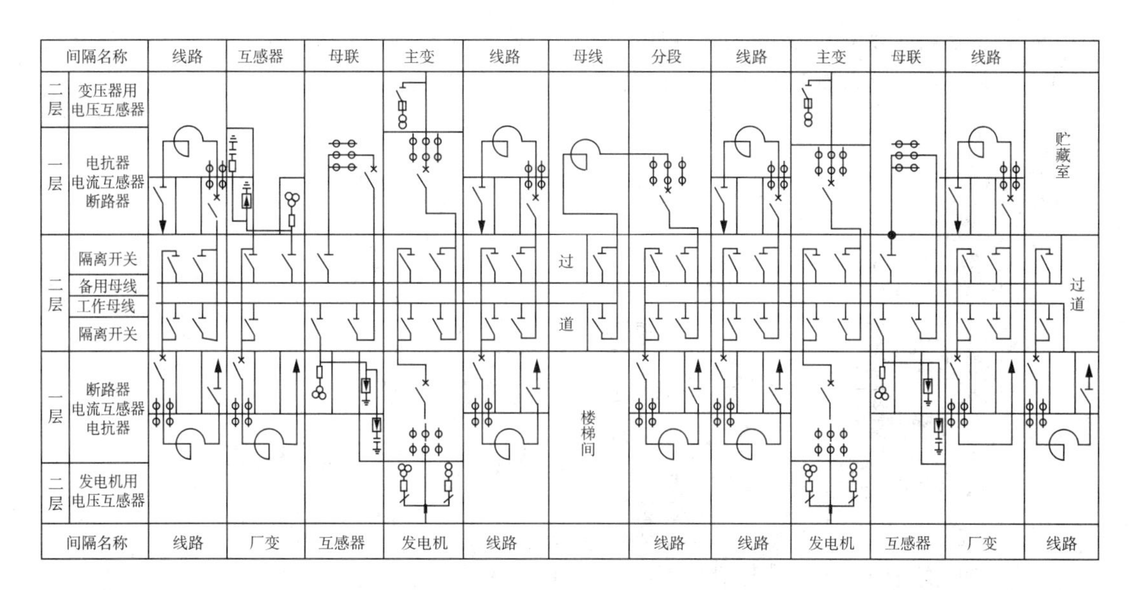

图 4-1-6　6～10kV 工作母线分段的双母线、出线带电抗器、断路器双列布置的二层式屋内配电装置配置图(装配式)

尺寸的图形。它们均应按比例画出,并标出必要的尺寸,如图 4-1-2 所示。

设计平面图和断面图时的主要依据是最小安全净距,并遵守配电装置设计规程的有关规定,要保证装置可靠地运行,操作维护及检修安全、便利。根据实际间隔断面尺寸的大小,断面图的比例可选择 1∶50、1∶100 等,图幅可选择 A3 或 A2 等。

平面图和断面图是工程施工、设备安装的重要依据,也是运行及检修中重要的参考资料。对于分期建设的工程,配置图、平面图和断面图中的本期工程用实线绘制,远期工程用虚线绘制。

二、电气设备辨识

35kV 侧电气设备实景见图 4-1-7,其中电气设备有断路器、隔离开关、电流互感器、母线、变压器等电气设备。

图 4-1-7　35kV 配电装置标注图

断面图是将现实中的配电装置按照一定比例反映到图纸中，为安装工人提供安装依据的图纸。图 4-1-2 断面图中画出的设备如图 4-1-8 所示。

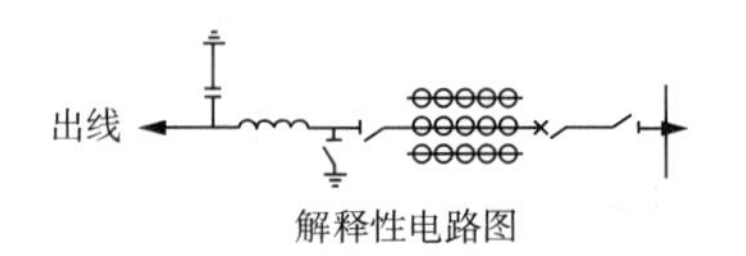

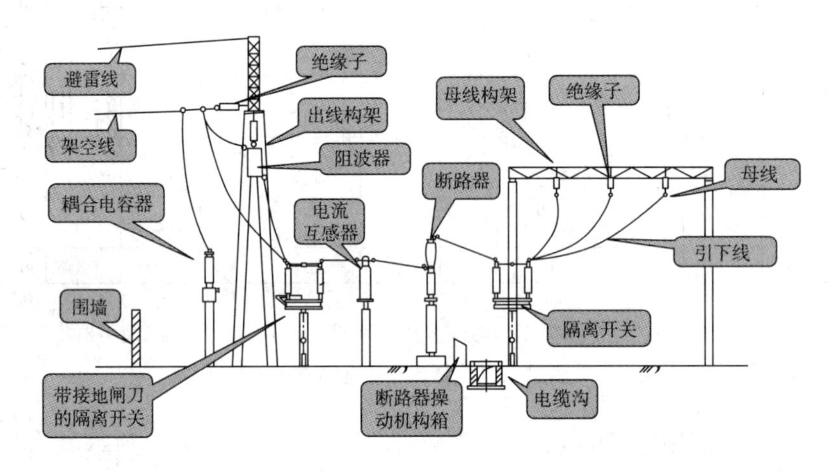

图 4-1-8 典型单母线接线配电装置断面图设备标注

能够辨认出断面图上的电气设备自然不难明白断面图上的电流走向了。从母线到出线架空线，电流依次通过引下线、隔离开关、断路器、电流互感器、带接地闸刀的隔离开关。

三、屋外配电装置

屋外配电装置的所有电气设备和载流导体都安装在露天的基础、支架和杆塔上。屋外配电装置的结构形式不仅与电气主接线、电压等级和电气设备的类型密切相关，还与发电厂、变电站的类型和地质地形条件等有关。敞开式(AIS)屋外配电装置根据母线和电气设备布置的高度，可分为低型、中型、高型、半高型，中型配电装置又分为普通中型和分相中型两类。屋外敞开式配电装置类型特点如图 4-1-9 所示。

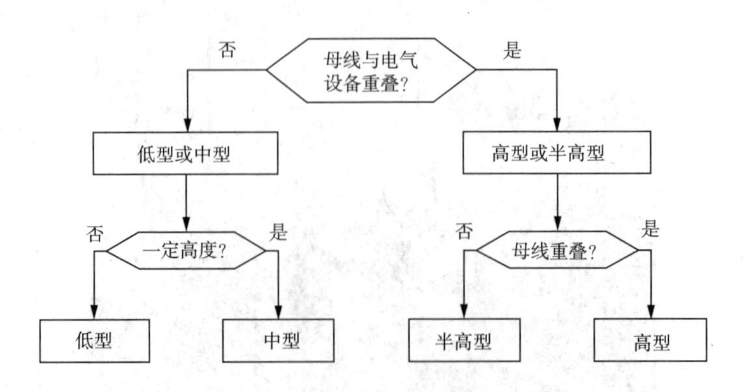

图 4-1-9 屋外配电装置类型特点

1. 屋外普通中型配电装置

屋外普通中型配电装置的特点是将所有电气设备均安装在同一水平面上，并装在一定高度的基础上，而母线一般采用软导线安装在母线构架上，稍高于电气设备所在水平面。中型配电装置因设备安装位置较低，便于施工、安装、检修与维护操作；构架高度低，抗震性能好；布置清晰，不易发生误操作，运行可靠；所用的钢材比较少，造价低。主要缺点是占地面积大。普通中型配电装置是我国有丰富设计和运行经验的配电装置，广泛应用于220kV及以下的屋外配电装置中。

图4-1-10所示为110kV屋外普通中型单母线分段接线的进出线间隔断面图。从图中可以看出，所有电气设备如断路器、隔离开关、电流互感器等都布置在同一水平面上，它们的基础高度由带电部分对地面（包括人员的高度）的安全净距决定。母线采用钢芯铝绞线，用悬式绝缘子串将其悬挂于7.3m高的门架构，每一出线回路占用一个间隔，间隔宽度为8m。由于进线连接的变压器是三绕组变压器，故在主变和进线断路器之间需要装设隔离开关。从图中可以看出，进线和出线回路的断路器分别布置在主母线的两侧，图中出线回路的断路器布置在主母线的左侧，主变压器进线回路的断路器布置在主母线的右侧，这种布置方式称为断路器双列布置。当然，也可以将所有回路的断路器均布置在母线的同一侧（图中的左侧），这种方式称为断路器单列布置，这时需将主变压器引出线用加高的跨线引到左侧。断路器双列布置可以减少配电装置的横向尺寸，但增加纵向尺寸；而断路器单列布置可减少配电装置的纵向尺寸，但增加了横向尺寸，具体用哪种布置形式，应该由变电站的地形条件决定。

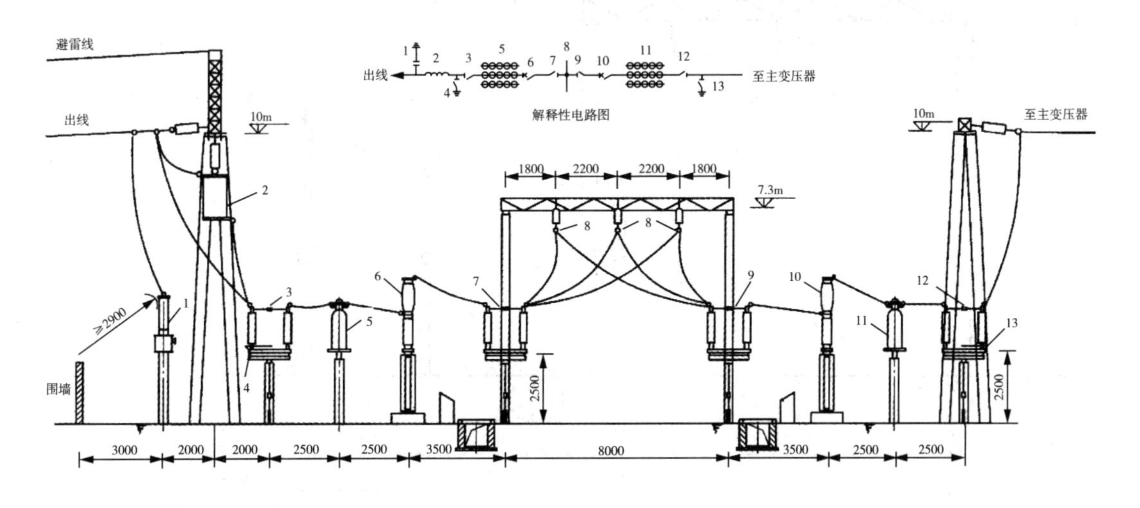

图4-1-10　110kV屋外普通中型单母线分段接线的进出线间隔断面图

图4-1-11所示为110kV屋外普通中型单母线分段接线的分段间隔断面图。图4-1-12所示为110kV屋外普通中型单母线分段接线的电压互感器与避雷器间隔断面图。

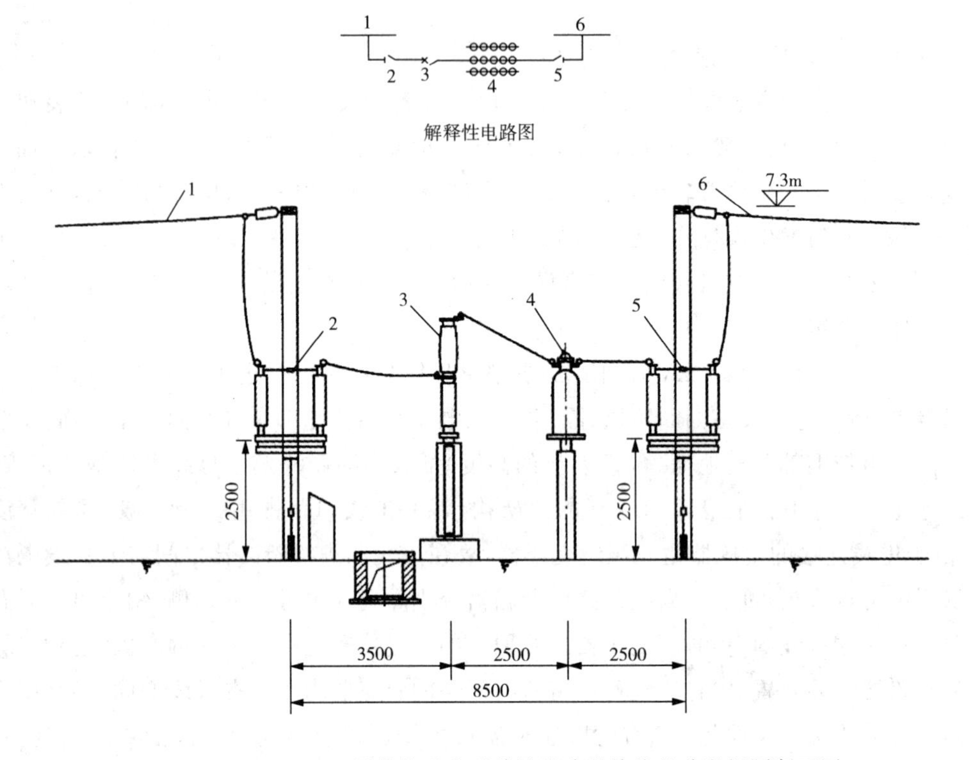

图 4-1-11　110kV 屋外普通中型单母线分段接线的分段间隔断面图

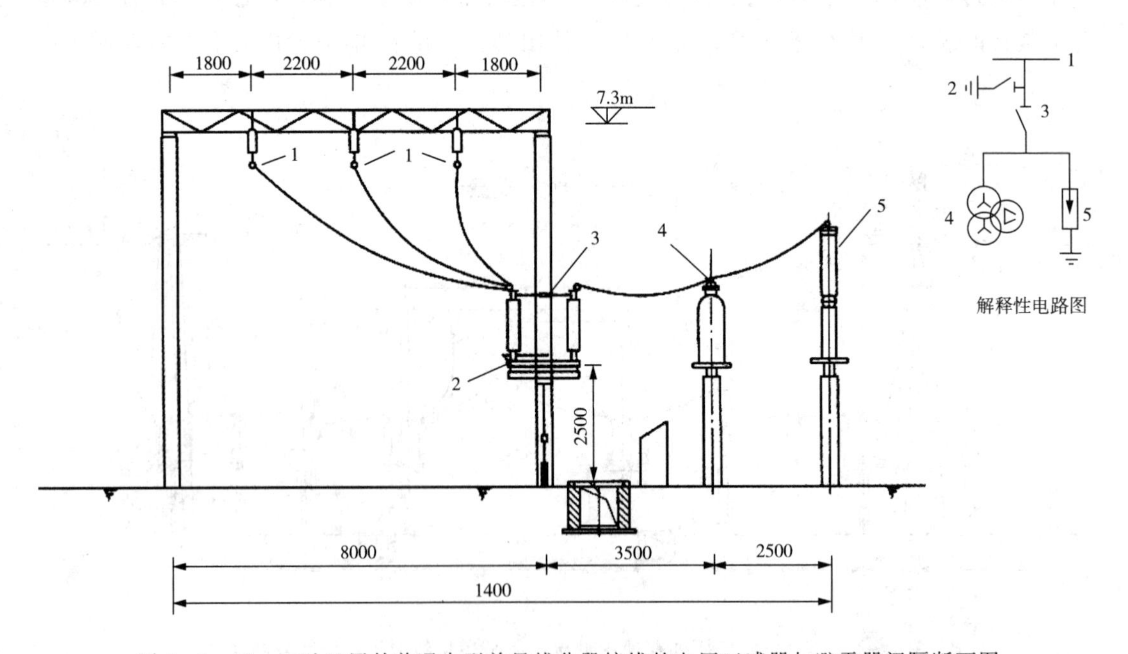

图 4-1-12　110kV 屋外普通中型单母线分段接线的电压互感器与避雷器间隔断面图

2. 屋外分相中型配电装置

母线隔离开关分相布置在母线正下方的中型配电装置,称为分相中型配电装置。屋外分相中型配电装置一般应用于 220kV 及以上的配电装置。分相中型配电装置的特点是采用铝合

金硬圆管形母线，可以缩小母线相间距离，降低构架高度，采用伸缩式隔离开关三相分别布置在对应的母线下方，可以进一步纵向尺寸，较普通中型布置节省占地面积约 1/3 左右。

图 4-1-13 所示为 220kV 双母线分相中型配电装置进线间隔断面图，母线采用管形导体，母线隔离开关采用垂直单臂伸缩式隔离开关，分相布置在母线正下方，进线隔离开关采用水平单臂伸缩式隔离开关。由于现在多采用 SF_6 断路器，可靠性高，故不设旁路母线。断路器与电流互感器之间采用硬铝镁稀土合金管连接，便于跨越道路，减小了弧垂，保证必要的安全距离。

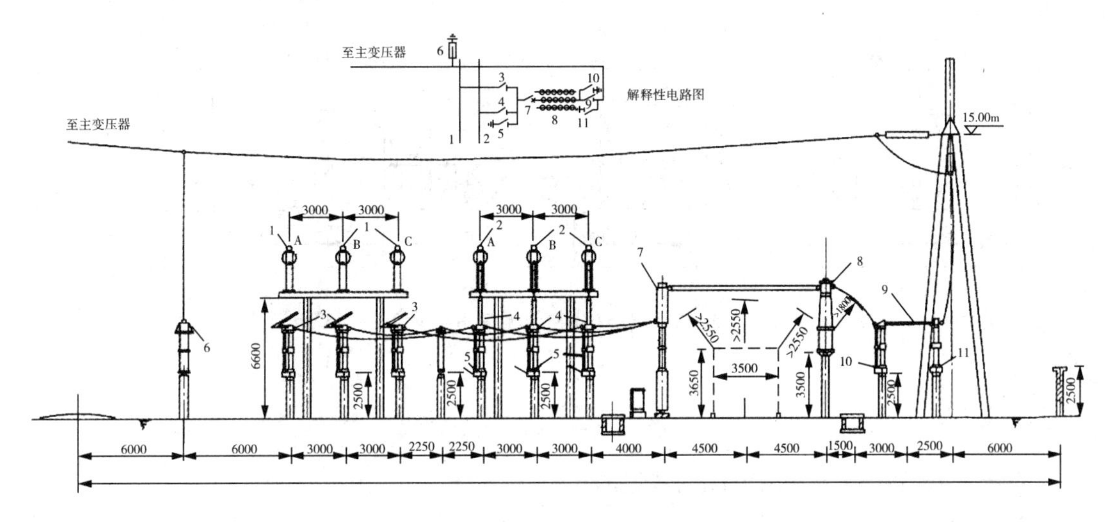

图 4-1-13　220kV 双母线分相中型配电装置进线间隔断面图

图 4-1-14 所示为 220kV 双母线分相中型配电装置出线间隔断面图。图 4-1-15 所示为 220kV 双母线分相中型配电装置母联间隔断面图。

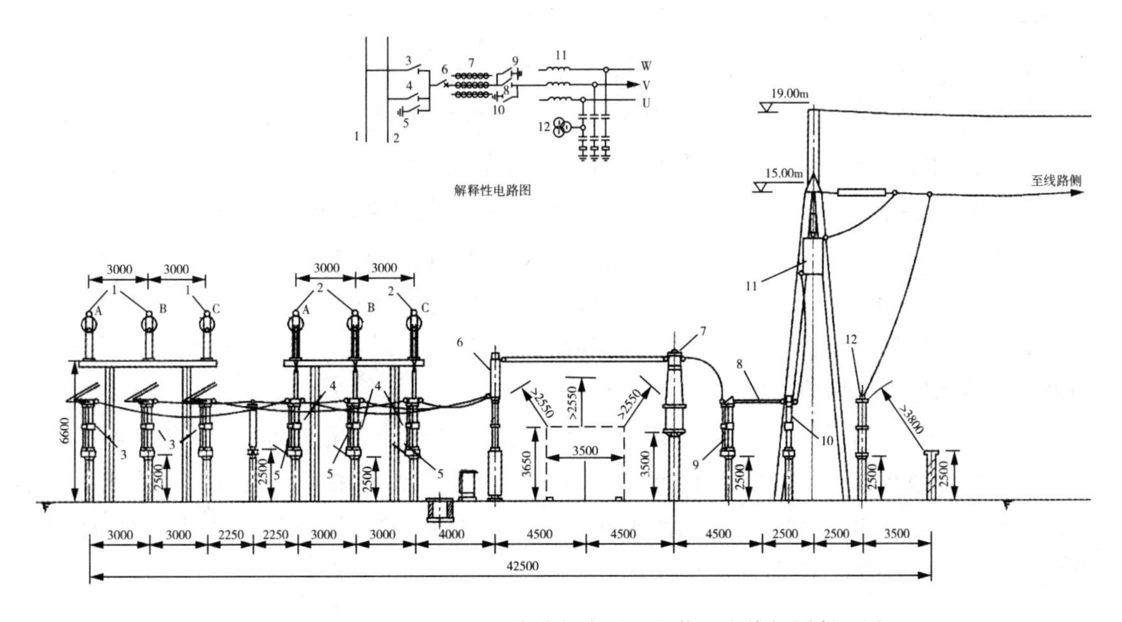

图 4-1-14　220kV 双母线分相中型配电装置出线间隔断面图

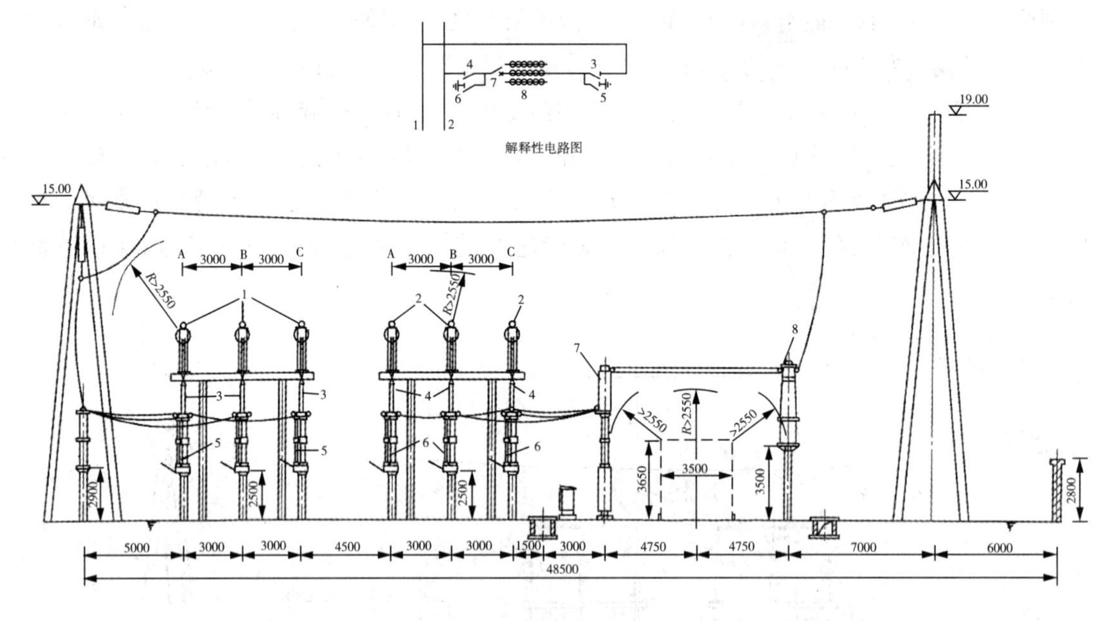

图 4-1-15　220kV 双母线分相中型配电装置母联间隔断面图

继续探讨

◆ 半高型配电装置和高型配电装置的知识。

◆ 配电装置平面布置图。

延伸阅读

一、半高型配电装置

半高型配电装置一般应用于单母线带旁路母线接线。半高型配电装置的特点是采用软母线，两组母线的高度不同，将旁路母线或主母线及对应的隔离开关置于高一层的水平面上并与断路器、电流互感器等设备重叠布置，从而缩短了纵向尺寸。

半高型配电装置吸收了中、高型配电装置的优点，并克服两者的缺点。占地面积比普通中型布置减少 30%；除旁路母线（或主母线）和旁路隔离开关（或主母线隔离开关）布置在上层外，其余部分与中型布置基本相同，运行维护较方便，易被运行人员所接受。这种布置的缺点是检修上层母线和隔离开关不方便。半高型布置适用于 110～220kV 配电装置，但在 110kV 配电装置中应用的比较广泛。

图 4-1-16 所示为 110kV 单母线带旁路母线半高型配电装置的进出线间隔断面图，它为双列布置。旁路母线在高层，出线断路器、电流互感器及出线隔离开关布置于其下，进出线的旁路隔离开关的位置在半高层，距地面约 7m，但仍可在地面上操作。由于旁路母线在高层，主变进线也可以方便地接入旁路母线。

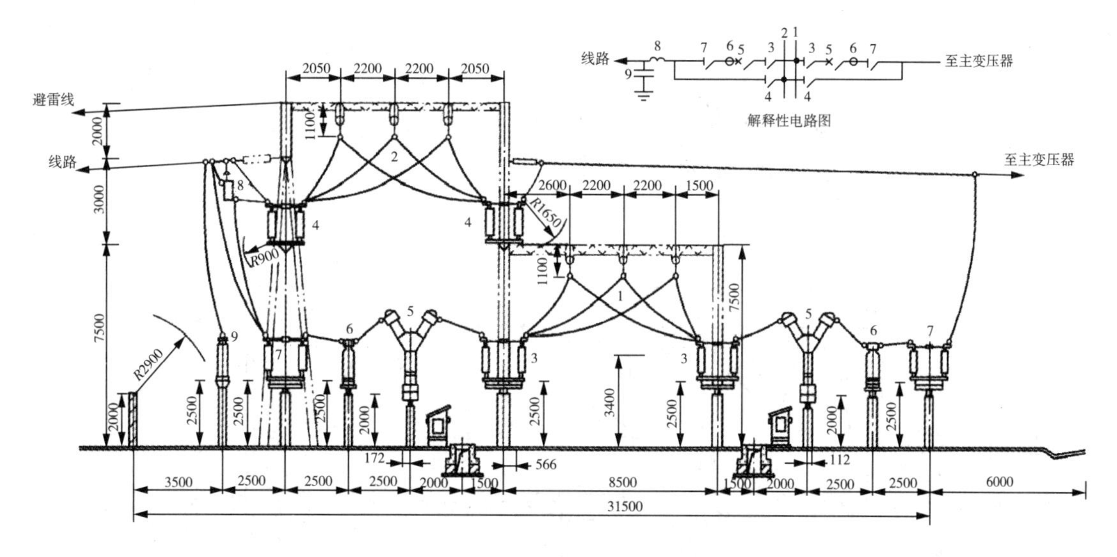

图 4-1-16　110kV 单母线带旁路母线半高型配电装置的进出线间隔断面图

二、高型配电装置

屋外高型配电装置主要应用于较早期的 220kV 双母线配电装置。高型配电装置的特点是采用软母线，两组工作母线及母线隔离开关上下重叠布置。与普通中型配电装置相比，高型配电装置可节省占地面积 50%左右。高型配电装置的主要缺点是对上层设备的操作与维修工作条件较差；耗用钢材比普通中型多 15%～60%；抗地震能力差。高型配电装置主要用于土地极其匮乏的地区，或场地狭窄或需要大量开挖、回填土石方的地方等。但是，对地震烈度为 8 度及其以上的地区不宜采用，在 330kV 及以上电压等级也不宜采用。图 4-1-17 所示为 220kV 双母线带旁路、纵向三框架、断路器双列布置的高型配电装置进出线间隔断面图。它的两组主母线 1 和 2 作重叠布置，旁路母线 9 也布置在高层，旁路隔离开关 8 和母线隔离开关 3 在高层的框架上，进出线断路器 5 和电流互感器 6 布置在旁路母线 9 的下面。配电装置的运输道路置于主母线之下，从而使纵向尺寸进一步缩小。这种断路器双列布置的配电装置间隔宽度为 15m，每一间隔的两侧可各布置一条回路。在 12m 高程上设操作通道，以便于上层母线隔离开关和旁路隔离开关的操作与维修。

三、配电装置平面布置图

图 4-1-18 所示为某 220kV 双母线分相中型配电装置平面布置图。由于 SF_6 断路器可靠性高，连续不检修运行时间长，且近年来电网联系紧密，故新建变电站基本上已不再采用带旁路母线的接线了。从图 4-1-18 可以看出，该 220kV 配电装置由 4 个出线间隔，两个进线间隔，一个母联间隔和两个电压互感器与避雷器间隔组成，在图中还画出了二次电缆沟、端子箱、环形道路及避雷针等。地震烈度在 8 度及以上地区或土地贫瘠地区，110kV 及 220kV 配电装置可采用普通中型配电装置；分相中型布置适合用于污染不严重、地震强度不高的地区；330kV 和 500kV 及以上电压等级的配电装置宜采用屋外中型配电装置。

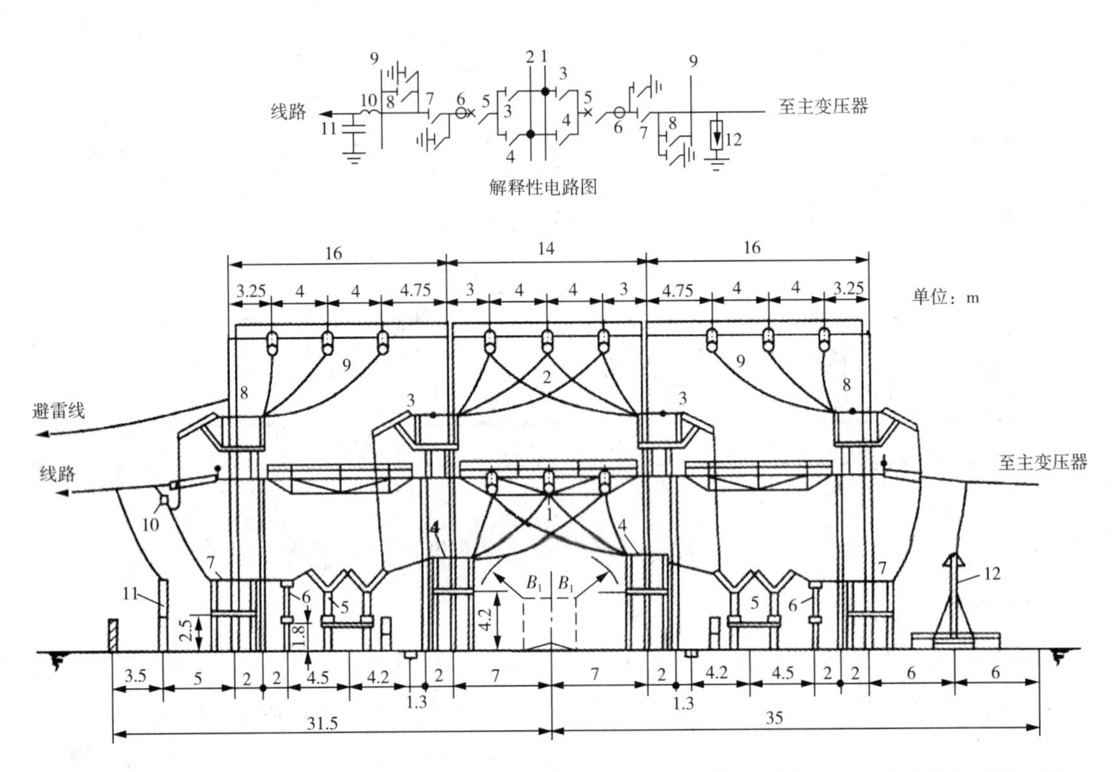

图 4-1-17　220kV 双母线带旁路、纵向三框架、断路器双列布置的高型配电装置进出线间隔断面图

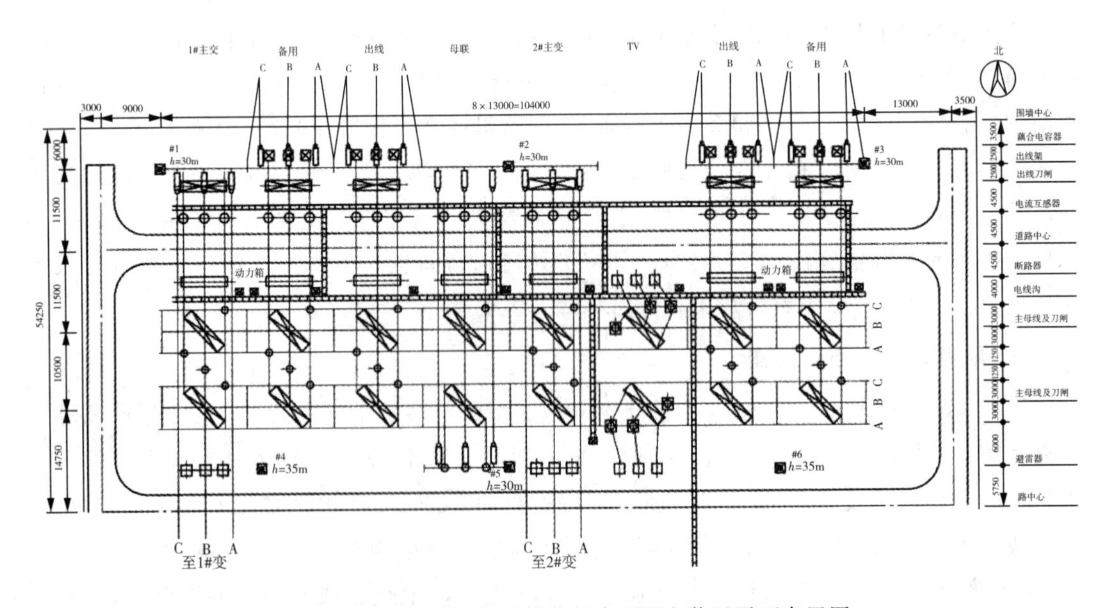

图 4-1-18　220kV 双母线分相中型配电装置平面布置图

任务二　屋内配电装置辨识及识图

阅读资料

观察图 4-1-19 所示图片。

图 4-1-19　屋内配电装置实景

思考问题

◆ 你知道图 4-1-19 中是什么设备吗？

◆ 屋内的配电装置有哪些特点？

学习必读

屋内配电装置的类型按其布置形式分为单层式、二层式和三层式。单层式屋内配电装置是将所有电气设备都布置在一层房屋内，建筑结构简单、投资低，运行维护与检修工作方便，但占地面积大。多层式屋内配电装置是将各回路电气设备按设备的轻重，自上而下地分别布置在多层楼房内，占地面积小，但建筑结构复杂、投资高，运行维护与检修工作不方便。与三层式相比，二层式占地面积略有增加，但运行维护与检修均较方便，造价也明显下降，目前三层式已不再新建。

1）6～10kV 出线无电抗器时采用单层式配电装置，且多采用成套式高压开关柜，如各种类型降压变电站的 6～10kV 系统、发电厂的高压厂用电和小型发电厂的电气主系统，图 4-1-20 所示为 10kV 屋内单层单列配电装置主变进线间隔断面图。常用手车式开关柜有 JYN2－10 型和 KYN28A－12 型，操作走廊宽 2000mm，维护走廊宽 1500mm。6～10kV 出线带电抗器时，采用三层式或二层式配电装置（装配式配电装置）。三层式结构是将各回路电气设备按设备的轻重，自上而下地分别布置在三层楼房内，母线和母线隔离开关布置在最高层，断路器布置在第二层，而笨重的电抗器布置在底层。二层式结构是把各回路电气设备按设备的轻重分别布置在二层楼房内，断路器和电抗器布置在底层，母线和母线隔离开关在二层。

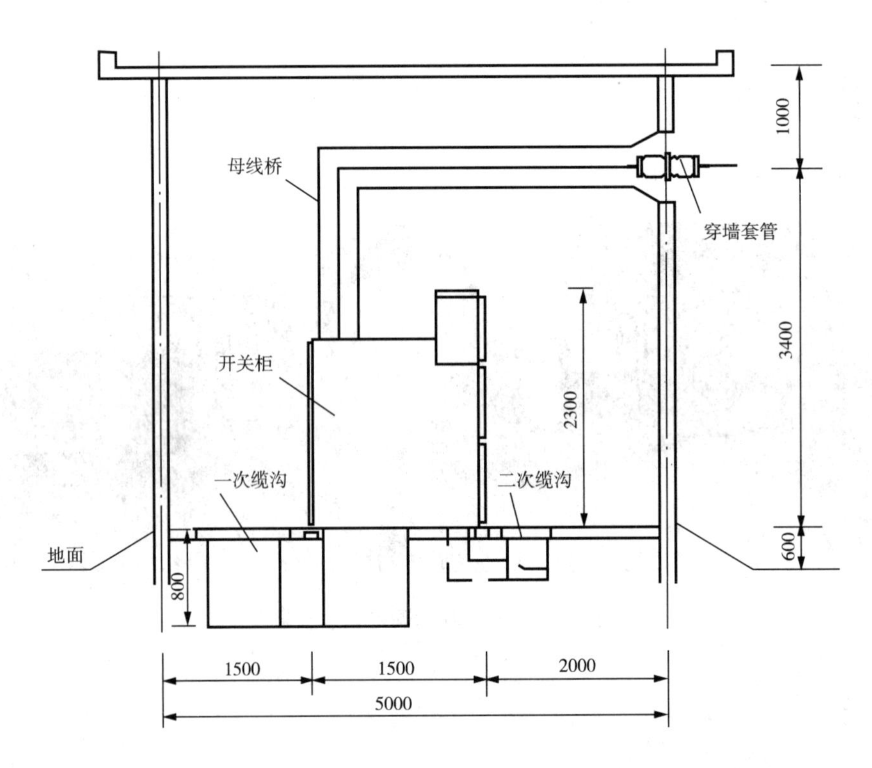

图 4-1-20　10kV 屋内单层单列配电装置主变进线间隔断面图

2)35～220kV 屋内配电装置：35kV 屋内配电装置占地面积小，因此对 35kV 配电装置选型时，应优先考虑屋内式配电装置。当 35kV 屋内配电装置采用成套式高压开关柜时采用单层式，如图 4-1-21 所示。常用的开关柜有 GBC－35 型、JYNl－35 型和 KYN80－40.5 型，这几种开关柜均为手车式断路器。手车式开关柜比固定式开关柜体积小，占地面积小。采用手车式断路器还有一个明显优点，就是可以大大缩短检修断路器的停电时间，整个 35kV 配电装置设置一台备用的断路器，当检修任一台断路器时，可在断电后将其拉出，推入备用手车断路器后，立即恢复供电。这实质上起到了设置旁路母线的作用，从而提高了供电可靠性。随着我国城市建设的飞速发展，为节省占地面积，城市以及大型企业或污秽地区的 110kV 和 220kV 变电站也常采用屋内配电装置。由于六氟化硫全封闭组合电器可靠性高，占地面积小，110kV 和 220kV 屋内配电装置多采用成套式六氟化硫全封闭组合电器，此时采用单层式。35～220kV 屋内配电装置采用装配式时只有单层式和二层式。220kV 以上电压等级的配电装置一般不采用屋内配电装置。

3)多种电压等级的屋内配电装置：多种电压等级的屋内配电装置一般采用三层式或二层式。为进一步节省占地面积，这种布置方式将各电压等级的配电装置都安排在一栋楼内。

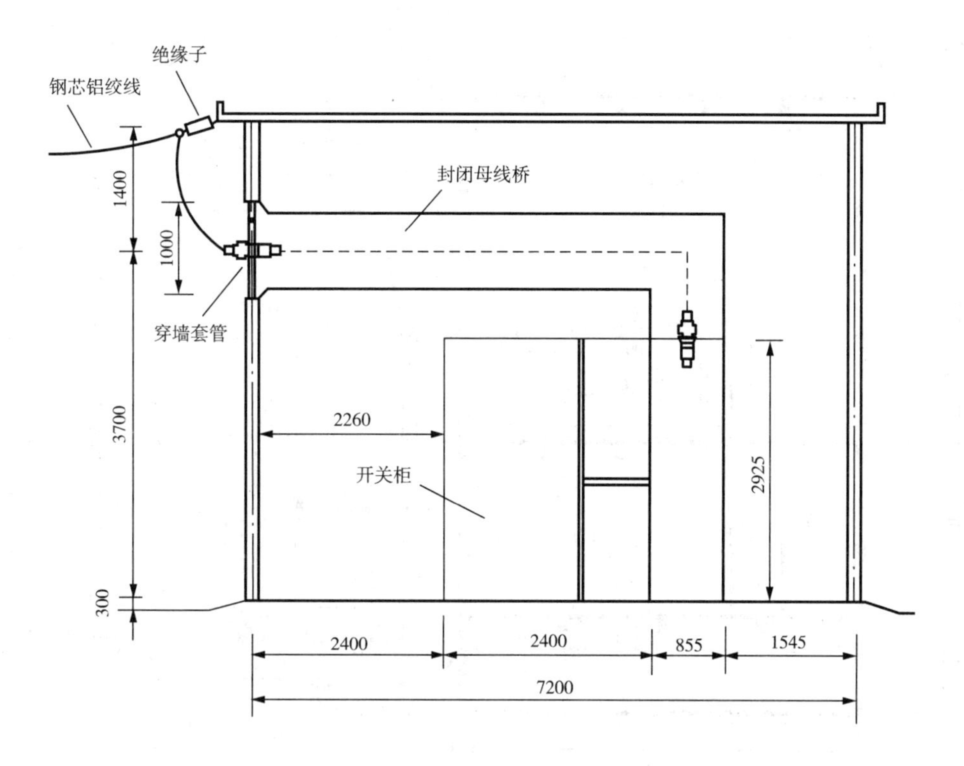

图 4-1-21　单层式屋内配电装置断面图

对于 110kV、35kV 和 10kV 三个电压等级的电气主接线(一般均采用单母线分段的接线形式),采用三层式配电装置。110kV 布置在两层中,楼房的二层安装装配式的 110kV 六氟化硫小车式断路器和隔离开关,除了分段间隔和电压互感器间隔采用隔离开关外,其他间隔都采用隔离插头,在检修某个断路器时,同样可以用备用小车代替这个断路器工作,也起到了旁路母线的作用。楼房的三层是 110kV 母线,可采用管形母线或钢芯铝绞线。在楼房的一层安装的是 35kV 和 10kV 配电装置。由于 35kV 和 10kV 采用真空断路器的手车式成套开关柜,所以采用单母线分段接线形式就能满足供电可靠性的要求。

图 4-1-22 所示的是具有 110kV 和 10kV 两个电压等级的二层式屋内配电装置主变进线间隔断面图,110kV 和 10kV 均采用单母线分段接线,110kV 配电装置采用六氟化硫全封闭组合电器,10kV 配电装置采用手车式成套开关柜。为了便于与主变连接,110kV 配电装置布置在二层,10kV 配电装置双列布置在一层,主变也放在屋内。该配电装置是全屋内配电装置。

图 4-1-23 所示的是采用 GIS 的 220kV 和 110kV 二层式屋内配电装置主变进线断面图,220kV 和 110kV 均采用双母线接线,110kV GIS 布置在一层,220kV GIS 布置在二层,主变放在屋外。220kV 进线采用分相封闭母线,110kV 进线采用三相共箱封闭母线。以上两种配电装置由于采用屋内二层布置和六氟化硫全封闭组合电器,具有技术先进,运行可靠性高,操作维护方便,占地面积小,外界污秽气体及灰尘影响较小等优点,但造价较高。

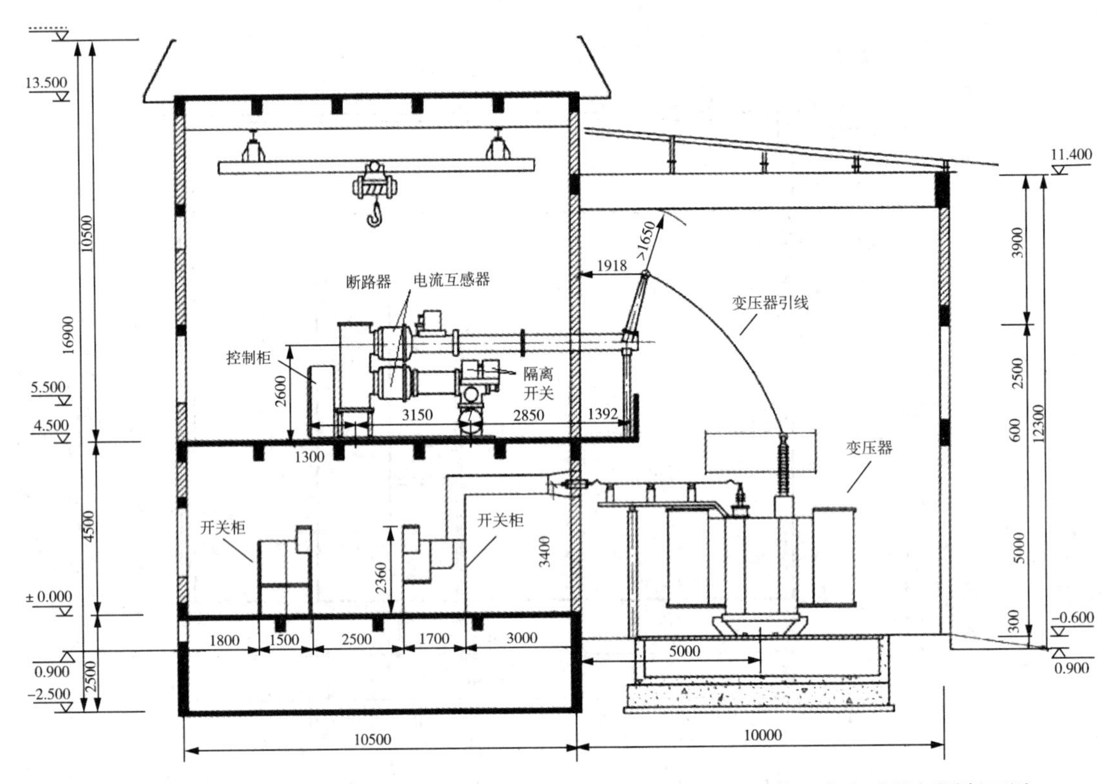

图 4-1-22　具有 110kV 和 10kV 两个电压等级的二层式屋内配电装置主变进线间隔断面图

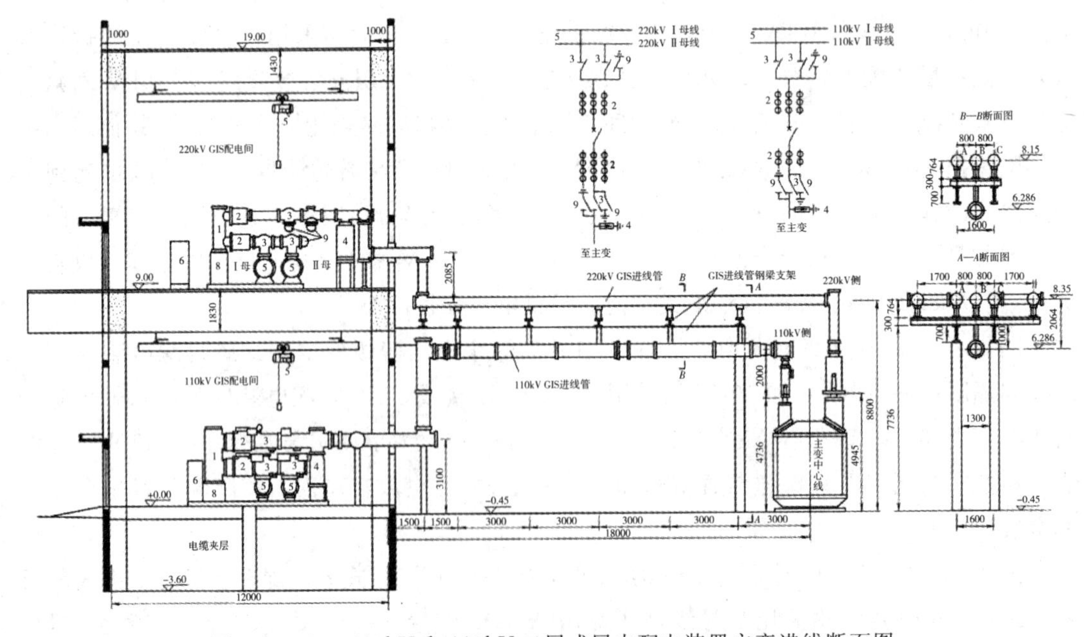

图 4-1-23　220kV 和 110kV 二层式屋内配电装置主变进线断面图

继续探讨

◆ 屋内配电装置也有平面布置图和配置图吗？

◆ 高压开关柜有哪些常见类型？

延伸阅读

配置图是配电装置布置设计的基础图，进行配电装置设计时应首先将进、出线等间隔合理地分配在各段母线上，多个电源（发电机、变压器）时应将它们分别接在不同的母线段，并尽量安排在相应母线段的中部，负荷、无功补偿电容器均分在各母线上，使工作母线的分段处流过较小的电流，减少母线上的功率穿越。应将去同负荷或变电站的双回线路安排在不同的母线段上，以提高供电的可靠性。应留有适当的备用间隔，易于扩建。然后按各电气回路的布置顺序绘制出接线图。采用开关柜时（6～35kV 屋内配电装置多采用成套式，发电厂的高压厂用电接线及变电站的 6～35kV 电气主接线），应根据各电气回路的功能选择开关柜（可以特殊定做或改功能），在配置接线图中注明开关柜方案编号和配备的电气设备，并显示出通道、操作和维护走廊等，为断面图和平面图的设计以及电气设备的校验做必要的准备。以某变电站 10kV 和 35kV 单母线分段初步设计方案为例，图 4－1－24 所示为采用 KYN28A－12 型开关柜的 10kV 单母线分段屋内配电装置（单列布置）配置图。图 4－1－25 所示为采用 JYN－35 型开关柜的 35kV 单母线分段屋内配电装置（单列布置）配置图。10kV 配电装置选择 KYN28A－12 开关柜时，出线可选 003 或 005 号柜，电容器可选 005 或 006 号柜，分段回路选 012 断路器柜（右联络）和 055 隔离柜（左联络）或 014 断路器柜（左联络）和 056 隔离柜（右联络），电压互感器和避雷器选 041 或 043 号柜，所用变压器选 077 号柜，大容量所用变压器选 005 号柜，双绕组变压器进线选 028 号柜等，三绕组变压器进线需加装隔离柜，以便 10kV 停电检修时隔离电压。图 4－1－24 选 022 和 014 作为进线间隔，另一个进线间隔为 020 和 012 两个柜。

操作走廊																	
成套小车开关柜 LWY-2（100×10）																	
成套小车开关柜 隔离插头																	
成套小车开关柜 真空开关																	
成套小车开关柜 电流互感器 TV，避雷器																	
成套小车开关柜 地刀 带电显示器																	
成套小车开关柜 电缆																	
开关柜编号	1	2	3	4	5	6	7	8	9	10	11	12	13	14	15	16	17
开关柜型号	KYN28A -12-022（改）	KYN28A -12-014	KYN28A -12-077	KYN28A -12-005	KYN28A -12-005	KYN28A -12-041	KYN28A -12-005	KYN28A -12-005	KYN28A -12-012	KYN28A -12-055	KYN28A -12-005	KYN28A -12-005	KYN28A -12-041	KYN28A -12-005	KYN28A -12-005	KYN28A -12-012	KYN28A -12-020（改）
断路器、熔断器		ZN63A-12 3150A 40KA	RN2-10	ZN63A-12 1250A 31.5KA	ZN63A-12 1250A 31.5KA	RN2-10	ZN63A-12 1250A 31.5KA	ZN63A-12 1250A 31.5KA	ZN63A-12 3150A 40KA		ZN63A-12 1250A 31.5KA	ZN63A-12 1250A 31.5KA	RN2-10	ZN63A-12 1250A 31.5KA	ZN63A-12 1250A 31.5KA	ZN63A-12 3150A 40KA	
电流、电压互感器	LZZBJ9-10 3000/5A 5P20/0.5	LZZBJ9-10 3000/5A 5P20/0.2s		LZZBJ9-10 300/5A 5P20/0.2s/0.5	LZZBJ9-10 200/5A 5P20/0.2s/0.5	JSZF-10 0.2/0.5	LZZBJ9-10 200/5A 5P20/0.2s/0.5	LZZBJ9-10 400/5A 5P20/0.2s/0.5	LZZBJ9-10 3000/5A 5P20/0.5		LZZBJ9-10 200/5A 5P20/0.2s/0.5	LZZBJ9-10 300/5A 5P20/0.2s/0.5	JSZF-10 0.2/0.5	LZZBJ9-10 400/5A 5P20/0.2s/0.5	LZZBJ9-10 400/5A 5P20/0.2s/0.5	LZZBJ9-10 3000/5A 5P20/0.2s	LZZBJ9-10 3000/5A 5P20/0.5
地刀				JN15-10	JN15-10		JN15-10	JN15-10			JN15-10	JN15-10		JN15-10	JN15-10		
避雷器、站用变			SC-100/1004	HY5W52 -17/50	HY5W52 -17/50	TB9-10	HY5W52 -17/50	HY5W52 -17/50			HY5W52 -17/50	HY5W52 -17/50	TB9-10	HY5W52 -17/50	HY5W52 -17/50		
电缆（用户自备）																	
带电显示器																	
零序TA					LJ-4-φ140		LJ-4-φ140				LJ-4-φ140			LJ-4-φ140	LJ-4-φ140		
安装单位名称								电容器室				电容器室					
维护走廊																	

图 4－1－24　YN28A－12 型开关柜的 10kV 单母线分段屋内配电装置（单列布置）配置图

回路名称	出线	出线	1#主变进线	出线	TV避雷器	出线	分段	分段	高压	2#主变进线	出线	TV避雷器	出线	站用变
操作走廊														
成套固定开关柜 LMY-100×10														
电流互感器														
真空开关 TV，避雷器														
电流互感器														
避雷器 带电显示器														
开关柜编号	01	02	03	04	05	06	07	08	09	10	11	12	13	14
开关柜型号	JYN-35-11	JYN-35-11	JYN-35-11	JYN-35-11	JYN-35-112	JYN-35-11	JYN-35-04	JYN-35-38	JYN-35-11	JYN-35-11	JYN-35-11	JYN-35-112	JYN-35-11	JYN-35-101
断路器、熔断器	ZN23-35/1660A 25KA CT8	ZN23-35/1660A 25KA CT8	ZN23-35/1660A 31.5KA CT8	ZN23-35/1660A 25KA CT8	RN2-35	ZN23-35/1660A 25KA CT8	ZN23-35/1660A 31.5KA CT8		ZN23-35/1660A 25KA CT8	ZN23-35/1660A 31.5KA CT8	ZN23-35/1660A 25KA CT8	RN2-35	ZN23-35/1660A 25KA CT8	RW10-35/3
电流、电压互感器，站用变	LZZBJ1-35W1 200/5A 5P20/5P20/0.2s/0.5	LZZBJ1-35W1 200/5A 5P20/5P20/0.2s/0.5	LZZBJ1-35W1 1000/5A 5P20/5P20/0.2s/0.5	LZZBJ1-35W1 100/5A 5P20/5P20/0.2s/0.5	JDZXW1-35 0.2/0.5/3P	LZZBJ1-35W1 600/5A 5P20/5P20/0.2s/0.5	LZZBJ1-35W1 600/5A 5P20/0.5		LZZBJ1-35W1 100/5A 5P20/5P20/0.2s/0.5	LZZBJ1-35W1 1000/5A 5P20/5P20/0.2s/0.5	LZZBJ1-35W1 600/5A 5P20/5P20/0.2s/0.5	JDZXW1-35 0.2/0.5/3P	LZZBJ1-35W1 100/5A 5P20/5P20/0.2s/0.5	SC-100/35/0.4
避雷器、电缆	Y5WZ-54/134	Y5WZ-54/134	Y5WZ-54/134	Y5WZ-54/134	Y5WZ-54/134	Y5WZ-54/134			Y5WZ-54/134	Y5WZ-54/134	Y5WZ-54/134	Y5WZ-54/134	Y5WZ-54/134	YJLV-3×95+1×70
维护走廊														

图 4-1-25　JYN—35 型开关柜的 35kV 单母线分段屋内配电装置(单列布置)配置图

平面图可以表明间隔、间隔中的电气设备、架构、建筑物、电缆沟、道路等在平面中的相对位置和尺寸。35kV 的屋内配电装置一般采用单列布置，10kV 的屋内配电装置有单列和双列两种布置方式。按开关柜的尺寸(不同的开关柜尺寸不一定相同)，对通道。操作和维护走廊的尺寸要求，对布置方式的要求等，按一定的比例绘制平面布置图，并在开关柜上标注方案编号或名称。

图 4-1-26 为采用 JYN1—35 型开关柜的 35kV 单母线分段屋内配电装置(单列)平面布置图。

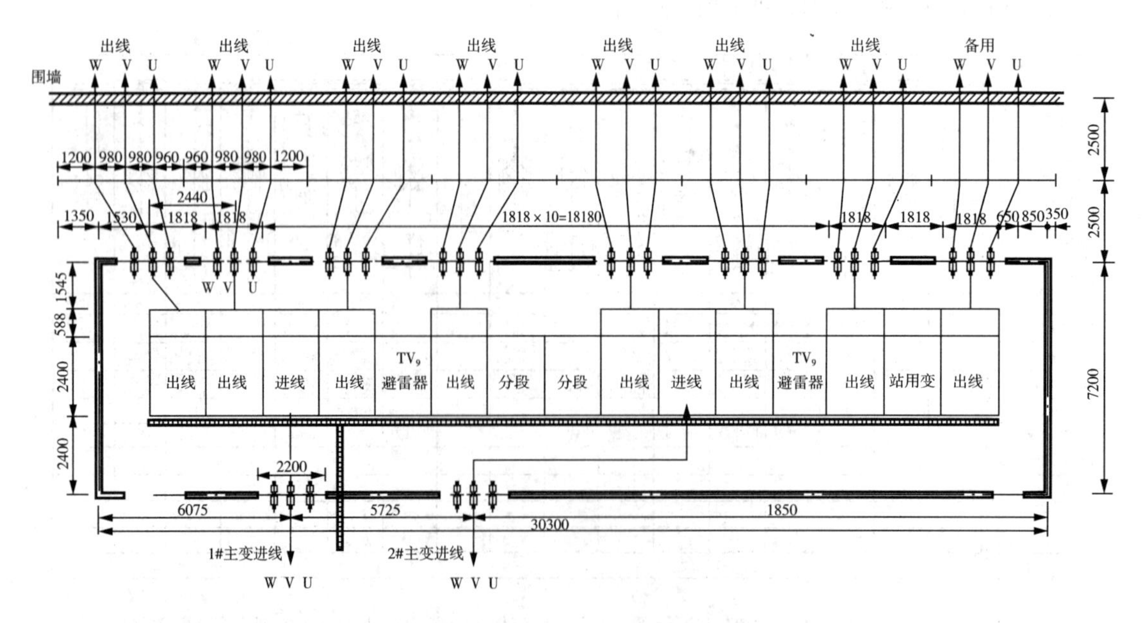

图 4-1-26　采用 JYN1—35 型开关柜的 35kV 单母线分段屋内配电装置(单列)平面布置图

任务三 配电装置设计安全净距

阅读资料

2007年6月18日，襄樊市襄阳区张湾镇一中学生杨某翻越围墙时与一变压器发生触电身亡，其代理律师提出的辩词如下：

被告供电公司的过错主要体现在以下两个方面：

1)电力设施安装达不到规范的要求。一是根据国家发展和改革委员会2005年2月14日发布、自2005年6月1日起实施的《10kV及以下架空配电线路设计技术规程》(DL/T5220—2005)11.0.5条文的规定，变压器台的引下线、引上线和母线应采用多股铜芯绝缘线；而本案变压器的高压引下线等导线，却使用的是裸线，明显违反了上述规定。二是根据国家建设部1992年9月25日颁布、自1993年5月1日起施行的《4－110kV高压配电装置设计规范》(GB50060—92)第5.1.1条文的规定，屋外安装的4－10kV变压器带电部分与建筑物、构筑物的边沿部分之间的安全净距不得小于2200毫米；国家发展和改革委员会2006年9月14日发布、自2007年3月1日起实施的《高压配电装置设计技术规程》DL/T5352—2006)8.1.1条文亦有相同规定；而本案变压器台带电部分与镇一中围墙边沿之间的距离，为零甚至是负数距离，明显违反了上述规定。而就是上述电力设施安装不符合规范，杨某才无意中接触到变压器的带电部分，最终导致了本案悲剧的发生！

2)被告供电公司没有依法在事故发生地点设置相应的警示性标志。《电力法》第53条规定："电力管理部门应当按照国务院有关电力设施保护的规定，对电力设施保护区设立标志。"国务院《电力设施保护条例》第11条规定："县以上地方各级电力管理部门应采取以下措施，保护电力设施：(一)在必要的架空电力线路保护区的区界上，应设立标志牌，并标明保护区的宽度和保护规定。"《电力设施保护条例实施细则》第9条规定："电力管理部门应在下列地点设置安全标志：……(四)电力线路上的变压器平台。"《乡镇供电营业所电工考核培训教材》(中国电力出版社，1999年10月第一版)第152页《变台(变压器及附属设备总称)的安装要求》部分规定："所有变台上应挂有'止步，高压危险！'或'禁止攀登，高压危险！'的警告牌。"根据上述规定，被告供电公司作为电力管理部门，依法应当在本案变压器平台设置相应的警示性标志，然而，被告供电公司却违反这一法定义务，没有设置任何警示性标志，仅是在本案事故发生后才设置了几块"禁止攀登，高压危险"的警示牌，显然对事故的发生负有不可推卸的责任，具有重大过失。

综合上述一、二两点，代理人认为，被告供电公司作为电力设施产权人和使用、管理、维护人，尤其是被告供电公司作为电力管理部门，没有任何免责事由，应当依照《民法通则》第123条的规定，承担无过错赔偿责任；且被告供电公司和制衣公司亦具有多处违反法定义务的重大过失，最终导致了本案悲剧的发生，更应当依法承担主要赔偿责任。

思考问题

◆ 前文中提到的安全净距你知道指的是什么吗？

◆ 人体与带电设备的安全距离应是多少？

学习必读

因为安装地点、布置形式、电压等级的不同，各种配电装置的结构尺寸有很大的差异。在设计的时候需要综合考虑电气设备的外形尺寸、安装布置、运行环境、检修、维护及运输等各种情况下的安全距离。

如果一个安全距离下，无论是处于最高工作电压之下，还是处于内外过电压之下，空气间隙均不至于被击穿。那么这个距离就被称作空间最小安全净距。

安全净距分为 A_1、A_2、B_1、B_2、C、D、E 几个关键值。屋内和屋外配电装置安全净距取值见表 4-1-1 和表 4-1-2。

其中，A_1 表示带电部分对地之间的安全距离；A_2 表示不同相带电部分之间的安全距离。B_1 表示带电体与栅状遮拦之间的距离。B_2 表示带电体与栅状遮拦之间的距离。C 表示无遮拦裸导线对地之间的距离。D 表示带电设备与设备之间的距离。E 表示无遮拦裸导线与交通道路之间的距离。

A_1 值是最基本的安全净距，人体与带电体的安全距离应满足 A_1 值的要求；其他各种安全距离值大都是以 A_1 值为基础来确定的。

不同电压等级的 A_1、A_2 取值也各不同，电压等级越高数值越大；屋外配电装置的 A_1、A_2 值高于屋内配电装置的 A_1、A_2 值。

B_1 值指带电部分至栅状遮拦的距离和可移动设备在移动中至带电部分的净距，$B_1=A_1+750$mm，一般人员手臂误入栅栏时手臂长度不可能超过 750mm，设备运输或移动的摇摆也不会大过此值，交叉的不同时停电检修的无遮拦带电部分之间，检修人员在导体上下活动范围也为此值。

B_2 值指带电部分对网状遮栏的净距，$B_2=A_1+(70+30)$mm，一般人员手指误入网状遮栏时手指的长度小于 70mm，另外考虑了 30mm 的施工误差。

C 值是保证人举手时，手与带电裸导体之间的净距不小于 A_1 值，$C=A_1+(2300+200)$mm，一般人员举手后的总高度不超过 2300mm，另外考虑了屋外配电装置 200mm 的施工误差。规定遮栏向上延伸线距地 2.5m 处与遮栏上方带电部分的净距，不应小于 A_1 值；以及电气设备外绝缘最低部位距地小于 2.5m 时，应设固定遮栏都是为了防止人举手时触电。

D 值是保证检修时，人和裸导体之间净距不小于 A_1 值，$D=A_1+(1800+200)$mm，一般检修人员和工具的活动范围不超过 1800mm，屋外另外考虑 200mm 的裕度。带电部分至围墙顶部的净距和带电部分至建筑物、构筑物的边沿之间的净距，不应小于 D 值，也是考虑了检修人员的安全。

E 值是指由出线套管中心线至屋外通道路面的净距，考虑人站在载重汽车车厢中举手

高度不超过3500mm，35kV及以下为$E=4000$mm，60kV及以上，$E=A1+3500$mm，并向上取为整数。若出线套管直接引线至屋外配电装置时，出线套管中心线至屋外地面的距离可不按E值校验，但不应小于C值。

在工程上，实际采用的安全距离均大于表4－1－1和表4－1－2中所列数值，这是因为确定这些距离时，还考虑了减少相间短路的可能性；软导线在短路电动力、风摆、温度、覆冰及弧垂摆动下栩间与相对地间距离的减小；降低大电流导体周围钢构的发热与电动力；减少电晕损失以及带电检修等因素。图4－1－27为屋内配电装置安全净距校验图。

表4－1－1　屋内配电装置的最小安全净距

符号	适用范围	系统标称电压kV								
		3	6	10	15	20	35	66	1105	2205
A_1	带电部分至接地部分之间。 网状和板状遮栏向上延伸线距地2.3m处与遮栏上方带电部分之间。	75	100	125	150	180	300	550	850	1800
A_2	不同相的带电部分之间。 断路器和隔离开关的断口两侧引线带电部分之间。	75	100	125	150	180	300	550	900	2000
B_1	栅状遮栏至带电部分之间。 交叉的不同时停电检修的无遮栏带电部分之间。	825	850	875	900	930	1050	1300	1600	2550
B_2	网状遮栏至带电部分之间	175	200	225	250	280	400	650	950	1900
C	无遮栏裸导体至地（楼）面之间	2500	2500	2500	2500	2500	2600	2850	3150	4100
D	平行的不同时停电检修的无遮栏裸导体之间	1875	1900	1925	1950	1980	2100	2350	2650	3600
E	通向屋外的出线套管至屋外通道的路面	4000	4000	4000	4000	4000	4000	4500	5000	5500

注1：110J、220J系指中性点有效接地系统。

注2：海拔超过1000m时，A值应进行修正。

注3：通向屋外配电装置的出线套管至屋外地面的距离，不应小于表4－1－1中所列屋外部分之C值。当为板状遮栏时，其B_2值可取(A_1+30)mm。

表 4-1-2　屋外配电装置的最小安全净距

符号	适用范围	系统标称电压 kV								
		3～10	15～20	35	66	110J	110	220J	330J	500J
A_1	(1)带电部分至接地部分之间； (2)网状遮栏向上延伸线距地 2.5m 处与遮栏上方带电部分之间。	200	300	400	650	900	1000	1800	2500	3800
A_2	(1)不同相的带电部分之间； (2)断路器和隔离开关的断口两侧引线带电部分之间。	200	300	400	650	1000	1100	2000	2800	4300
B_1	(1)设备运输时，其设备外廓至无遮栏带电部分之间； (2)交叉的不同时停电检修的无遮栏带电部分之间； (3)栅状遮栏至绝缘体和带电部分之间； (4)带电作业时带电部分至接地部分之间。	950	1050	1150	1400	1650	1750	2550	3250	4550
B_2	网状遮栏至带电部分之间。	300	400	500	750	1000	1100	1900	2600	3900
C	(1)无遮栏裸导体至地面之间； (2)无遮栏裸导体至建筑物、构筑物顶部之间。	2700	2800	2900	3100	3400	3500	4300	5000	7500
D	(1)平行的不同时停电检修的无遮栏带电部分之间； (2)带电部分与建筑物、构筑物的边沿部分之间。	2200	2300	2400	2600	2900	3000	3800	4500	5800

注 1：110J、220J、330J、500J 系指中性点有效接地系统。

注 2：海拔超过 1000m 时，A 值应进行修正。

注 3：本表所列各值不适用于制造厂的成套配电装置。

注 4：500kV 的 A_1 值，分裂软导线至接地部分之间可取 3500mm。

注 5：750kV 电压等级屋外配电装置的最小安全净距可参见 DL/T5352。

1)对于 220kV 及以上电压，可按绝缘体电位的实际分布，采用相应的 B_1 值进行校验。此时，允许栅状遮栏与绝缘体的距离小于 B_1 值。当无给定的分布电位时，可按线性分布计算，校验 500kV 相同通道的安全净距，亦可用此原则。

2)带电作业时，不同相或交叉的不同回路带电部分之间，其 B_1 值可取(A+750)mm。

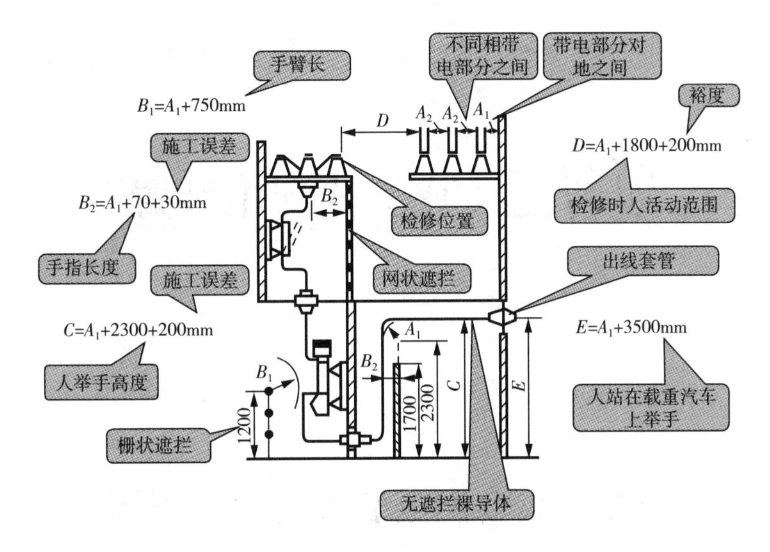

图 4－1－27　屋内配电装置安全净距值校验图

项目二 成套式配电装置

任务 成套配电装置辨识及识图

阅读资料

观察图 4-2-1、图 4-2-2、图 4-2-3。

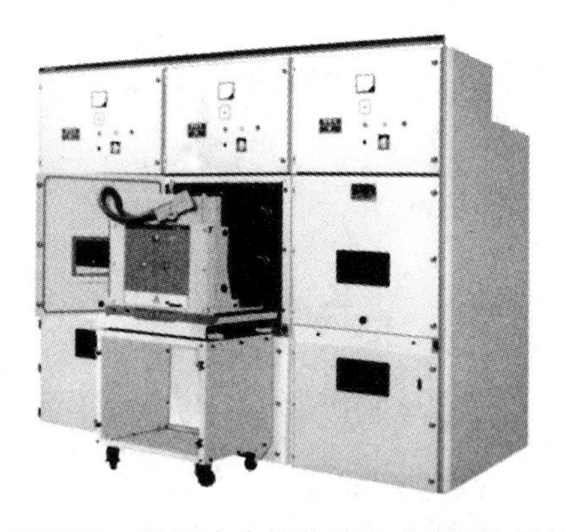

图 4-2-1 KYN28—12 型户内铠装移开式交流金属封闭开关设备

图 4-2-2 JYN2—10 型户内移开式交流金属封闭开关设备

图 4-2-3 GFM—126GFM 型 SF_6 气体绝缘金属封闭组合电器

思考问题

◆ 成套配电装置的结构特点。

◆ 气体绝缘金属封闭开关设备的结构特点。

学习必读

一、成套配电装置概述

成套配电装置是在制造厂制造并供应给用户的配电装置,它按照电气主接线的配置和用户的具体要求,将一个回路的开关电器、测量仪表、保护电器和一些辅助设备等都装配在一个整体柜内,有全封闭和半封闭之分。成套配电装置有高压开关柜、箱式变电站、六氟化硫全封闭组合电器等。

成套配电装置整体性强,制造水平高,可靠性高,现场安装工作量小,现在很多方面广泛使用。

二、高压开关柜

目前我国生产的高压开关柜按照断路器安装方式可分为手车式(也称移开式)和固定式两种类型。

1. 手车式

图 4-2-4 所示为 KYN28A－12 金属铠装移开式开关柜断面图。该开关柜主要用于发电厂、工矿企业配电、电力系统二次变电站的输配电以及大型高压电动机启动设备等,实

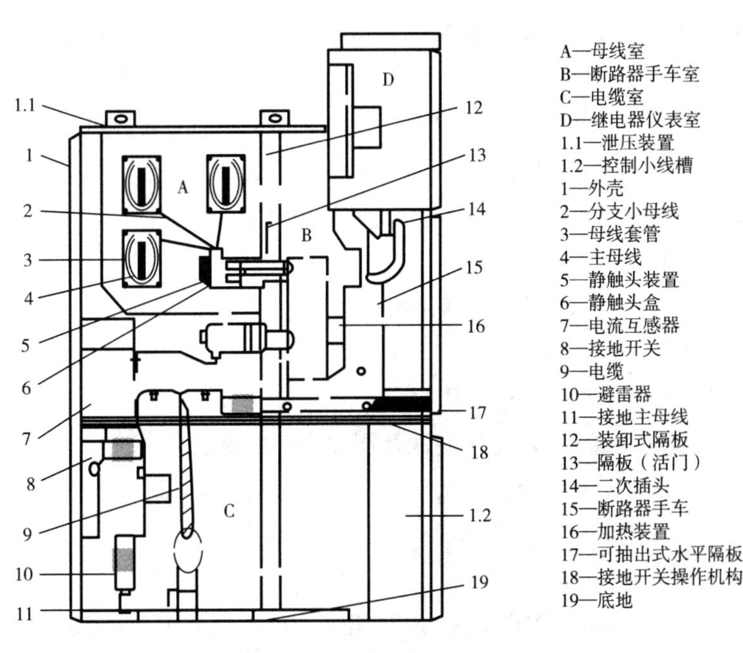

图 4-2-4　KYN28A－12 金属铠装移开式开关柜断面图

行控制保护监测之用。开关柜符合 IEC298、GB3906 等标准要求，具有完善的五防闭锁功能：防止带负荷推拉断路器手车，防止误分合断路器，防止接地闸刀处于闭合位置是关合断路器、防止误入带电隔室、防止在带电时误合接地闸刀。

(1)结构特点

开关柜由柜体和中置式可移开部件(即手车)组成，柜体和隔板均采用敷铝锌钢板拴接而成，有很高的机械强度、很强的抗腐蚀和抗氧化作用。开关柜被隔板分割成四个单独的隔室：母线室、手车室、电缆室和继电器仪表室。手车可按用途分为：断路器手车、电压互感器手车、计量手车、接地手车、隔离手车、避雷器手车等。同规格手车可以互换，手车在柜体内有断开位置、实验位置、连接位置，分别有定位装置。手车移开柜体时，用专用车转运。手车采用中置式，体积小、检查维护方便。在开关柜的母线室、手车室、电缆室上方均设有泄压通道，当断路器，母线或电缆发生内部故障时，伴随电弧的出现，开关柜内部气压升高，由于柜门是密封的，母线室、手车室、电缆室上方的泄压金属板将被自动打开，释放压力和排泄气体，以确保操作人员和开关柜的安全。柜门、手车、接地闸刀、二次插头、断路器之间都有连锁装置，完全满足“五防”要求。

为了防止在高湿度或温度变化较大的气候环境中产生凝露带来的危险，在开关柜的手车室和电缆室内分别装有加热板，以防凝露的发生。

(2)主电路和辅助电路开关柜

主电路和辅助电路开关柜有 78 种主电路方案，辅助电路可根据主电路方案和用户要求而定。断路器配用真空断路器 ZN63(VS1)－12、也可以选用进口真空断路 VD4－12、EV12－12、3AH－12 等。

开关柜有良好接地系统，电缆室单独设有 $40\times4mm^2$ 或 $40\times5mm^2$ 接地铜排，确保操作运行人员触及柜体时的安全。

二次线路应用了综合保护装置，可以对线路、变压器过电压、过电流、断相进行保护、同时在二次线路中加装了断路器状态显示器，以便于观察断路器开断状态。综合保护装置有通信接口，可以同上位机相连，以便于配电室自动化管理。

(3)开关柜使用条件

海拔：$H\leqslant1000$m(超海拔时，要特别说明)；

环境温度：不高于＋40℃，不低于－25℃；

相对湿度：日平均值不大于 95％，月平均值不大于 90％；

无火灾、爆炸危险、严重污秽、化学腐蚀及剧烈震动的场所。

(4)手车式高压开关柜型号命名方法

手车式高压开关柜型号命名方法见图 4－2－5 所示。

2. 固定式

固定式高压开柜有 GG1A、KGN、XGN 等系列。固定式高压开柜的断路器固定于柜内。这种高压开关柜封闭性能差，体积较大，检修不够方便。但其制造工艺简单，钢材用量少，价格较低。因此，长期以来仍广泛应用于中小型发电厂及其厂用电配电系统、各类变电站的 6

—10kV 配电系统。

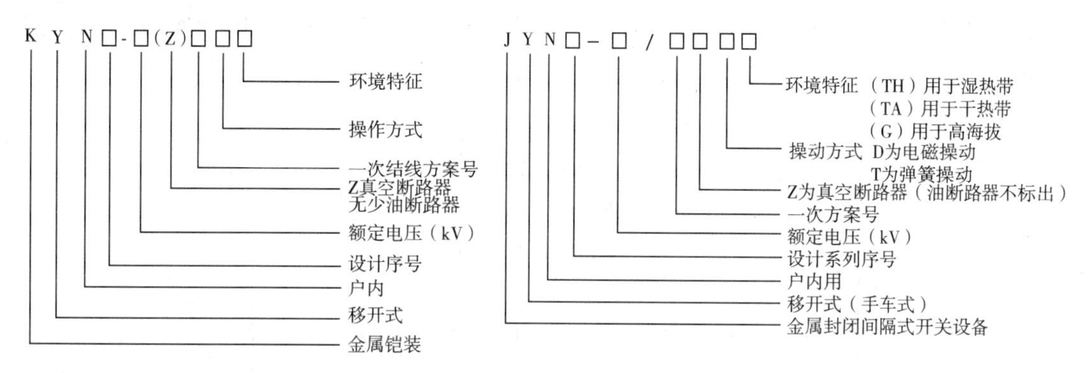

图 4-2-5　手车式高压开关柜型号命名方法

三、箱式变电站

1. 箱式变电站特点

1)占地面积小。一般箱式变电站占地面积仅为 5～6m^2，甚至可以减少到 3～3.5m^2。特别适用于负荷密集的工业区和人口稠密的居民区等。可以使高电压供电延伸到负荷中心，减少低压供电半径，降低损耗。

2)现场施工周期短，投资少。

3)采用全密封变压器和 SF_6 开关柜等新型设备时，可延长设备检修周期，甚至可达到免维护要求。

4)外形新颖美观，可与变电站周围的环境相互协调。

2. 我国箱式变电站的发展

箱式变电站发展于 20 世纪 60 年代至 70 年代，是欧美等西方发达国家推出的一种户外成套变电站的新型变电设备，由于它的诸多优点，受到世界各国电力工作者的重视。我国箱式变电站是在 70 年代末首先从欧洲法国、德国等国引进而发展起来的，最早的名称为箱式变电站，以后有称组合(装)式变电站的，也有称户外成套变电站的。从 90 年代初我国又从美国引进了箱式变电站。由于欧洲的箱变和美国的箱变结构不同，为了区分，从而产生了“欧式箱变”和“美式箱变”的名称。因箱式变电站易于深入负荷中心，减少供电半径，提高末端电压质量，我国在 90 年代末期，特别是农网改造工程启动后，箱式变电站的科研开发、制造技术及规模等都进入了高速发展，被广泛应用于城区、农村 10～110kV 中小型变(配)电站、厂矿及流动作业用变电站的建设与改造。

3. 我国箱式变电站的分类及型号

我国箱式变电站分为“欧式箱变”和“美式箱变”两类，现在我国对“欧式箱变”和“美式箱变”分别正式取名为“高压/低压预装式变电站”和“组合式变压器”。

(1)高压/低压预装式变电站

高压/低压预装式变电站型号命名方法如图 4-2-6 所示。高压/低压预装式变电站的结构特点是采用高、低压开关柜和变压器组合方式。形象比喻为给高、低压开关柜和变压器盖了房子。优点是噪音与电磁辐射较“组合式变压器”要低，因为欧式箱变的变压器是放在

室内或金属箱体内起到了隔音及屏蔽的作用;另外,容量较大、易于扩建等。主要缺点是体积较大,不利于安装,对小区的环境布置有一定的影响。欧式箱变适用于:容量较大、较重要的场合。高压/低压预装式变电站布置如图 4-2-7 所示。

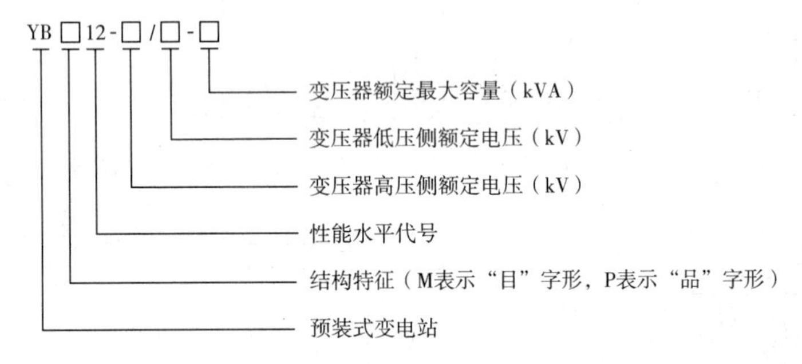

图 4-2-6 高压/低压预装式变电站型号命名方法

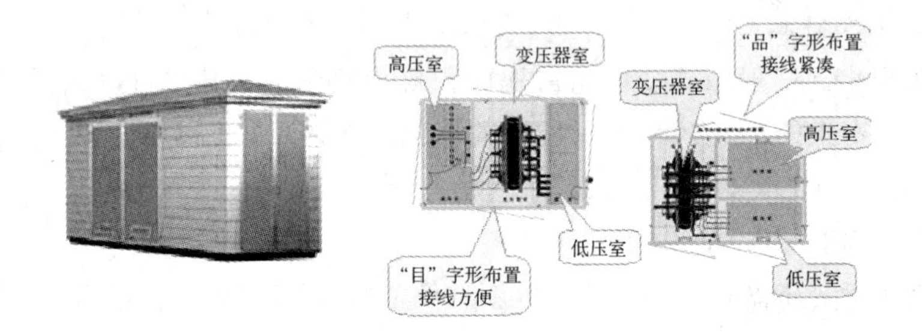

图 4-2-7 高压/低压预装式变电站布置

(2)组合式变压器

组合式变压器分为共箱式和分箱式两种结构,型号命名方法如图 4-2-8 所示。

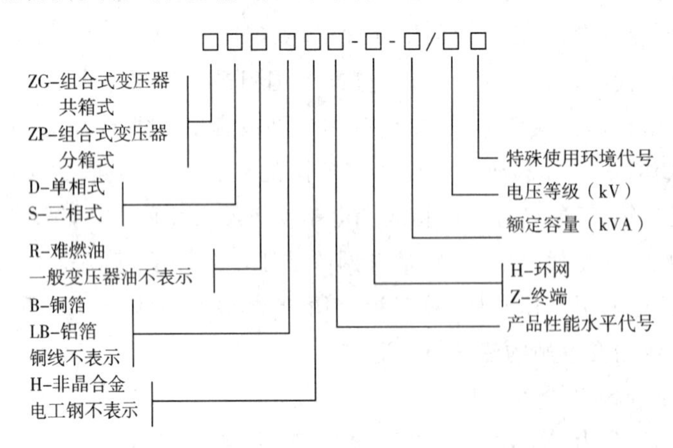

图 4-2-8 组合式变压器型号命名方法

型号举例:ZGSBH10-H-500/10 表示为:共箱式组合式变压器、三相、低压采用铜箔式绕组、铁芯采用非晶合金、一般变压器油、额定容量 500kVA、高压接线方案为环网型、电压等级 10kV、产品性能水平代号为 10。

共箱式组合变压器是将变压芯,高压负荷开关,保护用熔断器等设备放在统一油箱内。

分箱式组合变压器是将有载调压开关、变压器、负荷开关、熔断器、进线电缆插座等高压元器件，分别安装在既保持独立分区、又相互依靠的主油箱内。既保持了高压系统绝缘浸在油中的优点，又解决了变压器本体因开关电弧产生的游离碳污染问题。变压器油箱及散热器暴露在空气中。形象比喻为变压器旁边挂个箱子。

组合变压器主要优点是体积小、占地面积小、便于安放、容易与小区的环境相协调。主要缺点是供电可靠性较低；噪音、电磁辐射较高；由于不同容量箱变的土建基础不同，使箱变的增容不便，当箱变过载后或用户增容时，土建要重建，会有一个较长的停电时间，增加工程的难度。美式箱变可广泛应用于高层建筑、住宅小区、矿山、油田、公用配电、车站、码头等企事业单位及临时用电场所变配电之用。组合式变压器如图 4-2-9 所示。

共箱式

分箱式

图 4-2-9　组合式变压器

四、气体绝缘金属封闭开关设备

气体绝缘金属封闭开关(Gas Insulated Switchgear 简称 GIS)是以 SF_6气体作为绝缘和灭弧介质，以优质环氧树脂绝缘子作支撑的一种新型成套高压电器常称为六氟化硫全封闭组合电器。GIS 可以大大减少变电站占地面积，可以“下地”、“入洞”、“高压进城”，对负荷集中、用电量大的城市户内变电站或地下变电站特别有利。

它将母线、断路器、隔离开关、电流互感器和出线套管等全部电气元件按照电气主接线的连接顺序相互连接组装成为一个整体，并全部封装在接地的金属外壳里，内部充满有一定压力的 SF_6气体。其所用的电气元件，如母线、断路器、负荷开关、隔离开关、接地闸刀、快速或慢速接地闸刀、电流互感器、电压互感器、避雷器和电缆终端(或出线套管)等，制成不同形式的标准独立结构，再辅以一些过渡元件(如弯头、三通、伸缩节等)，便可适应不同形式主接线的要求，组成成套配电装置。

1. 220kV 气体绝缘金属封闭开关结构简介

一般情况下，断路器和母线筒的结构形式对装置的整体布置影响最大。对屋内式 GIS，当选用水平断口断路器时，一般将断路器水平布置在最上面，母线布置在下面；当选用垂直断口断路器时，则断路器一般落地垂直布置在侧面。对屋外式 GIS，断路器一般布置在下部，母线布置在上部，用支架托起。目前多采用屋内式。

1)断路器 4 为水平断口(双断口)，为便于支撑和检修，在总体布置上，主母线 Ⅰ、Ⅱ 布置在下部，断路器水平布置在上部，出线为电缆，整个装置按照电路顺序成 Ⅱ 型布置，使装置结构紧凑。断路器的出线孔支持在其他元件上，检修时，灭弧室沿水平方向抽出。

2)封闭组合电器的外壳用钢板或铝板制成，其作用是容纳 SF_6 气体及保护内部部件不受外界物质侵蚀，同时作为接地体。外壳内有多个环氧树脂盆式绝缘子，用于支撑带电导体和将装置分隔成若干个不漏气的隔离室（称气隔），以便于监视、易于发现故障点、限制故障范围以及检修或扩建时减少停电范围等。气隔内的 SF_6 气体压力一般为 0.2～0.5MPa，各气隔一般均装有压力表和监视继电器。

3)母线以外的其他元件均采用三相分箱式结构。母线有三相分箱（或称分相）式和三相共箱（或称共相）式两种结构。图 4-2-10 中主母线Ⅰ、Ⅱ采用三相共箱式。断路器为单压式，其操动机构一般为液压或弹簧机构。隔离开关有两种可供选择的基本形式，即直角型（进出线导体垂直）及直线型（进出线导体在同一轴线上），其动作均为插入式，图中为直线型。接地闸刀与隔离开关制成一体时，两者的同相部件封闭在同一气隔内。

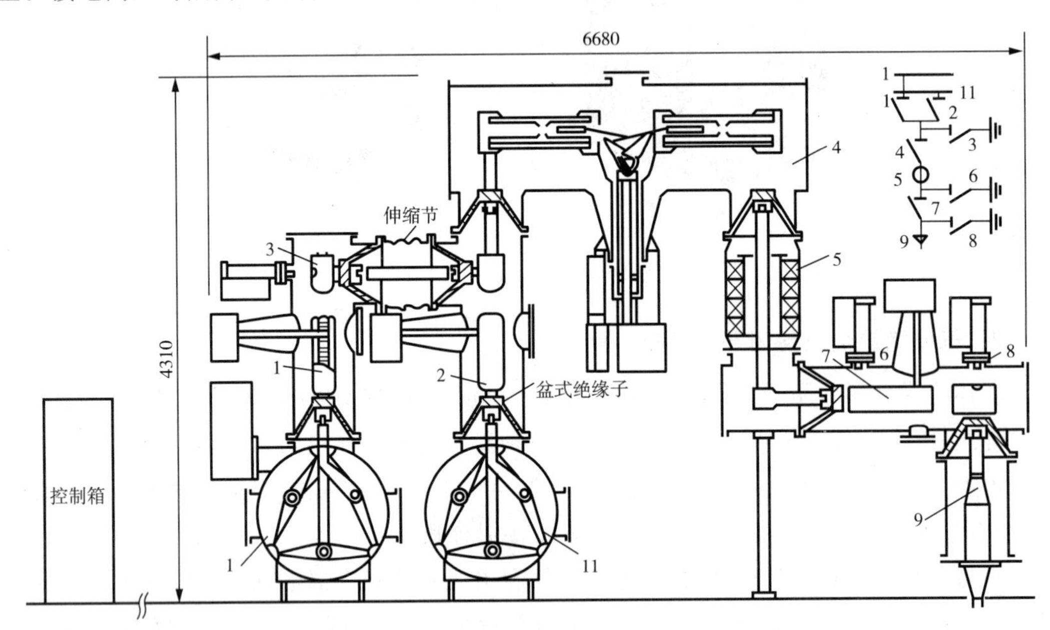

图 4-2-10　220kV 双母线接线、断路器水平布置的 GIS 断面图

4)为减少因温度变化和安装误差、振动及基础不同沉降引起的附加应力，在两组母线汇合处装有伸缩节 10（沿母线的外壳上也装有伸缩节），它包括母线软导体和外壳两部分。另外，为监视、检查装置的工作状态和保证装置的安全，装置的外壳上还设有检查孔、窥视孔和防爆盘等设备。

220kV 单母线接线、断路器垂直布置的 GIS 布置图如图 4-2-11 所示。断路器 1 垂直布置在一侧，操动机构 2 作为断路器的支座，配电装置的纵向尺寸较小。断路器出线孔在断口的上、下侧，检修时灭弧室需垂直向上吊出，配电装置室的高度尺寸较大。

2. 110kV 气体绝缘金属封闭开关结构简介

SF_6 全封闭组合电器分三相共箱式和分箱（单相）式，220kV 及以上电压等级为分箱式（电压等级低的母线为三相共箱式）。而 110kV 电压级为三相共箱式，按安装地点分为屋内

式和屋外式。图 4－2－12 所示为 110kV 双母线 SF_6 全封闭组合电器电缆出线间隔断面图。装置外壳上还安装有检查孔、窥视孔和防爆盘等。

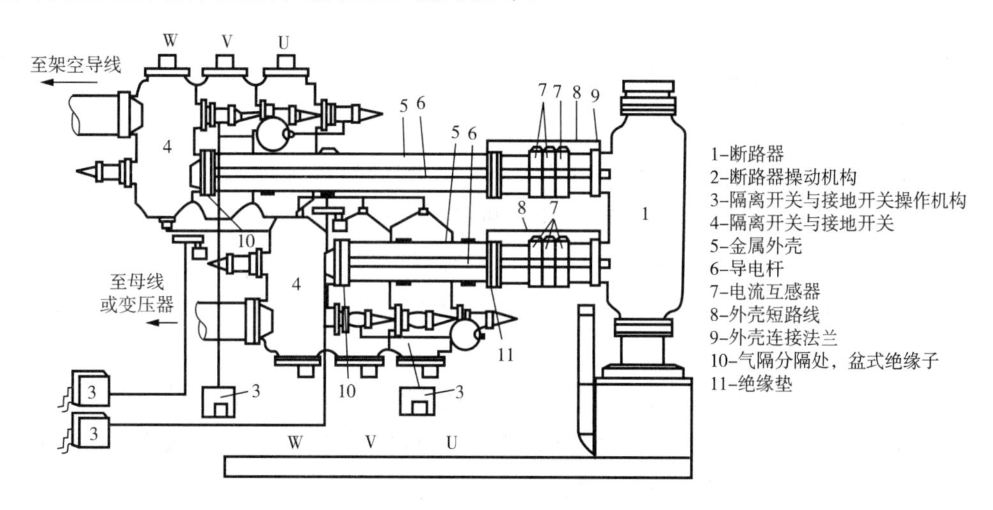

图 4－2－11 220kV 单母线接线、断路器垂直布置的 GIS 布置图

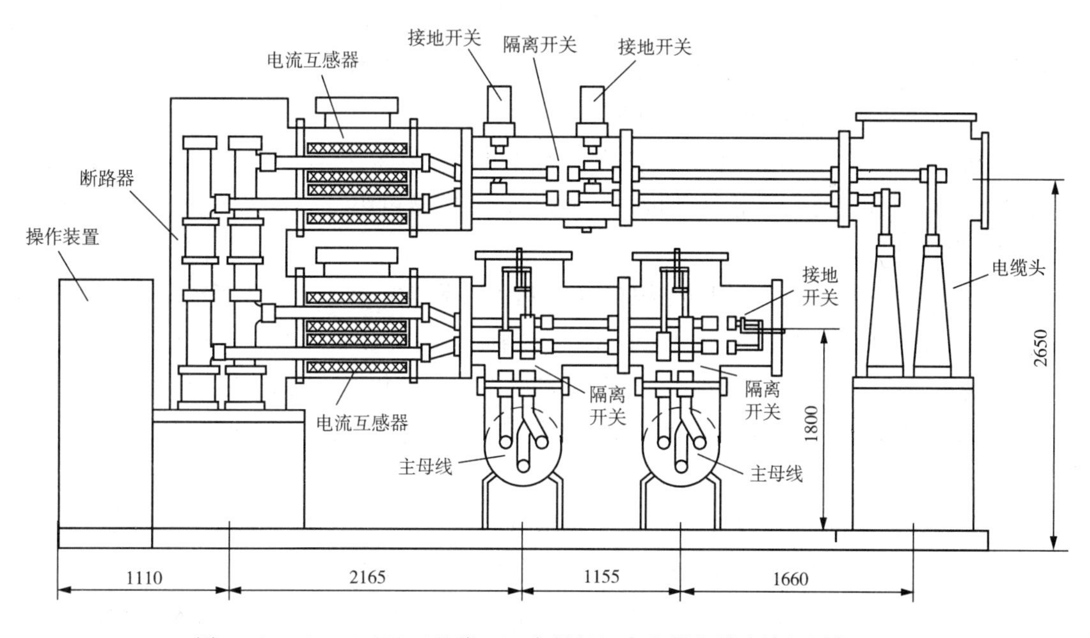

图 4－2－12 110kV 双母线 SF_6 全封闭组合电器电缆出线间隔断面图

在全封闭组合电器中，SF_6 气体起着灭弧、绝缘、导热等多种作用，GIS 的各个间隔都是独立的，为了减小发生故障时对其他元件的影响或不同元件具有不同的工作压力，每个间隔再划分为若干个气室或气隔，即不同元件的气室是分开的。工作母线与备用母线、母线与母线隔离开关的气室也是分开的，以便于检修母线，当间隔数较多时，母线也被分成为若干个气室。电压互感器、避雷器和电力电缆的气室是独立，以便于维护检修时单独处理。图 4－2－12 所示的全封闭组合电器很容易改为主接线为单母线的结构，出线方式也可改为向上经由绝缘套管架空出线的方式，可以满足不同的需要。

SF_6气体具有优良的灭弧和绝缘性能，SF_6全封闭组合电器中韵断路器，隔离开关的体积可以做得很小，另外带电部分对地(外壳)、相间绝缘距离都很小，故它的体积整体很小。

3．特点和应用范围

SF_6全封闭组合电器具有以下特点：

(1)优点

与常规配电装置相比，SF_6全封闭组合电器有以下优点：

① 可大量节省配电装置所占的面积和空间，能大幅度缩小发电厂或变电站的体积。其所占用面积与常规式的比率约为 $25/(U_N+25)$，所占空间的比率约为 $10/U_N$(U_N为额定电压，kV)，U_N越高，效果越显著。易于实现小型化，占地面积小，占用空间也小，具有较好的经济价值。

② 运行可靠性高。暴露的外绝缘少，因而外绝缘事故少，不会因污秽、潮湿、各种恶劣气候和小动物而造成接地及短路事故；内部结构简单，机械故障少；外壳接地，无触电危险；SF_6 为不可燃气体，不会发生火灾，一般也不会发生爆炸事故。

③ 安全性好。维护工作量小，检修周期长。平时不需要冲洗绝缘子；触头很少氧化，触头开断时烧损也甚微，断路器累计正常分合 3000～4000 次或累计开断电流 4MA 以上时，才需检修一次触头，实际上在使用寿命内几乎不需解体检修；年漏气率不大于 1%，且用吸附器保持干燥，补气和换过滤器的工作量也很小。

④ 杜绝对外部的不利影响，适应性强。因带电部分以金属壳体封闭，对电磁和静电实现屏蔽，没有无线电干扰、静电感应和电晕干扰，运行中噪声小。环境保护好。可用于污秽地区和高海拔地区。

⑤ 维护方便，检修周期长，因其结构布局合理，灭弧系统先进，大大提高了产品的使用寿命，因此检修周期长，维修工作量小，且由于小型化，离地面低，脆性元件少，因此日常维护方便。

⑥ 安装周期短。由于实现小型化，可在工厂内进行整机装配和试验合格后，以单元或间隔的形式运达现场，因此可缩短现场安装工期，建设速度快，又能提高可靠性。

(2)缺点

① 对材料性能、加工精度和装配工艺要求极高，工件上的任何毛刺、油污、铁屑和纤维都会造成电场不均，可能导致局部放电，甚至个别部位击穿的危险。

② 需要有专门的 SF_6气体系统和压力监视装置，且对 SF_6 的纯度和水分都有严格要求。

③ 金属消耗量大。

④ 造价较高。

(3)应用

SF_6全封闭组合电器可用于 110～1000kV 各电压级配电装置，特别适用于工业稠密区和大城市的中心，地势险峻的山区变电站，洞内或地下式水力发电厂，严重污秽、海边、高海拔地区的发电厂与变电站。

① 位于用地狭窄地区(如工业区、市中心、险峻山区、地下、洞内等)的电厂和变电站。

② 位于气象、环境恶劣或高海拔地区的变电站。

继续探讨

◆ 常见高压开关柜的形式及结构特点。

◆ GIS 的巡视操作。

◆ HGIS 高压配电装置的形式。

延伸阅读

一、常见高压开关柜的形式及结构特点

目前国内高压开关柜的使用量较大，有必要了解常见开关柜的形式。如表 4-2-1 所示为常见开关柜的形式及结构特点。

表 4-2-1 常见开关柜的型式及结构特点

分类方式	基本类型	结构特点	优缺点
按断路器安装方式	固定式	断路器固定安装在柜内，柜内装有隔离开关	柜内空间较宽敞；易于制造，成本较低；安全性差
	移开式	断路器可随移开部件（手车）移出柜外，柜内不装隔离开关	断路器移出柜外，更换、维修方便；省却隔离开关，结构紧凑；加工精度较高，价格贵些
按柜内隔室的构成	半封闭式	柜体正面、侧面封闭，柜体背面和母线不封闭	结构简单，安全性差；造价低
	箱式	隔室数目较少，或隔板防护等级低	母线也被封闭，安全性好些；结构略复杂，价格稍高
	间隔式	断路器及其两端相连的元件均有隔室；隔板由非金属板制成	安全性更好些；结构复杂，价格贵些
	铠装式	结构与间隔式相同，但隔板由接地金属板制成	安全性最好；结构更复杂，价格更高
按柜内绝缘介质	空气绝缘	极间和极对地的绝缘靠空气间隙保证	绝缘性能稳定；柜体体积大些；造价低
	复合绝缘	极间和极对地绝缘靠较小的空气间隙加固体绝缘材料来保证	柜体体积小；防凝性能不够可靠；造价高一些
	SF_6气体绝缘	全部回路元件置于密闭的容器中，充入 SF_6 气体	技术复杂，加工精度要求高，价格高

二、GIS 的巡视操作

1. GIS 设备巡视检查项目

1）标志牌：名称、编号齐全、完好，气隔标识清晰。

2)外观检查:无变形、无锈蚀、连接无松动;传动元件的轴、销齐全无脱落、无卡涩;箱门关闭严密;无异常声音(注意当时的负荷情况)、气味等;相色标志正确;外部接头无过热。

3)操作机构:机构箱开启灵活,无变形,密封良好,无锈迹、无异味、无凝露;储能电源空气开关位置正确,弹簧机构储能指示器指示正确;液压机构油箱油位在上下限之间,各部位无渗漏油,压力正常并记录压力值;加热器正常完好,投停正确。

4)气室压力:在正常范围内(以厂家说明书为准),并记录压力值。

5)阀门:连通阀门均开启,取气阀应关闭。

6)闭锁:完好、齐全、无锈蚀。

7)位置指示器:断路器、隔离开关、接地闸刀等与实际运行方式相符。

8)套管:完好、表面清洁、无裂纹、无损伤、无放电现象。

9)避雷器:在线监测仪指示正确,并记录泄漏电流值和动作次数。

10)线路电压互感器:二次空气开关、保险投入完好,二次接线无松脱现象。

11)出线架构:无杂物,无倾斜,安装牢固,接地良好。

12)带电显示器:指示正确,停电时巡视要对带电显示装置手动测试正常。

13)防爆装置:防护罩无异样,其释放出口无障碍物,防爆膜无破裂。

14)汇控柜:指示正常,与实际位置相符,无异常信号发出;控制方式把手在“远方”位置,联锁方式把手在“联锁”位置;控制、电源空气开关位置正常;柜内运行设备正常,各继电器接点无抖动现象,无异味;封堵严密、良好,无积水,箱门关闭严密;加热器及驱潮电阻正常;接地线端子紧固,各接线端子无明显松脱现象;天气潮湿季节无凝露现象;呼吸孔应有纱网及防尘棉垫;保护压板实际位置满足运行工况要求。

15)接地:接地线、接地螺栓表面无锈蚀,压接牢固。

16)设备室:通风系统运转正常,氧量仪指示大于18%,SF_6 气体含量不大于1000mL/L,无异常声音、异常气味等。

17)基础:无下沉、倾斜。

18)动作次数:记录断路器与操作机构动作次数。

2. GIS设备操作注意事项

1)当GIS设备进行正常操作时,为了防止触电危险,禁止触及外壳,并保持一定距离。操作时,禁止在设备外壳上进行任何工作。手动操作隔离开关或接地闸刀时,操作人员必须戴绝缘手套。

2)所有断路器的操作,正常情况下必须在控制室内利用监控机或测控柜断路器操作把手进行远方操作,只有在远方控制出现故障或其他原因不能进行远方操作的,在征得相关领导同意,才能到就地汇控柜上进行操作。操作前,应确认无人在GIS设备外壳上工作,如发现有人在GIS室,则应通知其离开外壳后,方可进行操作。

3)GIS的断路器、隔离开关、接地闸刀一般情况下禁止手动操作,只有在检修、调试时经上级领导同意方能使用手动操作,操作时必须有专业人员在现场进行指导。

4)需在就地汇控柜上进行操作时,首先要核实各设备的实际位置,确定要操作某一设备

时，在汇控柜上将操作方式选择把手打至“就地”，联锁方式选择把手仍在“联锁”位置（联锁方式选择把手等同于防误闭锁装置，取消联锁视同解锁，应履行解锁批准手续），然后进行操作。操作完后，要及时把控制方式选择把手切至“远方”。最后查看设备的位置指示是否正确。

5）当 GIS 设备某一间隔发出“闭锁”或“隔离”信号时，应结合设备异常信号和设备位置状态，查明原因，在原因没有分析清楚前，禁止操作此间隔任何设备；同时迅速向调度和工区汇报情况，通知检修人员处理，待处理正常后方可操作。

6）凡 GIS 设备的维修或调试，需要拉合相应的接地闸刀时，均使用就地控制方式操作。操作前，首先联系调度并检查该接地闸刀两侧相应的隔离开关、断路器确已在分闸位置，然后才能操作。

7）操作 GIS 设备的接地闸刀无法验电，必须严格使用联锁功能，采用间接验电方法，并加强监护；线路侧接地闸刀可在相应线路侧验电（电缆出线利用带电显示装置间接验电），变压器接地闸刀可在变压器侧验电。

8）当线路检修需要合线路接地闸刀时，具有线路侧高压带电显示装置的，应检查显示装置无电压，同时用验电器验明无电后，再进行操作；若带电显示装置有电压，首先检查确定带电显示装置是否正常，若确实显示有电压，但线路侧验明确无电压时，应与调度核实运行方式后，经工区主管领导同意后，方可进行操作。

9）断路器检修时，测控屏上有“遥控”压板的，也应断开。

三、HGIS 高压配电装置的形式

复合式配电装置，简称 HGIS。母线采用敞开式，其他均为 SF_6 气体绝缘装置。

GIS 是属于可靠性高、免（少）维护的开关设备，它占地面积最小，但由于配置大量的金属封闭母线，使得造价昂贵，而 HGIS 的造价介于 AIS 和 GIS 之间。相对 GIS，HGIS 只将一相断路器、隔离开关、接地闸刀、CT 等集成为一组模块，整体封闭于充有绝缘气体的容器内，而对发生事故机率极低的母线，则采用常规方式（敞开式）进行布置，如图 4－2－13 所示。也就是说，HGIS 是一种不带充气母线的相间空气绝缘的单相 GIS，因而使得现场结构清晰、简洁、紧凑、安装和维护方便、运行可靠性高。相对 AIS 将隔离开关和接地闸刀封闭在充气的壳体内，这样就避免了户外隔离开关经常出现的瓷瓶断裂、操作失灵、导电回路过热、腐蚀等 4 大问题。又由于隔离开关与接地闸刀合一简化了结构，大大缩小了尺寸。这种三工位隔离开关与接地闸刀，不存在常规隔离开关与接地闸刀间各种可能的误操作，因此可省略他们之间的电气操作联锁，使运行的可靠性大大提高。

图 4－2－13　550kV HGIS 配电装置

学习领域五

电气倒闸操作

项目一　电气倒闸操作基础知识

任务一　倒闸操作的基本概念

阅读资料

一、现场运行规范

国家电网公司《变电站管理规范》2006 版条文摘录：

2.1.5 正(主)值的职责

2.1.5.1 在值长领导下负责与调度之间的操作联系。

2.1.5.2 遇有设备事故、障碍及异常运行等情况，及时向有关调度、值长汇报并进行处理，同时做好相关记录。

2.1.5.3 组织做好设备巡视、日常维护工作，认真填写各种记录，按时抄录各种数据。

2.1.5.4 受理调度(操作)指令，填写或审核操作票，并监护执行。

2.1.5.6 填写或审核运行记录，做到正确无误。

2.1.6 副值的职责

2.1.6.1 在值长及正(主)值的领导下对设备的事故、障碍及异常运行情况进行处理。

2.1.6.2 按本单位规定受理调度(操作)指令，向值长汇报，并填写倒闸操作票，经审核后在正(主)值监护下正确执行操作。

2.1.6.3 做好设备的巡视、日常维护、监盘和缺陷处理工作。

二、倒闸操作概述

倒闸操作是电气设备状态的转换、一次系统运行方式的变更、继电保护定值的调整、装置的启停用、二次回路的切换、自动装置的投切、切换试验等所进行的执行操作过程的总称。倒闸操作是变电运行值班员的主要工作任务。

电气设备的倒闸操作是一项十分严谨的工作，它涉及电力系统一次设备及保护运行方式的改变。能否正确地进行每一步倒闸操作都直接关系到电力系统、电气设备和人身的安全，影响到供电的可靠性，影响到国民经济的发展与社会稳定。所以，运行值班人员必须以高度认真负责的精神，严格执行倒闸操作制度；以认真严肃的态度，对待每一步操作；以严肃的工作作风、严格的工作态度、严密的工作方法，认真做好每一步操作，确保电力系统安全、稳定、经济运行。

三、倒闸操作的管理

电气倒闸操作，应根据调度范围划分，实行分级管理：凡系统中运行设备或备用设备进行倒闸操作，均应根据值班调度员发布的操作指令或操作许可指令执行；严禁没有调度命令擅自进行操作。对调度所管辖范围内的设备，只有值班调度员有权发布其倒闸操作命令和改变它的运行状态。

四、全国互联电网调度机构简介

电网调度机构是电网运行的组织、指挥、指导和协调机构，电网调度机构分为五级，依次为：国家电网调度机构（即国家电力调度通信中心，简称国调），跨省、自治区、直辖市电网调度机构（简称网调），省、自治区、直辖市级电网调度机构（简称省调），省辖市级电网调度机构（简称地调），县级电网调度机构（简称县调）。各级调度机构在电网调度业务活动中是上下级关系，下级调度机构必须服从上级调度机构的调度。全国互联电网运行实行“统一调度、分级管理”，非电网调度系统人员凡涉及全国互联电网调度运行的有关活动也均须遵守《全国互联电网调度管理规程》中的规定。

（1）国家电力调度通信中心

国调是我国电网调度的最高级。在该中心，通过计算机数据通信与各大区调度中心相连接，协调确定各大区之间的联络线潮流和运行方式，监视、统计和分析全国电网的运行情况。

（2）跨省、自治区、直辖市电网调度机构

网调负责超高压电网的安全运行并按规定的发电计划及监控原则进行管理，提高电能质量和经济运行水平。

（3）省、自治区、直辖市级电网调度机构

省调负责省内电网的安全运行并按规定的发电计划及监控原则进行管理，提高电能质量和经济运行水平。

（4）省辖市级电网调度机构

地调采集当地网的各种信息，进行安全检测，进行有关站点断路器的远方操作，变压器分接头的调节，电力电容器的投切等。

（5）县级电网调度机构

县调为我国电网调度的最低级，主要监控 10kV 及以下农村电网的运行。

倒闸操作的实施是在规范管理、统一调度指挥下，最后落实到操作人员贯彻执行的，因此操作人员必须掌握倒闸操作的基本规律，掌握倒闸操作的各项技术。

思考问题

◆ 电气设备有几种运行状态？
◆ 倒闸操作的概念是什么？
◆ 倒闸操作的基本类型有哪些？
◆ 倒闸操作的基本原则是什么？
◆ 副值班员在倒闸操作中的职责有哪些？
◆ 正值班员在倒闸操作中的职责有哪些？

学习必读

一、电气设备的运行状态

在发电厂或变电站中，运行中的电气设备有四种不同的运行状态，具体为：运行状态、热备用状态、冷备用状态和检修状态。

1. 运行状态

电气设备的运行状态是指断路器及隔离开关都在合闸位置，将电源至受电端间的电路接通（包括辅助设备如电压互感器、避雷器等）。

2. 热备用状态

电气设备的热备用状态是指断路器在断开位置，而隔离开关仍在合闸位置，其特点是，没有明显的断开点，断路器一经合闸即可将设备投入运行。

3. 冷备用状态

电气设备的冷备用状态是指设备的断路器及隔离开关均在断开位置，其显著特点是该设备（如断路器）与其他带电部分之间有明显的断开点。

4. 检修状态

电气设备的检修状态是指设备的断路器和隔离开关均已断开，装上接地线或合上接地闸刀。电气设备检修根据工作性质又可分为以下几种情况：

1）断路器检修是指设备的断路器与其两侧隔离开关均拉开，断路器的控制回路熔丝已取下或断开空气开关，在断路器两侧装设接地线或合上接地闸刀，并做好安全措施。

检修的断路器若与两侧隔离开关之间接有电压互感器（或变压器），则该电压互感器的隔离开关应拉开或取下高低压熔丝，高压侧无法断开时则取下低压熔丝或断开空气开关。

断路器连接到母差保护的电流互感器回路应断开并短接。

2）线路检修是指线路断路器及其两侧隔离开关拉开，并在线路出线端挂好接地线（或合上线路接地闸刀）。如有线路电压互感器（或变压器），应将其隔离开关拉开或取下高低压熔丝或断开空气开关。

3）主变压器检修是指断开变压器各侧断路器及各断路器两侧隔离开关，断开变压侧各侧中性点接地闸刀，并在变压器各侧挂接地线或合上接地闸刀，同时断开变压器相关辅助设备。

4)母线检修是指断开与母线相连的所有断路器和隔离开关(包括母联或分段回路),母线上电压互感器和避雷器改为冷备用或检修状态;并在母线上挂好接地线(或合上母线接地闸刀)。

二、倒闸操作的概念

将电气设备由一种状态转变到另一种状态的过程叫倒闸,所进行的操作被称为倒闸操作。

倒闸操作必须根据设备状态按照:运行→热备用→冷备用→检修的顺序进行设备状态的转移,一般不允许前一个状态未操作完成即向下一个状态操作。

三、倒闸操作的基本类型

1. 倒闸操作按操作人员类型分类

(1)监护操作

监护操作是由两人进行同一项的操作。监护操作时,其中一人对设备较为熟悉者做监护。特别重要和复杂的倒闸操作,由熟练的运行人员操作,运行值班负责人监护。

(2)单人操作

单人操作是由一人完成的操作。

1)单人值班的变电站操作时,运行人员根据下令人用调度电话传达的操作指令填用操作票,复诵无误。

2)实行单人操作的设备、项目及运行人员需经设备运行管理单位批准,人员应通过专项考核。

3)室内高压设备符合下列条件者,可由单人操作:

① 室内高压设备的隔离室设有遮栏,遮栏的高度在1.7m以上,安装牢固并加锁者;

② 室内高压断路器的操作机构用墙或金属板与该断路器隔离或装有远方操作机构者。

4)单人操作不得进行登高或登杆操作。

(3)检修人员操作

检修人员操作是由检修人员完成的操作。

1)经设备运行管理单位培训、考试合格、批准的本企业的检修人员,可进行220kV及以下的电气设备由热备用至检修或由检修至热备用的监护操作,监护人应是同一单位的检修人员。

2)检修人员进行操作的接、发令程序及安全要求应由设备运行管理单位总工程师(技术负责人)审定,并报相关部门和调度机构备案。

2. 倒闸操作按操作手段分类

(1)就地操作

检修人员操作是指在一次设备的端子箱、汇控箱上进行的操作。

(2)遥控操作

遥控操作是指从调度端或集控站发出远方操作指令,以微机监控系统以微机监控系统

或变电站的RTU(即Remote Terminal Unit的缩写,中文译为远程终端装置)当地功能为技术手段,在远方的变电站实现的操作。

(3)程序操作

程序操作是遥控操作的一种,但程序操作时发出的远方操作指令是批指令。

实施程序化操作,只需要变电站内运行人员或监控中心运行人员根据操作要求选择一条程序化操作命令(比如说将某线路运行状态改为检修)。操作票的选择、执行和操作过程的校验由变电站操作系统自动完成,实现"一键操作"。一方面大大降低了操作中的人为因素,提高了操作的可靠性,另一方面也大大缩短了操作时间和系统运行方式变换时间,提高了操作下率和系统的可靠性。

遥控操作和程序操作应该满足倒闸操作基本要求,满足电网运行方式的需求,满足五防要求,同时程序操作应该满足以下要求:

① 所有参与遥控、程序操作的一次设备需要实现电动化操作,并且具有较高的可靠性。

② 为了使母线倒排等工作可以进行程序操作,母联开关控制电源、电压互感器并列装置、母差保护软件版均必须具备遥控功能。

③ 为了使设备改线路检修可以进行遥控、程序操作,各出线必须安装验电器,并将相关节点列入摇信。同时出线压变次级与保护装置之间必须增加出线闸刀或开关的辅助节点(避免倒送电)。条件允许可以考虑各开关直流控制电源、线路压变次级空气开关具备遥控功能。

④ 一旦出现反应事故的"事故总信号"、"保护动作"等信号,必须可靠闭锁并停止遥控、程序操作。

3. 倒闸操作按操作目的分类

1)正常计划停电检修和试验的操作;

2)调整负荷及改变运行方式的操作;

3)异常及事故处理的操作;

4)设备投运的操作。

4. 变电站常见的设备操作类型

1)断路器的停送电操作;

2)变压器的停、送电操作;

3)倒母线及母线停送电操作;

4)线路的停、送电操作;

5)发电机的解并列操作;

6)电网的解合环操作。

四、倒闸操作的基本原则及规定

为了保证倒闸操作的安全顺利进行,倒闸操作有如下基本原则及技术管理规定。

1. 倒闸操作的基本原则

1)必须使用断路器切断或接通回路电流。因此送电操作时必须先合隔离开关,后合断路器;停电操作时与此顺序相反。

2)拉合隔离开关前检查断路器在开位。

3)设备送电前必须将有关继电保护加用,没有继电保护或不能自动跳闸的断路器不准送电。

4)高压断路器不允许带电压手动合闸,运行中的手车断路器不允许打开机械闭锁手动分闸。

5)在操作过程中,发现误合隔离开关时,不允许将误合的隔离开关再拉开;发现误拉隔离开关时,不允许将误拉的隔离开关再重新合上。

2. 倒闸操作一般规定

1)正常倒闸操作必须根据调度值班人员的指令进行操作。

2)正常倒闸操作必须填写操作票。

3)倒闸操作应由两人进行。

4)正常倒闸操作尽量避免在下列情况下操作:

① 交接班时间内。

② 负荷处于高峰时段。

③ 系统稳定性薄弱期间。

④ 雷雨、大风等天气。

⑤ 系统发生事故时。

⑥ 有特殊供电要求。

5)电气设备操作后必须检查确认实际位置。

6)下列情况下,值班人员不经调度下令或许可可直接操作,操作后须汇报调度:

① 将直接对人员生命有威胁的设备停电。

② 确定在无来电可能的情况下,将已损坏的设备停电。

③ 确认母线失电,拉开连接在失电母线上的所有断路器。

7)事故处理时操作可不填写操作票,但不能违反安全操作规定。

继续探讨

防误操作的措施有哪些?

延伸拓展

倒闸操作过程中,发生电气误操作不仅会导致设备损坏、系统停电,甚至会发生人身伤亡事故,危害极大。典型的电气误操作归纳起来包括以下五种,防止这五种误操作的措施简称“五防”:

① 防带负荷拉、合隔离开关;

② 防带地线合闸;

③ 防带电挂接地线(或带电合接地闸刀);

④ 防误拉、合断路器;

⑤ 防误入带电间隔。

防止电气误操作的措施包括组织措施和技术措施两个方面。

一、防止误操作的组织措施

防止误操作的组织措施就是建立一整套操作制度，并要求各级值班人员严格贯彻执行。组织措施有：操作命令和操作命令复诵制度；操作票制度；操作监护制度；操作票管理制度。

（1）操作命令和操作命令复诵制度

操作命令和操作命令复诵制度系指值班调度员或值班负责人下达操作命令，受令人重复命令的内容无误后，按照下达的操作命令进行倒闸操作。

（2）操作票制度

凡改变电力系统运行方式的倒闸操作及其他较复杂操作项目，均必须填写操作票，这就是操作票制度。操作票制度是防止误操作的重要组织措施。

倒闸操作操作票由操作人填写，每张操作票只准填写一个操作任务。操作票的格式及内容应统一按照有关规定执行。

（3）操作监护制度

倒闸操作必须在接到上级调度的命令后执行。值班人员在接受调度下达的操作任务时，受令人应复诵无误，如有疑问应及时提出。

倒闸操作的分监护操作、单人操作、检修人员操作三种方式。监护操作时，其中一人对设备较为熟悉者做监护。特别重要和复杂的倒闸操作，由熟练的运行人员操作，运行值班负责人监护。

（4）操作票管理制度

操作票管理首先要把住执行前的审核关，考核重点应放在执行过程中，严禁无票作业、无票操作。

二、防止误操作技术措施

实践证明，单靠防止误操作的组织措施，还不能最大限度地防止误操作事故的发生，还必须采取有效的防止误操作技术措施。防止误操作技术措施是多方面的，其中最重要的是采用防止误操作闭锁装置。防误闭锁装置是利用自己既定的程序闭锁功能，装设在高压电气设备上以防止误操作的机械装置。防误装置包括：微机防误、电气闭锁、电磁闭锁、机械联锁、机械程序锁、机械锁、带电显示装置等。一般的电气设备系统可采用机械闭锁、机械程序闭锁和电气闭锁。开关柜可选用具有“五防”功能的设备，已运行的开关柜应通过改造实现“五防”功能。对接线比较复杂的设备系统（如双母线带旁路且进出线较多）采用机械程序锁难以实现闭锁的，可采用微机闭锁装置。

由于微机防误闭锁应用了微机技术，使用数字编码，能实现精确智能控制，准确达到电气“五防”功能，并具有安装和操作方便以及编码可以无限扩展和自由更换等优点，在电力系统中得到广泛应用，并成为电气防误闭锁的发展方向。

《国家电网公司电力安全工作规程》（2009 年版）2.3.5.3 条文：高压电气设备都应安装

完善的防误操作闭锁装置。防误操作闭锁装置不得随意退出运行，停用防误操作闭锁装置应经本单位分管生产的行政副职或总工程师批准；短时间退出防误操作闭锁装置时，应经变电站站长或发电厂当班值长批准，并应按程序尽快投入。

任务二　电气主接线运行方式

阅读资料

在双母线运行的变电站，母联断路器应并列运行，还是分列运行，电源线和出线通过一台断路器和两组隔离开关分别接在Ⅰ母线，Ⅱ母线上，哪些应运行于Ⅰ母线，哪些应运行于Ⅱ母线？

110kV 及以上系统均为中性点直接接地系统，变压器中性点是否都应接地，哪些变压器中性点应接地？变电站中低压侧分段断路器或母联断路器是否应并列运行？

外桥接线中进线断路器和桥断路器同时运行，还是应断开一个断路器，具体应断开哪个断路器？

电网在运行中是采取最大运行方式还是最小运行方式？

上述所提问题均包含在电气主接线运行方式当中。

思考问题

◆ 电气主接线运行方式的基本概念是什么？
◆ 电气主接线运行方式有几种？
◆ 电气主接线正常运行方式确立的原则是什么？

学习必读

一、电气主接线运行方式概述

电气主接线的运行方式，即是对各类电气设备运行状态的总体描述，是电气运行人员正常运行、操作及事故状态下分析和处理各种事故的基本依据，因此，电气运行人员必须熟悉和掌握电气主接线的各种运行方式。

电气主接线运行方式确定的原则是：保证电气运行的安全、经济。要充分发挥原设计电气主接线所固有的安全可靠性和其他优点。

电气一次系统主接线的运行方式可分为正常运行方式、非正常运行方式和特殊运行方式。

正常运行方式是指电气主接线各类设备正常情况下应运行的方式，是最重要的运行方式，是发电厂和变电站运行管理的基础。具体是指所有设备状态良好，保护配置齐全，运行

参数合理的运行方式。在可能的情况下，设备都应工作在正常运行方式。

非正常运行方式通常是指该系统中因有个别设备进行检修，或由于继电保护等原因造成设备不能按正常运行方式运行的各种有别于正常运行方式的情况。

正常运行方式和非正常运行方式通常都在现场运行规程中进行规定。

特殊运行方式是指设备在特殊情况下，为了保证及时向用户供电，不能使用规程规定的运行方式，而采取了一些比较危险的、不经济的甚至于需要维修人员采取非常措施才能运行的运行方式。特殊运行方式往往是设备在保护不健全，电气主接线连接不规范，操作不方便等情况下运行，给系统和运行人员都带来很大的风险，甚至于处在可能引发新的故障的边缘。因此，管理部门对于特殊运行方式必须制定严格的、切实可行的管理措施，以保证设备和人员的安全。

二、电气主接线正常运行方式的确定

正常运行方式的确定是由电气运行的安全性和经济性确定的，同时要考虑运行人员的运行经验和运行水平。

1. 要保证对用户供电的可靠性

对重要用户要保证连续供电，此类用户应由两个独立电源供电，即当两个电源中的一个电源受到破坏或故障时，不影响另一个电源的工作，也就是采用双回路供电。其电源应布置在双母线制的不同母线组上，或布置在分段单母线的两个分段上。若发电厂与厂外系统电源的连接有两条联络线时，亦应将联络线分配在不同母线组上或不同分段母线上，即分配在不同电源上。这样，当发电厂全厂启动或发生全厂停电事故时，由电力系统分别向两路联络线送电，以保证对用户连续供电，提高对用户供电的可靠性。

2. 保证厂用电的可靠性和经济性

厂用电是发电厂的重要负荷。为了保证供电的可靠性和连续性，使发电厂能安全满发。故应考虑发电厂在正常、事故及检修等情况下的厂用电的运行方式，以及机炉启动、停止过程中的供电要求，此外，还应考虑切换操作的简便。要满足上述要求，必须采取以下措施。

1)厂用电源问题。厂用工作电源和备用电源应连接在不同电源上。厂用工作母线的每一分段，均应考虑备用电源。备用电源来自系统高压母线，不受本身机组影响，使得备用电源有足够的可靠性；当工作电源和厂用母线发生故障时，备用电源应能自动投入。

当任一厂用工作电源检修，由备用电源供给厂用某一段工作电源，并作为另一段工作电源的备用时，应计算其容量是否足够。若不够则不能作为联动备用电源，即联动开关应解除。当厂用备用电源检修时，各厂用工作电源采用互为备用。厂用备用电源应与系统联络线布置在同一电源上，这样当发电厂启动初期或全厂停电时，可从系统取得厂用电。

2)确定厂用发电机组。适当地将重要辅机安排在有厂用发电机的系统上，当遇电网发生故障或周波、电压突然降低时，厂用发电机可与电网解列运行，以保障厂用电。为此，选择厂用发电机组时，必须是性能较好、安全可靠的机组。

3)发电机组正常运行时自带厂用电，使电源可靠，电压稳定，受外部干扰较小，保证机组本身正常的运行，满足主机、炉和主要辅机设备电源对应性的要求。单元接线的机组，在高压厂用工作变压器的一次侧采用封闭母线，提高设备的安全运行性能。

4)随着厂用变压器容量的增大，高压厂用变压器低压侧普遍采用分裂绕组，限制了短路电流，提高了发电机等设备运行可靠性，也降低了二次侧断路器短路容量的要求。厂用电电源按炉分段，重要辅机电源由主机带，并均匀分配在分裂变压器的两个二次绕组上。重要备用辅机电源分布在不同电源上，均为防止发电机电压母线(厂用电源接在该母线上)故障或厂用母线故障及备用电源失灵的情况下，不影响或尽少地影响其他系统的正常运行，即尽力保证发电厂的主要设备如锅炉、汽轮发电机组及主要辅助机械的工作，使它们不受影响。

5)便于经济调度。在经济方面也应予考虑，如对厂用变压器做一些较合理的安排，全厂负荷轻时，可以停用某台低压厂用变压器，以及根据全厂负荷的变化，可调用耗电量少的厂用电动机运行等。

3. 潮流分布要均匀

要使电源进线和负荷出线功率均匀地布置在两组母线之间(双母线并列运行时)，或分配在母线的不同分段上(单母线分段时)，这样流过母线联络断路器或分段断路器的电流最小，可避免设备过负荷或限制出力，同时，当部分电源及线路发生故障时，还会尽可能少地影响其他系统的正常运行，提高对用户包括厂用电供电的可靠性。

4. 便于事故处理

若遇电力系统故障，使周波或电压突降，危及厂用电安全运行时，应能将预先选定好的厂用发电机与系统解列，以保持发电厂的正常运行。如遇 35、10kV 或 6kV 电网单相接地时，为便于选择接地点，缩小接地系统的故障范围，可将母线联络断路器或分段断路器短时解列。由于电源进线和负荷出线的功率均匀地分布在两组母线之间或两分段上，故当母线联络断路器或分段断路器断开时，减少对用户的少送电及发电厂负荷的降低，从而提高发电和供电的可靠性及灵活性。预先计算功率分点，以备事故时便于划分系统。

5. 要满足防雷保护和继电保护的要求

当电气主接线运行方式改变时，防雷保护方式、继电保护及自动装置的整定值应作相应的调整，但不能改变太频繁。因此在各种运行方式下，都应该有相应的继电保护整定值，以避免在发生故障时，产生继电保护误动作如越级跳闸或拒绝动作而使事故扩大，从而提高运行的可靠性。

6. 在满足安全运行的同时，应考虑到运行的经济性

主要考虑的是实际接线位置的远近，并能满足主机、变压器的对应性要求。应尽量使电能输送的距离缩短，以减少电能在导线上的损耗，保证经济运行。

7. 满足系统的静态和动态稳定的要求

在电力系统的正常运行状态下，由于负荷的变化或发生各类型的短路事故，都会使功率失去平衡，造成电力系统静态和动态稳定的破坏，而使发电厂间或部分系统间发生非同期振荡事故。因此，在安排运行方式时，一定要满足系统稳定的要求。故在正常运行方式下，联络线的最大输送功率不得超过允许值，断路器切除故障的时间应尽量短(继电保护动作要正确)，发电机自动装置(强行励磁及自动电压调整器)和线路的自动重合闸均应投入运行，以

保证电力系统在异常情况下的稳定运行。

8. 电气设备的遮断(断流)容量应大于最大运行方式时的短路容量

在最大运行方式下,当短路容量超过电气设备的遮断容量时,在短路状态下,它就不能完全切断短路电流,从而使电气设备发生爆炸以致扩大事故,对国民经济带来严重损失。因此,在安排运行方式时,一定要使电气设备的遮断容量大于最大运行方式时的短路容量,以保证设备的安全运行。

9. 运行方式的编排必须顾及到使运行人员方便记忆

运行方式的编排在考虑诸因素之后,要考虑按某一规律相对固定,使运行人员容易掌握,方便记忆,特殊紧急情况下能够快速提取,且不容易混淆。同时考虑到闸操作的简单和方便。

继续探讨

举例说明主接线的正常运行方式。

延伸拓展

图 5-1-1 所示为某 220kV 变电站电气主接线图,图中电气主接线有三个电压级,分别是 220kV、110kV 和 35kV。其正常运行方式描述如下:

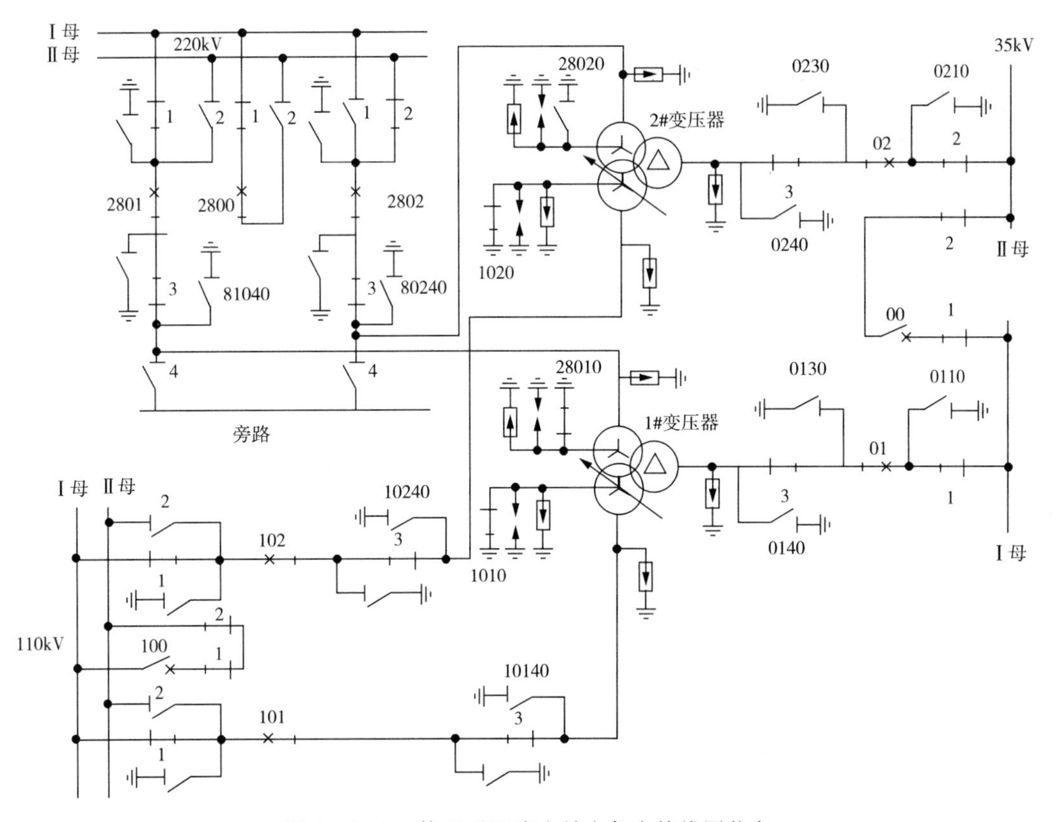

图 5-1-1　某 220kV 变电站电气主接线图状态

1. 高压侧正常运行方式

高压侧220kV侧为双母线带旁路接线，母联断路器2800在运行状态；高压侧并列运行。两台主变分别运行于220kVⅠ母和Ⅱ母；1号主变高压侧中性点隔离开关在合位，带中性点运行，2号主变高压侧中性点隔离开关在分位，不带中性点运行。

2. 中压侧正常运行方式

中压侧110kV侧为双母线接线，母联断路器100在热备用状态，两条母线分列运行；变压器中压侧各带一段母线运行；1号、2号主变中压侧作为供电端，中性点隔离开关均在合位，带中性点运行。

3. 低压侧正常运行方式

低压侧35kV为单母分段接线，分段断路器00在热备用状态，两段母线分列运行。变压器低压侧各带一段母线运行。

项目二　主要电气设备及线路倒闸操作

任务一　开关类设备停送电操作

阅读资料

一、断路器操作注意事项

1. 断路器分闸操作注意事项

1)分闸操作之前,应先检查和考虑保护二次装置的适应情况。例如,并列运行的线路解列后,另一回线路是否会过负荷,保护定值是否需要调整。终端线在分闸前应先检查负荷是否为零,如有疑问应问清调度后再操作,以免引起停电。

2)分闸操作之中,将断路器控制把手扭至分闸位置,瞬间分闸后,该断路器所控制的回路电流应降至零,绿灯亮。

3)分闸操作之后,应到现场检查断路器操动机构位置指示器指示应在“分闸”位置。

2. 断路器合闸操作注意事项

1)合闸操作之前,首先要检查该断路器已完备地进入热备用状态。它包括:断路器两侧隔离开关均已在合好后位置,断路器的各主、辅继电保护装置已按规定投入,合闸能源和操作控制能源都已投入。各位置信号指示正确。长期停运的断路器在正式执行操作前,应向调度申请通过远方控制方式进行试操作2～3次,无异常后,方能拟定操作票。

2)合闸操作中,操作断路器控制把手注意用力要适度,以免损坏控制开关。操作时不要返回太快,控制把手扭至合闸位置,观察仪表指示出现瞬间冲击(空、短线路无此变化),待红灯亮后才可返回,返回过快会导致使断路器来不及合闸。在操作过程中,应同时监视有关电压、电流、功率等表计指示,以及断路器控制把手指示灯的变化。如发现电流表甩表,说明合于故障,继电保护应动作跳闸,如未跳闸应主动拉开断路器。

3)合闸操作后,检查断路器电流表、功率表在回路带负荷情况时的指示正常;现场检查断路器操动机构位置指示器指示应在“合闸”位置。

3. 断路器操作其他注意事项

1)遥控操作的断路器,至少应有两个及以上元件指示位置已发生对应变化,才能确认该断路器已操作到位。装有三相表计的断路器应检查三相表计。

2)断路器检修时必须拉开断路器交直流操作电源(空气开关或熔丝),弹簧机构应释放弹簧储能,以免检修时引起人员伤亡。检修后的断路器必须放在分开位置上,以免送电时造成带负荷合隔离开关的误操作事故。

二、隔离开关操作注意事项

1)用绝缘棒拉合隔离开关或经传动机构拉合隔离开关,均应戴绝缘手套;雨天操作室外高压设备时,绝缘棒应有防雨罩,还应穿绝缘靴。

2)回路停复役操作,分合隔离开关前必须查明断路器确在分闸位置,隔离开关操作后应查明实际开合状态。

3)手动合上隔离开关时,必须迅速果断。在隔离开关快合到底时,不能用力过猛,以免损坏支持绝缘子,当合到底时发现有弧光或为误合时,不准再将隔离开关拉开,以免由于误操作而发生带负荷拉隔离开关,扩大事故。

4)手动拉开隔离开关时,应慢而谨慎。如触头刚分离时发生弧光应迅速合上并停止操作,立即检查是否为误操作而引起电弧。值班人员在操作隔离开关前,应先判断拉开该隔离开关是否会产生弧光(切断环流、充电电流时也会产生弧光),在确保不发生差错的前提下,对于会产生的弧光的操作则应快而果断,尽快使电弧熄灭,以免烧坏触头。

5)隔离开关操作后,检查操作应良好,合闸时三相同期且接触良好;分闸时判断断口张开角度或隔离开关拉开距离应符合要求。

6)隔离开关操作机构的定位销在操作后一定要销牢,以免滑脱发生事故。

7)装有电动操作机构的隔离开关不应手动操作,以免失去电磁闭锁。如遇电动失灵,应检查原因,查明与此隔离开关有联闭锁关系的所有断路器、隔离开关、接地闸刀的实际位置,确证允许进行操作时,必须履行解锁申请手续并执行解锁操作规定,才可解锁进行手动操作。手动操作时,应先拉开该隔离开关的操作电源。

8)分相操作机构隔离开关在失去操作电源或电动失灵需手动操作时,除按解锁规定履行必要手续外,在合闸操作时应先合U、W相,最后合V相;在分闸操作时应先拉开V相,再拉其他两相。

思考问题

◆ 断路器的四个运行状态的转换是如何操作的?

◆ 隔离开关操作有哪些注意事项?

学习必读

一、断路器停送电操作

1. 断路器的运行状态

如图 5－2－1 所示，断路器运行状态时 QF 与两侧的隔离开关 QS1、QS2 均在合闸位置。

2. 断路器的热备用状态

1)断路器由图 5－2－1 运行状态操作到图 5－2－2 的热备用状态，拉开断路器 QF。

2)断路器由图 5－2－2 热备用操作到图 5－2－1 的运行状态，在两侧隔离开关均合上的基础上合上断路器 QF。

图 5－2－1　断路器运行状态　　图 5－2－2　断路器热备用状态

3. 断路器的冷备用状态

1)断路器由图 5－2－2 热备用状态操作到图 5－2－3 的冷备用状态，先拉开线路侧隔离开关 QS3，再拉开母线侧隔离开关 QS1。

2)断路器由图 5－2－3 冷备用操作到图 5－2－2 的热备用状态，先合上母线侧隔离开关 QS1，再合上线路侧隔离开关 QS3。

4. 断路器的检修状态

1)断路器由图 5－2－3 冷备用状态操作到图 5－2－4 的检修状态，在冷备用的基础上在断路器 QF 两侧合上接地刀或者挂上接地线，做好其他安全措施，并断开断路器的控制回路。

2)断路器由图 5－2－4 检修状操作到图 5－2－3 的冷备用状态，断开 QF 两侧的接地刀或拆除接地线及其他安全措施，并接通断路器的控制回路。

断路器的停、送电操作就是按以上四个状态从一个状态操作到另一个状态，断路器和隔离开关的操作顺序不能更改，在断路器转为检修状态，合接地闸刀或挂接地线前应先验电。

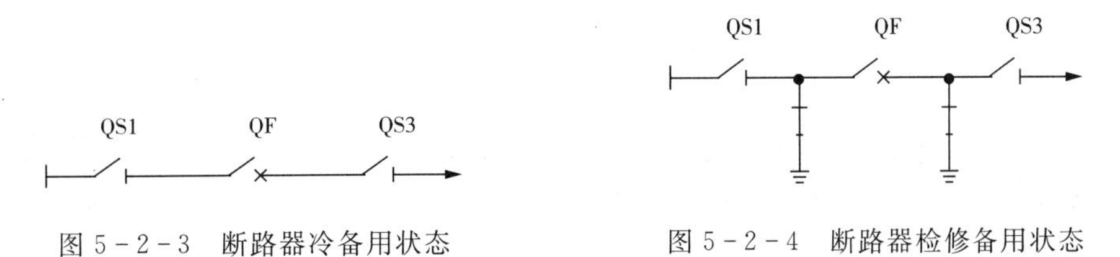

图 5－2－3　断路器冷备用状态　　图 5－2－4　断路器检修备用状态

二、隔离开关操作

严禁用隔离开关拉合带负荷设备及带负荷线路，当出现断路器不能操作或没有断路器的回路中可允许利用隔离开关进行下列操作：

1)拉、合 220 千伏及以下空母线，但应将母线上所有其他间隔全部断开。

2)拉、合励磁电流不超过 2A 的空载变压器和电容电流不超过 5A 的空载线路。

3)拉、合无接地指示的电压互感器。

4)拉、合无雷雨时的避雷器。

5)拉、合变压器中性点接地闸刀。

6)在一定条件下可用隔离开关进行解合环操作,具体见合解环操作部分。

必须利用隔离开关进行特殊操作时,应尽可能在天气好、空气湿度小和风向有利的条件下进行。

继续探讨

双母线接线的出线断路器由运行转检修是如何操作的?

延伸拓展

在不同的情况下,断路器和隔离开关的操作的原则是一致的,但不同的线路又略有不同:

一、双母线接线的出线断路器转检修操作举例

如图 5-2-5 所示,241 断路器由运行转检修操作如下:

(1)将 241 断路器由运行转热备用

首先操作断路器,拉开 241 断路器。断路器操作后要检查断路器是否断开,分相机构的断路器要分别检查三相位置。

断路器的动静触头无法直接看到,要求进行间接检查,要有两个及以上不同原理的条件,位置指示为机械条件,还要求有电量条件,可以通过电流指示为零作为电量条件。

断路器断开以后为防止在操作隔离开关前断路器偷合,一般将断路器操作电源断开。

(2)将 241 断路器由热备用转冷备用

首先拉开 241_3 隔离开关,再拉开 241_1 隔离开关隔离开关操作后同样需要检查隔离开关位置,由于可以看见动静触头,可以直接检查,如果不能直接检查,如手车断路器和 GIS 设备也需要间接检查。

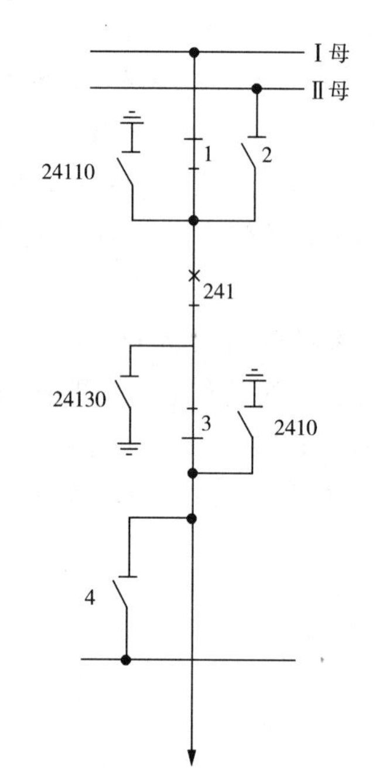

图 5-2-5　双母线接线断路器操作

(3)将 241 断路器由冷备用转检修

转检修就是要在断路器两侧进行接地,在接地前需要验电,验电后合上 24110 接地闸刀及 2410 接地闸刀,当配电装置中没有接地闸刀时,可能在相应位置挂上接地线。验电和挂接地线都需要按规程中相关规定进行操作。

(4)做好其他安全措施

在实际工作中还应做好二次回路的检查与相应调整，如断路器的控电源与储能电源等。

二、10kV 线路 112 手车断路器由检修转运行

手车断路器(如图 5-2-6)由于没有隔离开关的动静触头也不能直接看到，需要间接检查，因此除了手车断路器除了前述四个状态以外，还有表示手车断路器所处位置的位置指示灯。即“工作位”、“试验位”，手车完全拉出为“检修位”。

(1)将 112 手车断路器由检修转冷备用

将 112 手车断路器由“检修位”推入“试验位”，此时接上手车断路器控制电缆航空插头可以看到“试验位”指示灯亮。

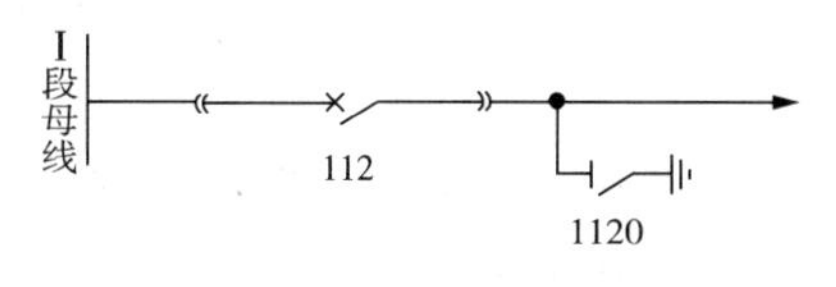

图 5-2-6　手车断路器

(2)将 112 手车断路器由冷备用转热备用

将 112 手车断路器由“试验位”推入“工作位”，可以看到“工作位”指示灯亮，表明手车两侧隔离插头已完全合上。

(3)将 112 手车断路器由热备用转运行

通过手车上操作把手合上 112 手车断路器并检查，断路器确以合上。

任务二　变压器停送电操作

阅读资料

变压器误操作案例分析

一、事故经过

如图 5-1-1 所示，运行方式同图 5-1-1 描述。

某年 5 月 23 日晚，该站 2 号主变压器有载调压开关出现不能遥控调节挡位故障需处理，检修单位的检修管理所接到供电公司运行所报告后，于 23 日上午安排检修人员到站办理第一种工作票，申请 2 号主变压器停电，计划工作时间为 5 月 23 日 12 时 30 分～17 时 30 分。23 日 12 时 39 分，停电申请经县调同意，站内当日值班长王某监护，运行人员陈某负责操作。因通信串行接口线接触不良，微机“五防”系统与后台监控系统之间出现通信中断的故障，不能按正常程序操作。值班长决定使用万能钥匙解除防误闭锁进行操作。12 时 44 分，合上 1 号主变压器 35kV 侧分段断路器 00，并拉开 2 号主变压器 02 断路器，把 2 号主变压器 35kV 负荷转移至 1 号主变压器。

12 时 45 分，王某、陈某两人在没有开操作票情况下，执行 2 号主变压器由运行转冷备用的操作任务。在断开 2 号主变压器低、高压侧断路器(02、2802)后，进入 35kV 配电室准备拉开2号主变压器35kV隔离开关(023)时，两值班人员错误地走至1号主变压器35kV侧开关柜间隔。在没有认真核对设备双重编号，没有执行复诵制的情况下，值班员陈某操作拉开1号主变压器35kV断路器母线侧隔离开关(011)，由于机械闭锁无法正常用力将手柄旋至“分断闭锁”位置，误认为是机械卡涩，于是便人为强力将手柄旋至“分断闭锁”位置后，将正在运行的1号主变压器35kV断路器母线侧隔离开关(011)强行带负荷拉开。瞬时一声巨响，弧光短路引起1号主变压器35kV侧过电流时限Ⅰ、Ⅱ段的保护动作，分别跳开10kV分段断路器(00)、1号主变压器35kV侧断路器(011)，该站35kV母线全部失压，所幸无人员受伤。

事故造成1号主变压器35kV断路器母线侧隔离开关动触头的端部电弧烧融，柜内壁体隔离开关的附近有4处烧灼痕迹，壁体穿孔，隔离开关辅助触点的二次线烧坏。负荷损失为1.16万kW，少送电量2.69万kWh。

二、事故原因分析

1)操作人未开操作票，走错间隔，又未认真检查断路器是否在分闸位置，而盲目强力操作，是造成带负荷拉隔离开关事故发生的直接原因。

2)监护人失职，不要求操作票的填写和审查，又不按复诵制的要求核对确认现场设备，盲目地跟从操作，是造成事故发生的主要原因。

除以上原因外，操作人员业务不精，不了解变压器操作的技术要点，以及不了解变压器操作的复杂性，也是造成事故发生的根本原因之一。

思考问题

- ◆ 变压器操作的一般原则有哪些?
- ◆ 变压器操作有哪些注意事项?
- ◆ 变压器并列运行的条件有哪些?

学习必读

一、变压器操作一般原则

1)电力变压器投入运行时，应选择继电保护完备、励磁涌流影响较小的一侧送电。变压器送电时，应先合电源侧断路器，再合负荷侧断路器。停电时先拉负荷侧断路器，再拉电源侧断路器。

2)在110kV及以上中性点直接接地系统中，变压器停、送电以及经变压器向母线充电时，在操作前必须将变压器中性点接地闸刀合上，操作完毕后根据系统方式的要求决定拉开与否。

① 对于中、低压侧具有电源的发电厂、变电站，至少应有一台变压器中性点接地。在双母线运行时，应考虑当母联断路器跳闸后，保证被分开的两个系统至少应有一台变压器中性点接地。

② 三卷变压器中、低压侧带电源而高压侧断路器拉开运行时，高压侧中性点必须接地。

③ 运行中的变压器中性点接地闸刀，若需倒换至另一台变压器中性点接地时，应先合上另一台变压器的中性点接地闸刀后，才能拉开原来的中性点接地闸刀。

④ 拉、合 110kV 及以上空载变压器对中性点为半绝缘的变压器进行操作时，必须将变压器中性点临时接地，再进行操作。

⑤ 变压器中性点接地方式应满足继电保护整定的要求。

3)带有消弧线圈的变压器停电前，必须先将消弧线圈断开后再停电，不得将两台变压器的中性点同时接到一台消弧线圈上。

4)运行中的 110kV 或 220kV 双绕组及三绕组变压器，若需一侧断路器断开，且该侧为中性点直接接地系统，则该侧的中性点接地闸刀应先合上。

5)新投运或大修后的变压器应进行核相，确认无误后方可并列运行。新投运的变压器一般冲击合闸 5 次，大修后的冲击合闸 3 次。

二、变压器操作的注意事项

1)变压器由检修转为运行前，应检查其各侧中性点接地闸刀在合闸位置。

2)运行中若需倒换变压器中性点接地方式，应先合上另一台变压器的中性点接地闸刀后，才能拉开原来的中性点接地闸刀。

3)两台变压器并列运行前，要检查两台变压器有载调压电压分头指示一致；若是有载调压变压器与无励磁调压变压器并联运行时，其分接电压应尽量靠近无励磁调压变压器的分接位置。并列运行的变压器，其调压操作应轮流逐级或同步进行，不得在单台变压器上连续进行两个及以上分接头变换操作。

4)两台变压器并列运行时，如果一台变压器需要停电，在未拉开这台变压器断路器之前，应检查总负荷情况，确保一台变压器停电后不会导致另一台变压器过负荷。变压器并列、解列运行要保证操作的准确性，操作前应检查负荷分配情况。

5)投入备用的变压器后，应根据表计指示来证实该变压器已带负荷后，方可停下运行的变压器。

三、变压器并列运行的条件

(1)接线组别相同

变压器绕组的连接组别必须相同，绕组连接不同时，将在绕组间产生很大的循环电流，使变压器严重发热以致烧毁。

(2)电压比相等(允许相差±0.5%)

若二次电压不相等，会在绕组内产生一个循环电流，降低变压器的输出容量，甚至烧毁绕组，并联运行的变压器的电压比差值不应超过±0.5%。

(3)短路电压相等(允许相差±10%)

短路电压百分数不相等时，不能按变压器容量成比例地分配负荷，会造成短路电压百分数小的变压器过负荷，短路电压百分数大的不能满负荷，并联运行变压器的阻抗电压差值应不超过其中一台变压器阻抗电压值的10%。

经验表明，并列运行的变压器容量比一般不宜超过3∶1，不同容量变压器阻抗值相差较大，负荷分配极不平衡；同时从运行角度虑，当运行方式改变、检修、事故停电时，小容量变压器将起不到备用作用。

继续探讨

举例说明变压器操作。

延伸拓展

操作举例：1号主变由运行转检修，负荷由2号主变带。

一、正常运行方式

图5-2-7正常运行方式与图5-1-1一致，具体见前文描述。

二、操作分析

1)由于操作目的中要求，负荷由2号主变带，一般进行不停电操作，要求低压侧并列操作，首先要检查主变是否符合并列运行条件。

2)将1号主变中压侧负荷转移至2号主变。

在确认母联100_1隔离开关及100_2隔离开关在合上位置后，合上110kV母联100断路器。然后断开101断路器，在断开101断路器之前还应检查中性点1010接地闸刀确d在合上位置。

3)低压侧负荷转移至2号主变

合上分段00断路器，在合00断路器这间，同样要确保00_1隔离开关及00_2隔离开关确已合上，然后拉开01断路器并检查各断路器负荷分配正常。

4)将1号主变由运行转热备用

操作高压侧主变断路器时，主变高压侧中性点必须在合上位置，按主变操作原则，变压侧停用时，必须保证另一台主变高压侧中性点运行。因此先要合上2号主变中性点28020接地闸刀，再拉开1号主变2801断路器。

至此，1号主变各侧断路器均已断开，主变处于热备用状态。

5)将1号主变由热备用转冷备用

将各侧断路器由热备用转冷备用，即：

① 拉开01_3隔离开关；

② 拉开01_1隔离开关；

③ 拉开101_3隔离开关；

④ 拉开101_1隔离开关；

⑤ 拉开2801_3隔离开关；

⑥ 拉开2801_1隔离开关。

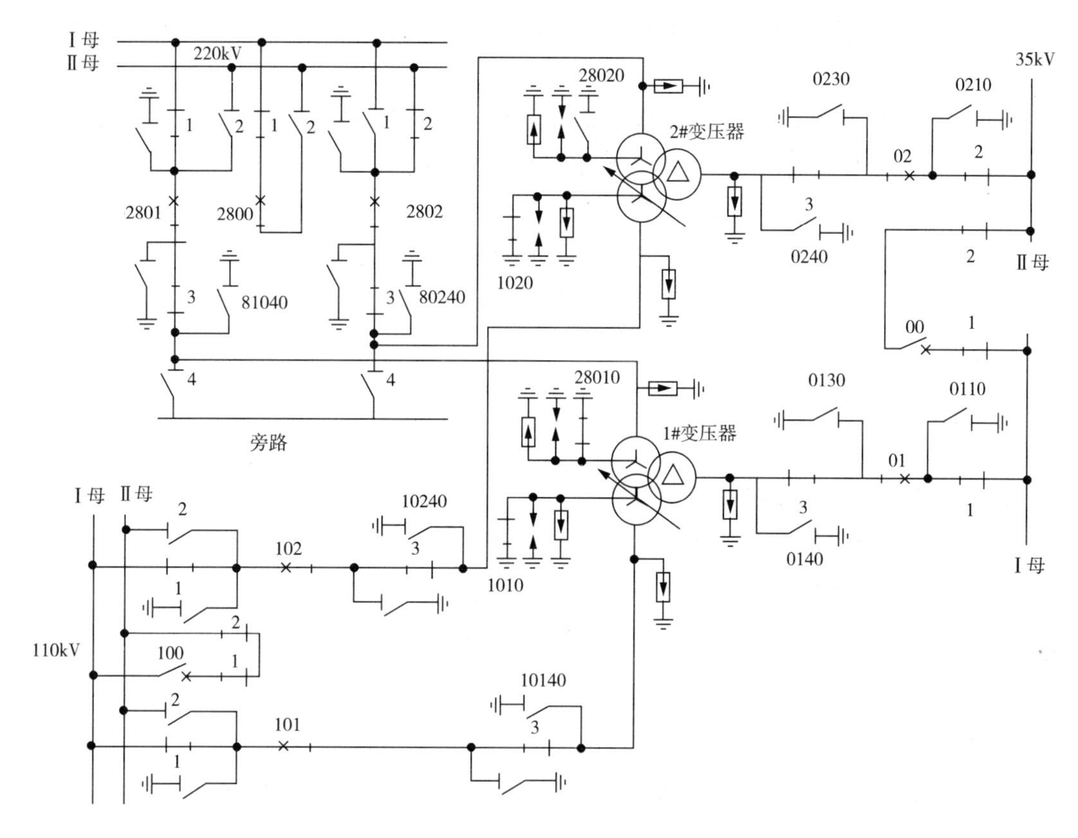

图 5-2-7　变压器操作示意图

以上操作均将变压侧当负荷侧。

6)将 1 号主变由冷备用转检修

主变的检修状态要求各侧中性点均断开因此要先断开变压器中性点，拉开 1 号主变 110kV 侧中性点 1010 接地闸刀，再拉开 1 号主变 220kV 侧中性点 28010 接地闸刀。

再分别在变压侧三侧靠变压侧验电，验完电后分别合上各侧接地闸刀 81040、10140、0140，现断开 1 号主变有载调压电源以及 1 号主变冷却系统控制电源。

当变压侧各侧断路器一道转检修时，还需要进一步将断路器转为检修状态，如操作任务中没有此要求，断路器放在冷备用即可。

任务三　母线停送电操作

阅读资料

双母线接线当用备用母线充电，在有母联断路器时，应使用母联断路器向母线充电。母联断路器的充电保护应在投入状态，必要时将保护整定时间调整至零。这样，如果备用母线存在故障,可由母联断路器切除,防止扩大事故。未经试验不允许使用隔离开关对500kV母线充电。

用主变压器断路器对母线充电时,应确保变压器保护确在投入位置,母线充电操作后应检查母线及母线上的设备情况,包括检查母线上所连接电压互感器、避雷器应无异常响声,无放电,冒烟,支持绝缘子无放电,检查充电断路器正常等,同时应检查线电压批示正常,对GIS母线在充电后还应检查母线及母线上连接的各设备的气室压力正常。

母线所连接的设备比较多,操作不当会造成大面积停电事故,因此对母线操作因从多方面进行规范。

思考问题

◆ 母线操作的一般原则有哪些?

◆ 母线操作有哪些注意事项?

◆ 母线操作有哪些要求?

学习必读

一、母线操作一般原则

1)运行中的双母线,当将一组母线上的部分或全部断路器(包括热备用)倒至另一组母线时(停电倒换除外),应确保母联断路器及其隔离开关在合闸状态。

母线带电,线路不停电倒换操作称为热倒,母线不带电或线路停电的倒换也称冷倒。

① 热倒过程中母联断路器应改为非自动(断开操作电源),倒母线操作结束后应自行将母联断路器恢复为自动。

② 操作隔离开关时,应遵循“先合、后拉”的原则。其操作方法有两种:一种是“先合上全部应合的隔离开关、后拉开全部应拉的隔离开关”,另一种是“先合上一组应合的隔离开关、后拉开相应的一组应拉的隔离开关”。具体采用哪一种方法,应视母线长短以及设备布置方式等而定。

③ 在倒母线操作过程中,要严格检查各回路母线侧隔离开关的位置指示情况(应与现场一次运行方式相一致),确保保护回路电压可靠。

2)对于母线上热备用的线路,当需要将热备用线路由一组母线倒至另一组母线时,应先将该线路由热备用转为冷备用,然后再操作调整至另一组母线上热备用,即遵循“先拉、后合”的原则(冷倒),以免发生通过两条母线侧隔离开关合环或解环的误操作事故,这种操作无需将母联断路器改非自动。

3)运行中的双母线并列、解列操作必须用断路器来完成。倒母线应考虑各组母线的负荷与电源分布的合理性。一组运行母线及母联断路器停电,应在倒母线操作结束后,拉开母联断路器,再拉开停电母线侧隔离开关,最后拉开运行母线侧隔离开关。

4)双母线双母联带分段断路器接线方式倒母线操作时,应逐段进行。一段操作完毕,再

进行另一段的倒母线操作。不得将与操作无关的母联、分段断路器改非自动。

5)单母线停电时,应先拉开停电母线上所有负荷断路器,后拉开电源断路器,再将所有间隔设备(含母线电压互感器、站用变压器等)转冷备用、最后将母线三相短路接地。恢复时顺序相反。

二、母线操作注意事项

1)检修完工的母线在送电前,应检查母线设备完好,无接地点。

2)用断路器向母线充电前,应将空母线上只能用隔离开关充电的附属设备,如母线电压互感器、避雷器先行投入。

3)运行中的双母线当停用一组母线时,要做好防止运行母线电压互感器对停用母线电压互感器二次反充电的措施,即母线转热备用后,应先断开该母线上电压互感器的所有二次电压空气开关(或取下熔丝),再拉开该母线上电压互感器的高压隔离开关(或取下熔丝)。

4)运行中的双母线倒母线操作时,应注意线路的继电保护、自动装置(如按频率减负荷)及电能表所用的电压互感器电源的相应切换;如不能切换到运行母线的电压互感器上,则在操作前将这些保护停用。

5)母线停电倒母线操作后,在拉开母联断路器之前,应再次检查回路是否已全部倒至另一组运行母线上,并检查母联断路器电流指示为零;当拉开母联断路器后,应检查停电母线上的电压指示为零。

6)在母线侧隔离开关的合上(或拉开)过程中,如可能发生较大火花时,应依次先合靠母联断路器最近的母线侧隔离开关;拉开的顺序反之,以尽量减小母线侧隔离开关操作时的电位差。

7)110 千伏及以上母线操作可能出现的谐振过电压应根据运行经验和试验结果采取防止措施。220 千伏母线倒闸操作过程中的防谐措施有:

① 可能出现谐振的发电厂、变电站,在母线操作中应采用防谐操作顺序操作,即母线和电压互感器同时停役时,待停母线转为空母线后,应先拉电压互感器隔离开关(电压互感二次先断开),后拉母联断路器。母线和电压互感器同时恢复运行时,母线和电压互感器转冷备用后,先对母线送电,后送电压互感器。

② 在母线停送电操作过程中,应尽量避免两个断路器同时热备用于该母线。

35kV 及以下母线停送电操作时,一般采用带一条线路停送电来防止谐振过电压。

8)带有电容器的母线停送电时,停电前应先拉开电容器断路器,送电后合上电容器断路器,以防母线过电压,危及设备绝缘。

三、母线操作要求

1)对母线送电时,应使用具有速断保护的断路器(母联、母联兼旁路或线路断路器)进行;若只能用隔离开关向母线送电时,应进行必要的检查确认其设备正常、绝缘良好、连接母线的所有接地线和接地闸刀已拆除或拉开。

2)用变压器向 220、110kV 母线充电时,变压器中性点必须接地。

3)用变压器向不接地或经消弧线圈接地系统的母线充电时,应防止出现铁磁谐振或母线三相对地电容不平衡而产生异常过电压;如有可能产生铁磁谐振,应先带适当长度的空线路或采用其他消谐措施。

继续探讨

举例说明母线操作。

延伸拓展

一、正常运行方式

图 5-2-8 所示主接线中 110kV 母联断路器 200 在运行状态,Ⅰ、Ⅱ母并列运行;1 号主变运行于Ⅰ母,2 号主变运行于Ⅱ母,211、213、215 断路器运行于Ⅰ母,212、214 断路器运行于Ⅱ母,旁路 210 断路器在冷备用状态

二、操作举例

Ⅰ母线由运行转检修,负荷由Ⅱ母线带。

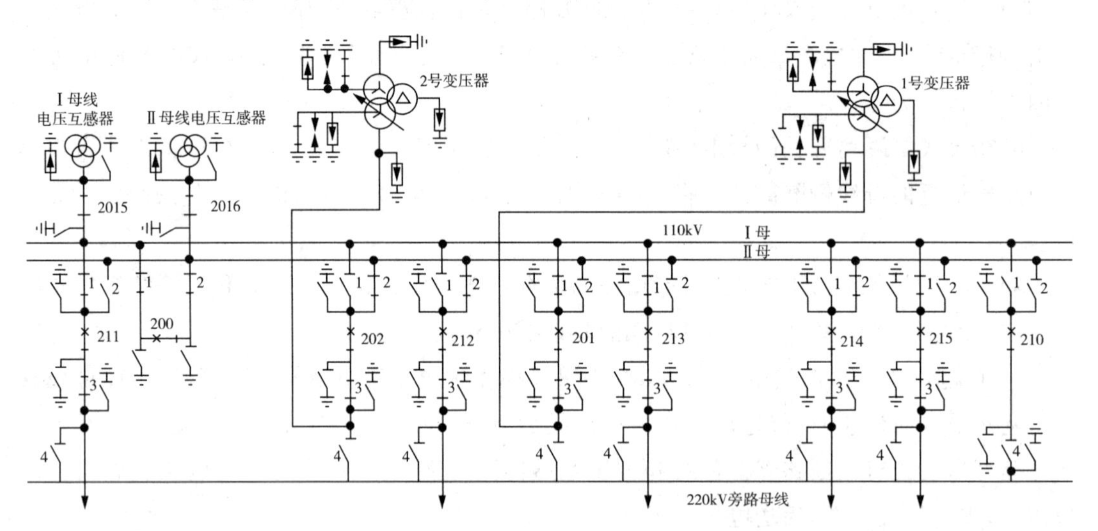

图 5-2-8 母线操作示意图

1)按母线操作原则,操作过程中要求不停电,为热倒母线,因此首先需要确保母联断路器 200 在运行状态然后将母联断路器 200 转为非自动。

2)热倒母线。热倒母线有两种方法各有特点,实际工作中一般采用一个间隔操作完,再操作另一个间隔,因此按以下顺序操作:

① 合上 110kV 211_2 隔离开关;

② 拉开 110kV 211_1 隔离开关;

③ 合上 110kV 213_2 隔离开关;

④ 拉开 110kV 213_1 隔离开关;

⑤ 合上 110kV 215_2 隔离开关;

⑥ 拉开 110kV 215_1 隔离开关。

检查 110kVⅠ母线上所有出线母线隔离开关三相确已全部拉开。

3)将Ⅰ母线由运行转热备用。110kVⅠ母线上所有出线母线隔离开关三相确已全部拉开后,需要将母联断路器转为冷备用,因此先将合上母联 200 断路器控制电源开关转为自动,再拉开 110kV 母联 200 断路器

4)将Ⅰ母线由热备用转冷备用。首先拉开停电侧母联 200_1 隔离开关再拉开有电侧 200_2 隔离开关,将母联断路器转为冷备用后再操作电压互感器间隔,先二次后一次,即先断开 110kVⅠ母线电压互感器二次空气开关(一般保护和计量分开),再)拉开 110kV Ⅰ母电压互感器 2015 隔离开关。

5)将Ⅰ母线由冷备用热转检修。在Ⅰ母线上验明无电后,合上Ⅰ母线接地闸刀。

任务四　线路停送操作

阅读资料

案　例

带接地闸刀合闸的恶性误操作事故案例分析(图 5-2-9 为案例分析示意图)。

一、事故经过

某供电公司对该市津民路 10kV 线路进行移改工程。某年某月 18 日对该区移改停电施工,9 时 20 分,接到工作许可人张某通知,10kV 津民 904 线路已停电,工作负责人黄某通知各小组进行验电接地工作,措施完成后要向他汇报方可工作。黄某接到旧津民路 1# 开关站小组负责人何某报告,该施工间隔门无法打开进行验电接地,黄某便到现场,看图纸后,令合上该开关站接地闸刀,却没有在工作票上记录该接地闸刀已合上,19 时 20 分工作完成后,黄某根据工作票向各组发出拆除地线指令,却忘记通知旧津民 1# 号开关站将接地闸刀拉开。

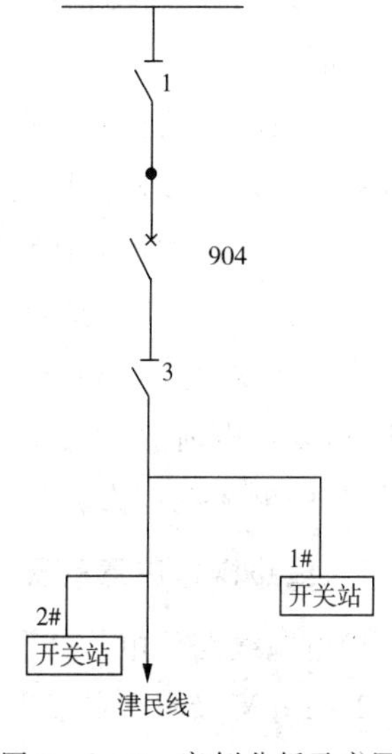

图 5-2-9　案例分析示意图

工作结束后黄某也未对所施工线路进行绝缘电阻测量工作。19 时 20 分,10kV 津民线路恢复送电时速断保护动作,造成一起带接地闸刀合闸的误操作事故。

二、事故原因分析

1)施工单位未严格执行"两票三制",增加操作内容安全措施未重新办理工作票;

2)检修人员对开关站设备不熟悉,造成开工作票时安全措施不全。

思考问题

◆ 线路操作的一般原则是什么?

◆ 线路操作有哪些注意事项?

学习必读

一、线路操作一般原则分析

1)110千伏线路停电操作顺序:应先拉受电端断路器,后拉送电端断路器。恢复送电时顺序相反,即:应先合送电端断路器,后合受电端断路器。

2)220千伏联络线路停电操作,一般应先拉送电端断路器,后拉受电端断路器。恢复送电时顺序相反,即:一般应先合受电端断路器,后合送电端断路器。

为防止误操作和过电压,终端线停电操作时,应先拉受电端断路器,后拉送电端断路器。恢复送电时顺序相反,即:应先合送电端断路器,后合受电端断路器。

3)500千伏线路停电操作一般应先拉开装有高压电抗器的一端断路器,再拉开另一端断路器。在无高抗时,则根据线路充电功率对系统的影响以及具有足够的短路容量相应选择送电端来操作。恢复送电时顺序相反。

4)母线为3/2接线方式的线路停电时,一般应先拉开中断路器,后拉开边断路器,恢复送电时顺序相反。

这样做的目的主要是把切断电流熄弧工作留给边断路器,而不是中间断路器,延长中间断路器使用寿命或检修周期,以减少因中断路器检修对系统供电可靠性造成影响。

5)空载线路的投入或切除对系统电压变动影响较大者,值班调度员在操作时要根据具体情况充分考虑,作必要调整。

6)联络线路停电操作一般分三步进行:即两侧运行→两侧热备用→两侧冷备用→两侧检修,恢复送电时顺序相反。为安全起见,在操作过程中一般不要一侧由检修转热备用状态,而另一侧还在检修。

二、线路操作注意事项

1)电缆线路停电检修和挂接地线前,必须经过多次放电,才能接地。

2)110kV及以上的长距离输电线停、送电操作,应注意以下几点:

① 对线路充电的断路器,应具有完备的继电保护,小电源侧应考虑继电保护的灵敏度。为了防止空载长线充电时线路末端电压的升高,对线路有电抗器的要求线路送电时应先合电抗器断路器,后合线路断路器。

② 防止送电到故障线路上时，造成其他正常运行线路的暂态稳定破坏。

③ 送电端必须有变压器中性点接地。

④ 防止切除空载线路时，造成电压低于允许值。

⑤ 防止电压产生过大波动，防止线路末端产生电压高于设备允许值以上，以及切除空载线路时造成电压低于允许值。

⑥ 线路停、送电操作中，涉及系统解列、并列或解环、合环时，应按断路器操作一般原则中的规定处理。

⑦ 可能使线路相序发生紊乱的检修，在恢复送电前应进行核相工作。

⑧ 线路停、送电操作，应考虑对继电保护及安全自动装置、通信、调度自动化的影响。

3)线路转检修后应悬挂“禁止合闸、线路有人工作”标示牌。

4)线路停电前，应先将线路的负荷(包括 T 接负荷)倒由备用电源带；对于联络线或双回线，要注意潮流已调整好再断断路器，以免过负荷或电压异常波动。

继续探讨

举例说明线路操作。

延伸拓展

一、概述

线路操作要区分是联络线(两端均有电源)，还是负荷线(一端为电源，另一端为负荷)对联络线由运转检操作一般分三步：

1)联络线操作：①两侧运行→②两侧热备用→③两侧冷备用→④两侧检修

即线路操作需要两端配合进行。

2)负荷线操作：当负荷线两端均配有断路器时，也可按联络线方式操作，电源侧操作可以只进行本端操作而不要求与负荷端配合，操作顺序按线路操作原则中的有关要求进行。

当负荷线只有电源侧有断路器时，负荷侧操作，停电时，要在电源侧操作完成后方可进行，送电时相反。

二、操作举例：线路由运行转检修

图 5－2－10 所示合安线为连接 M 变电站和 N 变电站的联络线，两侧 101 断路器均处于运行状态，现将合安 101 线由运行转检修。

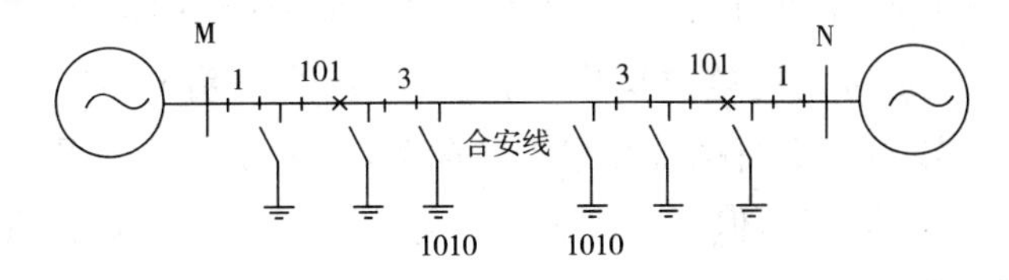

图 5－2－10　线路操作示意图

(1)将线路由运行转热备用

由调度协调两侧变电站值班员同时操作,按以下顺序:先拉开 M 侧合安线 101 断路器,再拉开 N 侧 101 断路已断开。

(2)将线路由热备用转冷备用

在线路从热备用向冷备用转移时,即可从 M 侧操作,也可从 N 侧操作,一般考虑连贯性,减少值班员与调度员之间联系,接上步操作,从 N 侧开如转冷备用,因此按以下顺序操作:拉开 N 侧合安线 101_3 隔离开关→合安线 101_1 隔离开关→M 侧合安线 101_3 隔离开关→N 侧合安线 101_3 隔离开关。

(3)将线路由冷备用转检修

在合安线 101_3 隔离开关与线路之间验明无电后合上 M 侧 1010 线路接地闸刀,再合上 N 侧合安线 1010 线路接地闸刀

最后在 101_3 隔离开关操作把手上挂"禁止合闸,线路有人工作"标示牌一块。

三、操作举例:旁代线路操作

图 5-2-11 所示,线路 241 运行于Ⅰ母,旁路 210 断路器冷备用,现将 241 断路器由运行转冷备用负荷由 210 断路器带。

线路旁代操作,首先要注意旁路母线所处的状态,国内即有旁路长期带电运行,也有长期冷备用运行,本例以长期冷备用为例来进行操作。具体如下:

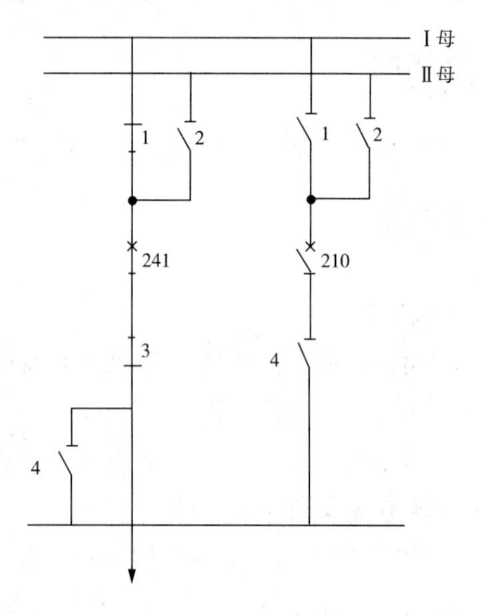

图 5-2-11 旁代线路操作

1. 充击旁母

在充击旁母前首先要检查旁母外观无异常,即通过观察,排除母线有接地或其他异常,然后用充电来判断旁母是否有接地故障。操作如下:合上 210_1 隔离开关→合上 210_4 隔离开关→检查旁母冲击正常。

2. 合环

合环操作有两种思路,即利用断路器合环,或者利用隔离开关合环,分别说明如下。

(1)方法一:用隔离开关合环

当旁母带上电后,由于线路也带电,是等电位操,因此可以合 241_4 隔离开关。

但时,此等电位不可靠,随时有 241 断路器或 210 断路偷跳的可能,如果是 241 偷跳,当合 241_4 隔离开关时就不再是等电位操作,而是带负荷合隔离开,属于典型的误操作。因此,要采用等位操作可以将 241 断跳器设置成非自动,以保证操作过程中的等位。如果 210 断跳器偷跳,也会造成不等电位,但不会造成实质性后果,故 210 断路器可以不改非自动。

(2)方法二:用断路器合环

在合环操作中采用断路器合环是最佳选择,因此可以按以下方式进行操作:

拉开210断路器→合上241_4隔离开关→合上210断路器。

在旁路充完电正常后，拉开210断路器，再合241_4隔离开关，是基于前文已提到隔离开可以合220kV及以下空母线，旁路母线符合这个条件，隔离开关合上后再用断路器来合环，无论在此时出现任何异常或故障断路器操作都不会出现问题。

相比较而言，用210断路器合环操作更安全，实际工作只采用第二种方法，而不采用第一种操作方法。

3. 用断路器解环

正常情况下旁代拉开241断路器解环即可，很多情况下，都是241断路器有问题后再旁代，比如241断路器SF_6压力低，此时断路器不能操作，需要用隔离开关解环，具体应用241_3隔离开关解环，解环同样需要环内所有断路器改为非自动，即241断路以及210断路器改为非自动后拉开241_3隔离开关进行解环。

4. 241断路器转冷备用

解环后视操作任务将断路器转为冷备用或转为检修。操作和前述断路器操作一致，即拉开241_3隔离开关，再拉开241_1隔离开关。转检修则在断路器两侧验电挂接地线。

项目三 电网倒闸操作

任务一 电磁环网及其对操作的影响

阅读资料

在我国电力系统中，电磁环网的运行对电力系统的安全运行带来了安全隐患。早在1981年7月的全国电网稳定会议上。在水利电力部生产司《1970～1981年全国稳定破坏事故》报告中，统计了11年间由于220/110kV高低压电磁环网造成的电力系统事故占到了26％。因此会议大声疾呼，应打开高低压电磁环网运行，之后各地区陆续开断了这些电压等级的电磁环网。1981年我国制定了《电力系统安全稳定导则》。

但随着500kV的线路在几个大区电网中的建设，由于各种因素，新的500/220kV电磁环网在近一些年来又不断形成，因此在运行如何通过运行方式的改变，减少电磁环网的存在，以及在操作中尽量缩短电磁环存在的时间，十分重要。

思考问题

◆ 电磁环网的概念是什么？

◆ 电磁环网对电网运行有何弊端？

学习必读

一、电磁环网的概念

电磁环网是指不同电压等级运行的线路，通过变压器电磁回路的连接而构成的环路。一般情况下，往往在高一级电压线路投入运行初期，由于高一级电压网络尚未形成或网络尚不坚强，需要保证输电能力或为保重要负荷而运行电磁环网。如图5-3-1年所示，M、N两侧均有电源，其中M侧为强电源端，电力富足，N侧为重载区，电能通高压侧线路，可以是500kV、220kV，少数情况为110kV或35kV把电能从M端送至N端，如果变压器低压侧

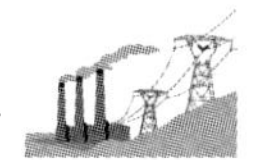

07、08 断路器同时合上则通过变压器 T1、T2 而构成电磁环网。

二、电磁环网对电网运行的弊端

1)易造成系统热稳定破坏。如果在主要的受端负荷中心,用高低压电磁环网供电而又带重负荷时,当高一级电压线路断开后,所有原来带的全部负荷将通过低一级电压线路(虽然可能不止一回)送出,容易出现超过导线热稳定电流的问题。

如图 5-3-1 所示,当高压侧 MN 线路发生故障而跳闸时,则 M 侧电能会通过低压侧 10kV 线路而送至 N 侧,则高压侧潮流涌入低压侧而造成低压侧过载。

2)易造成系统动稳定破坏。正常情况下,两侧系统间的联络阻抗将略小于高压线路的阻抗。而一旦高压线路因故障断开,系统间的联络阻抗将突然显著地增大,如图 5-3-1 所示突变值为变压器 T1、T2 的阻抗与低压侧线路阻抗之和,而线路阻抗的标么值又与运行电压的平方成正比,因而极易超过该联络线的暂态稳定极限,可能发生系统振荡。

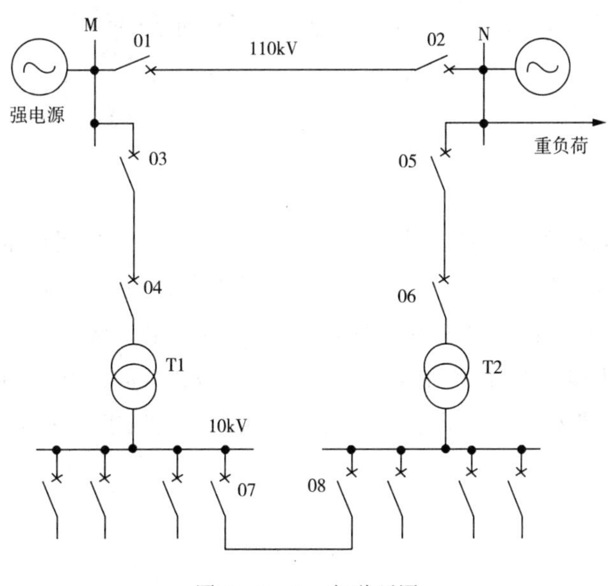

图 5-3-1　电磁环网

3)不利于经济运行。500kV 与 220kV 线路的自然功率值相差极大,同时 500kV 线路的电阻值也远小于 220kV 线路的电阻值。在 500/220kV 环网运行情况下,许多系统潮流分配难于达到最经济。

4)需要装设高压线路因故障停运后联锁切机、切负荷等安全自动装置。但实践说明,安全自动装置本身拒动、误动会影响电网的安全运行。

三、电磁环网对操作的影响

正是由于电磁环网的存大有诸多不利,因此电磁环网在电网运行方式中尽可能不要出现,在操作过程中不得不出现时,也要尽可能缩短环网时间,以避免在环网过程中出现高压侧线路故障,而造成不利后果。

因此,电网中大的电磁环网不允许出现,为切换方式不得不电磁环网时,应尽可能小环存在，且短时存在，例如同一个变电站中变压器在高压侧并列运行时，低压侧可短时并列操作，负荷转移后，应立即解环；母线上电压互感器并列操作时也一样，电压互感器高压侧必须并列运行，低压侧并列后，立即在低压侧解环。

基于上述原因，不得随意在变电站中低压侧并列操作。低压侧并列操作前，不仅要注意变压器是否满足并列运行条件，还要先进行高压侧并列操作，在终端变电站中，高压侧是否可以并列，还要看电网结构，很多情况下，高压侧的并列操作也会形成电磁环网，当高压侧不具备并列条件时，低压侧不允许并列，如果其中一台变压器低压侧负荷必须切换至另一台变压器，应停电操作。

变电站中所用电切换，也基于同样原因，一般采取先断开工作电源，再投入备用电源，以免形成大的电磁环网。

任务二　并解列与合解环操作

阅读资料

发电机组并入电网，如果操作不当，不但危及发电机、变压器，还严重影响电网及供电系统，造成振荡和甩负荷，就电气设备来说，有时不正确操作的危害甚至超过了短路故障。

电力系统内的电源是由很多发电机组成的，每一台发电机必须经过“并列”操作加入到系统中去，通常发电机与系统的并列操作有准同期并列和自同期并列两种方法。准同期并列又可分为手动准同期和自动准同期并列两种。通常火电机组采用准同期并入电网，水电机组采用自同期并入电网。

思考问题

◆ 系统的并解列操作的概念是什么？

◆ 系统的并解列操作有哪些要求？

◆ 系统的合解环操作的概念是什么？

◆ 系统的合解列操作有哪些要求？

学习必读

一、系统的并、解列操作

系统的并、解列操作是指系统中发电机组并入或退出电网的操作。

1. 并列操作

正常情况下的并列操作，一般采取准同期法，即发电机组机端电压已建立并接近电网电压时并入电网的操作。

准同期并列的条件：

1)相序相同。

2)频率相等,但允许在事故情况经长距离输电的两个系统不超过0.5赫兹内并列。

3)电压相等,220千伏系统允许电压差不大于10%时并列,在特殊情况下,允许电压差不超过20%时并列。500千伏系统允许电压差不大于10%时并列。系统内各主要联络线断路器应装设并列装置。

2. 解列操作

系统在进行解列操作时,应将解列点的有功潮流调至零、无功潮流调至最小,一般为小容量的系统向大容量的系统输送少量负荷,然后拉开解列断路器。

220kV系统,进行解列操作时应考虑到限制操作过电压的措施,使操作过程中220kV电压波动不大于10%,500千伏系统各点电压不得超过550千伏。当系统需解列成几个部分时,事先应平衡有功和无功负荷,使解列后的每个部分系统频率和电压的变动都在允许范围以内。

二、系统的合环、解环操作

当环形电网结构中,一经合闸能形成直接电气联系的环网或通过变压器联系的电磁环网称为合环操作,反之当一经分闸,就可打开一个环形电网则称为解环操作。

合解环操作应注意以下几点：

1)环路(或双回路)中必须相位相同才可以合环操作,新建或大修后的环网线路,必须核相正确,才允许合环操作。

2)合环操作前,应调整环路内的潮流分布。在220千伏、110千伏环路阻抗较大的环路中,合环点两侧电压差最大不超过30%,相角差不大于30度(或经过计算确定其最大允许值)。500千伏、220千伏环路中合环断路器两侧电压差一般不超过10%,最大不超过20%,相角差最大不超过20度。合环前检查开环处两侧的相角差,合环或解环前应考虑合环或解环后的潮流及电压变化。

3)解环、合环操作前,应考虑环网内所有断路器继电保护和安全自动装置的整定值变更和使用状态,各设备潮流的变化不超过系统稳定、继电保护的限额,电压的变动不应超过规定范围,以及变压器中性点接地方式等。必要时先调整潮流,减少解环、合环的波动。用母联断路器解环时要注意解环后,继电保护电压应取本母线电压互感器。

4)尽量用断路器进行合解环操作,当不得不用隔离开关解合环时,必须保证环内所有断路器均改非自动。

学习领域六

电气设备检修管理

项目　电气设备检修管理

任务　电气设备检修管理

阅读资料

一、现场运行规程

国家电网公司《变电站管理规范》2006 版条文摘录：

2.1.5 正(主)值的职责

2.1.5.5 受理工作票，并办理工作许可手续。

2.1.5.9 参加站内安全活动，执行各项安全技术措施。

2.1.6 副值的职责

2.1.6.3 做好设备的巡视、日常维护、监盘和缺陷处理工作。

2.1.6.4 按本单位规定受理工作票并办理工作许可手续。

2.1.6.8 参加站内安全活动，执行各项安全技术措施。

二、电气设备检修概述

电气设备在运行过程中，机械磨损、负荷冲击、电磁振动、气体腐蚀等因素会造成电气设备的零部件磨损变形、紧固件松动、绝缘介质老化等现象。如果此现象长期存在，势必会影响设备的技术性能，甚至会造成设备的故障。

电气设备检修的目的是为了保持或恢复电气设备完成规定功能。通过检修消除设备缺陷，排除隐患，使设备能安全运行。保持设备的各项技术指标，延长设备的使用年限。提高设备的利用率和效率，使设备能经济运行。

统计数据表明，电力生产事故中的人身伤亡事故很大一部分都发生于检修现场，因此，必须高度重视和加强对检修现场的安全措施及安全监督。

思考问题

◆ 电气设备检修的目的是什么？
◆ 电气设备有哪些检修策略？
◆ 电气设备试验的目的是什么？
◆ 电气设备检修有哪些作业程序？
◆ 电气设备检修开工前的现场安全措施有哪些？
◆ 生产现场如何进行地线管理的？
◆ 正值班员在检修工作中职责有哪些？
◆ 副值班员在检修工作中职责有哪些？

学习必读

一、电气设备检修策略

1. 计划检修

计划检修属预防性检修，主要有大修和小修两种。

大修是指对设备进行全面的检查、清扫、修理和试验，是一种工作量较大、时间较长的计划检修。大修时要对设备全部解体，对部分零部件进行修复、改造、更换，处理缺陷，恢复原有精度，使设备效率和出力达到或超过原设计标准。这种检修一般按照一定的运行周期（平均故障间隔）进行，也叫预防性检修或强制性检修。

小修是指两次大修之间的检修，对大修后设备在技术性能上起巩固和提高作用，也是对大修的补充，是工作量少、时间短的计划检修。此时主要设备不解体，只消除一些缺陷或泄露和磨损部件，以便在两次大修之间能够保证安全生产。

2. 非计划检修

非计划检修是因为特殊情况由调度命令而提前进行的设备检修，主要有事故检修和临时检修。事故检修是指电气设备发生故障后，被迫进行的对其损坏部分的检查、修理或更换，具有突发性，一般需组织力量进行抢修，以便尽快排除故障，恢复生产。临时检修是指电气设备在运行中，发现设备有危及安全的缺陷或有重大隐患且不断扩大，可能出现事故的情况而进行的临时性的局部检查、修理或更换。

3. 空隙检修

空隙检修是见缝插针式地安排一些短时间的设备检修，如利用负荷低谷期、节假日、因气候变化使负荷骤降等情况安排的检修。

4. 带电检修或快速检修

带电作业、带电实验等，以及在缺电期间对设备部件进行有针对性的检修，或在标准项目检修时只对主要部件进行抢修，对有些部件则采用少修或不修，为了缩短设备的检修工期的检修。

5. 状态检修

状态检修是随着技术的进步而发展起来的一种设备检修管理技术。状态检修是根据设备性能和参数的监测结果及其处理措施进行的预防检修。状态检修就是为了保证设备健康水平，既要杜绝设备失修，更要避免设备的过剩检修而推行的打破单纯以时间为周期，建立以设备运行状态为依据的状态检修制度。状态检修工作的关键是运用科学的检测及诊断技术，全面客观地评估设备健康状况，从而合理地制定设备的状态检修计划。

二、电气设备计划检修周期

电气设备的检修周期是指两次同类型项目，检修的相隔时间，它的长短取决于设备的技术状况。

三、电气设备计划检修项目

电气设备的检修项目是指检修中需要进行的各项检修内容，可分为标准项目和特殊项目两类。

1. 标准项目

(1)大修标准项目

大修标准项目是每次大修都必须进行的项目，主要内容包括：对设备进行全面检查、清扫、测量和修理，已掌握规律的老设备可有重点地进行检查更换，消除设备和系统的缺陷；进行监测、试验和鉴定，定期更换零部件。

(2)小修标准项目

小修标准项目的内容有：消除运行中发生的缺陷；重点清扫、检查和处理易损、易磨部件；必要时，进行实测和试验。

2. 特殊项目

(1)大修特殊项目

大修特殊项目是根据设备的具体运行状况发生的变化，设备结构发生重大改变在设备大修中都要进行检查的项目。应根据大修前的那次小修记录，进行较细致的分析以确定大修项目和有无需要在大修中需要增加的特殊检修项目。

(2)小修特殊项目

小修特殊项目要根据设备运行中是否发生过的异常或故障情况决定。

四、电气设备检修作业程序

1)履行停电申请手续。应尽量减少和避免未列入停电检修计划的临时性检修，如确系消除设备隐患需临时停电工作，应按规定办理临时停电手续。

2)现场安全措施的布置。检修开工前，工作许可人按工作票要求完成现场安全措施的布置、履行工作许可手续后，检修人员方可进入现场开始工作。

3)检修作业应严格按检修工艺进行。

五、电气设备检修开工前的现场安全措施

电气设备检修工作应严格执行“安规”中的有关规定，同时必须注意以下几点：

1)高度重视检修工作中的地线管理与装设。

① 检修工作对所装地线的组数是否充足、地点是否适当,所装地线是否结实可靠、方法是否正确,要高度重视。在地线管理中,为防止接地线、接地闸刀使用不当发生事故,应建立和完善“接地线、接地闸刀的使用管理制度”。规定接地线、接地闸刀的使用要做到:

a. 对携带性接地线进行编号、定位管理,还要定期试验及定期检查,可称为“定置”;

b. 接地线、接地闸刀的使用情况应同时在模拟屏上、操作票上、工作票上、现场小黑板、地线存放处和运行交接记录簿上体现并保持一致,可称为“六统一”;

c. 接地线、接地闸刀的使用应填写“动态管理卡”,即在检修作业中,因工作需要增加或变动接地线、接地闸刀时,必须执行操作票,在模拟屏上标出变动情况,在运行记录簿上记录清楚,并在“动态管理卡”上登记。

② 对可送电至停电设备的各方面或可能产生感应电压的设备都要装设接地线。

③ 所装地线与带电部分应符合安全距离的规定。应根据母线的长短和有无感应电压等实际情况确定地线数量,如检修 10m 及以下的母线可以只装设一组接地线。

2)按安全规程要求对检修现场悬挂标示牌和装设遮栏。

与运行间隔邻近的工作间隔、工作地点须悬挂“在此工作”标示牌,并在工作地点四周做好围栏;邻近的运行间隔悬挂“步高压危险”!标示牌,以杜绝检修人员在工作中误入带电间隔。

3)检修现场多班组工作时,若本组工作内容涉及其他班组人员或设备安全时,应相互联系(如继电保护班的开关传动与高压组的加压试验等)。

4)电压互感器二次通电试验时,应将二次回路断开并取下一次侧熔断器或断开隔离开关;外施高压试验必须在检查接线、调压器零位无误后并通知人员离开被试设备,取得试验负责人员许可后方可加压。

5)进行焊接工作时,必须设有防止烫伤、触电、爆炸等措施。焊接人员离开现场前必须检查现场应无火种留下。

6)禁止在装有易燃物品的容器上、油漆未干的架构上或其他物体上进行焊接。特殊情况下需在带压(液体压力或气体压力)和带电设备上进行焊接时,必须采取安全措施,并经总工程师批准。

7)现场检修施工电源,各类手持电动工具及移动电气机具,必须安装相应型号的漏电保护器。

8)在 220kV 及以上有较强感应电压区域的变电所架构上作业,必须采取防静电感应如穿静电感应防护服或导电鞋,使用个人保安线。爬架构应戴手套,吊车应可靠接地。

9)检修施工需搭设脚手架或使用吊车、架杆时,应注意与相邻带电设备的安全距离。

设备区搬运梯子、管子等长物时,应两人放倒搬运,并与带电部分保持足够的安全距离。

继续探讨

◆ 电气设备缺陷的分类及处理原则如何?

◆ 电气设备热缺陷的分类及处理原则如何？

◆ 什么叫电气设备的状态检修？状态检修的意义如何？

◆ 电气设备试验的目是什么？

延伸拓展

一、电气设备缺陷管理制度的意义

运行中的电气设备发生异常，虽能继续使用，但影响安全运行称为缺陷。发生缺陷的原因主要有：绝缘损坏（老化、闪络、击穿）、热效应损坏（发热、烧损、物理变异）、机械损坏（磨损、变形、疲劳、断裂）、制造及检修工艺不良、超极限运行等。

设备巡视是变电运行人员及时发现缺陷的主要手段。变电站发现设备缺陷后，应遵循设备缺陷管理制度进行处理。

建立设备缺陷管理制度的目的是要求全面掌握设备的健康状况，及时发现设备缺陷，认真分析设备缺陷产生的原因，尽快消除隐患，保证设备处于良好的技术状态，确保电力系统的安全运行。同时对设备缺陷的管理也为电气设备计划检修和试验、校验工作提供重要的依据。

二、电气设备缺陷的分类与管理

有缺陷的设备是指已投入运行的设备、备用的电气设备，或已接入变电站母线上还没有投入运行的设备发生有威胁或潜在威胁安全的异常现象，需要进行处理者。

1. 变电站电气设备缺陷管理范围

1)变电站的一次设备；

2)变电站的二次设备（仪表、继电器、控制元件、控制电缆、信号系统、蓄电池及直流系统）；

3)避雷针和接地装置，通信设备及与供电有关的其他辅助设备；

4)配电装置、构架及厂房道路。

2. 电气设备缺陷分类及处理原则

运行中的电气设备缺陷根据异常的情况可分为三类：

1)危急缺陷

设备或建筑物发生了直接威胁安全运行并需立即处理的缺陷，否则，随时可能造成设备损坏、人身伤亡、大面积停电、火灾等事故。发现危急缺陷应立即上报。

2)严重缺陷

对人身或设备有严重威胁，暂时尚能坚持运行但需尽快处理的缺陷。发现严重缺陷也应立即上报。

3)一般缺陷

上述危急、严重缺陷以外的设备缺陷，指性质一般、情况较轻、对安全运行影响不大的缺陷。一般缺陷应定期上报，以便安排处理。

缺陷消除时间应严格掌握，对危急、严重、一般缺陷要严格按照本单位规定的时间进行消缺处理。一般危急缺陷的处理不得超过24小时；严重缺陷处理周期不得超过7天，同时要加强对此类缺陷的巡视，观察缺陷的变化；一般缺陷可以列入月计划进行处理。

3. 设备缺陷管理案例

(1)缺陷的发现

1)设备缺陷由当值值班人员在设备巡视、正常值班及设备传动、验收的过程中发现。

2)设备缺陷由检修人员在检修过程中发现。

(2)缺陷的认定

1)由变电值班人员发现的设备缺陷必须由当值值班负责人认定，并确定缺陷性质。值班负责人难以认定时，报工区。并且当值值班负责人对发现的缺陷认定负全面责任。

2)检修人员在检修过程中发现的缺陷，由当值值班负责人和检修班工作负责人双方认定，难以认定时，报工区。值班负责人对发现的缺陷的认定负全面责任。

3)设备缺陷必须每月审查认定，防止造成重复性上报。

(3)缺陷的填写

1)当值发现的设备缺陷由值班负责人认定、定性后，填写在设备缺陷记录本上。

2)填写时必须认真按记录填写标准进行，并按设备缺陷记录，依次填入设备缺陷编号、发现日期、缺陷内容、发现人姓名、设备缺陷性质。

3)设备缺陷内容栏必须要将设备缺陷内容详尽填写，要求清楚、明白，发现人栏填写发现人姓名，缺陷性质栏内填写“一般、严重、危急”三种字样。

4)凡发现的设备缺陷不管性质如何，必须全部填入设备缺陷记录本上。

(4)缺陷的上报

1)一般性质的缺陷每月20日前由安全员填入设备缺陷报表中，站长审核后准时报工区。

2)严重性质的缺陷一周内由安全员填入设备缺陷报表中，站长审核后以设备缺陷报告单，准时报工区。

3)危急性质的缺陷以设备缺陷报告单或电话形式上报工区及当值调度员，站上做好录音和记录。

(5)缺陷的处理、验收、消除

1)凡属一般类型的设备缺陷在条件允许的情况下，由变电运行人员自行检查，报检修人员处理，如果处理不了，必须要讲明原因和理由，已处理完的一般缺陷由当值值班负责人验收签字。

2)由专业班组处理的缺陷，必须由运、检双方验收签字，而且验收人员要对所签字负责。

3)缺陷处理完以后，认真按消除日期、消除人、验收人方式填写。

4)消除以后的缺陷必须由安全员整理，填入设备缺陷报表的“当月处理缺陷”栏，由站长审核签字后上报工区。

(6)缺陷的转移

1)本年度未处理掉的缺陷应与次年元月20前由站长、安全员进行审核,再度认定,重新登入设备缺陷记录本中。

2)移至下一年度的缺陷发现日期以整理登记日期为准同时废除以前的发现日期。移至下一年的缺陷仍按规定,顺序编号,上报。

三、电气设备的测温管理

随着电力系统电压等级的升高和负荷传输的增大,电气设备运行的可靠性要求越来越高,而设备的发热影响了系统运行的可靠性,因此对设备的发热越来越重视。利用红外热成像仪等先进测温手段对运行设备进行测温,发现事故隐患、防止事故发生,提高运行巡视水平,保证设备安全可靠运行起到很好的预防效果。

1. 测温类型

(1)计划普测

带电设备每年应安排两次计划普测,一般在预试和检修开始前应安排一次红外检测,以指导预试和检修工作。

(2)重点测温

根据运行方式和设备变化安排测温时间,按以下原则掌握:

1)长期大负荷的设备应增加测温次数。

2)设备负荷有明显增大时,根据需要安排测温。

3)设备存在异常情况,需要进一步分析鉴定。

4)上级有明确要求时,如保电等。

5)新建、改扩建、大修或试验后的电气设备在其带负荷后应进行一次测温。

6)遇有设备停电(如变压器、母线停电等),酌情安排对将要停电设备进行测温,以检修时提供参考。

2. 测温范围

1)所有一次设备导流接头、二次重点设备接头、长期运行的主变强油风(水、气)冷回路接头等。

2)具备测量设备内部温度条件的,应对设备内部进行测温,如避雷器、电流互感器、电压互感器、耦合电容器、设备套管等。

3. 测量手段

只要表面发出的红外辐射不受阻挡都属于红外诊断的有效监测设备。例如变压器、断路器、刀闸、互感器、电力电容器、避雷器、电力电缆、母线、导线、组合电器、低压电器及二次回路等。图6-1-1红外热像仪现场测量场景。

对于无法进行红外测温的设备,应采取其他测温手段,如贴示温蜡片等。

4. 红外检测设备过热缺陷的管理

《带电设备红外诊断应用规范》(DL/T 664)规定红外检测发现的设备过热缺陷应纳入设备缺陷管理制度的范围,按照设备缺陷管理流程进行处理。

根据热缺陷对电气设备运行的影响程度过热缺陷分为三类：

1)一般缺陷，指不会引起事故的热缺陷。这类缺陷要求记录，注意观察缺陷发展，利用停电机会检修，有计划的安排试验检修消除缺陷。

2)严重缺陷，指设备过热程度较重，温度场分布梯度较大，温差较大的缺陷。这类缺陷要尽快处理。对电流致热型设备，应采取必要的措施，如较强检测等，必要时降低负荷电流；对电压致热型设备，应加强检测并安排其他测试手段，缺陷性质确定后，立即采取措施消缺。

3)危急缺陷，指设备最高温度超过 GB/T 11022 规定的最高允许温度的缺陷。这类缺陷应立即安排处理。对电流致热型设备，应立即降低负荷电流或立即消缺；对电压致热型设备，当缺陷明显时，应立即消缺或退出运行，如有必要，可安排其他试验手段，进一步确定缺陷性质。电压致热型设备的缺陷一般定为严重及以上的缺陷。

设备热缺陷诊断判据参见 DL/T 664《带电设备红外诊断应用规范》。

四、电气设备试验概述

电气设备试验是指按规程规定的项目和周期进行的设备性能的检测，主要有交接试验和预防性试验。

1. 交接试验

交接试验是在设备安装或检修后进行的试验，用以检测安装或检修的质量，判断设备能否投入运行。

2. 预防性试验

预防性试验是指对经过一定运行时间的电气设备，不论运行情况如何都要进行的试验，用以及时发现隐藏的缺陷及严重程度，以便及时维护及检修，防患于未然。

有时在设备检修前也需进行试验，以便检测设备健康状况和损坏程度。

五、电气设备状态检修概述

状态检修是企业以安全、可靠性、环境、成本为基础，通过设备状态评价、风险评估，检修决策，达到运行安全可靠，检修成本合理的一种检修策略。根据先进的状态监测和诊断技术提供的设备状态信息判断设备的异常、预知设备的故障，在故障发生前进行检修的方式，即根据设备的健康状态来安排检修计划，实施设备检修。

1. 状态检修的目的

状态检修的目的就是通过不同监测技术的诊断综合到一个系统中，对设备状态进行综合评价、风险评估，对检修工作进行成本分析，制定检修方式和检修时机，达到设备运行安全可靠，检修成本合理的一种检修策略。

状态检修可以减少不必要的检修工作，减少人力、物力的浪费，节约工时和费用，使检修工作更加科学化。

状态检修是根据设备的运行状况进行检修，是有目的的工作，状态检修的前提是必须要做好状态检测。有了状态检测，有关专家在办公室就能很方便地浏览到所管变电站任一设备

的当前和历史状态，并能迅速地对设备的未来状态进行预测。对于存在故障隐患的设备还可以组织全市、全省甚至包括制造厂在内的有关专家在网上远程诊断，决定该不该检修，何时检修，对什么部位进行检修。

2. 状态检修的原则

状态检修的前提是设备状态的劣化有一个过程，并且能被检测，仅仅有状态检修的策略是不完整的，需要根据不同的设备选择不同的策略，因此检修决策需要相应的管理机制来保障；无论采用何种检修策略，都会产生相应的检修活动和行为。

检修策略的确定应科学合理、有据可依，合理利用有限的检修资源。目前输变电设备检修采用的策略，是在定期检修的基础上，同时采用一种为主或几种其他策略作为辅助的综合检修策略（表现在份额多少），不管采用哪种策略都不能防止设备的突发性故障。状态检修策略不能完全替代定期检修策略或其他策略。

3. 状态检修的内容

定期检修存在两个方面的不足：一是设备存在潜在的不安全因素时，因未到检修时间而不能及时排除隐患；二是设备状态良好，但已到检修时间，就必须检修，检修存在很大的盲目性，造成人力、物力的浪费，检修效果也不好。状态检修是根据设备的运行状况进行检修，是有目的工作，因此状态检修的前提是必须要做好状态检测。状态检测有两个主要功能：一是及时发现设备缺陷，做到防患于未然；二是为主设备的运行管理提供方便，为检修提供依据，减少人力、物力的浪费。状态检修可以减少不必要的检修工作，节约工时和费用，使检修工作更加科学化。

4. 状态检修的优越性

1）状态检修之前的准备工作：状态管理，不仅减轻了原手工作业的劳动强度，提高了工作效率，更重要的是，能够充分利用已有状态信息，通过全方位、多角度的分析，最大限度地把我设备的状态，依此制定合理的检修维护策略，为提高设备运行可靠性提供了保障。

2）状态检修可以使检修人员现场定期试验和测量工作量减轻到最小，显然这是一种降低成本的好方法。特别是在对设备的寿命进行了正确估计后，提高了设备的最大可用性，可以有效地储存和安排设备备件，这样可以节省大量的备用经费。

3）在实现设备的状态检修后，可以通过适当的维修来避免重要设备故障，同时又避免了不必要的维修作业，降低了由于不必要定期检修引起故障的可能性。

4）通过设备的状态分析，可以发现问题于萌芽状态，限制问题向严重化的方向发展。对于预防类似事故、改进产品质量、提高设备监督管理水平具有重要的指导意义。

5）实现状态检修后，把临时性停电降低到最少，可增加售电收入，提高供电可靠性，提高用户满意度。

参考文献

[1] 中华人民共和国劳动和社会保障部．国家职业标准(电气值班员、变电站值班员、发电厂电气设备安装工、变电设备安装工、变电设备检修工)．北京:中国电力出版社,2007.

[2] 中华人民共和国职业技能鉴定规范(电力行业变电运行与检修专业)．北京:中国电力出版社,1999.

[3] 国家电网公司．生产技能人员职业能力培训规范 Q/GDW232．北京:中国电力出版社,2008.

[4] 国家电力监管委员会．电工进网作业许可考试大纲(高压类)．北京:中国财政经济出版社,2012.

[5] 姚文军．国家电网公司电力安全工作规程(变电部分)条文导学．北京:中国电力出版社,2010.

[6] 国家电网公司．变电站管理规范．2006.

[7] 导体和电器选择设计技术规定 DL/T 5222—2005.

[8] 高压配电装置设计技术规程 DL/T 5352—2006.

[9] 带电设备红外诊断应用规范 DL/ T664—2008.

[10] 交流电气装置的过电压保护和绝缘配合 DL/T620—1997.

[11] 火力发电厂设计技术规程 DL 5000—2000.

[12] 李建基．高压开关设备实用技术．北京:中国电力出版社,2005.

[13] 郭贤珊．高压开关设备生产运行使用技术．北京:中国电力出版社,2006.

[14] 丁毓山,金开宇．配电网新设备与新技术．北京:中国水利水电出版社,2006.

[15] 要焕年,曹月梅．电力系统谐振接地．北京:中国电力出版社,2009.

[16] 姚春球．发电厂电气部分．中国电力出版社．北京:中国电力出版社,2007.

[17] 杨志辉,刘宝贵．电气运行技术与管理．北京:中国电力出版社,2008.

[18] 范绍彭．电气运行．北京:中国电力出版社,2005.

[19] 许珉,孙丰奇．发电厂电气主系统．北京:机械工业出版社,2011.

[20] 谭兴强,张进,杨余彪．电气运行及事故处理．北京:机械工业出版社,2012.

[21] 张红艳．国家电网公司生产技能人员职业能力培训专用教材变电运行．北京:中国电力出版社,2010.

[22] 涂光瑜．汽轮发电机及电气设备．北京:中国电力出版社,2007.

[23] 华东六省一市电机工程(电力)学会．电气设备及其系统．北京:中国电力出版社,1999.